高等学校人工智能专业精品教材·高级人工智能人才培养丛书

智能系统

丛书主编：刘　鹏
主　　编：刘　河　杨　艺
副主编：覃焕昌　王海涛

电子工业出版社·
Publishing House of Electronics Industry
北京·BEIJING

内 容 简 介

本书是面向高级人工智能人才培养的高等学校人工智能相关专业精品教材中的一本，以信息物理系统、模糊逻辑系统、自主无人系统、群体智能、多 Agent 系统、人机协同系统、工业智能控制系统、机器人系统等为案例，完整呈现了人工智能综合应用体系架构。本书首先介绍了智能系统的发展、相关概念、主要特征和类型、智能系统的发展前景，然后围绕智能系统信息处理流程详细阐述智能感知、智能计算、执行系统等理论知识，最后重点讲解了信息物理系统、模糊逻辑系统等八大系统的典型应用体系架构。本书将免费提供配套 PPT、实验及应用案例等基本教学材料（可登录华信教育资源网下载）。

本书较注重基础性、系统性和实用性。我们力求为从事智能系统研究的读者提供一本基础教材，同时为在其他学科应用智能系统技术的读者提供一本深入浅出的参考书。本书适合作为人工智能、计算机科学与技术、自动化控制等相关专业的本科生和研究生的教材，部分内容也适合高职高专学校教学使用。

图书在版编目（CIP）数据

智能系统 / 刘河，杨艺主编. —北京：电子工业出版社，2020.4
（高级人工智能人才培养丛书 / 刘鹏主编）
ISBN 978-7-121-38268-0

Ⅰ. ①智… Ⅱ. ①刘… ②杨… Ⅲ. ①智能系统—研究 Ⅳ. ①TP18

中国版本图书馆 CIP 数据核字（2020）第 021768 号

责任编辑：米俊萍 特约编辑：武瑞敏
印　　刷：北京天宇星印刷厂
装　　订：北京天宇星印刷厂
出版发行：电子工业出版社
　　　　　北京市海淀区万寿路 173 信箱　　邮编：100036
开　　本：787×1 092　1/16　印张：22.25　字数：541 千字
版　　次：2020 年 4 月第 1 版
印　　次：2025 年 1 月第 12 次印刷
定　　价：88.00 元

编 写 组

丛书主编：刘　鹏

主　　编：刘　河　杨　艺

副 主 编：覃焕昌　王海涛

编　　委：程国建　何茂松　刘林山

　　　　　陈天伟　王潇潇　刘　娅

基金支持

2017 年河南省科技攻关计划项目，项目编号：172102210050

华北水利水电大学高层次人才科研启动基金，项目编号：201608

国家自然科学基金（61540069）

江苏省机电产品循环利用技术重点建设实验室 2018 年度开放基金

重庆市教育科学规划课题（2019-00-208）

前　言

各行各业不断涌现人工智能应用，资本大量涌入人工智能领域，互联网企业争抢人工智能人才……人工智能正迎来发展"黄金期"。放眼全球，人工智能人才储备告急，仅我国，人工智能的人才缺口即超过 500 万人。据《人民日报》报道，国内人工智能人才供求比例仅为 1∶10。为此，加强人才培养，填补人才空缺，成了当务之急。

2017 年，国务院发布《新一代人工智能发展规划》，明确将举全国之力在 2030 年抢占人工智能全球制高点，加快培养聚集人工智能高端人才，完善人工智能领域学科布局，设立人工智能专业。2018 年，教育部印发《高等学校人工智能创新行动计划》，要求"对照国家和区域产业需求布点人工智能相关专业……加大人工智能领域人才培养力度"。2019 年，国家主席习近平在致 2019 中国国际智能产业博览会的贺信中指出，以互联网、大数据、人工智能为代表的新一代信息技术日新月异，中国高度重视智能产业发展，加快数字产业化、产业数字化，推动数字经济和实体经济深度融合。

在国家政策支持及人工智能发展新环境下，全国各大高校纷纷发力，设立人工智能专业，成立人工智能学院。根据教育部印发的通知，2019 年全国共有 35 所高校获得建设"人工智能"本科新专业的资格，同时全国新设 96 个"智能科学与技术"专业，累计 187 所院校获批"机器人工程"专业。2020 年初，经教育部批准，拥有"人工智能"本科专业的高校新增了 180 所，占全国新增专业的 10.77%，排名第一。再加上新增的 80 个"智能制造工程"、62 个"机器人工程"、32 个"智能科学与技术"、17 个"智能建造"和 16 个"智能医学工程"，与人工智能紧密相关的专业占到所有新增专业的 23% 以上。人工智能成为主流方向的趋势已经不可逆转！

然而，在人工智能人才培养和人工智能课程建设方面，大部分院校仍处于起步阶段，需要探索的问题还有很多。例如，人工智能作为新生事物，尚未形成系统的人工智能人才培养课程体系及配套资源；同时，人工智能教材大多内容老旧、晦涩难懂，大幅度提高了人工智能专业的学习门槛；再者，过多强调理论学习，以及实践应用的缺失，使人工智能人才培养面临新困境。

由此可见，人工智能作为注重实践性的综合型学科，对相应人才培养提出了易学性、实战性和系统性的要求。高级人工智能人才培养丛书以此为出发点，尤其强调人工智能内容的易学性及对读者动手能力的培养，并配套丰富的课程资源，解决易学性、实战性和系统性难题。

易学性：能看得懂的书才是好书，本丛书在内容、描述、讲解等方面始终从读者的角度出发，紧贴读者关心的热点问题及行业发展前沿，注重知识体系的完整性及内容的易学性，赋予人工智能名词与术语生命力，让学习人工智能不再举步维艰。

实战性：与单纯的理论讲解不同，本丛书由国内一线师资和具备丰富人工智能实战经验的团队携手倾力完成，不仅内容贴近实际应用需求，保有高度的行业敏感，同时几乎每章都有配套实战实验，使读者能够在理论学习的基础上，通过实验进一步巩固提高。云创大数据使用本丛书介绍的一些技术，已经在模糊人脸识别、超大规模人脸比对、模糊车牌识别、智能医疗、城市整体交通智能优化、空气污染智能预测等应用场景取得了突破性进展。特别是在 2020 年年初，我受邀率云创大数据同事加入了钟南山院士的团队，我们使用大数据和人工智能技术对新冠肺炎疫情发展趋势做出了不同于国际预测的准确预测，为国家的正确决策起到了支持作用，并发表了高水平论文。

系统性：本丛书配套免费教学 PPT，无论是教师、学生，还是其他读者，都能通过教学 PPT 更为清晰、直观地了解和展示课程内容。与此同时，云创大数据研发了配套的人工智能实验平台，以及基于人工智能的专业教学平台，实验内容和教学内容与本套书完全对应。

本丛书非常适合作为"人工智能"和"智能科学与技术"专业的系列教材，也适合"智能制造工程"、"机器人工程"、"智能建造"和"智能医学工程"专业部分选用作为教材。

在此，特别感谢我的硕士生导师谢希仁教授和博士生导师李三立院士。谢希仁教授所著的《计算机网络》已经更新到第 7 版，与时俱进且日臻完善，时时提醒学生要以这样的标准来写书。李三立院士为我国计算机事业做出了杰出贡献，曾任国家攀登计划项目首席科学家。他严谨治学，带出了一大批杰出的学生。

本丛书是集体智慧的结晶，在此谨向付出辛勤劳动的各位作者致敬！书中难免会有不当之处，请读者不吝赐教。邮箱：gloud@126.com，微信公众号：刘鹏看未来（lpoutlook）。

刘 鹏

2020 年 3 月

目　录

第1章 绪 论

　　智能系统（Intelligence System）是具有专家解决问题能力的计算机程序系统，能运用大量领域专家水平的知识与经验，模拟领域专家解决问题的思维过程进行推理判断，有效地处理复杂问题。智能基于知识，信息有序化为知识，智能系统要研究知识的表示、获取、发现、保存、传播、使用方法；智能存在于系统中，系统是由部件组成的有序整体，智能系统要研究系统结构、组织原理、协同策略、进化机制、性能评价等。

　　本章将首先介绍智能系统的前世今生，然后简要介绍当前智能系统的概念模型和类谱表、主要特征和类型，以及智能系统的发展前景，以开阔读者的视野，使读者对智能系统及其广阔的研究与应用领域有总体的了解。

1.1　智能系统的前世今生

　　"智能"的含义很广，其本质有待进一步探索，因而，对"智能"一词也难以给出一个完整确切的定义，但一般可以这样表述：智能是人类大脑的较高级活动的体现，它至少应具备自动地获取和应用知识的能力、思维与推理的能力、问题求解的能力和自动学习的能力。人工智能（Artificial Intelligence，AI）是计算机学科的一个分支，自20世纪70年代以来被称为世界三大尖端技术（空间技术、能源技术、人工智能）之一，也被认为是21世纪三大尖端技术（基因工程、纳米科学、人工智能）之一。这是因为近30年来，它获得了迅速的发展，在很多学科领域都获得了广泛应用，并取得了丰硕的成果，人工智能已逐步成为一个独立的分支，无论在理论和实践上都已自成一个系统。它企图了解智能的实质，并生产出一种新的能以与人类智能相似的方式做出反应的智能机器，该领域的研究包括机器人、语言识别、图像识别、自然语言处理和专家系统等。人工智能从诞生以来，理论和技术日益成熟，应用领域也不断扩大，可以设想，未来人工智能带来的科技产品，将会是人类智慧的"容器"。人工智能是对人的意识、思维的信息过程的模拟。人工智能不是人的智能，但能像人那样思考，也可能超过人的智能。

　　人工智能是一门严谨的科学，专注于设计智能系统和智能机器，其中使用的算法技术在某些程度上借鉴了人们对大脑的了解[1]。许多现代人工智能系统使用人工神经网络和计算机代码，模拟非常简单的、通过互相连接的单元组成的网络，类似大脑中的神经元。这些网络可以通过修改单元之间的连接来学习经验，类似人类和动物的大脑通过修改神经元之间的连接进行学习。现代神经网络可以学习识别模式，翻译语言，学习简单的逻辑推理，甚至创建图像并形成新的想法[2]。其中，模式识别是一项特别重要的功能——人工智能十分善于识别大量数据中的模式，而这对于人类来说则没有那么容易。所有这些都通过一组编码程序以惊人的速度发生，运行这些程序的神经网络具有数百万单位和数十亿的连接。智能就源于这些大量简单元素之间的交互。

1.1.1　智能系统概述

人类历史的发展经历了数百万年，从旧石器时代到新石器时代，人类实现了从使用工具到制造工具的转变，虽然制造的只是石刀、石斧之类的简单工具。直到 5000 年前，人类才开始有了文字与城邦，通过绘画、雕刻等形式记录生活中的各种行为仪式。人类历史是一个智能不断进化提升的进程。人类自身就是一个超级智能系统。

1.1.2　智能系统的前世

很久以前，所谓的智能系统，只是具有简单的、自动化能力的工具而已。最早在三国时期，诸葛亮的"木牛流马"是当时的惊世之作，木头制作的牛马能够像真牛一样活动行走，在当时的人们看来，这是相当的智能了。

仿生系统促进了智能系统的发展。自然界的生物是人类的老师，人类通过观察自然，模仿生物，揭示了各种自然奥秘，并不断地应用到人类的日常生活中，推进了人类历史的发展。例如，大家看到的飞机的形状，与蜻蜓的形状很相似；蝙蝠的眼睛视力很差，却在夜间无障碍飞行，这启迪人类制造出了类似于蝙蝠的雷达系统。

蜜蜂的巢房是令人惊叹的神奇天然建筑物。蜂巢是严格的六角柱状体，它的一端是平整的六角形开口，另一端是封闭的六角菱形的底，由 3 个相同的菱形组成。这样既坚固又省料。我国的古代建筑，如楼台亭榭，无不受益于蜂巢的启示。

18 世纪蒸汽机的出现大大提高了航海技术，后来汽车、飞机的出现，把人类的活动范围在同等时间内带到了更广阔的天地。精密的机器可以自动运转，这也是相当智能了。

但是直到计算机出现人类才真正进入了智能时代。

1946 年，世界上第一台计算机 ENIAC 问世。起初，计算机主要是军事部门、科研机构的运算工具，但随着计算机技术的飞速发展，计算处理变成了信息处理，如财务管理、文字处理、印刷排版，以及声音、图像、视频处理，多媒体信息在计算机上的应用层出不穷。计算机系统成了无所不能的智能系统。

计算机的形式也在不断变化，刚问世时，它是一个占据整个房间的庞大怪物，后来不断地变小，进入机柜，搬上桌面，随后摆到人们的膝盖上，进入人们的衣服口袋中。

1.1.3　智能系统的今生

近 100 年间，人类已经发明了各种各样的智能系统，极大地改变了人们的生活。

人们的日常生活，已经深受智能系统的影响。"秀才不出门，便知天下事"，人们获知天下的新闻，不需要再到街头去买当天的日报，也不需要打开家中的电视机，只需要滑动一下随身携带的智能手机。早上出门，即使是去一个从来没有去过的地方，无论是千里之外，还是步程之内，人们通过车载导航或智能手机就可以清楚地掌握路程轨迹，以及拥堵状态、花费时间。孩子可以通过家里的智能音箱，如天猫精灵、小度、小爱等进行各种稀奇古怪的对话，数学问题、科学知识、天气预报、故事、英语，都可以通过语音聊天获取，甚至对四川方言，智能音箱也可以应付自如。

不仅是人们的工作生活，各行各业都在朝智能化发展。各种智能系统应运而生，如智能家居、智能交通、智能制造，甚至智慧校园、智慧城市，智能系统已无处不在[3]。

智能家居：让家用电器（如空调、洗衣机、净水器、电视机、电灯），实现智能感知，预先启停，自动调节，生活的舒适性和安全性大大提高。

智能交通：适时引导车辆的流向与预警提示，准确预估出行、到达时间。

智能制造：让机器人来完成大量的重复性的操作。

智慧校园：将学校的日常业务与大数据结合分析，实现学习、生活信息的精准推送与提醒，让人少跑路，数据多跑路。

智慧城市：结合先进的技术（如 5G 技术、强大的云计算技术、无处不在的传感器、海量的大数据），实现城市的环境、交通、生活、商业、生产等全方位覆盖，信息联动，智能感知，极大地提高了城市整体的效率，以及人们生活、工作的便捷性。

1.1.4　智能系统的主要特征

智能系统的主要特征如下。

1. 处理对象

智能系统处理的对象，不仅有数据，还有知识。表示、获取、存取和处理知识的能力是智能系统与传统系统的主要区别之一。因此，一个智能系统也是一个基于知识处理的系统，它需要有知识表示语言，知识组织工具，建立、维护与查询知识库的方法与环境，并要求支持现存知识的重用。

2. 处理结果

智能系统往往采用人工智能的问题求解模式来获得结果。它与传统系统所采用的求解模式相比，有 3 个明显特征，即其问题求解算法往往是非确定性的或称启发式的、其问题求解在很大程度上依赖知识、其问题往往具有指数型的计算复杂性。智能系统通常采用的问题求解方法大致分为搜索、推理和规划 3 类。

3. 智能系统与传统系统的区别

智能系统与传统系统的另一个重要区别在于：智能系统具有现场感应（环境适应）的能力。所谓现场感应，是指它可能与所处现场依次进行交往，并适应这种现场。这种交往包括感知、学习、推理、判断，并做出相应的动作。这就是通常人们所说的自动组织性与自动适应性[4]。

4. 智能系统的实现原理

智能系统包含硬件与软件两个部分，在实际的应用中，需要软硬件,紧密结合才能更加高效地完成工作。

硬件包括处理器（CPU）、存储器（内存、硬盘等）、显示设备（显示器、投影仪等）、输入设备（鼠标、键盘等）、感应设备（感应器、传感器、扫描仪等）等部件。在硬件配置方面，可以根据需求对智能系统的硬件设备进行定制，以满足不同的需求。在实际的应用中，比较常见的硬件设备是工控机、智能终端等产品。

在软件方面，有许多可以选择的编程语言，如 C、C++、VB、Java、Delphi 等，这些计算机语言都可以编写出智能系统所需要的软件应用，然后植入到硬件设备中进行测试、调优，与硬件配合完成特定的功能[5]。

1.2 概念模型和类谱表

"智能"基于"信息"，"智能"寓于"系统"；"系统"基于"物质"，"系统"控于"信息"。系统是由部件组成的有序整体；系统是相对于环境或其他系统而存在的，系统可以与环境或其他系统组成更大的系统。根据上述观点，下面给出了广义智能的概念模型与类谱表，不仅可用于现有智能系统的分类、聚类，而且有助于研究开发新的智能系统[6]。

1. 概念模型

广义"智能"是多种类、多层次、多阶段、多模式、多特征、多范畴的[7]，广义"智能"的概念模型[8]如式（1-1）所示。

$$GI=\{MKI, MLI, MPI, MCI, MSI, MDI\} \tag{1-1}$$

式中，GI 为广义智能（Generalized Intelligence）；MKI 为多种类智能（Multi-Kind Intelligence）；MLI 为多层次智能（Multi-Layer Intelligence）；MPI 为多模式智能（Multi-Pattern Intelligence）；MCI 为多特征智能（Multi-Characteristic Intelligence）；MSI 为多阶段智能（Multi-Stage Intelligence）；MDI 为多范畴智能（Multi-Domain Intelligence）。

2. 类谱表

根据广义"智能"的概念模型，可建立广义"智能"的类谱图[9]，如图 1-1 所示。

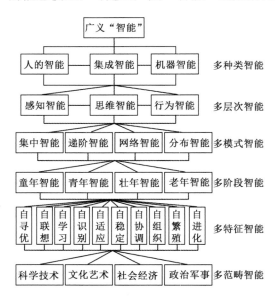

图 1-1 类谱图

1.3　主要特征和类型

自寻优、自联想、自繁殖、自组织、自进化、自协调等是智能系统的重要特征[10]。

随着信息化社会的发展，智能手机已进入人们生活的方方面面，智能的概念也逐渐泛化，可以归纳出自动化、智能化、人工智能等不同类型的智能系统。

自动化：即通过机器的帮助，人们完成规律性的、重复性的工作，例如，生产线上的包装、固定、焊接、物流分配、装卸，以及一些高温高压、有毒工业生产环境下的活动，可以通过设置机器的操作程序步骤、时间触发或按钮控制操作，实现生产活动的自动化。

智能化：指系统能够根据环境的变化，在自动化的基础上，进行一些简单的自治、自适应、自反应、多功能、自监控、自修复、自维修、自操作，以及拟人交互功能，并有能力与其他装置合作。

人工智能：指让机器像人那样认知、思考和学习，即用计算机模拟人的智能。目前人工智能的典型应用领域主要包括机器定理证明、机器翻译（自然语言理解）、专家系统（问题求解和知识表达）、博弈（树搜索）、模式识别（多媒体认知）、机器人和智能控制（感知和协同）、深度学习和神经网络、优化的知识管理、不同过程需求的自适应环境变化、有人介入的拟人智能等。

广义智能系统包括具有多种类、多层次、多模式、多特征、多阶段、多范畴广义智能的系统[11]，以及各种类、各规模、各结构、各参数、各特性、各功能的智能系统。

1.4　智能系统发展前景

1.4.1　专家系统

在智能系统发展早期，比较典型的综合性应用成果之一就是专家系统。专家系统是利用人工智能方法与技术开发的一类智能程序系统，主要模仿某个领域专家的知识经验来解决该领域特定的一类专业问题。其基本原理：通过利用形式化表征的专家知识与经验，模仿人类专家的推理与决策过程，从而解决原本需要人类专家解决的一些专门领域的复杂问题[12]。

自美国斯坦福大学于 1965 年开发出第一个化学结构分析专家系统 DENDRAL 以来，各种专家系统层出不穷，已经遍布了几乎所有专业领域，成为应用最为广泛、最为成功、最为实效的智能系统[13]。

专家系统的主要特点：① 专家系统主要运用专家的经验知识来进行推理、判断、决策，从而解决问题，因此可以启发帮助大量非专业人员去独立开展原本不熟悉的专业领域工作；② 用户使用专家系统不仅可以得到所需要的结论，而且可以了解获得结论的推导理由与过程，因此比直接向一些性格古怪的人类专家咨询来得更加方便、透明和可信赖；③ 作为一种人工构造的智能程序系统，对专家系统中知识库的维护、更新与完善更加灵活迅速，可以满足用户不断增长的需要[14]。

根据目前已开发的、数量众多的、应用广泛的专家系统求解问题的性质不同，可以将专家系统[15]分为以下7类。

（1）解释型专家系统：主要任务是对已知信息和数据进行分析与解释，给出其确切的含义，应用范围包括语音分析、图像分析、电路分析、化学结构分析、生物信息结构分析、卫星云图分析、各种数据挖掘分析[16]等。

（2）诊断型专家系统：主要任务是根据观察到的数据情况来推断观察对象的病症或故障及原因，主要应用范围有医疗诊断（包括中医诊断）、故障诊断、软件测试、材料失效诊断等[17]。

（3）预测型专家系统：主要任务是通过对过去与现状的分析，来推断未来可能发生的情况，应用范围有气象预报、选举预测、股票预测、人口预测、经济预测、交通路况预测、军事态势预测、政治局势预测[18]等。

（4）设计型专家系统：主要任务是根据设计目标的要求，给出满足设计问题约束条件的设计方案或图纸，应用范围有集成电路设计、建筑工程设计、机械产品设计、生产工艺设计、艺术图案设计等。

（5）规划型专家系统：主要任务是寻找某个实现给定目标的动作序列或动态实施步骤，应用范围包括机器人路径规划、交通运输调度、工程项目论证、生产作业调度、军事指挥调度、财务预算执行[15]等。

（6）监视型专家系统：主要任务是对某类系统、对象或过程的动态行为进行实时观察与监控，发现异常及时发出警报，应用范围包括生产安全监视、传染病疫情监控、国家财政运行状况监控、公共安全监控、边防口岸监控等。

（7）控制型专家系统：主要任务是全面管理受控对象的行为，使其满足预期的要求，应用范围包括空中管制系统、生产过程控制、无人机控制等。

另外，还有调试型、教学型、修理型等类型的专家系统，这里不再赘述。

总之，专家系统具有：存储知识能力，即具有存放专门领域知识的能力；描述能力，即可以描述问题求解过程中涉及的中间过程；推理能力，即具备解决问题所需要的推理能力；问题解释，即对于求解问题与步骤能够给出合理的解释；学习能力，即具备知识的获取、更新与扩展能力；交互能力，即向专家或用户提供良好的人机交互手段与界面[19]。

专家系统与一般应用程序的主要区别在于：专家系统将应用领域的问题求解知识独立形成一个知识库，可以随时进行更新、删减与完善等维护，这样就可以充分运用人工智能有关知识表示技术、推理引擎技术和系统构成技术；而一般应用程序将问题求解的知识直接隐含地编入程序，要更新知识就必须重新变动整个程序，并且难以引入有关智能技术[20]。

正因为专家系统有这么多的优点，随着技术的不断进步，其应用范围也越来越广阔。实际上，自20世纪70年代专家系统诞生以来，其已经广泛应用到科学、工程、医疗、军事、教育、工业、农业、交通等领域，产生了良好的经济与社会效益，为社会技术进步做出了重大贡献。

1.4.2　智能机器

智能机器是一类具有一定智能能力的机器，如智能机床、智能航天器、无人飞机、智能汽车及先进的智能武器等。大多数智能机器均具有高度自治能力、能够灵活适应不断变化的复杂环境，并高效自动地完成赋予的特定任务。与专家系统纯软件性不同，一般智能机器是智能软件与专用硬件设备相结合的产物[21]。

通常，智能机器内部拥有一个智能软件，其通过机器装备的传感器和效应器捕获环境的变化并进行实时分析，然后对机器行为做适当的调整，以应对环境的变化，完成预定的各项任务。智能软件是智能机器的大脑中枢，负责推理、记忆、想象、学习、控制等；传感器则负责收集外部或内部信息，如视觉、听觉、触觉、嗅觉、平衡觉等；效应器则主要实施智能机器人的言行动作，作用于周围环境，如整步电动机、扬声器、控制电路等，实现类似人类的嘴、手、脚、鼻子等的功能。智能机器的主体则是支架，其在不同形状、用途的智能机器中差异很大[22]。

就智能机器人而言，智能机器人之所以称为智能机器人，是因为它有相当发达的"大脑"。在"大脑"中起作用的是中央计算机，这种计算机与操作它的人有直接的联系，其可以根据目的实施相关的动作。对于可移动的智能机器或智能机器人，还要考虑机器人导航、路径规划等问题。

目前，智能机器人研制工作吸引了众多国家的人工智能领域的科学家与工程师参与，特别是在美国、日本、德国等一些发达国家，各种智能机器人层出不穷，并被应用到各个领域，从日常生活到太空、深海，到处都有智能机器人的身影。据不完全统计，各类智能机器人分布在众多不同的应用领域，包括医疗、餐厅、军事、玩具、水下、太空、体育、社区、工业、农业等，为人类社会的进步做出了杰出贡献。

一般而言，智能机器人不同于普通机器人，应具备如下 3 个基本功能：① 感知功能，能够认知周围环境状态及其变化，既包括视觉、听觉、距离等遥感型传感器，也包括压力、触觉、温度等接触型传感器；② 运动功能，能够自主对环境做出行为反应，并能够进行无轨道自由行动，除了需要有移动机构，一般还需要配备机械手等能够进行作业的装置；③ 思维功能，根据获取的环境信息进行分析、推理、决策，并给出采取应对行动的控制指令，这是智能机器人的关键功能，是与普通机器人区分的标准。

按照智能机器人功能实现侧重点不同，可以将智能机器人分为传感型、交互型和自主型 3 类，它们的智能化程度不同[23]。

（1）传感型机器人：又称外部受控机器人，这种机器人本身并没有智能功能，只有执行机构和感应机构；其智能功能主要由外部控制机器来完成，其通过发出控制指令来指挥机器人的动作。

（2）交互型机器人：有一定的智能功能，主要通过人机对话来实现机器人的控制与操作；虽然交互型机器人具有了部分处理和决策功能，能够独立地实现一些（如轨迹规划、简单的避障等）功能，但还要受到外部的控制。

（3）自主型机器人：无须人的干预，能够在各种环境下自动完成各项拟人任务；自主型机器人本身就具有感知、处理、决策、执行等模块，可以像一个自主的人一样独立地活动和处理问题。

科学技术进步的重要推动力是军事的需要，因此一个国家的科学技术最高成往往首先体现在军事装备上。作为智能机器先进技术最高成就之一，上述各种类型的机器系统综合技术，集中体现在智能武器系统的开发方面。所谓智能武器，就是结合了人工智能技术研制的武器装备，其除了具有传统武器的杀伤力，还集成了信息采集与处理、知识利用、智能辅助决策、智能跟踪等功能，因此可以自行完成侦察、搜索、瞄准、跟踪、攻击任务，或者进行信息的收集、整理、分析等情报获取任务，使得武器装备更加灵活、智能。因此，智能武器也称为具有智能性的现代高技术兵器，包括精确制导武器、无人驾驶飞机、智能坦克、无人操纵火炮、智能鱼雷及多用途自主智能作战机器人等。这些智能武器不同于常规武器，具备一定的智能能力。

总之，无论是民用的智能机器，还是军用的智能武器，随着智能科学技术的不断发展与进步，将来智能机器人也必将具备越来越多的智能功能。特别是随着对生物、神经、认知等方面认识的不断深化，这种直接利用脑机制来实现机器人行为控制的技术将大大加快智能机器人的发展步伐。另外，有关意识机器人研究工作的开展，也会使智能机器人发生质的飞跃。

1.4.3　智能社会

延展心智的哲学观认为，人类的心智具有延展性，而分布式认知观则认为思维不仅是单个个体心智的事情，而且是经过群体心智相互合作而产生的。因此不管哪种观点，都可以看出，人类心智能力均有社会性的一面。因此，智能科学技术的应用自然也会波及人们社会生活的各方面，包括智能社会的构建，目前，已经体现在智能家居及广泛的智慧城市的兴建方面。

家居生活的智能化实现技术统称为智能家居[24]（Smart Home/Intelligent Home），涉及智能安防技术、智能控制技术、智能数字娱乐系统、保健专家系统、事务管理系统等多个方面，因此智能家居是一个综合性利用智能信息技术的研究领域。

家庭是社会的基本单元，智能社会远景实现的第一步，首先是家居的智能化，其为家庭提供安全、方便、舒适、环保、娱乐、健康的生活环境。从技术层面上讲，智能家居的开发平台主要以住宅为核心，并延伸到日常起居的诸多方面。

智能家居是数字家园（Digital Family）和网络家居（Network Home）的延伸，是在数字化、网络化的基础上，进一步智能化的结果。因此，除了综合布线技术、网络通信技术、自动控制技术，其更多地强调安全防范技术、音频视频技术、智能娱乐技术、健康保健技术、家政服务技术等。

智能家居系统应包括的子系统有家居布线系统、家庭网络系统、中央控制系统、家庭安防系统、家庭娱乐系统、健康咨询系统及家政服务系统等。

（1）家居布线系统：为了实现智能家居各种智能化服务，首先需要在家居住宅中进行布线，以便支持需要的语音/数据、多媒体、家电自动化、安防等多种应用的实现，这就是智能家居布线系统。在家居布线包括的基础上，可以搭建家庭网络系统。

（2）家庭安防系统：主要目的就是确保住宅与人员安全，基础设施包括门磁开关、紧急求助、烟雾检测报警、燃气泄漏报警、玻璃破碎探测报警、红外微波探测报警等，高级设施则包括视频实时监控系统，其可以让家庭成员随时通过移动智能终端（如智能手机）监视住宅内外的情况。

（3）家庭娱乐系统：充分利用音频视频多媒体手段，开发家庭娱乐系统，丰富家庭业余生活，例如，人机互动娱乐活动、哼唱智能点歌软件，甚至机器填词、谱曲辅助软件等，都需要应用复杂的人工智能技术。

（4）健康咨询系统：提供健康咨询、常规体检、饮食指南等功能，甚至对普通疾病提供基本的诊断服务；此外，可以结合中医辅助诊断系统来提高健康咨询系统的服务水平和效果。

（5）家政服务系统：除了开发家庭日常事务管理系统，还可以开发家电控制系统，帮助家庭做家务，控制餐饮家电自动做饭、炒菜、洗碗，配置智能吸尘器打扫卫生，等等，条件好的家庭可以购买各种家政服务机器人。

将上述各系统集成起来，就可以构成智能家居系统，加上数字化、自动化方面的诸多功能实现，这样的智能家居系统就可以提供如下优质的家居服务。

（1）与互联网随时相连，网络服务始终在线，为在家办公提供了全天候网络信息服务。

（2）在安全防范方面，可以实时监控非法闯入、火灾、煤气泄漏、紧急呼救的发生。一旦出现险情，智能家居系统会自动发出报警信息，同时启动相关电器，使其进入应急联动状态，从而实现主动防范，避免不必要的损害。

（3）利用人机会话技术，实现全部家电的智能控制或远程交互性控制，方便遥控家电的使用，提高家电使用效率，节省不必要的等待时间。

（4）提供全方位的家庭娱乐服务，不仅提供家庭影院、背景音乐这样低智能化的服务，而且可以利用高级智能技术，提供自动旋律声控点歌、辅助作词谱曲、歌舞动漫仿真等高级娱乐服务。

（5）提供全面的家庭信息服务，包括将健康咨询、理财管理、日常事务管理全部信息化，以及提供物业接洽信息提醒等服务。

当然，就目前而言，智能家居依然只是个别现象。但是房地产开发商在新建住宅小区的过程中，必须预先考虑智能家居的发展需求与空间，只有这样，才能满足不断增长的社会需求。特别是作为智能社会的细胞，智能家居的发展必然与智能小区，乃至智慧城市的发展密切相关。

所谓智慧城市，是指充分借助物联传感网、无线移动网、全球互联网，利用先进的信息技术手段，特别是智能技术，构建城市发展的智慧环境。智慧城市涉及智能家居、智能楼宇、路网监控、智能医疗、智能交通、城市管理、城市生态、智能教育与数字生活等诸多领域，其目标就是要形成基于海量信息和智能处理的生活方式、产业发展、社会管理等模式，构建全新的未来城市形态。

在智慧城市的架构中，无线网、互联网、物联网三网一体，如果类比到智能家居，就相当于智慧城市的"基础布线系统"；智能家居是智慧城市的单元；智能交通、智能医疗、智能楼宇、智能教育、智能能源、智能环境等是智慧城市的功能实现；智能识别、移动计算、信息融合、云端计算等则是智慧城市的关键技术。因此，智慧城市的建设，就是要充分运用智能信息处理技术手段来感知、识别、分析、融合城市运行核心系统的关键信息，提升民生、环保、安全、服务、商务等质量，为市民创造更加美好的城市生活。

从技术层面来看，智慧城市的主要特征包括：由传感器和智能终端构成的物联网覆盖整个城市，可以对城市运行的核心系统进行全方位的感知、监控和分析；物联网、无线网、互联网三网融合，为城市智能管理提供有效的信息流通平台；在智能设施的基础上，全面开展智能化政务管理、企业经营、市民生活等创新性开发应用；城市主要核心系统之间实现高效协同运作，实现城市最佳运行状态。

为此，实现智慧城市需要开展方方面面的建设项目，包括：交通（如智能物流系统）、能源（如智能电网系统）与通信（如智能无线系统）等基础智能系统的建设；医疗、教育、文化等民生智能系统的建设；政务、商务、公安等保障智能系统的建设。除了三网及其融合[25]的通信基础设施的建设，目前已经开展的建设项目还包括以下 12 个方面。

（1）智能公共服务：建设智慧公共服务和城市管理系统，通过加强就业、医疗、文化、安居等专业性应用系统建设，以及提升城市建设和管理的规范化、精准化和智能化水平，有效促进城市公共资源在全市范围共享，积极推动城市人流、物流、信息流、资金流的协调高效运行，在提升城市运行效率和公共服务水平的同时，推动城市发展转型升级。

（2）智能社会管理：完善面向公众的公共服务平台建设，建设市民呼叫服务中心，拓展服务形式和覆盖面，实现自动语音、传真、电子邮件和人工服务等多种咨询服务方式，逐步开展生产、生活、政策和法律法规等多方面咨询服务；开展司法行政法律帮扶平台、职工维权帮扶平台等专业性公共服务平台建设，着力构建覆盖全面、及时有效、群众满意的服务载体。

（3）智能企业服务：继续完善政府门户网站群、网上审批、信息公开等公共服务平台建设，推进"网上一站式"行政审批及其他公共行政服务，增强信息公开水平，提高网上服务能力；深化企业服务平台建设，加快实施劳动保障业务网上申报办理，逐步推进税务、工商、海关、环保、银行、法院等公共服务事项网上办理；推进中小企业公共服务平台建设，提高中小企业在产品研发、生产、销售、物流等多个环节的工作效率。

（4）智能安居服务：开展智慧社区安居工程，在部分居民小区为先行试点区域，充分考虑公共区、商务区、居住区的不同需求，融合应用物联网、互联网、移动通信等各种信息技术，发展社区政务、智慧家居系统、智慧楼宇管理、智慧社区服务、社区远程监控、安全管理、智慧商务办公等智慧应用系统，使居民生活"智能化发展"。

（5）智能教育服务：积极推进智慧教育体系建设，建设完善城市教育城域网和校园网工程，推动智慧教育事业发展，重点建设教育综合信息网、网络学校、数字化课件、教学资源库、虚拟图书馆、教学综合管理系统、远程教育系统等资源共享数据库及共享应用平台系统；继续推进再教育工程，提供多渠道的教育培训就业服务，建设学习型社会。

（6）智能文化服务：积极推进智慧文化体系建设，继续深化"文化共享"工程建设，积极推进先进网络文化的发展，加快新闻出版、广播影视、电子娱乐等行业信息化步伐，加强信息资源整合，完善公共文化信息服务体系；构建旅游公共信息服务平台，提供更加便捷的旅游服务，提升旅游文化品牌。

（7）智能商务管理：组织实施部分智慧服务业试点项目，通过示范带动，推进传统服务企业经营、管理和服务模式创新，加快向现代智慧服务产业转型，具体实现智慧物流、智慧贸易、智慧服务；积极通过信息化深入应用，改造传统服务业经营、管理和服务模式，加快向智能化现代服务业转型。

（8）智能医疗保障：重点推进"数字卫生"系统建设，建立卫生服务网络和城市社区卫生服务体系，构建全市区域化卫生信息管理为核心的信息平台，促进各医疗卫生单位信息系统之间的沟通和交互；以医院管理和电子病历为重点，建立全市居民电子健康档案；以实现医院服务网络化为重点，推进远程挂号、电子收费、数字远程医疗服务、图文体检诊断系统等智慧医疗系统建设，提升医疗和健康服务水平。

（9）智能交通系统：建设"数字交通"工程，通过监控、监测、交通流量分布优化等技术，完善公安、城管、公路等监控体系和信息网络系统，建立以交通引导、应急指挥、智能出行、出租车和公交车管理等系统为重点的、统一的智能化城市交通综合管理和服务系统建设，实现交通信息的充分共享、公路交通状况的实时监控及动态管理，全面提升监控力度和智能化管理水平，确保交通运输安全、畅通。

（10）智能农村服务：推进"数字乡村"建设，建立涉及农业咨询、政策咨询、农保服务等面向新农村的公共信息服务平台，协助农业、农民、农村共同发展；以农村综合信息服务站为载体，积极整合现有的各类信息资源，形成多方位、多层次的农村信息收集、传递、分析、发布体系，为广大农民提供劳动就业、技术咨询、远程教育、气象发布、社会保障、医疗卫生、村务公开等综合信息服务。

（11）智能安防系统：充分利用信息技术，完善和深化"平安城市"工程，深化对社会治安监控动态视频系统的智能化建设和数据的挖掘利用，整合公安监控和社会监控资源，建立基层社会治安综合治理管理信息平台；积极推进市级应急指挥系统、突发公共事件预警信息发布系统、自然灾害和防汛指挥系统、安全生产重点领域防控体系等智慧安防系统建设；完善公共安全应急处置机制，实现多个部门协同应对的综合指挥调度，提高对各类事故、灾害、疫情、案件和突发事件防范和应急处理能力。

（12）智慧政务管理：提升政府综合管理信息化水平；完善和深化"金土""金关""金财""金税"等金字政务管理化信息工程，提高政府对土地、海关、财政、税收等专项管理水平；强化工商、税务、质监等重点信息管理系统建设和整合，推进经济管理综合平台建设，提高经济管理和服务水平；加强对食品、药品、医疗器械、保健品、化妆品的电子化监管，建设动态的信用评价体系，实施数字化食品、药品放心工程[26]。

上述列举的建设项目，都需要智能技术等综合核心技术的支持，归纳起来，智慧城市建设涉及的主要核心技术包括以下几类。

（1）智能感知识别技术：通过物联网采集的信息都需要解决智能识别问题，这就需要使用具体的智能识别技术，如射频识别技术、条码识别技术、各种专用传感器识别技术、视频分析识别技术、无线定位识别技术等。

（2）智能移动计算技术：智慧城市首先是无线城市，无线移动计算的智能化就是下一代移动计算的发展方向，这其中存在众多智能化的难题需要解决，如各种移动智能终端的开发，以及身份识别、远程支付、移动监控等智能软件的开发等。

（3）智能信息融合技术：智慧城市建设中涉及大量不同类型的信息处理，需要将不同来源、不同格式、不同时态、不同尺度、不同专业的数据在统一的框架下进行处理，这就需要智能信息融合技术来实现，这种融合包括底层原始数据融合、中层特征数据融合及高层决策数据融合多个层次。

另外，由于数据处理规模庞大，关系复杂，交流频繁，因此需要建立云计算数据中心，以保障诸功能系统的有效运行，并以此为依托，建立信息网络平台、公用信息平台、专题信息平台、决策支持平台和空间信息平台，包括建立相应的智能信息处理中心，如智能网络互联中心、身份认证中心、信息资源管理中心、智能服务中心、互联网数据中心、智能决策支持中心等，从而构成智慧城市数据处理体系。

目前，北京、上海、广州、无锡、杭州、南京、沈阳、武汉、合肥、昆明、昆山、成都等城市均已先后启动了智慧城市的建设，有的是全方位开展，有的是部分开展，还有的是进行小范围试点。我们相信，在不远的将来，随着智能网络技术、智能物联网技术、智能决策支持技术等智能高新技术的快速发展，城市生活将更加舒适、方便和智慧。

智能社会建设任重道远，但智能社会的建设是社会发展的必然趋势。也可以说，智能社会是信息社会的高级阶段，因此，为了建设智能社会，除了需要转变相关的思想观念，建立相适应的社会制度，形成成熟的智能技术也是一项基础性的工作。

1.4.4 智能产业

智能化指由现代通信与信息技术、计算机网络技术、行业技术、智能控制技术汇集而成的针对某个方面应用的智能集合，随着信息技术的不断发展，其技术含量及复杂程度也越来越高，智能化的概念开始逐渐渗透到各行各业及人们生活中的方方面面，相继出现了智能住宅小区、智能医院等。

智能系统必将快速地融入人类的各种生活、学习、工作中。例如，人们经常说的无人驾驶。试想一下，早上你起床需要出门的时候，告诉家里的智能机器人："我需要出发了，让车楼下等候。"这时，智能机器人就帮你预约无人驾驶的自动汽车，在你走到楼下时，汽车已经等候你了。你上车后，告诉汽车你要去的地方，然后汽车就自动出发了。到达目的地后，你什么都不用操作，汽车会自动离开。人类的出行问题就这样简单智能化了，人们不用专门去购买一辆私家车，不用去操心保养、保险问题，不用去考虑拥堵、驾驶技术问题，更不用去考虑停车难问题。

智能产业的发展主要包括芯片产业、软件产业、大数据产业、通信技术、云技术等产业技术的发展。

芯片产业：包括 CPU 芯片、存储芯片、图像处理芯片 GPU。

软件产业：行业软件需要对行业的需求、行业的业务流程、流程中的问题解决方案进行分析设计。

　　大数据产业：所有的智能处理都是建立在已有方案与未知问题的分析基础上的，数据越多越详细，越有助于信息的分析。

　　通信技术：数据的传播形式是无线、大流量、低延迟。

　　云技术：包括数据的云计算、云存储。

　　智能系统的发展，一方面促进了产业的发展，另一方面又对某些产业进行了淘汰。就像智能手机的出现，淘汰了之前广泛应用的卡片相机、随身播放器，甚至与手机毫不相干的纸质报纸。

　　智能系统对工业、农业、金融、医疗、无人驾驶、安全、智能教育、智能家居等行业也正在产生深远的影响。例如，在第一产业，天地一体化的智能农业信息遥感监测网络在农田实现全覆盖，智能牧场、智能农场、智能渔场、智能果园、智能加工车间、智能供应链等智能化集成应用成为现实。在第二产业，随着智能制造核心支撑软件、关键技术装备、工业互联网等的广泛应用，流程和离散智能制造、网络化协同制造、远程诊断和服务等新型制造模式成为可能，企业的智能供给能力大幅度提升。此外，在物流产业，随着搬运装卸、包装分拣、配送加工等深度感知智能物流系统的推广应用，以及深度感知智能仓储系统的研发建立，最终建立在智能化基础上的物流系统可将目前的仓储运营效率提升数十倍。

　　人工智能是产业升级的新引擎，一方面可以促进产业结构的优化升级，另一方面也将会给我国经济转型升级带来深刻影响。而人工智能之所以能够对产业结构升级产生促进作用，则源于其能够提高要素的使用效率，最终实现创新驱动型、资源再生型、内涵开发型的经济增长方式。

习题

　　1. 根据自己的理解，你生活中使用过哪些智能系统，你觉得这些智能系统或产品，还可以怎样更智能？如果让你参与设计或实现，你会怎么去改进完善它？

　　2. 你期望的智能系统是怎样的？描绘一下 20 年后的智能生活。

　　3. 智能系统的未来趋势是怎样的？智能系统的发展会给人类带来哪些好处，其不好的方面有哪些？智能系统会威胁到人类吗？

　　4. 智能系统的概念模型是怎样的？

　　5. 智能机器人有着广阔的应用背景，如果由你来设计一种智能机器人，你希望应用在什么领域，具备哪些功能，运用哪些成熟技术来实现？

　　6. 谈谈智能化对人们生活的影响。

　　7. 描述智能系统的产业现状及未来发展趋势。

　　8. 充分发挥你的想象力，请从日常生活方面，预测一下未来 50 年内，智能社会所能达到的程度。

参考文献

[1] 史忠植，王文杰. 人工智能[M]. 北京：国防工业出版社，2007.

[2] 王万良. 人工智能导论[M]. 3 版. 北京：高等教育出版社，2015.

[3] 周昌乐. 智能科学技术导论[M]. 北京：机械工业出版社，2015.

[4] 曾毅，刘成林，谭铁牛. 类脑智能研究的回顾与展望[J]. 计算机学报，2016(1): 213-221.

[5] 毛博，徐恪，金跃辉，等. DeepHome:一种基于深度学习的智能家居管控模型[J]. 计算机学报，2018, 41(12):55-67.

[6] Lu X, Wang H, Xu X. Human Activity Recognition Based on Acceleration Signal and Evolutionary RBF Neural Network[J]. Pattern Recognition and Artificial Intelligence, 2015, 28(12):1127-1136.

[7] Turing A M. Computing Machinery and Intelligence[J]. Mind, 1950, LIX: 433-460.

[8] Tom M M. Machine Learning[M]. Mc Grow-Hin, 1997.

[9] Chen Y J，Luo T，Liu S L，et al. DaDianNao:A machinelearning supercomputer[C]. Proceedings of the 47th Annual IEEE/ACM International Symposium on Microarchitecture (MICRO)，2014.

[10] Mnih V, Kavukcuoglu K，Silver D，et al. Human-level control through deep reinforcement learning[J]. Nature，2015，518(7540): 529-533.

[11] 涂序彦. 广义智能系统的概念、模型和类谱[J]. 智能系统学报, 2006, 1(2):7-10.

[12] 徐志磊. 谈智能系统与创新设计的概念问题[J]. 装饰, 2016(11):12-13.

[13] 李玉环. 人工智能综述[J]. 科技创新导报, 2016, 13(16):77-78.

[14] 骆祥峰，高隽，汪荣贵，等. 认知图研究现状与发展趋势[J]. 模式识别与人工智能, 2003, 16(3):315-322.

[15] Bahrammirzaee A. A comparative survey of artificial intelligence applications in finance: artificial neural networks, expert system and hybrid intelligent systems[J]. Neural Computing & Applications, 2010, 19(8):1165-1195.

[16] Fishwick P A. An Integrated Approach to System Modelling using a Synthesis of Artificial Intelligence, Software Engineering and Simulation Methodologies[J]. Acm Transactions on Modeling & Computer Simulation, 1992, 2(4):307-330.

[17] 魏金河. 人工智能系统在未来载人航天中的应用展望[J]. 航天医学与医学工程, 2003, 16(s1):482-485.

[18] 于会，李伟华. 飞机驾驶员辅助人工智能系统框架设计[J]. 火力与指挥控制, 2008, 33(8):121-123.

[19] 郭亚军. 实时人工智能系统的构成[J]. 小型微型计算机系统, 2003, 24(3):513-516.

[20] 蒋新松. 人工智能及智能控制系统概述[J]. 自动化学报, 1981, 7(2):148-156.

[21] 王志宏，杨震. 人工智能技术的哲学及系统性思考[J]. 电信科学, 2018, 34(4):12-21.

[22] 李伯虎，柴旭东，张霖，等. 新一代人工智能技术引领下加快发展智能制造技术、产业与应用[J]. 中国工程科学, 2018, 20(4):81-86.

[23] Brahan J W, Kai P L, Chan H, et al. AICAMS: artificial intelligence crime analysis and management system[J]. Knowledge-Based Systems, 1998, 11(5-6):355-361.

[24] Passino K M, Antsaklis P J. A system and control theoretic perspective on artificial intelligence planning systems.[J]. Applied Artificial Intelligence, 1989, 3(1):1-32.

[25] Shiratori N, Takahashi K, Sugawara K, et al. Using Artificial Intelligence in Communication System Design[J]. IEEE Software, 1992, 9(1):38-46.

[26] 周昌乐. 智能科学技术导论[M]. 北京：机械工业出版社，2015.

第2章 智能感知

2017 年 7 月，中国发布了《新一代人工智能发展规划》，新人工智能技术的出现引发了又一波的信息化技术浪潮，智能感知技术乘风破浪奔涌而来。人类除了可以通过视觉、听觉、味觉、触觉、嗅觉来感受外界刺激，获取环境信息，还可以利用另外的"触角"——各种传感器来探知自然界的信息。自 18 世纪产业革命以来，特别是在 20 世纪的信息革命及当下的数据革命中，各种智能化的"人造感官"得到越来越多的应用，那么它们是怎样工作的呢？本章将从智能感知技术的基础知识、感知系统、多传感器数据融合、网络化智能协作感知及智能感知应用等方面进行详细介绍。

2.1 智能感知概述

2.1.1 传感器与智能传感器

1. 概念

1）传感器

传感器是能够感受规定的被测量并按照一定规律转换成可用输出信号的器件或装置，通常由敏感元件、转换元件和调节转换电路组成[1]。简而言之，传感器是一种物理检测装置，能够感知被测物的信息和状态，可以将自然界中的各种物理量、化学量、生物量转化为可测量的电信号。传感器是信息采集的首要部件，类似人类的感官。

自 20 世纪 80 年代以来，传感技术获得了飞速发展，传感器在国防、航空航天、交通运输、能源、机械、石油、化工等所有部门，以及环保、生物医学、疾控防灾等各个方面发挥着重要作用，同时也贯穿了人们的日常生活，影响着生活的方方面面。例如，登月"玉兔号"月球车上的各类传感器用来采集月球上的各种数据；汽车安全带上的压力传感器用来检查安全带是否系上；酒店房间中的烟雾传感器用来检测火灾以实现自动喷水灭火；楼道中的声控灯利用声音传感器起到自动开关的作用；户外作业的机械设备上的温度传感器可以检测超温故障；和人们形影不离的手机，本身就是一个将各种传感器融于一体的小型系统。图 2-1 所示为火灾传感器。

2）智能传感器

近年来，传感器技术向着智能化方向发展。普通传感器大多只有感知并输出的单一功能，且失效后无法及时判定，这越来越制约着信息技术和自动化技术的发展，不能满足客户的差异化需求。智能传感器（Smart Sensor）应运而生，它集感知、信息处理与通信于一体，能以数字量方式传播具有一定知识级别的信息，是传感器集成化与微处理机相结合的产物。智能传感器还具有较高的精度和分辨率、较高的稳定性及可靠性，以及较好的适应性，相比于传统传感器还具有非常高的性价比。

目前，智能传感器还没有标准化的科学定义。归纳诸多学者的观点，它可以定义为基于人工智能理论，利用微处理器实现智能处理功能的传感器[2]。图 2-2 所示为温湿度智能传感器。

图 2-1　火灾传感器　　　　　　　　图 2-2　温湿度智能传感器

智能传感器的概念是美国国家航空航天局（NASA）在 1978 年提出的，为什么要提出这个概念呢？因为航天器上大量的传感器会不断地向地面发送温度、位置、速度和姿态等数据信息，用一台大型计算机很难同时处理如此庞杂的数据，如果要想不丢失数据并降低成本，必须使用将传感器与计算机一体化的智能传感器。其思想是赋予传感器智能处理功能，以分担中央处理器集中处理数据的压力。下面介绍智能传感器的发展历程。

1983 年，美国霍尼韦尔（Honeywell）公司开发出世界上第一个智能传感器——ST3000 系列智能传感器。

1993 年，电气与电子工程师协会（IEEE）和美国国家标准与技术研究院（NIST）提出了"智能传感器接口标准（Smart Sensor Interface Standard）"。

从 2000 年开始，随着微电子机械系统（Micro-Electro Mechanical Systems，MEMS）技术的大规模使用，传感器向智能化、微型化、集成化方向发展。

2010 年，机械工业仪器仪表综合技术经济研究所作为 IEC/TC65 的国内归口单位，在充分调研国内外传感器技术发展现状的基础上，初步建立智能传感器系统标准体系架构，以规范国内智能传感器市场，服务于各相关应用领域，奠定了我国物联网体系建设的基础。

2010 年以后，随着物联网和智能制造的兴起，智能传感器得到了广泛的关注和迅猛发展[3]。

2. 智能传感器的功能及应用

智能传感器的主要智能处理功能如下。

（1）自补偿功能。根据给定的传统传感器和环境条件的先验知识，处理器利用数字计算方法自动补偿传统传感器硬件线性、非线性和漂移及环境影响因素引起的信号失真，以最佳地恢复被测信号。计算方法用软件实现以达到软件补偿硬件缺陷的目的。

（2）自计算和处理功能。根据给定的间接测量和组合测量数学模型，处理器利用补偿的数据可计算出不能直接测量的物理量数值；利用给定的统计模型可计算被测对象总体的统计特性和参数；利用已知的电子数据表可重新标定传感器特性。

（3）自学习与自适应功能。通过对被测量样本值学习，处理器利用近似公式和迭代算法可认知新的被测量值，即有再学习能力。同时，通过对被测量和影响量的学习，处理器利用判断准则自适应地重构结构和重置参数。例如，自选量程，自选通道，自动触发，自动滤波切换和自动温度补偿等。

（4）自诊断功能。因内部和外部因素影响，传感器性能会下降或失效，分别称为软、硬故障。处理器利用补偿后的状态数据，通过电子故障字典或有关算法可预测、检测和定位故障。

其他的常用功能包括用于数据交换通信接口的功能、数字和模拟输出功能、使用备用电源的断电保护功能等。

智能传感器作为网络化、智能化、系统化的自主感知器件，是实现物联网和智能制造的基础，也是新人工智能迈向应用的基础。智能传感器属于物联网的神经末梢，是人类全面感知自然的最核心元件，各类智能传感器的大规模部署和应用是构成物联网不可或缺的基本条件。对不同的应用会使用不同的智能传感器，其应用覆盖范围包括智能制造、智慧城市、智能安保、智能家居、智能运输、智能医疗等。

自动驾驶车辆上，至少安装了 3 套传感器系统：摄像头、雷达和激光雷达，传感器数量多达上千个，这样才能采集到车辆行驶过程中周围的环境信息，完成智能行驶。汽车迈向新智能化，可以帮助驾驶员更好地控制车辆行驶及进行车内娱乐。图 2-3 所示为 Google 无人驾驶汽车。

图 2-3　Google 无人驾驶汽车

咖啡机、电饭煲、智能水杯、智能奶瓶、重力感应柜都应用了智能传感器，目前它们大规模应用于市场。咖啡机上的智能传感器可以智能配料，并具有对配料称重的功能。智能水杯可以通过智能传感器进行水温采集。

在工业生产中，利用智能传感器可直接测量与产品质量指标有函数关系的生产过程中的某些量（如温度、压力、流量等），然后利用神经网络或专家系统技术建立的数学模型进行计算，从而推断出产品的质量。

在医学领域中，美国 Cygnus 公司生产的外观如普通手表的"葡萄糖手表"，能实现无痛、无血、连续的血糖测试，其关键功能得益于"葡萄糖手表"上的智能传感器。在手表上有一块涂着试剂的垫子，当垫子与皮肤接触时，葡萄糖分子就被吸附到垫子上，并与试剂发生电化学反应产生电流，传感器测量该电流，之后处理器计算与该电流对应的血糖浓度并以数字量显示。

为了贯彻中国智能制造等战略，工业和信息化部于 2017 年 11 月 20 日正式印发《智能传感器产业三年行动指南（2017—2019）》（以下简称《指南》）。《指南》提出的总体目标是，到 2019 年，传感器产业取得明显突破，智能传感器产业规模达到 260 亿元，其中主营业务超过 10 亿元的企业达到 5 家，超过 1 亿元的企业达到 20 家。

2.1.2　感知智能

运算智能、感知智能、认知智能是人工智能的主要发展方向，这一观点如今得到了业界的广泛认可。作为整个人工智能的信息源头，感知智能的重要程度不言而喻。

感知是人类认识自然世界、掌握自然规律的实践途径之一，人类具备视觉、听觉、嗅觉、触觉等感知能力，能够将看到的、听到的、闻到的及触摸到的外界信息传入大脑进行处理，通过这种方式来认知世界。但是人的感官感知事物的变化有局限性，人类感官的延伸——智能传感器扩展了人类感知信息的智能。感知智能是指将物理世界的信号通过摄像头、麦克风或其他传感器的硬件设备，借助自然语言识别、语音识别、图像识别等智能技术，映射到数字世界，再将这些数字信息进一步提升到可认知的层次，像人类一样记忆、理解、规划、决策等。

装载了智能传感器的机器能够通过各种智能感知能力与自然界进行交互。前面介绍的自动驾驶汽车，就是通过激光雷达等感知设备和人工智能算法来实现感知智能；城市中的智能路灯通过感知智能可实现根据移动物体的位置远近调节灯光亮度；由波士顿动力学工程公司专门为美国军队研究设计的"大狗"（Big Dog）机器人（见图 2-4）内部安装的各种传感器不仅可让它根据环境的变化调整行进姿态，还能够保障操作人员实时地跟踪"大狗"的位置并监测其系统状况。像"大狗"一样的移动机器人能够根据自身所携带的传感器对所处周围环境进行环境信息的获取，并提取环境中有效的特征信息加以处理和理解，最终通过建立所在环境的模型来表达所在环境的信息。因为充分利用了深度神经网络（Deep Neural Network，DNN）和大数据的成果，机器在感知智能方面已越来越接近人类，甚至在感知的主动性、灵敏性、准确性等方面比人类还有优势。

传统采用键盘、文字等方式进行的人机交互，将会逐渐被语音、视觉、手势，甚至表情这样的智能感知方式所取代，这个愿景指日可待。

2.1.3　智能感知系统

有句俗语是"巧妇难为无米之炊"，即使有再好的智能算法和很强的计算力，没有数据也没用。感知实质上就是解决信息获取问题的，属于测试与检测技术的研究范畴。测试与检测技术是信息技术的关键和基础，是"信息获取—信息处理—信息传输—信息应用"这一信息链的源头技术。其基本任务是研究信息获取技术及信息相关物理量的测量方法，并解决如何准确获得和处理信息问题，为被测信号（或数据）正确、可靠的传输提供必要的技术支持；同时针对信息获取、变送传输、数据处理和执行控制等部分的需要，研究在相关的信号产生、对象追踪、状态反馈、信息传送、动作控制和结果输出等技术环节中应用的控制技术与方法。

图 2-4　"大狗"机器人

　　智能感知系统是对物质世界的信息进行测量与控制的基础手段和设备。测试技术中的传感器、信号采集系统就是完成信息获取的具体器件。如果不能获取信息或信息获取不准确，那么信息的存储、处理和传输都毫无意义。

　　一般而言，智能感知系统由传感器、中间变换装置和记录存储装置三部分组成，如图 2-5 所示[4]。

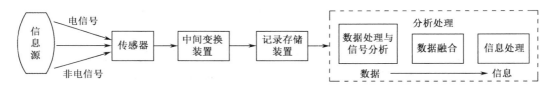

图 2-5　智能感知系统的组成

　　传感器是智能感知系统中的信息敏感和检测部件，它直接感受被测信息并输出与其成一定比例关系的物理量（信号）以满足系统对信息传输、处理、记录、显示和控制的要求。

　　一般来说，传输信息的载体称为信号，信息蕴涵于信号中。按照信号变化的物理性质，信号可分为非电信号和电信号。非电信号如随时间变化的温度、位移、速度等，而随时间变化的电压、电流、电荷等为电信号。电信号和非电信号可以方便地相互转换，因此，在工程应用中，常将各种非电信号变换为电信号，以利于信息的传输、存储和处理。

　　记录存储装置主要以计算机为主体构成，如果想对测量的数据进行处理，首先要进行信号分析，常采用快速傅里叶变换（FFT）、频谱分析和小波分析等。系统要对多个传感器检测到的信号进行数据处理，需要进行数据融合以完成对信号的深入分析，在此基础上采用智能计算方法进行信息处理，进而实现系统最终的测量目标。

2.2 多传感器数据融合

随着传感器技术的应用发展，多传感器数据融合技术也得以迅速发展。各种单一的传感器往往不能从观测环境中提取足够的信息，以至于很难甚至无法独立获得对一个环境的全面描述，因此需要多传感器同时获取目标数据进行融合分析，才可有效地进行分类识别决策。类似于人的大脑综合处理信息的过程，感知系统综合分布在不同位置的各种传感器实时采集的局部、分离、不完整的观察量，通过智能计算方法，提取有效特征信息，最终产生与观测场景相对完整一致的解释。在这个过程中，充分利用了多源数据，这不仅发挥了多个传感器相互协同操作的优势，也综合处理了其他信息源的数据以提高整个感知系统的智能化。

2.2.1 数据融合的概念

数据融合是一种数据处理技术，主要解决多传感器数据处理的问题。随着人工智能技术迅速发展，它已成为人类智能活动的基本部分。数据融合目前还没有相对统一的定义，不过其概念可以概括为，通过综合不同时间与空间的多传感器观察量，利用这些量的互补性、冗余性克服单个传感器的不确定性和局限性，以形成对被测对象的相对完整一致的解释与描述，提高测量的精度和可靠性，从而提高智能系统识别、判断、决策、规划和反应的快速性和准确性。

数据融合的过程如图 2-6 所示，其概念主要包含 3 个层次的含义[4]。

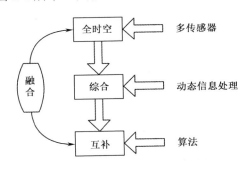

图 2-6　数据融合的过程

（1）数据融合要处理的是复杂的、多源、多维和全时空信息。来自多传感器的数据可能是确定的或不确定的、同步的或非同步的、同类型的或不同类型的、数字的或非数字的。

（2）数据融合的对象不仅包括多传感器得到的数据（自然环境信息），还包括社会信息，数据融合需要对感知系统动态过程中的所有信息进行有效综合。

（3）互补包括信息表达方式、结构、功能等各种不同层次上的互补，通过关联、分类、估值、预测等算法对信息进行互补运算，可在不同层次上使信息越来越清晰、越来越丰富，完成信息的再生和升华，从而达到最优。

2.2.2 数据融合的目标、原理与层次

1. 目标

单个传感器因其功能的局限，获得的只是局部片面的环境特征，另外受到自身设备品质、性能及噪声的影响，采集到的被测对象信息不完善，可能有较大不确定性，甚至是错误的。而融合多传感器的信息能够在相对较短的时间内，以较小的代价得到超越单个传感器的精确特征。因此，数据融合的目的就是通过多传感器进行协作测量并进一步融合数据，全面了解被测对象以获得对其一致性的最优估值和辨识。

2. 原理

数据融合的原理示意如图 2-7 所示。首先，N 个不同类型的传感器采集被测目标的观察量，经过特征提取变换处理，得到观察量对应的特征矢量；其次，对特征矢量进行模式识别处理，得到各传感器关于被测目标的描述说明；再次，将这些描述说明数据按同一个被测目标进行分组；最后，利用融合方法将每一被测目标的描述说明数据合成，得到该目标的一致性解释描述。

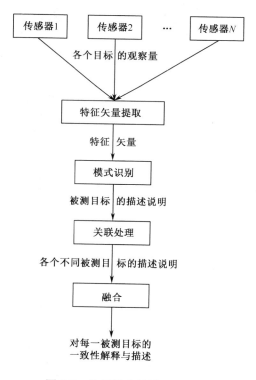

图 2-7　数据融合的原理示意

3. 层次

数据融合按其在融合系统中信息处理的抽象程度，主要划分为 3 个层次：数据级融合、特征级融合和决策级融合。

（1）数据级融合：数据级融合也称像素级融合，是对传感器的直接观测数据的融合，然后从融合的数据中提取特征矢量并进行判断识别。数据级融合需要传感器是同质的（传感器观测的是同一物理量），如果传感器是异质的（观测的不是同一个物理量），那么数据只能在特征层或决策层进行融合。数据级融合的优点是数据没有丢失，保留了尽可能多的信息，得到的结果是最准确的；缺点是处理的传感器数据量大，因此处理代价高，时间较长，实时性差。

（2）特征级融合：特征级融合属于中间层次，首先从每种传感器提供的原始观测数据中提取有代表性的特征，这些特征融合成单一的特征矢量；然后运用模式识别的方法进行处理以作为进一步决策的依据。特征级融合的优点是计算量较小及对通信带宽的要求相对低，有利于实时处理；缺点是由于部分数据的舍弃使其准确性有所下降。

（3）决策级融合：决策级融合属于高层次的融合，首先每个传感器执行一个对目标的识别决策；然后将来自每个传感器的识别结果进行融合，按照一定的准则做出最优决策。决策级融合的优点是计算量小及对通信带宽的要求最低，实时性好；缺点是对传感器的数据进行了浓缩，因此产生的结果相对而言不准确。

在近几年的研究中，又出现了一种新的融合层次，即监视动态融合。其通过动态监视融合处理过程，优化资源和传感器管理，实时反馈融合结果信息，以使融合处理过程具有自适应性，从而达到最佳融合效果[5]。

对于特定的多传感器融合系统工程应用，应综合考虑传感器的性能、系统的计算能力、通信带宽、期望的准确率及资金能力等因素，以确定哪种层次是最优的。另外，在一个系统中，也可能同时在不同的融合层次上进行数据融合。

2.2.3 数据融合的方法

利用多个传感器所获取的关于被测对象和环境全面、完整的信息，主要体现在融合方法上。因此，多传感器系统的核心问题是选择合适的数据融合方法。多传感器数据融合虽然未形成完整的理论体系和有效的融合方法，但在不少应用领域根据各自的具体应用背景，已经有许多成熟且有效的融合方法。多传感器数据融合的常用方法如图2-8 所示。

1. 统计方法

基于统计学的算法主要运用传统概率统计方法，利用概率分布或密度函数来描述数据的不确定性。数据融合的目的是从大量冗余、精准性不高的数据中提取所需的特征。

1）Bayes 估计

Bayes 估计为数据融合提供了一种手段，是融合静态环境中多传感器高层信息的常用方法。该方法通过先验概率递归地更新状态系统的概率分布或密度函数[6]。WA Abdulhafiz 等采用了改进的 Bayes 方法（Modified Bayesian Fusion Algorithm, MB）[7]，引入新的机制来考虑测量的不一致性，使个体分布的方差与因子 f 成正比，并与卡尔曼滤波器进行结合，提高了估计值的精确度。改进的 Bayes 方法能有效地增加数据的真实性，使后验概率的不确定性降低。

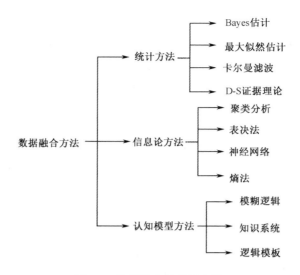

图 2-8 数据融合的常用方法

2）最大似然估计

用一句话概括最大似然估计就是"模型已定，参数未知"，它是在给定模型和样本集的情况下，用来估计模型参数的方法。其基本思想是找到最佳的模型参数，使模型实现对样本最大程度的拟合。

3）卡尔曼滤波

卡尔曼滤波主要用于融合低层次实时动态多传感器冗余数据。该方法用测量模型的统计特性递推，决定统计意义下的最优融合和数据估计。其本质是根据前一次的滤波结果和当前时刻的测量值，不断地对预测协方差进行递归，从而估算出当前时刻的滤波结果。

4）D-S 证据理论

D-S 证据理论是由哈佛大学数学家 Dempster 提出的，他的学生 Shafer 对证据理论做了进一步发展，引入了信任函数概念，形成了一套"证据"和"组合"来处理不确定性推理。D-S 证据理论针对事件发生后的结果（证据）探求事件发生的主要原因（假设），分别通过各证据对所有的假设进行独立判断，得到各证据下各种假设的基本概率分配（mass 函数）。mass 函数是人们凭经验和感觉主观给出的，也可结合其他方法得到相对客观的 mass 函数值，然后对某假设在各证据下的判断信息进行融合，进而形成"综合"证据下该假设发生的融合概率，概率最大的假设即判决结果。

总体来说，基于统计方法的数据融合方法，主要解决数据的不确定性融合，有完善和可理解的一套数学处理方法，但其对异常数据的处理能力较差，即鲁棒性较低。

2. 信息论方法

1）聚类分析

聚类分析算法因为简单直观、不需要先验知识等特点而广泛应用于数据融合中。其实质是在一定条件下，按照目标空间相似性把目标空间划分为若干子集，划分的结果应使表示聚类质量的准则函数最大。常用距离表示目标空间的相似性，目标空间划分的每个区域相当于一个类别。其分类结果完全依赖于事先选择的聚类变量，同时有时依据距离参数并不能得到理想的数据关联性，这些影响了聚类分析的具体应用。

2）表决法

表决法类似于日常生活中的投票选举，是最简单的数据融合方法。它由每个传感器提供对被测对象状态的一个判断，然后通过表决算法对这些判断进行搜索，以找到一个由半数以上传感器"同意"的判断（或采取其他简单的判定规则），并宣布表决结果[8]。

3）神经网络

神经网络具有很强的容错性及自学习、自组织和自适应能力，具有强大的非线性处理能力，可对多传感器传来的经特征提取的各种数据进行判断。在多传感器系统中，各信息源所提供的环境信息都具有一定程度的不确定性，对这些不确定信息的融合过程实际上是一个不确定性的推理过程。利用神经网络的信号处理能力和自动推理功能，就可以实现多传感器数据融合。

4）熵法

熵是信息论中非常重要的一个概念，熵法是利用事件发生的概率来反映信息量的重要程度。它的原理是经常发生的事情熵最小，而不经常发生的事情熵最大。将其用于数据融合过程中，就是要让度量信息熵的函数值最大。

基于信息论的数据融合方法是通过识别观测空间中参数的相似性来进行融合操作的，一般不能直接对数据的某些方面建立明确的识别函数。

3. 认知模型方法

1）模糊逻辑

模糊逻辑是多值逻辑，用隶属度不精确地表示一个数据真值，允许将多个传感器信息融合过程中的不确定性直接表示在推理过程中。其使用多值逻辑推理，通过模糊概率的计算实现数据融合判断。由于逻辑推理对信息的描述存在很大的主观因素，因此，其信息的表示和处理缺乏客观性。

2）知识系统

知识系统将规则或知名的专家知识结合起来实现自动的目标识别。当人工推理由于某种原因不能进行时，专家系统可以运用专家的知识进行辅助推理。其一般包括 4 个逻辑部分：知识库、全局数据库、控制结构或推理机制、人机界面。

3）逻辑模板

逻辑模板实质上是一种匹配识别的方法，它将系统的一个预先确定的模式（模板）与观测数据进行匹配，确定条件是否满足，从而进行推理。预先确定的模式中可以包含逻辑条件、模糊概念、观测数据及用来定义一个模式的逻辑关系中的不确定性等。因此逻辑模板实质上是一种表示与逻辑关系进行匹配的综合参数模式方法[9]。

认知模型方法对信息的表示和处理更加接近人类的思维方式，它一般比较适用于高层次上的数据融合。

随着传感器技术、数据处理技术、计算机技术、网络通信技术、人工智能技术、并行计算技术等相关技术的发展，尤其是人工智能技术的进步，新的、更有效的数据融合方法将不断推出，多传感器数据融合必将成为未来复杂工业系统智能检测与数据处理的重要技术。

2.3 网络化智能协作感知

随着多传感器系统在民用服务、工业过程和军事领域的普及应用，人工智能对未来协作感知的技术及策略提出了新的要求。构造网络协作感知系统，从而优化综合各种传感器提供的各类数据，以获得更准确且完整的信息，对满足未来智能数据处理和控制系统发展的需求至关重要。

2.3.1 传感网络与无线传感网络

1. 定义

传感网络由一组空间上散布的集成传感器、数据处理单元和通信单元的传感节点组成，用于收集所处环境的信息，然后根据融合后的信息对环境进行适当反馈。传感网络自 20 世纪 70 年代出现以来已经发展到第四代，即无线传感网络（Wireless Sensor Network，WSN）。

目前 WSN 还没有相对统一的定义，比较有代表性的定义有以下几种。

（1）WSN 是大规模、无线、自组织、多跳、无分区、无基础设施支持的网络。其中的节点是同构的，成本较低，体积较小，大部分节点不移动，被随意散布在工作区域，要求网络系统有尽可能长的工作时间[10]。

（2）WSN 是由部署在监测区域内的大量廉价微型传感器节点组成的，通过无线通信方式形成的一个多跳的自组织网络系统，其目的是协作地感知、采集和处理网络覆盖区域中被感知对象的信息，并发送给观察者。传感器、感知对象和观察者构成了 WSN 的 3 个基本要素[11]。

2. 体系结构

WSN 的体系结构参考了互联网的 TCP/IP 和 OSI/RM（Open System Interconnection/Reference Model）的架构，如图 2-9 所示，从下至上分别为物理层、数据链路层、网络层、传输层和应用层。此外，每层又包含了 WSN 特有的电源管理、移动管理和任务管理模块。这些管理模块使得感知节点能够按照能源高效的方式协同工作，在节点移动的 WSN 中转发数据，并支持多任务和资源共享[12]。

3. 数据传输技术

WSN 的数据传输常采用各种短距离无线通信技术，如 ZigBee、6LoWPAN、Bluetooth、Wi-Fi 等。

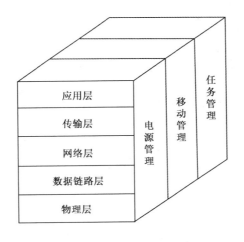

图 2-9   无线传感网络的体系结构

1）ZigBee

ZigBee 是新近发展起来的一种典型短距离无线通信技术，具有功耗小、成本低、时延短、网络容量大、可靠性和安全性高等特点，所以成为当前 WSN 应用领域的首选。ZigBee 的体系结构采用基于 OSI/RM 并经简化后的物理层、MAC 层、网络层和应用层4 层体系结构。

2）6LoWPAN

一直以来，因为 IP 协议对内存和带宽要求较高，要降低它的运行环境要求以适应微控制器及低功率无线连接很困难，所以无线网络只采用专用协议。基于 IEEE 802.15.4标准的 6LoWPAN 技术可以实现 IPv6 通信，它所具有的低功率运行的潜力使它可用于构建 WSN。6LoWPAN 协议栈参考模型与 TCP/IP 参考模型大致相似，区别在于6LoWPAN 底层使用的是 IEEE802.15.4 标准。

3）Bluetooth

Bluetooth 也称为蓝牙技术，是一种典型的支持设备短距离通信（一般为 10m 内）的无线电技术。利用蓝牙技术能够有效简化移动通信终端设备之间及设备与互联网之间的通信，从而使数据传输变得更加迅速高效，拓宽了无线通信的道路。蓝牙技术规范包括 Core（核心）和 Profiles（定义了蓝牙各种应用中的协议栈组成和实现）两大部分，独立于不同的操作系统和通信协议，可以移植到许多应用领域。例如，在移动电话、PDA、无线耳机、笔记本电脑、相关外设等众多设备之间进行无线信息交换。

4）Wi-Fi

Wi-Fi（Wireless Fidelity，无线保真）能在数十米范围内将个人计算机、手持设备等终端设备以无线方式进行高速连接，同时通过因特网接入点（Access Point，AP）为用户提供无线的宽带互联网访问，目前已成为无线局域网通信技术的品牌和无线设备高速互连的市场首选。Wi-Fi 支持 IEEE 802.11 推出的各类标准，并还在不断更新中。

5）其他技术与标准

其他短距离无线通信技术与标准还包括国际自动化学会（International Society of Automation，ISA）下属的 ISA100 工业无线委员会制定的 ISA100.11a；第一个开放式可互操作无线通信标准——无线可寻址远程传感器高速通道（Highway Addressable Remote Transducer）；具有中国自主知识产权、由 863 先进制造技术领域《工业无线技术及网络化测控系统研究与开发》项目提出的面向工业过程自动化的工业无线网络标准；由丹麦公司 Zensys 一手主导的基于射频的、低成本、低功耗、高可靠短距离无线通信技术 Z-Wave；20 世纪 90 年代开始兴起的近距离非接触双向通信与识别技术——无线射频识别 [13]。

4．主要用途

无线传感网络应用系统中大量采用具有智能感测和无线传输的微型传感器，它们探测周围环境，如温度、湿度、压力、光照、气体浓度，以及电磁辐射、震动强度等物理信息，并由无线网络将收集到的信息传送给监控者。WSN 已成为军事侦测、建筑监测、环境保护、工业控制、交通管理、医疗监护、智能家居等应用中的重要技术手段。

2.3.2　协作感知

由于不同性质、不同类型的感知信息形式内容不统一，传感器采样和量化方式不同造成的信息精度差异，以及传感器感知域的局限性使得获取的信息不全面和具有时空相关性等问题，导致原始感知数据具有不确定性和高度冗余性。这就需要研究网络化信息协作感知的有效方法。

1．传感网络协作测量

传感网络协作测量涉及很多方面，如传感网络布置、网络通信、数据融合等。近些年，传感网络技术的发展降低了传感节点的造价，使得布置大量传感节点，从而以数量换取质量成为可能。如何有效地利用大量节点之间对感知数据的协同处理和控制来完成感知任务是 WSN 的关键问题，传感节点连接的拓扑结构、网络通信延迟和能耗，以及信息融合算法的设计都是需要考虑的。

关于网络结构，目前主要有委员会和层次化两种基本类型。在委员会网络结构中，每个节点是自治的，与部分或其他所有节点连接，以便局部信息能够在任意两个连接的节点之间广播，这样由单个节点收集的信息可在网络内最大程度共享。层次化网络结构则在多层次上排列节点，每个节点仅仅与它的直接下属和上级节点通信。在每一级，单个节点收到来自低级节点的信息，按照它们在等级中的位置协作融合信息，向上级节点报告融合和抽象结果。但是在实际应用中，通常采用混合网络结构来克服这两种网络结构各自的不足。

针对网络可能遇到的数据量大、通信带宽低、不可靠等问题，目前一般采用移动代理的传感网络结构，这种移动代理路由可以为代理访问的节点找到最优路径，路径规划的结果会直接提升传感网络的整体性能[14]。

信息融合主要考虑节点上所执行的数据处理的类型，通过交选函数融合各节点的估计值。在传感网络中，首先应基于所有节点数据生成具有最优解析度的交迭函数；然后应用多解析分析过程在期望解析度上寻找最优值。

2. 协作式信号处理

协作式信号处理通过协调不同节点的测量、传输时序，根据网络资源分布和测量目标，由传感节点自主协作，降低能耗，满足高精度测量需求，实现 WSN 信息融合。能耗、通信带宽和计算能力是传感网络协作测量感知的三大约束条件，协作式信号处理方法必须同时考虑各传感节点的通信负担、计算能力和剩余能量，使数据融合过程在满足一定精度要求的前提下，实现通信和计算能耗的最小化。

针对不同信号处理算法，协作信号处理机制也不同，但各种协作信号处理机制都必须平衡算法性能和复杂度，以适应传感网络的要求。根据融合机制不同，协作信号处理机制可分为集中式和分布式两类。在集中式机制中，各节点将决策信息直接传送给中心节点进一步完成融合，这种机制虽然应用广泛，但也有一些本质缺陷。例如，仅有的一个或几个中心节点来完成大部分数据处理工作，需要消耗更多的能量、网络带宽，影响网络传输的可靠性并降低网络寿命。另外，由于各节点都自主地完成数据采集、初步决策和信息传输，因此导致无法动态选择传感节点以实现对融合精度的实时控制。分布式机制则根据节点的空间位置、测量能力和需求将网络划分为多个簇，各节点实现初步决策并将信息传递给簇首节点以完成簇内数据融合，簇首节点再将融合结果传至中心节点完成最终信息融合。这样利于动态控制融合精度，实现网络能耗与测量精度的动态平衡。

渐进分布式机制是一种新的协作信号处理机制。在测量过程中，中心节点根据评价指标选择网络最优节点作为激活节点并传递测量指令，该节点再根据周围节点状况选择下一激活节点并传递信息，新节点将接收到的信息与本地信息融合后传递给选择的下一激活节点，不断循环选择节点和渐进融合，直至结果满足精度要求。该方法能有效实现网络能耗与融合精度的优化平衡[15]。

2.4 智能感知应用

人类和高等动物都能通过视觉、触觉、听觉、味觉、嗅觉等来感受外界刺激，获取环境信息。智能系统同样可以通过各种传感器来感知周围的环境信息，目前主流的智能感知应用包括视觉感知、听觉感知、触觉感知等。

2.4.1 视觉感知

视觉传感器以图像的形式呈现环境信息，一般将监测环境中景物的光信号转换成电信号。目前，用于图像采集的常见视觉传感器包括红外热像仪、可见光摄像机、TOF（Time Of Flight）深度摄像机及近红外摄像机。红外热像仪由于依靠被测物体及它与背景间的温差成像，不受光照、阴影干扰，具有良好的云雾穿透性能，能有效地工作于低能见度环境中。但是，它所获取热红外图像的时空分辨率较低，边缘模糊，无法保留物体的几何和纹理等细节信息。可见光摄像机采集的图像有较高的时空分辨率，具有丰富的色彩、几何和纹理细节，但它对光线强度敏感，容易受遮挡、阴影等不利因素的影响。

TOF 深度摄像机通过光的飞行时间来获取目标距离，其计算精度随距离变大而变得不敏感，它工作时需要主动光源，图像分辨率较低，且较强的环境光线会影响其深度测量的稳定性。在无可见光或微光的黑暗环境下，近红外摄像机采用红外发射装置主动将红外光投射到物体上，红外光经物体反射后进入镜头实现夜视成像，但夜视效果往往不理想，存在颜色失真、发热量大等缺陷[16]。

虽然上述这些视觉传感器有一些功能上的不足，但视觉感知系统由于获取的信息量更多、更丰富，采样周期短，受磁场和传感器相互干扰影响小，质量轻，能耗小，在众多智能系统中受到青睐。下面介绍一些常见的视觉感知应用。

1. 智能车视觉感知应用

智能车视觉感知系统主要检测行驶过程中的人、车、路信息，下面就以交通标志检测为例，说明智能车视觉感知系统是如何工作的。

交通标志检测与识别系统主要包括色彩分割、形状检测和验证、象形识别等功能。

1）色彩分割

道路交通标志具有特定的颜色，主要包括黄底、白底、蓝底、绿底、棕色底、黑边、黑图案、红圈、白图案等。所以，当光照调节键良好时，HSV 色彩空间的色度与饱和度信息能够滤除大部分与交通标志色彩差异大的颜色，通过摄像头对大量的行车环境中的图像进行采样，可以确定色彩分割的阈值。

2）形状检测和验证、象形识别

可对上一步采集到的各种道路交通标志图像进行检测和识别。对于道路交通标志，其有固定的形状，主要是正三角形、圆、长方形和正方形。在确定交通标志的候选区域后，计算每个候选区的长宽比例和边界范围，然后对检测的形状用模板匹配原理进行验证，可以大致完成分类，最后通过图像识别处理算法进行在线识别，就可以高效准确地识别交通标志图像内部的象形图[17]。

2. 消防机器人视觉感知应用

消防机器人主要采用可见光摄像机和/或红外热像仪构建视觉系统以采集环境信息。常见的消防机器人视觉系统主要有单目视觉系统[18-20]和立体视觉系统[21]两大类型。前者使用单个摄像机感知周围环境，结构较为简单。立体视觉系统分为双目和多目两种，主要使用多个摄像机，从不同视点拍摄同一空间物体，对所得到的不同图像中的视差获取目标深度信息并进行三维重建。立体视觉系统需要解决摄像机标定、立体匹配和三维重建三方面的主要问题，其复杂程度相对单目视觉系统显著提高，而且会随着摄像机数目的增加进一步提高，因此实际使用的主要为双目立体视觉系统。

定位火焰属于消防机器人的基本功能，双目/多目立体视觉系统因能够得到较好的定位精度而得到了广泛应用[22]，但这类系统安装、调试难度往往比较大，其中多个摄像机参数的标定过程比较复杂。因此，一些研究者也在尝试利用图像传感器特殊性质[23]或结合紫外线传感器、温度传感器等非图像传感器[24]来达到使用单目摄像机高精度定位火焰的目的。

3. 空间机械臂在轨作业视觉感知应用

随着机器人、遥控操作等技术的不断发展，以空间机械臂代替航天员进行空间在轨服务已成为一种趋势[25]。视觉作为空间机械臂的"眼睛"，在在轨服务操作中具有举足轻重的地位。

加拿大 MDA 公司设计的包含两个闩锁抓捕机构的对接环抓捕工具如图 2-10（a）所示[26]。该工具的视觉系统有两组：第一组为监视用视觉系统，包括黑白相机加 LED 照明灯，用于人工操作时的监视，其中照明可用于补光；第二组为用于自动操作的视觉系统，包括两个相机及两个激光发射器，可以构成两套结构光测量系统。这样，在视觉感知系统的辅助下，空间机械臂就可完成如图 2-10（b）所示的在轨作业[27]。

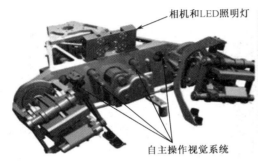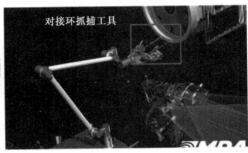

（a）对接环抓捕工具　　　　　　　　　　（b）机械臂作业概念图

图 2-10　对接环抓捕工具和机械臂作业

德国 OHB 公司设计的另一种空间机械臂视觉系统如图 2-11 所示[28]。该系统采用双目视觉结合机械手，进行对接环的抓捕。

图 2-11　OHB 公司的空间机械臂视觉系统

美国的 RSGS 计划使用两条 FREND 机械臂：一条用来捕获和握紧目标；另一条用于取工具和修理。机械臂末端结构如图 2-12（a）所示，包括控制板、工具更换装置、相机系统及其光源。相机系统为三目相机，单个相机为带有照明的 MDA 相机，如图 2-12（b）所示。可采用双目视觉对目标进行位姿测量，同时将另一相机作为备份。测量数据可以用来引导机械手进行抓捕等操作，完成空间在轨维护任务[29]。

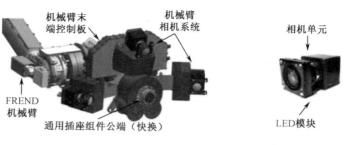

（a）机械臂末端结构　　　　　　（b）单个 MDA 相机

图 2-12　机械臂末端结构和单个 MDA 相机

2.4.2　听觉感知

听觉是人类和智能系统识别周围环境很重要的感知能力，尽管听觉定位精度比视觉定位精度低很多，但听觉有其无可比拟的优势。例如，听觉定位是全向性的，传感器阵列可以接受空间中的任何方向的声音。智能系统依靠听觉可以在黑暗环境或光线很暗的环境中进行声源定位和语音识别，这依靠视觉是不能实现的。听觉感知技术将数据域内信息的特征映射成声音特征量（音高、响度、音色等）之间的关系，用以描述、表达数据的内在关系，从而对数据进行监控或提供数据分析支持，同时可以解决视觉不能独立完成的任务，降低视觉的负荷。结合视觉通道和听觉通道承载信息会使人获得强烈的存在感和真实感，这在虚拟现实中已有大量应用[30]。此外，听觉感知在军事等领域也取得了很好的应用效果。

1．水下目标自动识别

水下目标自动识别一直是各国海军优先和重点发展的技术。根据目前的科学研究和实践表明，声波是水介质中所有信息载体中传播损失最小的，因而声呐是水下远程目标探测最有效的工具。声呐接收的水下信号是发声体和所处介质共同作用后产生的目标辐射噪声，通过特征提取、特征选择和分类器处理可实现水下目标的准确辨识。20 世纪 80 年代中期，美国军方装备了斯坦福大学研制的 HASP/SIAP 水下目标识别系统；加拿大大西洋防务研究机构研制了一种能用于声呐信号机器解释的舰船辐射噪声信号分析专家系统（INTERSENSOR）；英国 SD-Scicon 公司综合了有监督和无监督两类学习算法，开发了一种基于神经网络的水下目标分类系统。此外，水下目标自动识别典型系统还包括印度研制的 RECTSENSOR 水下目标识别专家系统，以及日本研制的 SK-8 海岸预警系统[31]。

2．无人平台应用

无人平台是一种面向信息化作战的集感知、控制和智能决策于一体，能够自主驾驶的智能平台。无人车、无人机间的很多交互信息是基于声音的，如枪声、炮声的识别定位，语音指令，环境声音等，感知周围这些基于声音的交互信息，并做出正确的智能决策对无人车辆而言至关重要。听觉感知包括声学事件检测和特定语义下的音频场景识别。声学事件检测通过采集设备拾取声音信号，经分析处理后获得其发生的开始时间、持续时间、场景类别等信息，并将其转化为相应的事件符号表示，从而达到仿真人耳听觉感知能力的目的。音频场景分析基于声学事件检测来判断所处的场景。例如，识别枪声、炮声，甚至根据炮声的不同来识别对方所用的武器装备；通过频繁鸟鸣声判断是丛林作战环境，通过雷雨声辅助判断作战时的天气状况等[32]。

2.4.3　触觉感知

触觉是智能系统获取环境信息的一种仅次于视觉的重要知觉形式，是实现与环境直接作用的必需媒介。与视觉不同，触觉本身有很强的敏感能力，可直接测量对象和环境的多种性质特征。触觉的主要任务是为获取对象与环境信息和为完成某种作业任务而对智能系统与对象、环境相互作用时的一系列物理特征量进行检测或感知。触觉感知与视觉感知一样基本上是模拟人的感觉。广义的触觉是接触、压迫、滑动、温度、湿度等的综合，而狭义的触觉则指接触面上的力觉，其严谨的概念包括接触觉、压觉和滑觉。通过触觉能达到的个别功能，虽然其他感觉也能完成，但许多功能为触觉独有，其他感觉难以替代。触觉融合视觉，两者在功能上的互补性可为智能系统提供可靠而坚固的知觉系统。

触觉感知来源于触觉传感器采集或测量到的外界被接触物体的各种特征，然后通过各种算法进行特征提取、分类和数据融合，进而做出准确的识别决策。就以苹果 iPad 为代表的触控计算机而言，其以强大全面的功能为基础，采用友好的 UI 界面作为人机交互的窗口，并以稳定简便的系统保证快速准确地完成用户的需求，已经将用户的体验提升到了一个空前的高度。通过触觉界面，用户不仅能看到屏幕上的物体，还能触摸和操控它们，产生更真实的沉浸感。触觉感知在人机交互应用中有着不可替代的作用，已成为人机交互领域的最新技术，对人们的信息交流和沟通方式将产生深远的影响[33]。

1. 视障产品应用

将触觉感知技术应用于视障产品中，能给视障群体带来实实在在的便利。例如，带有漂浮杠杆提示水位的水杯，当杯内水位到达一定程度时，其杠杆的杯外部分会触及握住把手的大拇指，从而让人获知"现在杯内的水已经足够了"；盲人手杖设计中增加了手部触感的反馈，使用者通过手指触感的变化来获取周围环境信息；盲人专用导航鞋，鞋内置蓝牙、GPS 模块及小型振动装置，在行走过程中，鞋子前后左右 4 个振动器会通过振动指示方向，如图 2-13 所示。

（a）盲人防溢出水杯　　　（b）智能盲人手杖　　　（c）盲人专用导航鞋

图 2-13　视障产品

2. 假手产品应用

假手是一类典型的人机交互设备，对于辅助手臂截肢患者恢复手部功能有着重要的作用。现代智能假手除了在外观上装饰残疾人缺失的肢体，还可以通过肌电控制及其力触觉感知反馈机制实现其运动和感知能力。图 2-14 所示为全国第十二届"挑战杯"的优秀作品"具有力触觉的新型人机交感智能肌电假手"。本产品可安装于残疾人剩余手臂，将两个肌电电极贴放在残肢上，通过肌电电极采集残肢体表信号，控制假手的张合。假手上的应变片和力传感器采集实时的力信号，联合肌电信号控制假手的张合动作。另外，假手末端安装了三维腕力传感器，可同时测量 x、y、z 3 个方向的力，而在使用者的剩余手臂上安装 6 个微型振动器以传达腕力传感器的信号。当三维腕力传感器检测到假手受到外界的干预力时，其将此信息通过某一振动器来刺激某一肌肉，从而通过这种触觉反馈的设计来完成对外界的探知过程。

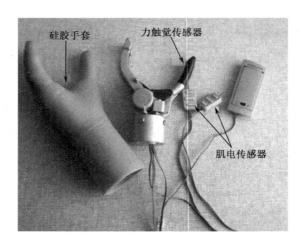

图 2-14　智能肌电假手

3. 博物馆虚拟体验应用

虚拟现实技术虽然已经能够在博物馆中建立惟妙惟肖的三维视觉环境，但仍不能满足观众日益高涨的互动体验需求。观众渴望在看到藏品的同时，还能够触摸藏品，感知藏品的软硬、纹理、粗糙度和柔韧性等其他非视觉信息。触觉对于虚拟现实技术中临场感程度和交互性的建立具有十分重要的意义。

由浙江理工大学联合杭州师范大学和上海尚特文化传播有限公司创新研发的具有完全独立自主知识产权的触觉感知数字图像系统，不仅可以让用户看到数字图像，更能"触手可及"。其核心技术包括：基于质子弹簧模型的柔性纹理图像力触觉生成方法、基于区域划分的纹图像三维重构方法、双交互触点力触觉生成方法，以及基于五要素的刚性纹理图像力触觉生成方法等。以一件织物的触觉感知为例，如图 2-15 所示，用户可以用两个手指操作和感知虚拟织物，在触摸、按压或牵扯虚拟织物时，既能观察到虚拟织物的变形，又能感受到虚拟织物的手感，体验逼真的虚拟织物触摸过程。

图 2-15　触觉感知数字图像系统

感知作为人类所具有的一种基本能力，被用来描述和理解环境，感知的过程是人类感觉器官、神经元，以及大脑的一系列的刺激、转换和再创造的生物活动。为了在机器上实现类似于人类感知系统的智能信息处理能力，除了需要开发类似于人类感觉器官的智能传感器，还需要在环境信息融合的算法、机制方面进行深度研究。

2.5　实验：　WSN——节点分簇聚合模拟

2.5.1　实验目的

（1）了解 Python 的基本编程环境。

（2）了解 Python 程序的基本框架。

（3）对于 Python 如何实现一个 WSN——对节点分簇聚合有整体认识。

（4）运行程序，查看结果。

2.5.2　实验要求

（1）熟悉 Python 的基本编程环境。

（2）用代码实现 WSN——节点分簇聚合功能。

2.5.3　实验原理

（1）实验场景：给定 WSN 的节点数目，节点随机分布，根据 LEACH 算法实现每轮对 WSN 的分簇。

（2）记录前 k 轮（本实验 $k=10$）或绘制第 k 轮网络的分簇情况，即每个节点的角色（是簇头还是簇成员）及其关系，如果是簇成员，则标记其所属的簇头。

（3）实验中需要注意，节点数目不宜过小，本实验 $N=100$；每轮只完成分簇，不考虑通信过程；每轮结束可以以定时器确定，也可以以完成当轮分簇为准。

（4）簇成员在寻找簇头时，以距离作为接收信号强弱的判断依据；约束条件为当选为簇头的节点在以后几轮的分簇中不再成为簇头。

2.5.4　实验步骤

本实验的实验环境为 Python 2.7 的环境。代码如下。

1. 主程序

```
mport numpy as np
import matplotlib.pyplot as plt
def run():
    """
    1. 输入节点个数 N
    2. node_factory(N): 生成 N 个节点的列表
    3. classify(nodes,flag,k=10): 进行 k 轮簇分类, flag 已标记的节点不再成为簇头, 返回所有簇
的列表
    4. show_plt(classes): 迭代每次聚类结果, 显示连线图
    :return:
    """
    N = 100
    # N = int(input("请输入节点个数:"))
    # 获取初始节点列表, 选择标志列表
    nodes, flag = node_factory(N)
    # 对节点列表进行簇分类, k 为迭代轮数
    iter_classes = claasify(nodes, flag, k=10)
    for classes in iter_classes:
        # 显示分类结果
        show_plt(classes)
```

2. 判断距离函数

```
# 判断距离函数
def dist(v_A, v_B):
    """
    判断两个节点之间的一维距离
    :param v_A: A 二维向量
    :param v_B: B 二维向量
    :return: 一维距离
    """
    return np.sqrt(np.power((v_A[0] - v_B[0]), 2) + np.power((v_A[1] - v_B[1]), 2))
```

3. 生成随机节点集

```
def node_factory(N):
    """
    生成 N 个节点的集合
    :param N: 节点的数目
    :param nodes: 节点的集合
    :param selected_flag: 标志:是否被选择为簇头-->初始化为 0
    :return: 节点集合 nodes=[[x,y],[x,y]...] + 标志 falg
```

```
"""
nodes = []
selected_flag = []
for i in range(0, N):
    # 在 1×1 矩阵生成[x,y]坐标
    node = [np.random.random(), np.random.random()]
    # print("生成的节点为:", node)
    nodes.append(node)
    # 对应的选择标志初始化为 0
    selected_flag.append(0)
# print("生成:", len(nodes), "个节点")
# print("初始化标志列表为", selected_flag)
return nodes, selected_flag
```

4. 根据 LEACH 算法选择簇头节点

```
def sel_heads(r, nodes, flags):
    """
    根据阈值选取簇头节点
    :param r: 轮数
    :param nodes: 节点列表
    :param flags: 选择标志
    :param P: 比例因子
    :return: 簇头列表 heads,簇成员列表 members
    """
    # 阈值函数 Tn 使用 LEACH 计算
    P = 0.05 * (100 / len(nodes))
    Tn = P / (1 - P * (r % (1 / P)))
    # print("阈值为:", Tn)
    # 簇头列表
    heads = []
    # 簇成员列表
    members = []
    # 本轮簇头数
    n_head = 0
    # 对每个节点生成对应的随机数
    rands = [np.random.random() for _ in range(len(nodes))]
    # print("随机数为:", rands)
    # 遍历随机数列表，选取簇头
    for i in range(len(nodes)):
        # 若此节点未被选为簇头
        if flags[i] == 0:
            # 随机数低于阈值→选为簇头
            if rands[i] <= Tn:
                flags[i] = 1
```

```
                    heads.append(nodes[i])
                    n_head += 1
                    # print(nodes[i], "被选为第", n_head, "个簇头")
            # 随机数高于阈值
            else:
                    members.append(nodes[i])
        # 若此节点已经被选择过
        else:
                members.append(nodes[i])
    print("簇头为:", len(heads), "个")
    print("簇成员为:", len(members), "个")
    return heads, members
```

5. 节点分簇算法

```
def claasify(nodes, flag, k=1):
    """
    进行簇分类
    :param nodes: 节点列表
    :param flag: 节点标记
    :param k: 轮数
    :return: 簇分类结果列表  classes[[类 1..],[类 2...],......]    [类 1...簇头...簇成员]
    """
    # k 轮的集合
    iter_classes = []
    # 迭代 r 轮
    for r in range(k):
        # 获取簇头列表，簇成员列表
        heads, members = sel_heads(r, nodes, flag)
        # 建立簇类的列表
        classes = [[] for _ in range(len(heads))]
        # 将簇头作为头节点添加到聚类列表中
        for i in range(len(heads)):
            # print("第", i + 1, "个簇头为", heads[i])
            classes[i].append(heads[i])
    # print("簇头集合:", classes)
    # 簇分类:遍历节点 node
    for n in range(len(members)):
        # 选取距离最小的节点
        dist_min = 1
        for i in range(len(heads)):
            dist_heads = dist(members[n], heads[i])
            # 找到距离最小的簇头对应的 heads 下标 i
            if dist_heads < dist_min:
                dist_min = dist_heads
```

```
            head_cla = i
            # 添加到距离最小的簇头对应的聚类列表中
            classes[head_cla].append(members[n])
            # 将簇头作为头节点添加到聚类列表中
            iter_classes.append(classes)
        #0 个簇头的情况
        if dist_min == 1:
            print("本轮没有簇头!")
            break
    return iter_classes
```

6. 绘制分类图

```python
def show_plt(classes):
    """
    显示分类图
    :param classes: [[类 1...],[类 2...]....]-->[簇头,成员,成员...]
    :return:
    """
    fig = plt.figure()
    ax1 = plt.gca()
    # 设置标题
    ax1.set_title('WSN1')
    # 设置 X 轴标签
    plt.xlabel('X')
    # 设置 Y 轴标签
    plt.ylabel('Y')
    icon = ['o', '*', '.', 'x', '+', 's']
    color = ['r', 'b', 'g', 'c', 'y', 'm']
    # 对每个簇分类列表进行显示
    for i in range(len(classes)):
        centor = classes[i][0]
        for point in classes[i]:
            ax1.plot([centor[0], point[0]], [centor[1], point[1]], c=color[i % 6], marker=icon[i % 5], alpha=0.4)
    # 显示所画的图
    plt.show()
```

2.5.5　实验结果

实验运行结果如图 2-16 所示。

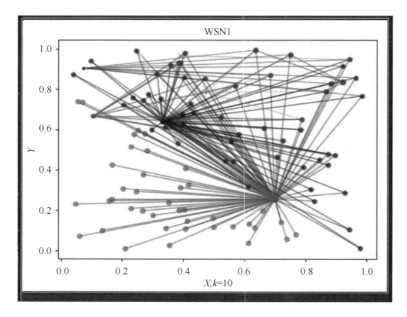

图 2-16　实验运行结果

习题

1．什么是传感器和智能传感器？
2．简述智能传感器的主要智能处理功能。
3．什么是感知智能？
4．简述数据融合的概念。
5．简述数据融合的 3 个层次。
6．数据融合有几大类？分别有哪些方法？
7．什么是无线传感网络？
8．无线传感网络的数据通信技术有哪些？
9．视觉传感器主要有哪些？
10．盲人防溢出水杯利用了哪种智能感知技术？简述其原理。

参考文献

[1] 刘爱华，满宝元. 传感器原理与应用技术[M]. 北京：人民邮电出版社，2006.

[2] 沙占友. 集成化智能传感器原理与应用[M]. 北京：电子工业出版社，2004.

[3] 智能传感器：一切从感知开始[EB/OL]. https://www.sohu.com/a/202760523_468626，2017.

[4] 王雪. 人工智能与信息感知[M]. 北京：清华大学出版社，2018.

[5] 祁友杰，王琦. 多源数据融合算法综述[J]. 航天电子对抗，2017, 33(6):37-41.

[6] Zhang Z, Li J X, Liu L. Distributed state estimation and data fusion in wireless sensor networks using multi-level quantized innovation. Sciece China Information Sciences, 2016, 59(2): 1-15.

[7] Abdulhafiz W A, Khamis A. Bayesian approach to multisensor data fusion with Pre- and Post-Filtering. IEEE International Conference on Networking, 2013: 373-378.

[8] 徐小琴. 多传感器数据融合目标识别算法综述[J]. 红外与激光工, 2006, 35: 321-328.

[9] 杨应雷, 周金和, 王川潮. 加权决策模板业务感知算法[J]. 计算机工程与应用, 2015, 53(2): 118-123.

[10] 李晓维. 无线传感器网络技术[M]. 北京: 北京理工大学出版社, 2007.

[11] 孙利民, 李建中, 陈渝, 等. 无线传感器网络[M]. 北京: 清华大学出版社, 2005.

[12] 杨博雄, 倪玉华. 无线传感网络[M]. 北京: 人民邮电出版社, 2015.

[13] 王雪. 无线传感网络测量系统[M]. 北京: 机械工业出版社, 2007.

[14] 梁天, 周晖. 无线感知执行网的智能协作机制研究[J]. 传感技术学报, 2012, 25(5): 665-672.

[15] 王雪, 王晨, 毕道伟. 无线传感网络测量系统关键技术[J]. 中国仪器仪表, 2008: 64-72.

[16] 谭勇. 消防机器人视觉感知技术研究综述[J]. 绵阳师范学院学报, 2018, 37(2): 40-45.

[17] 马要娟. 面向智能车的前方车辆识别技术研究及视觉感知系统设计[D]. 淄博: 山东理工大学, 2018.

[18] Wu H B, Li Z J, Ye J H, et al. Firefighting robot with video full-closed loop control[J]. Optical Engineering, 2016, 6(2) : 254-269.

[19] Rangan M K, Rakesh S M, Sandeep G S P, et al. A computer vision based approach for detection of fire and direction control for enhanced operation of fire fighting robot[J]. Control, Automation, Robotics and Embedded Systems, 2013: 1-6.

[20] Velasquez A J G, Granados C M, Ramirez A A, et al. Hybrid object detection vision‐based applied on mobile robot navigation: IEEE International Conference on Mechatronics, Electronics and Automotive Engineering[C]. Prague, Czech Republic: IEEE, 2015: 51- 56.

[21] Li G, Lu G, Yan Y. Fire detection using stereoscopic imaging and image processing techniques: IEEE International Conference on Imaging Systems and Techniques[C]. Santorini, Greece: IEEE, 2014: 28-32.

[22] Castro J L E, Martínez-García E A. Thermal image sensing model for robotic planning and search[J]. Sensors, 2016, 16(8) : 1-27.

[23] Memon S F, Kalwar I H, Grout I, et al. Prototype for localization of multiple fire detecting mobile robots in a dynamic environ-ment: 2016 3rd International Conference on Computing for Sustainable Global Development（INDIACom）[C]. New Delhi:IEEE, 2016: 395-400.

[24] Castro J L E, Martínez-García E A. Thermal image sensing model for robotic planning

and search[J]. Sensors，2016, 16(8) : 1-27.

[25] 郭筱曦. 国外载人航天在轨服务技术发展现状和趋势分析[J]. 国际太空，2016(7): 27-32.

[26] Stéphane E，Jürgen T，et al，Definition of an Automated Vehicle with Autonomous Fail-Safe Reaction Behavior to Capture and Deorbit Envisat[C]. Proc.7th European Conference on Space Debris.

[27] 郝颖明，付双飞，范晓鹏，等. 面向空间机械臂在轨服务操作的视觉感知技术[J]. 无人系统技术，2018(1): 54-65.

[28] Wieser M，Richard H，Hausmann G, et al. e.Deorbit Mission: OHB Debris Removal Concepts[C]. 13th Symposium on Advanced Space Technologies in Robotics and Automation, 2015.

[29] Gordon Roesler. Robotic Servicing of Geosynchronous Satellites （RSGS） Proposers Day，2016.

[30] 张琼，石教英. 分布式虚拟环境中的三维音频支持[J]. 计算机辅助设计与图形学学报，2002, 14(12): 1152-1155.

[31] 杨立学. 基于听觉感知原理的水下目标识别方法研究[D]. 西安：西北工业大学，2016.

[32] 刘文举，杨宏斌，胡鹏飞. 声音感知在地面无人平台中的应用展望[C]. 中国指挥控制大会论文集，2013: 924-927.

[33] Salisbury K. Haptics: The Technology of Touch[N]. HPCwire Special, 1995-11-10.

第3章　智能计算

智能计算是一种具有学习能力和能够处理新情况的计算方法，这样的系统被认为拥有多个推理属性，如泛化、发现、协同和抽象。智能计算系统通常包含多个混合范式，如人工神经网络、模糊系统和进化算法。应用智能计算是通过学习和发现新的模式、关系和复杂动态环境的结构来增强人类智能以解决实际问题的系统化方法和基础架构。下面 3 个关键因素推动了智能计算的发展：①古典人工智能未解决的问题；②计算机运算能力的快速提升；③数据科学的蓬勃发展。网络技术极大地推进了通过数据驱动进行决策的趋势，新的无线通信技术将进一步推动该趋势的发展。智能计算方法受益于当前的数据爆炸，将成为数据转化为知识的引擎，最终创造价值。本章将对神经计算、进化计算、模糊计算、免疫计算和混合计算等流行的智能计算技术进行介绍。

3.1　神经计算

本节将介绍构成人类大脑的生物神经元与人工神经网络中使用的人工神经元之间的关系，解释 MP 模型，并考查感知器的学习能力和局限性；探讨多层神经网络结构，并解释多层网络中的监督学习算法——反向传播算法；通过使用自组织映射解释无监督学习[1-3]。

3.1.1　从生物神经元到人工神经元

人类大脑包含超过 100 亿个神经元，每个神经元平均与数千个其他神经元连接。这些连接被称为突触，人脑包含大约 60 万亿这样的连接。

神经元实际上是非常简单的处理单元。每个神经元都由细胞体和突起构成。细胞体具有联络和整合输入信息并传出信息的功能。突起有树突和轴突两种。树突短而分枝多，直接由细胞体扩张突出，形成树枝状，其作用是接收其他神经元轴突传来的冲动并传给细胞体。轴突长而分枝少，为粗细均匀的细长突起，末端形成树枝状的神经末梢。生物神经元的简化图如图 3-1 所示。

神经元沿其树突接收来自其他神经元的输入，当此输入信号超过某个阈值时，神经元受到"激发"，即被称为动作电位的电脉冲沿着轴突传向与该神经元连接的其他神经元树突。

尽管每个神经元都非常简单，但神经元网络能够以极高的速度和非常复杂的方式处理信息。众所周知，人类的大脑远远比任何由人类创造的装置或宇宙中任何的物体的结构都要复杂。

人类大脑具有称为可塑性的属性，这意味着神经元可以改变与其他神经元连接的性质和数量，以响应发生的事件。通过这种方式，大脑能够学习。大脑使用一种信用分配形式来加强神经元之间的联系，从而形成问题的正确解决方案，并削弱导致错误解决方案的连接。连接或突触的强度决定了它对连接的神经元的影响程度，因此如果连接弱化，它将对随后的计算结果产生较少的影响。

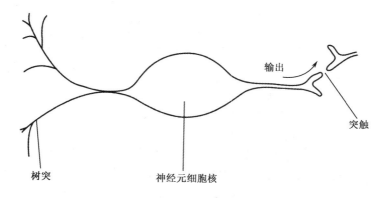

图 3-1　生物神经元的简化图

人工神经网络模仿人类大脑，由许多人工神经元组成。人工神经网络中的神经元往往具有比生物神经元更少的连接，并且神经网络在神经元数量方面（目前）明显小于人类大脑。

本章中研究的神经元是由 McCulloch 和 Pitts 发明的，因此通常被称为 MP 模型。神经网络中的每个神经元（或节点）接收许多输入，称为激活函数的函数使用这些输入值来激活各个神经元，神经元的激活程度以输出值来表示，可以在神经元中使用许多激活函数。一些最常用的激活函数如图 3-2 所示。

在图 3-2 中，每个图的 X 轴表示神经元的输入值，Y 轴表示神经元的输出或激活程度。

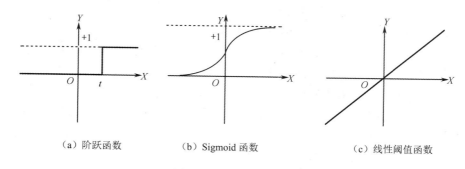

（a）阶跃函数　　　　　（b）Sigmoid 函数　　　　　（c）线性阈值函数

图 3-2　常用的激活函数

最常用的激活函数是阶跃函数或线性阈值函数。在使用这两个函数时，将神经元的输入相加（每个都乘以权重），并将该总和与阈值 t 进行比较。如果总和大于阈值，则神经元激发并具有+1 的激活程度；否则，它处于非激活状态且激活程度为零。因此，神经元的行为可以表示为

$$X = \sum_{i=1}^{n} w_i x_i$$

式中，X 为神经元的 n 个输入的加权和。其中，每个输入 x_i 乘以其对应的权重 w_i，i 为从 1 到 n。例如，考虑一个只有两个输入的简单神经元，这两个输入都具有与之相关的权重，即

$$w_1 = 0.8$$
$$w_2 = 0.4$$

神经元的输入是 x_1 和 x_2，即

$$x_1 = 0.7$$
$$x_2 = 0.9$$

所以，加权后的总输入为

$$(0.8 \times 0.7) + (0.4 \times 0.9) = 0.92$$

激活程度为 Y，此神经元定义为

$$Y = \begin{cases} +1 & \text{for } X > t \\ 0 & \text{for } X \leq t \end{cases}$$

因此，如果 t 等于 0.92，当加权和 X 大于 0.92 时，这个神经元将用这组特定的输入来激活自身；否则，它的激活程度为零。使用线性激活函数的神经元仅使用其输入的加权和标识其激活程度。Sigmoid 函数将输入范围为 $-\infty$ 到 $+\infty$ 的输入转换为 0 到 $+1$ 范围内的激活程度。

人工神经网络由一组连接在一起的神经元组成。神经元之间的连接具有与之相关联的权重，并且每个神经元将自身的输出传递到其所连接的神经元作为输入。此输出取决于激活函数所接收的输入。以这种方式，可通过整个网络处理传到网络的输入信号，并产生一个或多个输出，没有中央处理或控制机制，整个网络与其中的每个计算都密切相关。

3.1.2　从单层感知器到多层神经网络

1. 单层感知器

感知器最初由 Rosenblatt（1958 年）提出，是一种简单的神经元模型，用于将输入特征进行两类划分。

感知器可以具有任意数量的输入，有时被排布成网格。该网格可用于表示图像或视野，因此感知器可用于执行简单的图像分类或识别任务。

感知器使用阶跃函数，此函数通常写为 $\text{Step}(X)$，即

$$\text{Step}(X) = \begin{cases} +1 & \text{for } X > t \\ 0 & \text{for } X \leq t \end{cases}$$

在这种情况下，感知器的激活函数可以写成

$$Y = \text{Step}\left(\sum_{i=0}^{n} w_i x_i\right)$$

注意，这里允许 i 从 0 而不是从 1 开始。这意味着引入了两个新变量：w_0 和 x_0。可将 x_0 定义为 1，将 w_0 定义为 t。

单个感知器可用于学习分类任务，其中它接收输入并将其分类为两个类别之一：1 或 0，可以用它们来表示真和假。也就是说，感知器可以学习表示布尔运算符，如 AND 或 OR。

感知器的学习过程如下。

首先，将权重随机分配给输入端。通常，这些权重选择的值为-0.5～+0.5。

其次，将一对训练数据呈现给感知器，并观察其输出分类。如果输出不正确，则调整权重以尝试更仔细地对此输入进行分类。换句话说，如果感知器错误地将正类别训练数据划分为负类别，则需要修改权重以增加该组输入对应的输出。这可以通过向具有负值的输入端权重添加正值来完成，反之亦然。

由 Rosenblatt（1960 年）提出的这种修改公式为

$$w_i \leftarrow w_i + \left(\alpha \times x_i \times e\right)$$

式中，e 为产生的误差；α 为学习率，其中 $0 < \alpha < 1$。如果输出正确，则 e 定义为 0；如果输出过低，则 e 为正；如果输出过高，则 e 为负。以这种方式，如果输出太高，则对于接收到正值的输入减小权值，此规则称为感知器训练规则。

一旦对权重进行了这种修改，下一条训练数据就以相同的方式使用。一旦应用了所有训练数据，该过程再次开始，直到所有权重都正确且所有误差都为零。此过程的每次迭代都称为一个迭代周期。

通过一个简单例子来看感知器如何学习使用两个输入来表示逻辑"或"的函数。下面将使用零阈值（$t = 0$）和学习率 0.2。

首先，将两输入中每个的权重初始化为-1～+1 的随机值：

$$w_1 = -0.2$$
$$w_2 = 0.4$$

现在，第一个迭代周期已经过去了。训练数据将由 1 和 0 的两种输入组成 4 种组合。因此，第一个训练数据为

$$x_1 = 0$$
$$x_2 = 0$$

预期输出为 $x_1 \vee x_2 = 0$。将使用的公式为

$$Y = \text{Step}\left(\sum_{i=0}^{n} w_i x_i\right)$$
$$= \text{Step}(0 \times (-0.2) + 0 \times 0.4)$$
$$= 0$$

因此，输出 Y 如预期的那样，误差 e 为 0，所以权重不会改变。

现在，对于 $x_1 = 0$ 和 $x_2 = 1$ 有

$$Y = \text{Step}(0 \times (-0.2) + 1 \times 0.4)$$
$$= \text{Step}(0.4)$$
$$= 1$$

同样，这是正确的，因此权重不需要改变。

对于 $x_1 = 1$ 和 $x_2 = 0$ 有

$$Y = \text{Step}(1 \times (-0.2) + 0 \times 0.4)$$
$$= \text{Step}(-0.2)$$
$$= 0$$

这是不正确的，因为 $1 \lor 0 = 1$，所以这组输入的 Y 为 1。因此，权重被调整。

使用感知器训练规则为权重指定新值：

$$w_i \leftarrow w_i + (\alpha \times x_i \times e)$$

学习率为 0.2，在这种情况下，e 为 1，所以将下面的值分配给 w_1：

$$w_1 = -0.2 + (0.2 \times 1 \times 1)$$
$$= -0.2 + (0.2)$$
$$= 0$$

现在使用相同的公式为 w_2 分配一个新值：

$$w_2 = 0.4 + (0.2 \times 0 \times 1)$$
$$= 0.4$$

w_2 权值不变，表示其对错误没有贡献。现在使用最后一对训练数据（$x_1 = 1$ 和 $x_2 = 1$）：

$$Y = \text{Step}(0 \times 1 + 0.4 \times 1)$$
$$= \text{Step}(0 + 0.4)$$
$$= \text{Step}(0.4)$$
$$= 1$$

这是正确的，因此不调整权重。

这是第一个迭代周期的结束，此时该方法再次运行并继续迭代，直到所有 4 组训练数据都被正确分类。

表 3-1 显示了完整的序列，只需要 3 个周期，感知器就正确地学会对输入值进行分类。在仅仅 3 个迭代周期后，感知器就学会了如何正确地建立逻辑或函数的模型。以同样的方式，可以训练感知器来模拟其他逻辑功能，如逻辑"与"，但有些函数无法使用感知器建模，如逻辑"异或"。原因是感知器只能学习模拟线性可分的函数。线性可分函数是可以在二维层面绘制的函数，其可以通过在值域画出一条直线，将输入的一类划分到直线的一侧，另一类划分到直线的另一侧。

表 3-1　简单感知器在学习表示逻辑"或"时权重的变化示例

迭代	x_1	x_2	期望值	实际值	误差	w_1	w_2
1	0	0	0	0	0	−0.2	0.4
1	0	1	1	1	0	−0.2	0.4
1	1	0	1	0	1	0	0.4
1	1	1	1	1	0	0	0.4
2	0	0	0	0	0	0	0.4
2	0	1	1	1	0	0	0.4
2	1	0	1	0	1	0.2	0.4
2	1	1	1	1	0	0.2	0.4
3	0	0	0	0	0	0.2	0.4
3	0	1	1	1	0	0.2	0.4
3	1	0	1	1	0	0.2	0.4
3	1	1	1	1	0	0.2	0.4

由图 3-3 可知，对逻辑"异或"无法绘制一条分割线，而对逻辑"或"可绘制这样一条分割线。

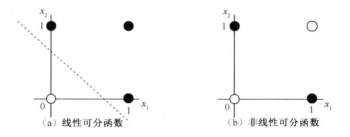

图 3-3　线性可分函数与非线性可分函数之间的区别

图 3-3 中，实心点表示 true，空心点表示 false。应该清楚的是，在第二种情况（对于"异或"逻辑）不能绘制一条虚线将实心点与空心点分开。

通过检查以下函数，可以看出单个感知器只能模拟线性可分函数的原因。

$$X=\sum_{i=1}^{n} w_i x_i$$

$$Y=\begin{cases} +1 & \text{for } X>t \\ -1 & \text{for } X\leqslant t \end{cases}$$

使用函数 $X=t$ 可线性有效地划分搜索空间。因此，在具有两个输入的感知器中，将一个类与另一个类分开的线性方程定义为

$$w_1 x_1 + w_2 x_2 = t$$

感知器通过找到 w_i 的一组值，从而产生合适的函数来起作用。在不存在这种线性函数的情况下，感知器运行不成功。

2. 多层神经网络

大多数现实世界的问题都不是线性可分的，因此尽管感知器是研究人工神经元工作方式的有趣模型，但解决实际问题还需要更强大的功能。正如已经指出的那样，神经网络由连接在一起的许多神经元组成，通常以层的形式排列。单个感知器可以被认为是单层感知器。多层感知器能够建模更复杂的函数，包括线性不可分函数，如逻辑"异或"函数。

"或"函数和"与非"函数都是线性可分的，可以用单个感知器来表示。通过将这些函数组合在一起，可以生成所有其他布尔函数。因此，通过仅在两个层中组合单个感知器，可以生成两个输入的任何二元函数。三层前馈神经网络如图 3-4 所示。

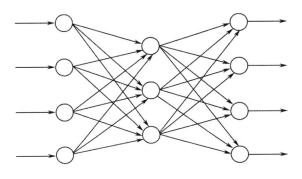

图 3-4　三层前馈神经网络

图 3-4 中，第一层是输入层。该层中的每个节点（或神经元）接收单个输入信号。实际上，通常该层中的节点不是神经元，而只是用于将输入信号传递到下一层中的节点，称为隐层。

网络可以有一个或多个隐层，其中包含执行实际工作的神经元。注意，每个输入信号被传递到该层中的每个节点，并且该层中每个节点的输出被传递到最终层中的每个节点，即输出层。输出层处理后发出输出信号。

该网络称为前馈网络是因为数据从输入节点前馈到输出节点。典型的前馈神经网络由输入层、一个或两个隐层和输出层组成，并且每层可以具有 10～1000 个神经元。

3.1.3　反向传播算法

多层神经网络的学习方式与单个感知器的学习方式大致相同，主要区别在于：在多层网络中，每个神经元具有与其输入相关联的权重，因此当用一条训练数据产生错误时，就要调整大量的权重。显然，一个重要的问题是，如何调节才能使各个权重增加或减少。最常用的一种方法是反向传播算法。

多层反向传播网络通常使用 Sigmoid 函数，而不是使用单个感知器使用的简单 Step 函数。

Sigmoid 函数定义为

$$\sigma(x) = \frac{1}{1 + e^{-x}}$$

这个函数很容易微分，因为

$$\frac{\mathrm{d}\sigma(x)}{\mathrm{d}x} = \sigma(x)(1-\sigma(x))$$

这与感知器使用的 Step 函数形成对比，感知器没有简单的导数。

与单个感知器一样，反向传播算法首先将网络中的权重初始化为随机值，随机值通常设置为较小的值，如为 -0.5～0.5；或者权重可以正常分布在 -2.4/n 到 2.4/n 的范围，其中 n 是输入层的输入个数。

算法的每轮迭代都先通过网络将数据从输入馈送到输出，再将输出错误反馈到输入，误差通过网络反馈，沿路径改变节点的权重。以这种方式重复，直到训练数据产生的输出足够接近所需值，换句话说，直到误差值足够小。

因为 Sigmoid 函数实际上不能达到 0 或 1，所以通常接收如 0.9 的值表示 1，接收如 0.1 的值表示 0。

下面介绍反向传播算法中用于调整权重的公式。考虑三层网络，并使用 i 表示输入层中的节点，j 表示隐层中的节点，k 表示输出层中的节点。因此，w_{ij} 表示输入层中的节点与隐层中的节点之间连接的权重。

用于在网络中导出节点 j 的输出值的函数为

$$X_j = \sum_{i=1}^{n} x_i w_{ij} - \theta_j$$

$$Y_j = \frac{1}{1+\mathrm{e}^{-X_j}}$$

其中，n 为节点 j 的输入数量；w_{ij} 为每个节点 i 和节点 j 之间连接的权重；θ_j 为用于节点 j 的阈值，它被设置为 0～1 的随机值；x_i 为输入节点 i 的输入值；y_j 为节点 j 产生的输出值。

一旦输入通过网络馈送产生输出，就计算输出层中每个节点 k 的误差梯度。k 的误差信号定义为该节点的期望值和实际值之间的差值，即

$$e_k = d_k - y_k$$

式中，d_k 为节点 k 的期望值；y_k 为实际值。

输出节点 k 的误差梯度定义为该节点的误差值乘以激活函数的导数，即

$$\delta_k = \frac{\partial y_k}{\partial x_k} \cdot e_k$$

式中，x_k 为节点 k 的输入值的加权和。

因为 y 被定义为 x 的 Sigmoid 函数，所以可以使用上面给出的 Sigmoid 函数导数的公式来获得误差梯度的公式：

$$\delta_k = y_k(1-y_k)e_k$$

同样，计算隐层中每个节点 j 的误差梯度，即

$$\delta_j = y_j(1-y_j)\sum_{k=1}^{n} w_{jk}\delta_k$$

式中，n 为输出层中的节点数，因此是隐层中每个节点的输出数。

现在，网络中的每个权重 w_{ij} 或 w_{jk} 都根据以下公式进行更新。

$$w_{ij} \leftarrow w_{ij} + \alpha x_i \delta_j$$
$$w_{jk} \leftarrow w_{jk} + \alpha y_j \delta_k$$

其中，x_i 为输入节点 i 的输入值；α 为学习率，它是低于 1 的正数，并且不应太高。

此方法称为梯度下降，因为它涉及沿着表面下降最陡的路径。该路径表示错误函数，以尝试在错误空间中找到最小值，该最小值表示提供网络最优性能的权重集。

事实上，当一个周期中所有训练数据的输出值的误差平方之和小于某个阈值（如 0.001）时，反向传播算法的迭代通常是终止的。

注意，此方法通过将附加到每个节点的权重与该节点相关联的错误进行比较，将责任归咎于网络中的各个节点。在隐藏节点的情况下，没有错误值，因为这些节点没有特定的期望输出值。在这种情况下，隐层节点和输出节点之间的每个连接的权重将乘以该输出节点的误差，以尝试根据每个节点对错误的贡献程度在隐层中的节点之间分配责任。

反向传播似乎并未出现在人类大脑中。此外，它相当低效，而且通常太慢，无法用于解决现实问题。对于一些简单的问题，可能需要数百甚至数千个周期才能达到令人满意的低水平误差，所以需要采取措施提高反向传播的性能。

用于改善反向传播性能的常用方法是使用动量修改公式中的权重。该动量考虑了在前一次迭代中特定权重的变化程度，将使用 t 来表示当前迭代，并使用 $t-1$ 来表示前一次迭代。因此，可以编写如下的学习规则。

$$\Delta w_{ij}(t) = \alpha x_i \delta_j + \beta \Delta w_{ij}(t-1)$$
$$\Delta w_{jk}(t) = \alpha y_j \delta_k + \beta \Delta w_{jk}(t-1)$$

式中，$\Delta w_{ij}(t)$ 为第 t 次迭代节点 i 和 j 连接权重的变化；β 为动量值，取值为 0～1，通常使用较高的值，如 0.95，如果 β 为零，那么这与不使用动量的反向传播算法相同。此规则（包括动量值）称为广义 Delta 规则，包含动量值的好处是使反向传播算法能够避免局部最小值，并且还能够更快地通过误差空间不变的区域。

加速反向传播的另一种方法是使用超双曲正切函数 tanh，而不是 Sigmoid 函数，这使得网络能够在更少的迭代中收敛于解。tanh 函数定义为

$$\tanh(x) = \frac{2a}{1 + e^{-bx}} - a$$

式中，a 和 b 均为常数，如 $a = 1.7$，$b = 0.7$。

提高反向传播性能的最后一种方法是在训练网络的过程中改变学习速率 α 的值。R. A. Jacobs 提出的两种启发式方法使用从一个周期到下一个周期的误差平方和的变化方向（增加或减少）来确定学习速率的变化。如果在多个周期内，误差平方的总和在相同方向上改变，则增加学习速率；如果误差平方总和在几个周期内交替改变方向，则降低学习速率。通过将这些启发式方法结合广义 Delta 规则使用，可以显著地提高反向传播的性能。

3.1.4 无监督学习网络

到目前为止，我们已熟悉了神经网络的有监督学习，即在对未知样本测试之前先要用已知类别标号的训练数据对网络进行训练。下面要介绍的是神经网络的无监督学习，其训练数据无标号类别属性。

1. Kohonen 映射

Kohonen 映射或自组织特征映射是 Kohonen 在 20 世纪 80 年代提出的一种神经网络模型。Kohonen 映射使用 winner-take-all 算法，这导致一种称为竞争性学习的无监督学习。winner-take-all 算法使用以下原则：只有一个神经元产生网络输出能响应给定的输入，这个具有最高激活水平的神经元称为获胜元。在学习过程中，只有与这个获胜元相连接的神经元才可以更新其权重。

Kohonen 映射的目的是将输入数据聚类到多个类簇中。例如，Kohonen 映射可用于将新闻故事聚类为主题类别。在没有告知映射类别的情况下，Kohonen 映射确定了最有用的内在属性划分。因此，Kohonen 映射特别适用于类簇数未知的数据聚类。

Kohonen 映射有两层：输入层和聚类层，后者用作输出层。每个输入节点连接到聚类层中的每个节点，并且通常聚类层中的节点以网格形式排列，但这不是必须的。

用于训练 Kohonen 映射的方法如下。最初，所有权重都设置为小的随机值，学习速率 α 也设定为小的正值。

输入向量呈现给映射的输入层。该层将输入数据提供给聚类层。聚类层中与输入数据最匹配的神经元被宣布为获胜元。该神经元提供映射的输出分类，并且更新其权重。

为了确定哪个神经元获胜，将其权重视为向量，并将该向量与输入向量进行比较。权重向量最接近输入向量的神经元是获胜元。

具有权重 $\boldsymbol{w}_i$ 的神经元与输入向量 $\boldsymbol{x}$ 的欧氏距离 d_i 为

$$d_i = \sqrt{\sum_{j=1}^{n} \left(w_{ij} - x_j \right)^2}$$

式中，n 为输入层中神经元的数量，即输入向量中元素的数量。例如，计算以下两个向量之间的距离。

$$\boldsymbol{w}_i = \begin{bmatrix} 1 \\ 2 \\ -1 \end{bmatrix}, \ \boldsymbol{x} = \begin{bmatrix} 3 \\ -1 \\ 2 \end{bmatrix}$$

$$d_i = \sqrt{\left(1-3\right)^2 + \left(2+1\right)^2 + \left(-1-2\right)^2} = \sqrt{4+3+9} = \sqrt{16} = 4$$

因此，这两个向量之间的欧氏距离是 4。距离值最小的神经元是获胜元，这个神经元的权重向量更新如下。

$$w_{ij} \leftarrow w_{ij} + \alpha \left(x_j - w_{ij} \right)$$

这种调整使获胜元的权重向量更接近使其获胜的输入向量。

事实上，不仅是获胜元的权重更新，通常还会更新获胜元邻域内的神经元权值。邻域通常定义为获胜元周边二维网格内某个范围内的神经元。

通常，随着训练数据的加载，邻域半径会随着时间的推移而减小，最终固定在较小的值。同样，在训练阶段，学习率通常会降低。

当所有聚类神经元的权重修改变得非常小时，该训练阶段通常终止。此时，网络已从训练数据中提取了一组类簇，其中类似的样本包含在同一类簇中，并且越相似的类簇彼此靠得越近。

2. Kohonen 映射示例

下面来看一个 Kohonen 映射的简化示例。

Kohonen 映射只有两个输入和 9 个类簇神经元，聚类层神经元排列成一个 3×3 网格结构，如图 3-5 所示。

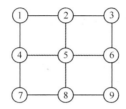

图 3-5　简单的 Kohonen 映射的聚类层

图 3-5 显示了神经元如何排列在网格中。聚类层中的每个节点都与两个输入节点中的每一个相连，聚类层节点彼此不连接。图 3-5 中的网格不代表物理连接，而代表如空间邻近节点 1 靠近节点 2 和 4 这样的聚集。神经元的这种空间聚集用于确定在训练阶段更新哪些权重的邻域集。

注意，这种方形排列结构不是必须的。节点通常排列在矩形网格中，但其他形状同样可以成功地使用。

因为网络中有两个输入节点，所以可以将每个输入表示为二维空间中的位置。图 3-6 所示为用于训练此网络的 9 个输入值。

在图 3-6 中，x_1 和 x_2 是要呈现给输入层的两个输入值，它包含两个神经元。

注意：训练数据是从可用空间中随机选择的，这样它们尽可能多地填充空间。以这种方式，数据将尽可能代表所有可用输入数据，因此 Kohonen 映射将能够最优地聚类输入空间。

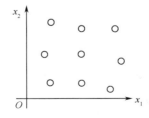

图 3-6　图 3-5 所示 Kohonen 映射的训练数据

因为聚类层中的每个神经元都与两个输入层神经元有连接，所以它们的权重向量可以在二维空间中绘制。这些权重向量最初设置为随机值，如图 3-7 所示。图 3-7 中节点之间的连接再次表示空间接近度。

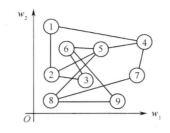

图 3-7 Kohonen 映射的初始权重向量

由于有 9 个聚类节点和 9 个训练数据，因此希望网络将每个神经元分配给一个训练数据。大多数实用的 Kohonen 映射由更多的神经元组成，通常使用更多的训练数据。

在简单示例中，通过运行 Kohonen 映射的多次迭代，权重向量将修正为如图 3-8 所示的排列。

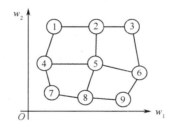

图 3-8 训练 Kohonen 映射后的权重向量

在这种情况下，很容易看出映射的作用：通过修改每个神经元的权重向量，使其非常类似于一个训练矢量，当呈现新的输入数据时，它将归类到权重向量最接近的节点类别。另外，该节点的权重向量将略微移向新的输入数据。通过这种方式，当向其呈现新数据时，网络将继续学习。当呈现新的输入数据时，随着时间的推移，逐步降低学习率，可以迫使网络达到权重不再变化的稳定状态。

这个例子说明了 Kohonen 映射的自组织性质。图 3-8 所示的空间填充形状是这些网络行为的典型特征。

3.2 遗传算法

遗传算法是基于自然选择理论的宏启发式算法，它利用交叉、变异等算子来生成或搜索种群中更高质量的解以试图确定最优解决方案[1-3]。

3.2.1 遗传表达与编码

John Holland 最早提出的遗传算法种群个体表示方式是一串比特。该比特串称为染色体，每个比特称为基因，这两个术语都直接来自遗传学。

种群由一组染色体组成，每个染色体都由基因组成。染色体通常代表群体中的一个完整的"个体"，换句话说，代表一个完整的解决方案或一个分类，也有可能将染色体组合在一起形成生物，这更接近真实的遗传学，因为现实世界中的每个个体都有许多染色体。人们采用 Holland 的方法，用染色体代表一个完整的个体。

染色体中的每个基因都代表个体遗传构成的某个方面。例如，基因可以是完全独立的，代表动物体内某些身体部位的存在。更常见的是，基因以不太透明的方式组合在一起。例如，人们将看到遗传算法如何用于解决数学问题，其中染色体的位通常被视为代表问题解决方案的二进制数位。

3.2.2　简单遗传算法

遗传算法的步骤如下。

（1）生成随机的染色体群（这是第一代）。

（2）如果满足终止标准，就停止；否则，继续执行步骤（3）。

（3）确定每条染色体的适应度。

（4）对本代染色体进行交叉和突变，产生下一代新的染色体群。

（5）返回步骤（2）。

种群规模应提前确定。通常情况下，种群规模从一代到下一代都保持不变。在某些情况下，种群规模发生变化是很有用的。

一般每个染色体的大小保持相同。运行染色体大小可变的遗传算法是合理的，但通常不这么做，应该在每一代中选择适应度较高的染色体以彼此配对，产生两个后代。由此产生的一组后代染色体取代了上一代，也有可能允许特别健康的父代生产相对较多的后代，并允许某一代的某些成员生存到下一代。

1. 适应度

在传统的遗传算法中，需要一个度量标准来客观地确定染色体的适应度。例如，在使用遗传算法将数字顺序排序时，可以通过运行该算法并计算其放置在正确位置的数字数量来确定合适的适应度。通过测量每个错误放置的数字与正确位置之间的距离，可以获得更复杂的适应度。

2. 交叉操作

交叉操作应用于两条长度相同的染色体。

（1）选择一个随机交叉点。

（2）将每条染色体分成两部分，在交叉点处分裂。

（3）通过将一条染色体的前部与另一条的后部相结合来重新组合断裂的染色体，反之亦然，从而产生两条新的染色体。

例如，考虑以下两条染色体。

110100110001001

010101000111101

可以在第六和第七基因之间选择交叉点。

110100 | 110001001

010101 | 000111101

现在染色体重组的部分如下。

110100 | 000111101 => 110100000111101

010101 | 110001001 => 010101110001001

这一过程基于 DNA 链在人类繁殖过程中相互重组的方式，即子代结合父代的特征。单点交叉是最常用的形式，但也可以使用具有两个或更多交叉位置的交叉。

在两点交叉中，选择两个点将染色体分成两个部分：外侧部分和内侧部分。外侧部分被认为连接在一起以将染色体变成环。交叉时两个部分相互交换，如图3-9所示。

图3-9　两点交叉图解

在均匀交叉中，概率 p 用于确定子代是使用来自父代 1 的给定位还是来自父代 2 的给定位。换句话说，一个子代可以从它的父代那里随机接收任意的比特。例如，假设有以下两个父代。

父代 1：10001101

父代 2：00110110

可以确定这两条染色体的后代，如图 3-10 所示。其中，来自父代 1 的基因以灰色阴影显示，而来自父代 2 的基因没有阴影。

图3-10　两个父代染色体进行均匀交叉产生两个后代

第一个子代的第一个比特来自父代 1 的概率为 p，来自父代 2 的概率为 $1-p$。如果子 1 选择了来自父代 1 的比特，则子 2 选择来自父代 2 的相应比特；反之亦然。与传统的单点或双点交叉每对父代产生两个后代不同，均匀交叉通常用于从一对父代产生一个后代。

均匀交叉确实会将基因库中的基因大量混合在一起，在某些情况下，使用非常高（或非常低）的 p 值是非常明智的，这样可以确保大多数基因来自一方父代（或另一方）。在某些情况下，可以采用克隆的方法，从而从根本上不应用交叉，并且产生与其单亲相同的新后代。

3. 突变操作

遗传算法与人们惯常使用的爬山法非常相似。爬山法包括产生一个可能的问题解决方案，并朝着比目前更好的解决方案前进，直到找不到一个更好的解决方案为止。在有局部最大值的情况下，爬山算法表现不好。为了使遗传算法避免这个问题，引入了变异算子。变异算子是一元运算符（只应用于一个参数——单个基因），通常以较低的概率应用变异算子，如 0.01 或 0.001。突变只涉及逆转染色体中位的值。例如，当突变率为 0.01 时，100 个基因的染色体中的一个基因可能被逆转。下面可以看到应用于上述例子中的一个后代的突变。

010101110001001

⇓

010101110**1**01001

4. 终止准则

遗传算法有两种终止运行的方式：通常，对进化次数有一个限制，在这之后运行终止；对于一些问题，当使用特定解决方案得到结果时，或者当群体中的最高适应度达到特定值时，运行终止。在 3.2.3 节中将看到如何用遗传算法求解数学函数。在这种情况下，很明显，当达到正确的解决方案时，运行终止，这很容易进行测试。

3.2.3 应用实例：数学函数优化

下面介绍如何使用遗传算法来找到数学函数的最大值，我们尝试找到以下函数的最大值。

$$f(x) = \sin(x)$$

其中，x 是以弧度表示的，x 取值为 0～15。每个染色体使用 4 位表示 x 的可能值。图 3-11 给出了此函数的散点图。

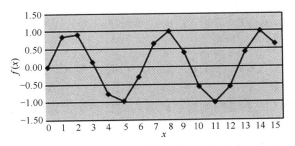

图 3-11 函数 $f(x) = \sin(x)$ 的散点图，x 取值为 0～15

下面使用有 4 个染色体的群体。第一步是生成随机种群，这是第一代。

c1 = 1001

c2 = 0011

c3 = 1010

c4 = 0101

要计算染色体的适应度，需要先将其转换为十进制整数，然后计算这个整数的 $f(x)$ 值。

将适应度指定为 0～100，其中 0 表示最不适合，100 表示最适合。

$f(x)$ 生成-1～1 的实数。指定 $f(x)=1$ 时的适应度为 100，$f(x)=-1$ 时的适应度为 0，50

的适应度将被指定为 $f(x)=0$。因此，x 的适应度 $f'(x)$ 定义为

$$f'(x)=50\times\big(f(x)+1\big)$$
$$=50\times\big(\sin(x)+1\big)$$

染色体的适应度比例是染色体的适应度占总适应度的百分比，下面将看到为什么这是一个有用的计算。表 3-2 所示为用于计算第一代适应度的计算结果。现在需要运行遗传算法来生成下一代，第一步是选择将要复制的染色体，轮盘法使用适应度比率随机选择染色体进行复制，具体如下。

表 3-2　第一代适应度的计算结果

染色体	基因	整数值	$f(x)$	适应度 $f'(x)$	适应度比例/%
c1	1001	9	0.41	70.61	46.3
c2	0011	3	0.14	57.06	37.4
c3	1010	10	−0.54	22.80	14.9
c4	0101	5	−0.96	2.05	1.34

从 0 到 100 给染色体按比例分配每个染色体的适应度。因此，在第一代中，c1 将具有 46.3% 的范围（从 0 到 46.3），c2 将具有 37.4% 的范围（从 46.3 到 83.7），以此类推。

现在生成一个 0～100 的随机数。该数字将落在一条染色体的范围内，然后选择该染色体用于繁殖，下一个随机数用于选择该染色体的配偶。因此，适应度高的染色体往往比适应度低的染色体产生更多的后代。

重要的是：这种方法不会阻止适应度低的染色体的繁殖，因为这有助于确保种群不会因同一父代不断繁殖而停滞不前。

然而，在上述例子中，染色体 c4 将不太可能再现，因为只有当随机数落在 98.6～100 时才会出现这种情况。

需要生成 4 个随机数来找到将要产生下一代的 4 个父代。第一个随机数是 56.7，这意味着 c2 被选为第一个父代。然后 38.2 被选择，所以它的配偶是 c1。

现在需要结合 c1 和 c2 来产生两个新的后代。首先，需要随机选择一个交叉点，将选择第二位和第三位（基因）之间的点。

$$10\,|\,01$$
$$00\,|\,11$$

现在用交叉产生两个后代：c5 和 c6。

$$c5 = 1011$$
$$c6 = 0001$$

以类似的方式，c1 和 c3 被选择来产生后代 c7 和 c8，使用第三位和第四位之间的交叉点。

$$c7 = 1000$$
$$c8 = 1011$$

现在，第一代种群 c1 到 c4 被第二代种群 c5 到 c8 取代。c4 没有机会繁殖，因此其

基因将丢失。

c1 是第一代中最适合的染色体，能够繁殖两次，从而将其高度适合的基因传递给下一代的所有成员。

第二代的适应度值如表 3-3 所示。

表 3-3　第二代的适应度值

染色体	基因	整数值	$f(x)$	适应度 $f'(x)$	适应度比/%
c5	1011	11	−1	0	0
c6	0001	1	0.84	92.07	48.1
c7	1000	8	0.99	99.47	51.9
c8	1011	11	−1	0	0

这一代产生了两条非常合适的染色体和两条非常不合适的染色体。事实上，其中一条染色体 c7 是最优解。此时，终止标准可能会确定运行是否可以停止；否则，算法将继续运行，但找不到更好的解决方案。从随机配置到最优解决方案只需要一步即可完成。

显然，这是一个非常简单的例子，实际问题可能更难解决。它们可能涉及更大的种群规模（通常种群规模为 100～500），染色体可能包含更多的比特。在许多情况下，遗传算法可以快速地对组合问题产生最优或接近最优的解。

3.3　免疫计算

1958 年澳大利亚学者 Burnet 率先提出了克隆选择原理，并于 1960 年因此获得诺贝尔奖。Farmer 于 1986 年基于免疫网络学说理论构造出了免疫系统的动态模型，展示了免疫系统与其他人工智能方法相结合的可能性，开创了免疫系统研究的先河。1996 年，在日本举行的国际专题研讨会上，免疫系统的概念被提出。1997 年，IEEE 的 SMC 组织专门成立了人工免疫系统及应用的分会组织[1]。

免疫算法是受生物免疫系统的启发而推出的一种新型的智能搜索算法。对外界入侵的抗原，受抗原的刺激，生物上淋巴细胞会分泌出相应的抗体，其目标是尽可能保证整个生物系统的基本生理功能得到正常运转，并产生记忆细胞，以便下次相同的抗原入侵时，能够快速地做出反应。研究者借鉴其相关内容和知识，并将其应用于工程科学的某些领域，收到了良好的效果。

3.3.1　概要

免疫算法是模仿生物免疫机制，结合基因的进化原理，人工地构造出的一种新型智能搜索算法。免疫算法具有一般免疫系统的特征，免疫算法采用群体搜索策略，一般遵循的步骤是："产生初始化种群→适应度的计算评价→种群间个体的选择、交叉、变异→产生新种群"。通过这样的迭代计算，最终以较大的概率得到问题的最优解。相比于其他算法，免疫算法利用自身产生多样性和维持机制，保证了种群的多样性，克服了一般寻优过程中特别是多峰值的寻优过程中不可避免的"早熟"问题，从而求得全局最优解。

大量研究表明，免疫算法能在较少的迭代次数下快速收敛到全局最优。

虽然起步较晚，但免疫算法已在函数优化、人工神经网络设计、智能控制等领域获得了成功的应用。由于免疫算法在增强系统的鲁棒性、维持机体动态平衡方面有明显的成效，因此也充分与其他算法融合，例如，免疫遗传算法、免疫粒子群算法，这些算法的灵活性很高。免疫算法目前主要的应用领域包括机器学习、故障诊断、网络安全、优化设计。

国内虽然对免疫算法的研究起步较晚，但在免疫算法的研究及其应用上取得了较好的成果。经研究归纳，免疫算法可分为以下 3 种。

（1）基本免疫算法，模拟免疫系统中抗原与抗体的结合原理。

（2）基于免疫系统中其他特殊机制抽象出来的免疫算法，如克隆选择算法。

（3）免疫算法与其他智能算法的结合形成的新的算法，如免疫遗传算法。

3.3.2 基本免疫算法

基本免疫算法基于生物免疫系统基本机制，模仿了人体的免疫系统。基本免疫算法从体细胞理论和网络理论得到启发，实现了类似于生物免疫系统的抗原识别、细胞分化、记忆和自我调节的功能，如图 3-12 所示。

一般来说，免疫反应就是当病原体入侵到人体时，受病原体刺激，人体免疫系统以排除抗原为目的而发生的一系列生理反应。其中，B 细胞和 T 细胞起着重要的作用。B 细胞的主要功能是产生抗体，且每种 B 细胞只产生一种抗体。免疫系统主要依靠抗体来对入侵抗原进行攻击以保护有机体。T 细胞不产生抗体，它直接与抗原结合并实施攻击，同时还兼顾调节 B 细胞的活动。成熟的 B 细胞产生于骨髓中，成熟的 T 细胞产生于胸腺中。B 细胞和 T 细胞成熟之后进行克隆增殖、分化并表达功能。正是由于这两种淋巴细胞之间相互影响，相互控制，才使得机体得以维持机体反馈的免疫网络。

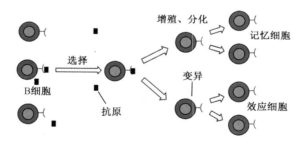

图 3-12 生物免疫系统图解

1. 免疫算法的相关概念

免疫算法保留着生物免疫系统中一些主要的元素，免疫算法各元素与生物免疫系统一一对应，如表 3-4 所示。

表 3-4　生物免疫系统与人工免疫系统

生物免疫系统	人工免疫系统
抗原	待求问题的目标函数
抗体	待求问题的解
抗原识别	问题的识别
从记忆细胞产生抗体	从先知的成功经验中产生解
淋巴细胞分化	保持优良的解
抗体的抑制	消除剩余候选解
抗体的促进	利用遗传算子产生新抗体

抗原：在生命科学中，指能够诱发机体的免疫系统产生免疫应答和抗体进行免疫作用的物质，在算法中特指非最优个体的基因或错误基因。

抗体：在生命科学中，指免疫系统受抗原刺激后，免疫细胞转化为 T 细胞并产生的与抗原发生特异性结合的免疫球蛋白。

疫苗：在生命科学中，指保留了能刺激生物免疫系统的特性，使免疫应答做出反应的预防性生物制品；在免疫算法中，疫苗指根据已求问题的先知经验得到的对最优个体基因的估计。

免疫算子：与生命科学中的免疫理论相对应，免疫算子可分为全免疫和目标免疫，前者对应生命科学中的非特异性免疫；后者则对应特异性免疫。

免疫调节：在免疫反应过程中，抗原对免疫细胞的刺激会增强抗体的分化和繁殖，但大量抗体的产生会降低这一刺激，从而控制抗体的浓度；同时，产生的抗体之间也存在相互刺激和抑制作用，这种抗原与抗体亲和力、抗体与抗体之间的排斥力使抗体免疫反应维持在一定的强度，保证机体的动态平衡。

免疫记忆：与抗原发生反应的抗体会作为记忆细胞将记忆成功地保存下来，当相似的抗原再次入侵时，这类记忆细胞会根据经验，受刺激并产生大量的抗体，从而大量缩短免疫反应时间。

2. 免疫算法的基本步骤

（1）识别抗原。对问题进行可行性分析，构造出合适的目标函数和制定各种约束条件，作为抗原。

（2）产生初始抗体群。免疫算法不能直接解决问题空间中的参数，因此必须通过编码把问题的可行解表示成解空间中的抗体，一般将解的空间内随机产生的解作为初始抗体。采用简单的编码可以方便计算，实数编码不需要进行数值的转换，因此是比较理想的编码方法，每个抗体为一个实数向量。

（3）对群体中的抗体进行多样性评价，计算亲和力和排斥力。免疫算法对抗体的评价是以期望繁殖概率为标准的，其中包括亲和力的计算和抗体浓度的计算。

（4）形成父代群体。更新记忆细胞，保留与抗原亲和力高的抗体并将它存入记忆细胞中，利用抗体间排斥力的计算，淘汰与之亲和力最高的抗体。

（5）判断是否满足结束条件。如果产生的抗体中有与抗原相匹配的抗体，或者满足结束条件，则停止。

（6）利用免疫算子产生新种群。免疫算子包括选择、交叉和变异等操作。按照"优胜劣汰"的自然法则选择，亲和力高的抗体有较大的机会被选中。交叉和变异操作在后面章节中会介绍。

（7）转至步骤（3）。

3.3.3 基于免疫算法的 TSP 问题求解

TSP 问题指寻找一条最短的遍历 n 个城市的路径，或者说搜索整数子集 $X=\{1,2,\cdots,n\}$(X 的元素表示对 n 个城市的编号)的一个排列 $\{V_1,V_2,\cdots,V_n\}$，使 $\mathrm{Td}(i)=\sum_{i=1}^{n-1}d(V_i,V_{i+1})+d(V_i,V_{i+1})$ 取最小值，其中，$d(V_i,V_{i+1})$ 表示城市 V_i 到城市 V_{i+1} 的距离。由于它是诸多领域内出现的多种复杂问题的集中概括和简化形式，因此成为各种启发式搜索、优化算法的间接比较标准。在工程中，很多问题可以抽象为 TSP 问题，并且 TSP 问题经常被作为测试对象用于各种算法的性能比较，因此 TSP 问题是一个既有理论价值又有广泛的工程应用价值的组合优化问题。基于免疫算法的 TSP 问题求解实现步骤如下。

1. 抗体编码方式及适应度函数

抗体采用以遍历城市的次序排列进行编码，每一抗体码串形如 $V_1,V_2,\cdots,V_n$，其中，V_i 表示遍历城市的序号。程序中抗体定义为一维数组 $A(N)$，N 表示 TSP 问题中的城市数目，数组中的各元素 $A(i)$ 的取值为 $1\sim N$ 中的整数，分别表示城市的序号。根据问题的约束条件，每一数组内的各元素值互不相同。

适应度函数取路径长度 Td 的倒数，即 $\mathrm{Fitness}(i)=1/\mathrm{Td}(i)$，$\mathrm{Td}(i)=\sum_{i=1}^{n-1}d(V_i,V_{i+1})+d(V_i,V_{i+1})$ 表示第 i 个抗体所遍历的城市路径长度。

2. 初始抗体群的产生

初始抗体在解空间中用随机方法产生 I 个初始抗体，形成初始抗体群。当待求解问题与记忆细胞中抗体相匹配时，则由匹配的记忆细胞组成初始抗体群，不足部分的抗体随机产生。

3. 新抗体的产生

（1）字符换位操作。单对字符换位操作指对抗体 $A(N)=(V_1,V_2,\cdots,V_n)$ 随机取两个正整数 i,j ($i>1$，$j\leqslant n$，$i\neq j$)，以一定的概率 P ($0<P<1$)交换抗体 A 中的一对字符 V_i,V_j 的位置；多对字符换位操作指预先确定一个正整数 u，随机取一个正整数 r ($1\leqslant r\leqslant u$)，在抗体 A 中随机取 r 对字符做字符换位操作。

（2）字符串移位操作。单个字符串移位操作指对抗体 $A(N)=(V_1,V_2,\cdots,V_n)$ 随机取两个正整数 i,j ($i>1$，$j\leqslant n$，$i\neq j$)，从 A 中取出一个字符子串 A_1，$A_1=(V_i,V_{i+1},\cdots,V_j)$，以一定的概率 P ($0<P<1$)依次往左（或往右）移动字符串 A_1 中的各字符，最左（或最右）边的一个字符则移动到最右（或最左）边的位置；多个字符串换位操作指预先确定一个

正整数 u，随机取一个正整数 r（$1 \leqslant r \leqslant u$），再在抗体 A 中随机取 r 个字符子串做字符串移位操作。

（3）字符串逆转操作。单个字符串逆转操作指对抗体 $A(N) = (V_1, V_2, \cdots, V_n)$ 随机取两个正整数 i, j（$i > 1$，$j \leqslant n$，$i \neq j$），从 A 中取出一个字符子串 A_1，$A_1 = (V_i, V_{i+1}, \cdots, V_j)$，以一定的概率 P（$0 < P < 1$）使字符串 A_1 中的各字符首尾倒置；多个字符串逆转操作指预先确定一个正整数 u，随机取一个正整数 r（$1 \leqslant r \leqslant u$），再在抗体 A 中随机取 r 个字符子串做字符串逆转操作。

（4）字符重组操作。字符重组操作指在抗体 $A(N) = (V_1, V_2, \cdots, V_n)$ 中随机取一个字符子串 A_1，$A_1 = (V_i, V_{i+1}, \cdots, V_j)$，以一定的概率 P（$0 < P < 1$）使字符串 A_1 中的字符重新排列，重新排列的目的是提高抗体的亲和力。

4．免疫记忆

抗体记忆机制是免疫算法的较大优势。系统在完成一个问题的求解后，能保留一定规模的求解过程中的较优抗体，当系统接收到同类抗原时，其以所保留的记忆细胞作为初始群体，从而提高了问题求解的收敛速度，体现了免疫算法二次应答时的快速求解能力。在求解过程中，每一代的抗体群更新时，将适应度最好的 M 个抗体存入记忆细胞库，并比较库中是否有与入选抗体相同的记忆细胞，从而保证记忆细胞的多样性。

5．实验仿真及其结果

实验给出了 42 个城市之间的相互距离，模拟求 42 个城市之间最短路径问题。实验设定的各参数如下。

```
pCharChange = 1;            %字符换位概率
pStrChange = 0.4;           %字符串移位概率
pStrReverse = 0.4;          %字符串逆转概率
pCharReCompose = 0.4;       %字符重组概率
MaxIterateNum = 1500;       %最大迭代次数
```

经过 1500 次迭代后，该算法基本上可以找到 42 个城市之间的最短路径值，约为 1300。

3.4　模糊逻辑与推理系统

模糊逻辑由加州大学伯克利分校计算机科学教授 Lotfi A. Zadeh 于 1965 年提出。从本质上讲，模糊逻辑（FL）是一种多值逻辑，它允许在常规评估之间定义中间值，如真/假、是/否、高/低等。"非常高"或"非常快"的概念可以用数学方法形式化和通过计算机处理，以便在计算机编程中应用更像人类的思维方式。模糊逻辑已经成为一种有利的工具，用于控制系统和复杂的工业过程、家庭和娱乐电子产品，以及其他专家系统和应用，如 SAR（合成孔径雷达）数据的分类。

3.4.1　模糊集和清晰集

模糊系统的基本概念是模糊子集。在古典数学中，人们熟悉所谓的清晰集。例如，可能的干涉范围为 0～1 的所有实数的集合 X。从该集合 X 可以定义子集 A。A 的特征函数（该函数为 X 中的每个元素分配数字 1 或 0，取决于元素是否在子集 A 中），如图 3-13 所示。

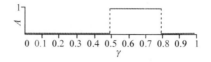

图 3-13　清晰集的特征函数

已分配编号 1 的元素可以解释为集合 A 中的元素，将编号为 0 的元素指定为不在集合 A 中的元素。此概念对于许多应用领域已足够，但很容易看出，它缺乏某些应用的灵活性，如当用于 SAR 遥感数据分析的分类时。

例如，众所周知，在 SAR 图像中，水表现出较低的干涉性 γ。由于 γ 从 0 开始，处于这个集合的较低取值范围，因此上限范围很难定义。作为第一次尝试，可以将上限设置为 0.20。因此，得到一个清晰的区间 $B = [0,0.20]$。当 γ 值为 0.20 时，干涉性低，γ 值取 0.21 时干涉性高。显然，这是一个结构性问题，因为如果将范围的上边界从 $\gamma=0.20$ 移动到任意点，则面临相同的问题。构建集合 B 的更自然的方式是放松干涉性高低之间的严格界线。这可以通过不仅允许清晰地决定是/否，而且允许设定更灵活的规则（如"相当低"）来完成。模糊集允许定义这样的概念。

使用模糊集的目的是使计算机更加智能化，上例中的所有元素都使用 0 或 1 进行编码，但模糊概念的方法允许 0～1 的更多值。

现在对分配给所有元素的数字的解释要困难得多。当然，分配给元素数字 1 仍表示元素在集合 B 中，0 表示该元素肯定不在集合 B 中。所有其他值表示集合 B 的逐渐成员资格。例如，图 3-14 中，用隶属函数表示每个输入的参与程度。它将加权与处理的每个输入相关联，定义输入之间的功能重叠，并最终确定输出响应。规则是使用输入成员资格值作为加权因子来确定它们对最终输出结论的模糊输出集的影响。

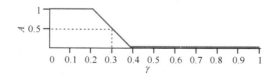

图 3-14　模糊集的特征函数

在这种情况下，在干涉测量相干的模糊集上操作的隶属函数返回 0～1.0 的值。例如，0.3 的干涉相干值 γ 对于设定的低相干性具有 0.5 的隶属度（见图 3-14）。

重要的是，需要指出模糊逻辑和概率之间的区别。两者都在相同的数值范围内操作，并具有相似的值：0 表示 False（或非成员资格），1 表示 True（或完全成员资格）。然而，两种陈述存在区别：对于图 3-14 中 $\gamma=0.3$ 的情况，概率方法产生自然语言陈述，即"有 50%的可能性是低的"，而模糊术语对应成员程度，即在干涉相干的低值集合内是0.5。两者语义差异很大：在概率中，人们认为 γ 或许不低，只是人们只有 50%的机会知道它在哪个集合中；相比之下，模糊术语假设 γ "或多或少"低，或者在某个其他术语中对应于 0.5。

3.4.2 模糊集的运算

类似于清晰集上的操作，在模糊集中也有交集、并集和补集等操作。在关于模糊集的首篇论文中，Zadeh 教授提出了两个模糊集合交集的最小算子和最大算子。可以证明，如果只考虑隶属度 0 和 1，这些算子与清晰集的统一和交叉点重合[4]。例如，如果 A 是 5～8 的模糊区间，B 是模糊数"大约 4"，如图 3-15 所示。

图 3-15　模糊集示例

在这种情况下，模糊集 A 和 B 的交集，如图 3-16 所示。

图 3-16　模糊集的交集（AND）

模糊集 A 和 B 的并集，如图 3-17 所示。

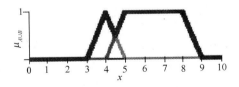

图 3-17　模糊集的并集（OR）

模糊集 A 的补集如图 3-18 所示。

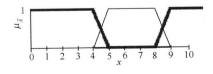

图 3-18　模糊集 A 的补集

3.4.3 模糊分类

模糊分类器是模糊理论的一种应用。其使用专家知识，并且使用语言变量以非常自然的方式表达，语言变量由模糊集描述。例如，极化变量 Entropy H 和 α 角度可以建模，如图 3-19 所示。

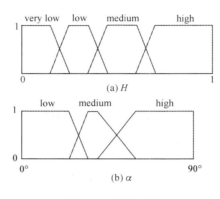

图 3-19　语言变量

现在，这些变量的专业知识可以表达为类似的规则：如果 H 为高且 α 也为高，则 Class = class 4。

规则可以在表 calles 规则库中组合，如表 3-5 所示。

表 3-5　模糊规则库的示例

H	α	Class
very low	low	class 1
low	medium	class 2
medium	high	class 3
high	high	class 4

描述控制系统的语言规则由两部分组成：一个条件块（在 IF 和 THEN 之间）和一个结论块（THEN 之后）。根据系统的不同，可能没有必要评估每个可能的输入组合，因为有些可能很少或从未发生。通常进行这种类型的评估，是由经验丰富的操作员完成的，由于他们可以评估更少的规则，因此可以简化处理逻辑，甚至可以改善模糊逻辑系统的性能。

使用 AND 运算符逻辑组合输入，以产生所有预期输入的输出响应值，然后将有效结论合并为每个隶属函数的逻辑和，计算每个输出隶属函数的输出强度。剩下的就是在去模糊化过程中合并这些逻辑和，以产生清晰的输出。例如，对于每个类的规则结果，可以导出所谓的单个或 min_max 干扰，也是相应集合的特征函数。例如，对于 $H = 0.35$ 和 $\alpha=30°$ 的输入对，图 3-20 所示的方案将适用。

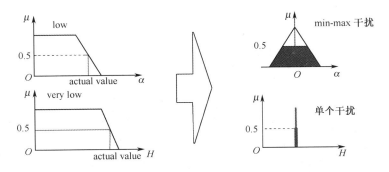

图 3-20　干扰律：IF H very low AND α low THEN Class = class 1

所有规则的模糊输出最终聚合到一个模糊集。为了从这个模糊输出中获得清晰的决策，必须对模糊集或单个集合进行去模糊化。因此，必须选择一个代表值作为最终输出。有几种启发式方法（去模糊化方法），其中之一是取模糊集的重心（见图 3-21），这种方法广泛用于模糊集。对于具有单体的离散情况，通常使用最大方法，即选择具有最大单体的对应点值。

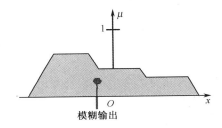

图 3-21　使用重心方法去模糊化

模糊逻辑提供了一种不同的方法来处理控制或分类问题。此方法侧重于系统应该执行的操作，而不是尝试模拟其工作方式。如果可能，人们可以集中精力解决问题，而不是试图以数学方式对系统进行建模。另外，模糊方法需要足够的专业知识来制定规则库、集合的组合和去模糊化。一般而言，对于非常复杂的过程，当没有简单的数学模型，并且具有高度非线性过程或要执行专家知识的处理时，模糊逻辑的使用可能是有帮助的。

3.5　实验：实现遗传算法

3.5.1　实验目的

（1）了解遗传算法的基本原理。
（2）学会利用遗传算法优化实际问题。

3.5.2　实验要求

（1）了解遗传算法的实现步骤。
（2）使用 Python 实现遗传算法。

（3）将算法应用于求解函数最大值。

3.5.3 实验原理

遗传算法（GA）是由美国 Holland 教授最早提出的一种基于自然界的"适者生存，优胜劣汰"基本法则的智能搜索算法。该法则很好地诠释了生物进化的自然选择过程。遗传算法也是借鉴该基本法则，通过基于种群的思想，将问题的解通过编码的方式转化为种群中的个体，并让这些个体不断地通过选择、交叉和变异算子模拟生物的进化过程，然后利用"优胜劣汰"法则选择种群中适应性较强的个体构成子种群，最后让子种群重复类似的进化过程，直到找到问题的最优解或到达一定的进化（运算）时间。

GA 的基本步骤如下。

步骤 1：种群初始化，选择一种编码方案，然后在解空间内通过随机生成的方式初始化一定数量的个体构成 GA 的种群。

步骤 2：评估种群，利用启发式算法对种群中的个体（矩形件的排样顺序）生成排样图并依此计算个体的适应度（利用率），然后保存当前种群中的最优个体作为搜索到的最优解。

步骤 3：选择操作，根据种群中个体适应度的大小，通过轮盘法或期望值方法，将适应度高的个体从当前种群中选择出来。

步骤 4：交叉操作，将步骤 3 选择的个体，用一定的概率阈值 P_c 控制是否利用单点交叉、多点交叉或其他交叉方式生成新的交叉个体。

步骤 5：变异操作，用一定的概率阈值 P_m 控制是否对个体的部分基因执行单点变异或多点变异。

步骤 6：终止判断，若满足终止条件，则终止算法；否则，返回步骤 2。

3.5.4 实验步骤

用 GA 求 $y = 10 \times \sin(5x) + 7 \times \cos(4x)$ 的最大值，步骤如下。

（1）初始化种群，采用 10 位二进制进行编码代表 x 的值，产生 n 个个体，代码如下。

```python
import random
def geneEncoding(pop_size, chrom_length):
    pop = [[]]
    for i in range(pop_size):
        temp = []
        for j in range(chrom_length):
            temp.append(random.randint(0, 1))
        pop.append(temp)
    return pop[1:]
```

（2）对染色体解码，也就是将二进制转化为十进制，并计算适应度，在这个问题中也就是函数值的大小，代码如下。

```python
import math
def decodechrom(pop, chrom_length):
    temp = []
```

```
    for i in range(len(pop)):
        t = 0
        for j in range(chrom_length):
            t += pop[i][j] * (math.pow(2, j))
        temp.append(t)
    return temp
def calobjValue(pop, chrom_length, max_value):
    temp1 = []
    obj_value = []
    temp1 = decodechrom(pop, chrom_length)
    for i in range(len(temp1)):
        x = temp1[i] * max_value / (math.pow(2, chrom_length) - 1)
        obj_value.append(10 * math.sin(5 * x) + 7 * math.cos(4 * x))
    return obj_value
```

（3）对于值为负数的个体进行淘汰，代码如下。

```
def calfitValue(obj_value):
    fit_value = []
    c_min = 0
    for i in range(len(obj_value)):
        if(obj_value[i] + c_min > 0):
            temp = c_min + obj_value[i]
        else:
            temp = 0.0
        fit_value.append(temp)
    return fit_value
```

（4）找出当前种群的最优解，也就是最大值，保存在 list 中，代码如下。

```
def best(pop, fit_value):
    px = len(pop)
    best_individual = []
    best_fit = fit_value[0]
    for i in range(1, px):
        if(fit_value[i] > best_fit):
            best_fit = fit_value[i]
            best_individual = pop[i]
    return [best_individual, best_fit]
```

（5）计算每个个体被选中的概率，这里是用个体的函数除以种群全体值得到的，然后利用轮盘法进行选择，代码如下。

```
import random
def sum(fit_value):
    total = 0
    for i in range(len(fit_value)):
        total += fit_value[i]
    return total
```

```
def cumsum(fit_value):
    for i in range(len(fit_value)-2, -1, -1):
        t = 0
        j = 0
        while(j <= i):
            t += fit_value[j]
            j += 1
        fit_value[i] = t
        fit_value[len(fit_value)-1] = 1


def selection(pop, fit_value):
    newfit_value = []
    total_fit = sum(fit_value)
    for i in range(len(fit_value)):
        newfit_value.append(fit_value[i] / total_fit)
    cumsum(newfit_value)
    ms = []
    pop_len = len(pop)
    for i in range(pop_len):
        ms.append(random.random())
    ms.sort()
    fitin = 0
    newin = 0
    newpop = pop
    # 转轮盘选择法
    while newin < pop_len:
        if(ms[newin] < newfit_value[fitin]):
            newpop[newin] = pop[fitin]
            newin = newin + 1
        else:
            fitin = fitin + 1
    pop = newpop
```

（6）进行交叉和变异操作，代码如下。

```
import random
def crossover(pop, pc):
    pop_len = len(pop)
    for i in range(pop_len - 1):
        if(random.random() < pc):
            cpoint = random.randint(0,len(pop[0]))
            temp1 = []
            temp2 = []
            temp1.extend(pop[i][0:cpoint])
            temp1.extend(pop[i+1][cpoint:len(pop[i])])
```

```
                temp2.extend(pop[i+1][0:cpoint])
                temp2.extend(pop[i][cpoint:len(pop[i])])
                pop[i] = temp1
                pop[i+1] = temp2
def mutation(pop, pm):
    px = len(pop)
    py = len(pop[0])
    for i in range(px):
        if(random.random() < pm):
            mpoint = random.randint(0, py-1)
            if(pop[i][mpoint] == 1):
                pop[i][mpoint] = 0
            else:
                pop[i][mpoint] = 1
```

（7）编写主函数，定义所需变量，得到结果，代码如下。

```
# 计算二进制序列代表的数值
def b2d(b, max_value, chrom_length):
    t = 0
    for j in range(len(b)):
        t += b[j] * (math.pow(2, j))
    t = t * max_value / (math.pow(2, chrom_length) - 1)
    return t
pop_size = 500                  # 种群数量
max_value = 10                  # 基因中允许出现的最大值
chrom_length = 10               # 染色体长度
pc = 0.6                        # 交配概率
pm = 0.01                       # 变异概率
results = [[]]                  # 存储每代的最优解，N 个二元组
fit_value = []                  # 个体适应度
fit_mean = []                   # 平均适应度
pop = geneEncoding(pop_size, chrom_length)
for i in range(pop_size):
    obj_value = calobjValue(pop, chrom_length, max_value)        # 个体评价
    fit_value = calfitValue(obj_value)                          # 淘汰
    best_individual, best_fit = best(pop, fit_value)      # 第一个存储最优的解，第二个存储最优基因
    results.append([best_fit, b2d(best_individual, max_value, chrom_length)])
    selection(pop, fit_value)       # 新种群复制
    crossover(pop, pc)              # 交配
    mutation(pop, pm)               # 变异
results = results[1:]
results.sort()
```

```
print(results[-1])
print(best_individual)
print(best_fit)
print(obj_value[1])
print (results)
print ("y = %f, x = %f" % (results[-1][0], results[-1][1]))
X = []
Y = []
for i in range(500):
    X.append(i)
    t = results[i][0]
    Y.append(t)
plt.plot(X, Y)
plt.show()
得到最优解：
y=16.998364，x=1.573803
```

（8）输出结果显示。

图 3-22 所示为种群进化代数（0～500）与每代最优个体适应度的关系。

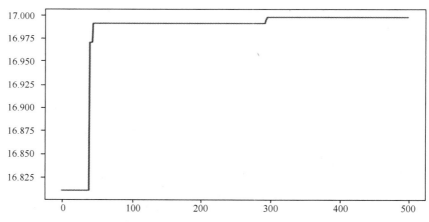

图 3-22　种群进化代数（0～500）与每代最优个体适应度的关系

习题

1．简述生物神经元与人工神经元的关系。

2．简述简单遗传算法的步骤。

3．简述免疫算法的基本步骤。

4．简述基于免疫算法的 TSP 问题求解的实现步骤。

参考文献

[1] [瑞士]达里奥·弗罗来若，克劳迪奥·米提西. 仿生人工智能[M]. 程国建，王潇潇，卢胜男，等，译. 北京：国防工业出版社，2017.

[2] Richard E N, Xia J. Artificial Intelligence: With an Introduction to Machine Learning[M]. London: Chapman and Hall/CRC, 2018.

[3] Ben C. Artificial Intelligence Illuminated[M]. Massachusetts: Jones and Bartlett Publishers, 2004.

[4] Martin H. Fuzzy Logic Introduction[EB/OL]. http://citeseerx.ist.psu.edu/viewdoc/download;jsessionid=07FAD507C81DEAF9AEA03EABC27F79C4?doi=10.1.1.85.9757&rep=rep1&type=pdf，2001.

第4章 执行系统

早在远古时期，人类就已开始使用杠杆、绳索、滚棒来装运物料；用滚子、撬棒来搬运重物；用弓形钻来钻孔、取火等。这些工具能够帮助人类完成复杂劳动，提高效率。后来单个简单的工具被有机地组合起来成为可以直接完成某项工作的装置，这是最早的执行系统，能够代替人类直接完成预期的生产任务。随着时代的发展和科技的进步，执行系统的内涵不断变化，特别是近年来，国家倡导工业化与信息化"两化"融合，信息技术为传统的生产执行系统赋能，开辟了现代先进生产制造的新篇章。本章将从执行系统的概念、组件化思想、智能流程管理和信息加工这几个方面加以阐述，最后结合一个实际案例说明生产执行系统是如何实现智能的。

4.1 执行系统概述

4.1.1 执行系统的概念

执行系统是利用机械能来改变作业对象的性质、状态、形状或位置，或者对作业对象进行检测、度量等，以进行生产或达到其他预定要求的装置，包括机械的执行机构和执行构件。执行系统通常处在机械系统的末端，直接与作业对象接触，是机械系统的主要输出系统[1]。简而言之，执行系统就是直接完成系统预期工作任务的部分，一般由执行构件、执行机构组成。

执行构件是执行系统中直接完成工作任务的零部件，可以完成一定的动作。它往往是执行机构中的一个或几个构件。执行机构用来驱动执行构件，主要作用是传递和变换运动与动力，以满足执行构件的要求。例如，图 4-1 所示的液压连杆式夹持器，就是用杆机构驱动工业机械手的手指实现夹持动作的。

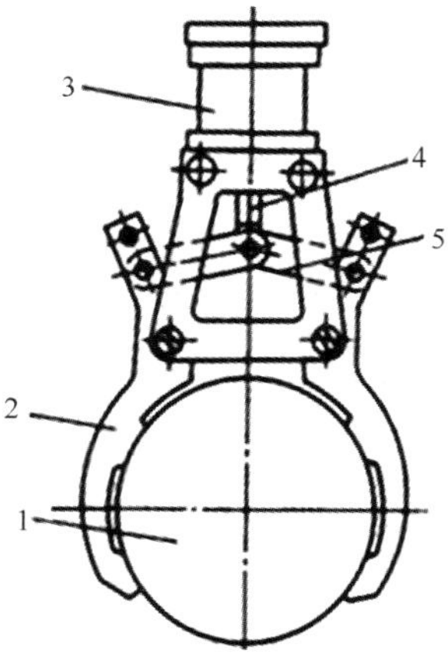

图 4-1　液压连杆式夹持器

1—工件；2—手指；3—液压缸；4—油塞杆；5—连杆

4.1.2 制造执行系统

1. 制造执行系统的概念

随着计算机和信息技术的发展，20 世纪 60 年代末，在生产制造业方面，传统的管理方法开始与计算机软件系统结合，实现了计算机系统在生产控制领域的大规模应用。制造企业车间所应用的专业化生产管理系统，如生产作业计划和调度逐渐演变为制造执行系统（Manufacturing Execution System，MES）。

MES 的概念是由美国先进制造研究协会在 1990 年首次提出的，旨在加强物料需求计划（Material Requirement Planning，MRP）的执行功能，把 MRP 计划与车间作业现场控制通过执行系统联系起来。这里的现场控制包括 PLC 程控器、数据采集器、条形码、各种计量及检测仪器、机械手等。MES 设置了必要的接口，与提供生产现场控制设施的厂商建立合作关系。

制造执行系统国际联合会（Manufacturing Execution System Association International，MESA）对 MES 所下的定义：MES 能通过信息传递，对从订单下达到产品完成的整个生产过程进行优化管理，当工厂发生实时事件时，MES 能对此及时做出反应和报告，并用当前的准确数据对它们进行指导和处理；这种对状态变化的迅速响应使 MES 能够减少企业内部没有附加值的活动，有效地指导工厂的生产运作过程，从而使其既能提高工厂的及时交货能力，改善物料的流通性，又能提高生产回报率；MES 还通过双向的直接通信，在企业内部和整个产品供应链中提供有关产品行为的关键任务信息[2]。

MESA 还提出了 MES 的功能组件和集成模型，定义了 11 个模块，包括资源管理、工序管理、单元管理、生产跟踪、性能分析、文档管理、人力资源管理、设备维护管理、过程管理、质量管理和数据采集。

MES 在生产过程中，借助实时精确的信息，引导、发起、响应和报告生产活动；做出快速的响应以应对变化，减少无附加值的生产活动以提高操作及流程的效率；提升投资回报、净利润水平，改善现金流和库存周转速度，保证优质按时出货；保证整个企业内部及供应商之间生产活动关键任务信息的双向流动。因此可知，MES 无论是从深度还是广度，与传统的仅由执行机构来驱动执行构件工作的执行系统已经不同了。MES 融合了现代计算机技术及数据资源，其作用更为广泛，体现了精益生产的崭新原理，在生产制造领域展露出"智慧"的头角。

2. MES 的作用

德国提出了工业 4.0，随后我国也提出了中国智能制造，强调了工业生产的数字化和智能化。在开展智能制造和数字化工厂的研究示范中，企业必须使用 MES。按照美国先进制造研究协会划分制造企业的体系结构，MES 位于企业上层计划层与底层工业控制层之间的中间层，MES 能够帮助企业实现生产计划管理、生产过程控制、产品质量管理、车间库存管理、项目看板管理和人力资源管理等，提高企业制造执行能力。简而言之，在产品从订单发出到成品完工的过程中，MES 起到传递信息以优化生产活动并提升投资回报率的作用。

MES 的作用主要体现在以下几个方面。

（1）质量管理：及时提供产品和制造工序、测量指标分析以保证产品质量控制，并辨别需要引起注意的问题，同时推荐一些矫正问题的措施。

（2）过程管理：监视生产过程，自动纠偏或为操作者提供决策支持以纠正和改善在制活动。

（3）维护管理：跟踪和指导设备及工具的维护活动以保证这些资源在制造进程中的可用性，保证周期性或预防性维护调度，以及对应急问题的反应（报警），并维护事件或问题的历史信息以支持故障诊断和预测。

（4）产品跟踪呈现：提供所有时期工作及其处置的可视性，其状态信息包括谁在进行该工作；供应者提供的零件、物料、批量、序列号；任何警告、返工或与产品相关的其他例外信息。

（5）性能分析：提供实际制造操作活动的最新报告，以及与历史记录和预期经营结果的比较，运行性能结果包括对资源利用率、资源可获取性、产品单位周期、与排程表的一致性、与标准的一致性等指标的度量。

（6）物料管理：管理物料（原料、零件、工具）及可消耗品的移动、缓冲与储存。

MES 实现的业务价值在于：通过实时掌控计划、调度、质量、工艺、设备运行等信息情况，优化生产制造管理流程，强化过程管理和控制，均衡企业资源利用率，及时发现问题和解决问题，提高应变响应能力，从而降低成本，提升产能及客户服务水平，以此提高企业核心竞争力。

4.2 组件化

4.2.1 组件化的概念

组件化指解耦复杂系统时将多个功能模块拆分、重组的过程，有多种属性、状态反映其内部特性。组件化是一种高效的处理复杂应用系统，更好地明确功能模块作用的方式。

组件化思想是分治法的一种体现，对于一个很大的工程或系统，可以将其按照业务功能划分为不同的组件，化整为零，相互配合，即把一个大的 Project（工程），变成若干个小的 Module（组件）工程，如图 4-2 所示。

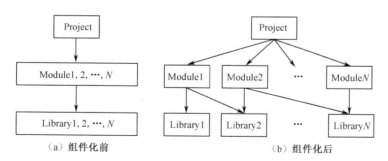

（a）组件化前　　　　　　　　（b）组件化后

图 4-2　组件化前后对比

组件是一个具有特定功能的部件，组件之间通过接口进行联系，并实现独立，所以组件具有高内聚性，组件之间具有低耦合性。基于组件开发的应用系统是组件的一个集合体，当需求发生部分改变时，只要组件的接口不变，就不需修改与组件相关的其他组件，只要修改受影响的组件即可；同样，程序新增功能也只需要添加新的组件，除了与新添加组件相关的核心组件，不需要修改其他组件，因此基于组件的应用系统能很方便地进行修改、扩展[3]。

4.2.2　组件化架构缘起

应用项目需求的增加和业务规模的增大，给现有的系统开发带来了很多烦恼。各种业务错综复杂地交织在一起，由于每个业务模块之间的代码没有约束，使得代码边界模糊，代码冲突时有发生，更改一个小问题可能引起一些新的问题，牵一发而动全身；增加一个新的需求，需要瞻前顾后地熟悉了上下文代码后才敢动手。另外，随着代码量的增加，软件编译时间也在不断增加，开发效率极度下降，在这样的背景下，组件化的出现可以很好地解决了以上烦恼。

如果应用项目比较小，普通的单工程+MVC（Model View Controller）架构就可以满足大多数需求了。但是，像淘宝、微信这样的大型项目，原有的单工程架构就不足以满足需求，很多大公司的组件化方案是以多工程+多模块的结构进行开发的。

在组件化架构中，有一个主工程，主工程负责集成所有组件。每个组件都是一个单独的工程，可创建不同的私有仓库来管理。组件需要进行分类定义，即哪些是业务组件，哪些是基础组件。前者主要根据业务需求和应用场景来划分，如一款电商应用由"搜索""订单""购物车""支付"等业务组件组成。后者主要为业务组件提供资源、网络、数据等服务。通过这样的组件划分，可以多个组件单独并行开发，开发人员只需要关注与其相关组件的代码即可，这样新人也好上手。

4.2.3　组件化架构案例

随着社会经济的发展，流程企业生产呈现出大型化、一体化、敏捷化等发展趋势，建设企业生产管理信息系统是支撑企业生产高效运行、持续改善管理的有效途径之一。但不同行业的生产企业具有显著的行业特征，同一行业的不同企业也各有特点。针对这种情况，在早期的信息化解决方案中，供应商通过高度定制开发为生产企业提供信息化系统。但是随着管理和应用的深入，如应用扩展难、管理适应性差等问题就日渐凸显。这对信息化系统的设计、架构和应用提出了新的要求，组件化架构既能以生产管理业务为核心，又能保障应用扩展的灵活性，刚好能解决这个问题。前面介绍的 MES 就是组件化架构应用的一个很好的例子。组件化 MES 的核心思想是将行业特征、生产控制过程、业务管理过程及应用软件的构成进行体系分解，然后再通过组件的不同组合，装配出满足企业多样性需求的应用软件。

组件化 MES 架构如图 4-3 所示，其中将 MES 组件分为公共组件、通用组件、行业组件三大类进行管理，以便于 MES 组件的重用和灵活配置。例如，面对汽车行业生产统计应用需求时，首先通过 MES 组件配置工具，调用配置汽车行业组件中的统计组件，统计组件需要通用组件中的报表组件和可视化组件支撑，同时进一步关联到公共组件中的 UI 组件、日志组件、数据服务组件，从而建立起生产统计应用模块。这种通过类似搭积木的方式快速构建应用模块，大大提高了项目实施的效率和 IT 资产的复用度[8]。

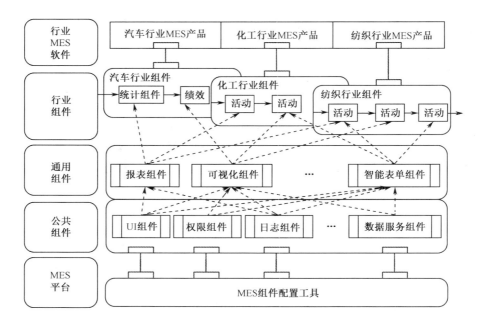

图 4-3　组件化 MES 架构

4.3　智能化流程管理

流程管理是企业信息化的基础，当前，业务流程的自动化、电子化和集成化已经达到一定的成熟度，如何对流程进行智能化管理成为产业界及学术界关注的热点。智能化流程管理强调从业务流程运行数据发现业务问题，寻找流程控制及运行的规律，从而发现优化业务流程管理的方法。

4.3.1　智能化流程管理的内涵

智能化流程管理是传统业务流程管理（Business Process Management，BPM）与商务智能（Business Intelligence，BI）、业务活动监控（Business Activity Monitoring，BAM）、复杂事件处理（Complex Event Processing，CEP）等流程管理技术的有机结合。其在对业务流程运行数据全面分析的基础上，帮助企业深入洞察流程运行情况，为各层次的业务人员提供智能化的决策支持，最终实现对业务流程的不断优化以提高企业运行效率和服务质量，从而增强企业核心竞争力[5]。

智能化流程管理的内涵包括以下几个方面。

1. 数据驱动的流程控制

企业传统业务流程管理信息化的应用发展，积累了大量反映流程运行情况的业务数据，如果不对这些数据进行深度挖掘和有效分析，则数据资产的价值就无法体现。海量数据客观反映了企业流程的质量和效率，蕴含着知识规律，通过数据挖掘、大数据技术分析这些流程运营数据，将其转化成流程知识，有助于管理者及时发现问题，从而优化业务流程，指导流程参与者的业务决策。

2. 全生命周期流程管理智能化

业务流程管理的生命周期包括流程建模与仿真、流程装配与部署、流程监控和流程优化等阶段，智能化的流程管理贯穿整个生命周期，如图 4-4 所示[5]。

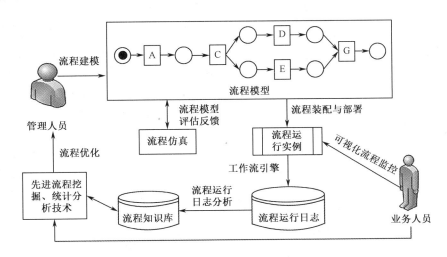

图 4-4　全生命周期流程管理智能化

在流程建模和仿真阶段，可以使用可视化建模和仿真工具辅助流程设计者提高流程建模的效率与质量。在流程装配与部署的执行过程中，通过建立流程监控点帮助管理者实时洞察业务异常。借助商务智能技术，实现对流程数据的自动化分析，可为企业管理者提供全面、科学的业务洞察。智能化流程管理考虑了业务环境的变化，对流程进行柔性管理。当流程实际运行与当初设计的流程模型发生偏差时，业务人员利用智能工具分析流程日志，发现流程中的问题、瓶颈或缺陷，从而进行相应的流程调整、改进和优化。智能化流程管理贯穿整个流程运行的始终，形成闭环的业务流程运行优化过程，不断提升业务流程的质量[6]。

3. 全方位分析提供实时决策支持

智能化流程管理通过先进的数据分析技术挖掘流程日志，综合考虑业务逻辑、组织关系、资源分配等多方面因素抽取业务流程运行规律知识，充实企业流程知识库，形成企业流程管理智慧，指导业务人员在复杂的业务环境下做出客观高效的流程决策。利用社会网络分析（Social Network Analysis，SNA）技术，挖掘业务人员在流程中的合作关系及信息交互，分析参与者之间的合作效率，发现他们之间的高效协作模式，从而打造流程型的组织结构，全面优化团队建设和员工协作[7]；理解业务流程的动态变化过程，挖掘分析流程漂移现象（指业务流程受市场环境、季节、政策等外界环境变化而发生调整的情况）[8]；利用统计分析方法对各个流程活动进行分析，发现流程变化出现的时间、位置、类型等，总结流程调整对业务的影响，使企业能够灵活应对复杂多变的业务环境。

4.3.2 智能化流程管理的功能

总体来讲，智能化流程管理功能主要涉及流程分析、流程监控、流程优化、流程预测和智能推荐。

1. 多角度、多层次进行流程分析

使用智能化流程管理，可建立企业相关流程绩效数据立方体，帮助管理者从成本、时间、服务质量、资源利用率等方面进行业务流程质量的多维分析，然后通过假设分析或针对其中的问题不断研究，找出问题根源并加以改进。

使用智能化流程管理，可挖掘流程运行数据，获得流程结构、组织关系、资源分配、流程复杂性和流程绩效等多方面的流程知识，帮助业务人员更加深入地分析企业流程执行情况；使用流程挖掘分析业务流程结构，识别流程中效率低下的环节，从而调整改善流程结构。例如，使用决策树分类算法挖掘客户属性与决策结果的关系，可以评估决策点的效率，从而将区分客户效果明显的决策点提前。挖掘业务流程中的组织关系有助于管理者了解员工之间的协作紧密程度、组织结构与业务流程的适应度，发现问题并加以改进，提升工作效率。通过分析挖掘资源分配规律，有助于提高资源利用率，充分发挥企业有限人力资源的价值。例如，使用回归分析挖掘流程任务负荷与资源效率之间的关系，可以发现资源效率在一定范围内随工作压力增加而提升，但超过一定阈值后呈下降趋势的规律，以此可指导企业为员工分配合理、适度的工作量，最大化资源效率[9]。

2. 流程异常风险监控

为了保证业务流程按照企业既定目标执行，需要对业务流程进行实时监控。通过在不同层级建立流程监控点，利用仪表盘等可视化工具，可通过图表等直观形式把流程运行的各项指标呈现给终端用户，帮助业务人员实时掌握流程运行状况。例如，通过关联规则挖掘或决策树等分析方法将流程运行真实模型与业务标准进行对比，发现其中的异常情况，并生成相应的流程异常模型。当新的流程实例与异常模型匹配时，通过报警器等可视化方式向管理人员发出警告，以实现对流程执行过程的实施监控。又如，可以通过流程日志分析，估计流程故障发生的概率，建立流程风险模型，并根据业务规则设定相应的风险阈值，以此实现流程风险的自动化监控[10]。

3. 全面流程优化

智能化流程管理会从流程结构、组织关系、员工工作效率、默契程度及资源利用率等各方面进行全面分析以提高整个业务流程的效率。例如，使用组织视图挖掘，分析企业组织结构对流程效率的影响，发现高效工作团队的特点，进而调整组织结构，优化业务流程。又如，结合流程仿真技术进行持续迭代式的流程优化，通过模拟优化流程，在不需要实际执行的情况下可以得到多种情景下流程的改进效果，然后选择适当方案应用于流程实例中，并不断重复上述流程优化过程。

4. 流程预测与智能推荐

企业业务的复杂性及市场的变化使得流程设计并非易事，这时就需要有效利用流程

运营知识辅助管理者决策，利用流程最佳实践或建立优化模型进行流程预测或智能推荐。

通过分析历史数据，建立流程预测模型，对企业业务进行合理预测，可帮助管理者洞察流程的发展走势。例如，在集装箱搬运流程中，使用聚类算法，根据货品类型、搬运日期、搬运负荷量等环境特征形成不同业务环境类型，再利用回归分析生成对应不同业务环境类型的预测模型，将新的流程实例映射到相应的流程环境类型，利用预测模型估计搬运所需的剩余时间，就可以了解货物的搬运进度，指导企业合理调整资源分配，提高服务质量[11]。

使用关联规则对历史数据进行挖掘，可以获得资源偏好、能力、社交关系等重要流程知识，这样可以为流程推荐协作效率高的资源配置。例如，通过分析不同员工在流程中的关系和协作情况，给出最佳角色搭配组合，以此得到最佳的流程处理效率，还可以挖掘资源与流程活动间的关联关系，为流程活动推荐合适的执行者[12]。

4.3.3　发展动态

随着大数据、云计算、物联网等新技术的发展应用，企业流程应用数据分析能力显著提升，数据价值进一步得到开发利用，流程管理也正朝着更加智能、实时、灵活、快捷的方向发展。

例如，中国移动（CMCC）发挥大数据优势，打造智能化流程管理。采用分布式云存储集成不同结构的海量业务数据，利用 Hadoop 架构构建大数据分析平台，利用时序分析模型挖掘历史规律，预测企业运营的关键指标；通过关联算法和社会网络分析技术挖掘用户的社交行为和喜好，从而有针对性地向用户推荐合适的产品[13]。华为公司和天猫商城合作，利用大数据分析，成功推出 C2B（Consumer to Business）定制手机，改变了传统手机制造流程，实现了智能化的流程管理。

云计算集成了企业的计算资源，借助云平台的强大分析能力，可以促进流程运行数据在整个企业的共享。在流程运行过程中，基于云计算的流程管理可以获取更深入的业务洞察，从而提高企业之间流程协作的水平和流程管理的效率。

移动智能终端的广泛应用使流程管理向着移动化的方向发展。流程管理者可以方便地随时随地对业务流程进行监控，实时了解业务流程的最新动态，借助云计平台的分析处理能力对流程做出及时全面的分析，实时洞察业务流程质量。中国人寿保险公司就使用大数据分析和移动商务技术实现了智能化的车险理赔流程，大幅度提高了理赔的效率和服务质量。

4.4　信息加工

在计算机科学技术中，信息加工是对收集的信息进行去伪存真、去粗取精、由表及里、由此及彼的加工的过程。它是在原始信息的基础上，生产出高价值含量、方便用户利用的二次信息的活动过程。

4.4.1 基础知识

广义地讲，信息加工泛指将收集到的原始信息按照一定的程序和方法进行分类、分析、整理、编制、存储、融合等的处理过程，旨在产生新的用以指导决策的有效信息或知识。一般情况下，原始信息都处于一种初始的、零散的、无序的、彼此独立的状态，既不便于分析和传递，也不便于利用，加工可以使其转变成便于观察、传递、分析、利用的形式。信息加工是信息得以利用的关键，信息加工既是一种工作过程，又是一种创造性思维活动。加工可以通过对原始数据进行统计分析，编制数据模式和文字说明等，产生更有价值的新信息，这些新信息对决策的作用往往更大[14]。

狭义地讲，信息加工理论是认知心理学的主要基础理论。信息加工理论研究人如何注意和选择信息、对信息认识和存储、利用信息进行决策及指导外部行为等；借助计算机科学、语言学和信息论的概念，将人脑与计算机进行类比，用计算机处理信息的过程模拟并说明人类学习和人脑加工外界信息的过程[15]。

信息加工的基本内容包括以下几个方面。

（1）信息的筛选和判别。信息的筛选和判别指对原始信息的筛检和挑选或对原始信息真伪的判断和鉴别。

（2）信息的分类和排序。信息的分类指根据选定的分类表，将杂乱无章的原始信息梳理成不同的类别；信息的排序指在信息分类的基础上，按照一定规律将信息前后排列成序。

（3）信息的计算和研究。信息的计算和研究指对分类排序后的信息进行计算、分析、比较和研究，以便创造出更为系统、深刻，更具使用价值的新信息。

（4）信息的著录和标引。信息的著录指按照一定的标准和格式，对原始信息的外表特征（如名称、来源、加工者等）和物质特征（如载体形式等）进行描述并记载下来；信息的标引指对著录后的信息载体按照一定规律加注标识符号。

（5）信息的编目和组织。信息的编目和组织指按照一定的规则将著录和标引的结果另编制成简明的目录，为信息需求者提供查找信息工具。

为了使加工后的信息具有高价值、高可用性，需要注意以下这些问题。

（1）采用全面系统的观点进行信息资源加工，发现信息表象之下隐藏的某些共性规律，使其最大限度地发挥效能。

（2）必须遵循国际国内相关标准，确保加工后新信息的利用价值和良好的跨平台互操作性。

（3）实事求是地对信息进行加工整理，避免信息失真。加工后的信息只有准确，才能为使用者提供一定的决策指导；反之，会使信息使用者误入歧途，导致重大损失。

（4）经加工后的信息内容要通俗易懂、便于推广。只有能够让人看明白内容的信息，才能被人们充分利用[16]。

4.4.2　基本方法

针对不同的处理目标，信息加工的方法很多，概括起来可分为五大类：传统统计学习方法、机器学习方法、不确定性理论、可视化技术和数据库/数据仓库技术，如图 4-5 所示。

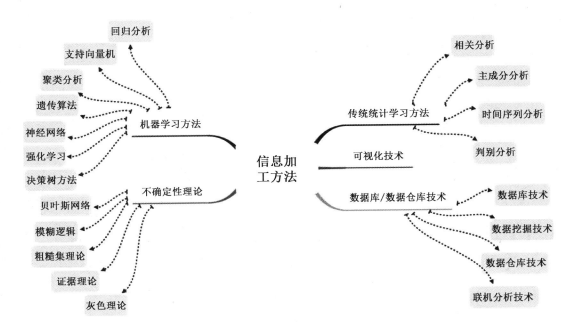

图 4-5　信息加工方法

（1）传统统计学习方法主要依据概率模型，以往主要集中在预定假设的检验和数据的模型拟合上。目前，其研究焦点已逐步从模型估计转移到模型选择上来，不只寻找最佳的参数值，寻找最佳模型结构也是其目标之一，这种趋势非常适合信息处理的目的。传统统计学习方法与信息加工的关系密切，是信息加工的一个基本工具。

例如，用相关分析方法分析每日广告曝光量和费用成本的数据，找出这两组数据之间的关系，并对这种关系进度度量；通过时间序列分析可以得到电商销售额随季节变化和周期性波动的一般规律。

（2）机器学习方法是近 20 年兴起的一门多领域交叉学科，其目的是使机器模拟人的学习行为，自动通过学习获取知识技能，不断改善性能，实现人工智能。机器学习理论主要设计和分析一些让计算机可以自动"学习"的算法，通过算法从数据中自动分析获得规律，并利用规律对未知数据进行预测。机器学习方法在计算机视觉、自然语言处理、生物特征识别、搜索引擎、医学诊断等领域有十分广泛的应用。

例如，在围棋比赛中打败李世石的 AlphaGo 首先利用大量（3000 万）棋谱训练深度卷积神经网络，得到高手落子概率分布，再通过左右互搏每次产生上万棋谱，利用强化学习寻找赢棋走法，再结合蒙特卡罗算法实现走一步看五步（N 步）的可能。

（3）不确定性理论建立在不确定性知识和证据的基础上，从不确定的初始证据出发，通过运用不确定性知识，最终推出具有一定程度的不确定性但又合理或基本合理的结论[17]。模糊逻辑、证据理论、灰色理论等因能很好地表示不精确、不完整、不可靠等不确定性知识，所以在实际工作中得到了广泛应用。特别是在军事领域，不确定性理论的应用可以较好地解决由于伪装、隐蔽、欺骗和干扰等使目标识别准确度低的问题。

（4）可视化技术是信息加工和处理的基本方法之一，它通过图形图像等技术更为直观地表达数据，从而为发现数据的隐含规律提供技术手段。可视化技术使得数据更加友好、易懂，提高了数据资产的利用率，可用于数据认知、数据表达、人机交互和决策支持等方面，在建筑、医学、导航、机械、教育、社会关系等领域发挥着重要作用。

图 4-6 所示为一种名为标签云（Word Clouds 或 Tag Clouds）的典型的文本可视化技术。它将关键词根据词频或其他规则进行排序，按照一定规律进行布局排列，用大小、颜色、字体等图形属性对关键词进行重要性的可视化。该技术可用于快速识别网络媒体的主题热度。

（5）数据库技术是一种计算机辅助管理数据的方法，它研究如何组织和存储数据，如何高效地获取和对数据进行增、删、改、查等处理；数据仓库技术和数据挖掘技术能够实现对数据库中的数据进行分析、理解、报表输出等多种功能的数据分析管理。银行、证券等金融行业就利用数据库技术进行实时交易数据的存储处理，再利用数据仓库技术和数据挖掘技术进行联机事务分析或离线数据挖掘以支持业务改进和决策发展。

实践证明，很难判断这些信息加工方法的优劣，且它们的处理结果对数据集具有高依赖性。目前，针对给定的数据集和给定的目标，尚没有公认的标准来选择恰当的信息加工方法。选择什么信息加工方法取决于问题本身，在实际应用中，往往集成多种方法来实现信息加工。

4.4.3　一般流程

信息加工的目的在于发掘信息的更高价值，使信息使用者能有效使用信息。信息加工的一般流程如图 4-7 所示。首先需要收集原始信息；其次确立信息加工的目标；再次对收集的初始、孤立、零乱的原始信息进行判别、筛选、分类、排序、再造等处理；最后评估加工是否满足目标，若未满足，就根据目标再加工修改，直到满意后输出。

下面以运动会比赛为例，说明各参赛队比赛成绩加工的工作流程，具体如图 4-8 所示。

对于运动会比赛，采用计算机、通信网络等技术进行信息加工的一般过程：①根据信息类型和加工要求选择合适的计算机软件或自编程序；②各信息采集点自动采集或人工输入比赛数据；③利用软件程序加工数据；④比赛成绩排名输出；⑤比赛成绩入库存储。如果数据库中累积了很多年的大量比赛数据，则可以利用机器学习方法做比赛结果预测等，实现"智能"加工。

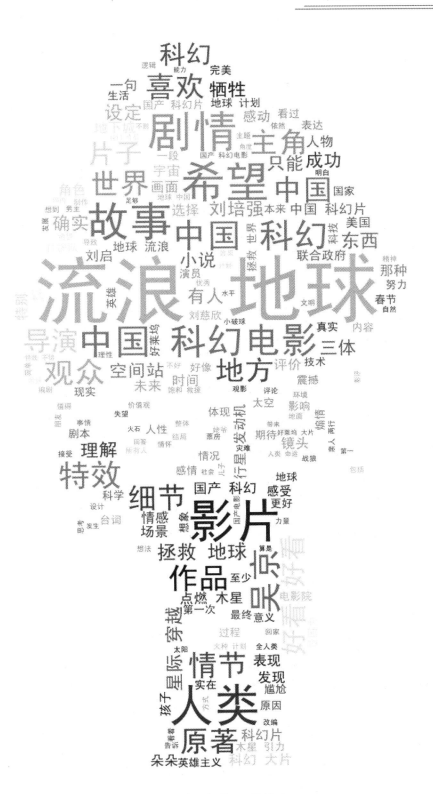

图 4-6　文本可视化——标签云

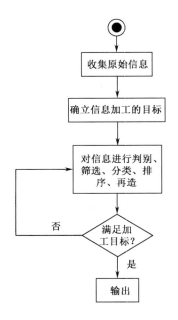

图 4-7　信息加工的一般流程

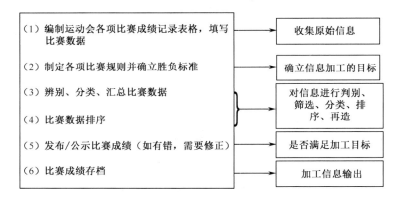

图 4-8　运动会比赛信息加工流程

4.5　案例：汽车制造执行系统

随着新兴技术的不断推动，制造企业对精益生产与智能制造的需求日益强烈，以信息化、自动化和智能化三化合一为特征的技术正在浸入生产制造领域的各方面。汽车行业作为模块化设计、并行工程、批量定制、精益生产等先进生产模式的先行者，在精益智能生产应用实践方面具有一定的代表性。下面就以汽车 MES 为例进行介绍。

汽车 MES 是基于汽车生产的业务流程与需求，采用准时制（Just In Time，JIT）思想，经过长期的发展与实践而形成的一个与生产线密切相关的生产执行系统。其以生产制造为功能主线，物流配套和质量管理为业务支撑，主要包括生产计划、生产控制、物料计划、现场物流和质量管理五大业务功能。汽车 MES 具体的业务功能如图 4-9 所示[18]。

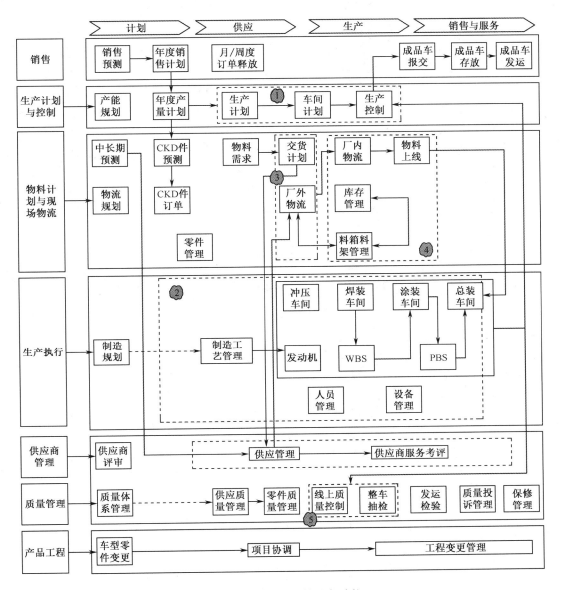

图 4-9 汽车 MES 的业务功能

MES 的生产计划与控制模块主要负责接收 ERP 系统生成的生产投入计划，由计划部门根据顺序计划和生产实际完成情况，重新对接收的顺序计划赋予生产时间，形成车间生产计划。车间生产计划分为年度产量计划和周次产量计划，以整车订单为最小单位，实现年度内各车间、各车型每周次的生产计划管理，以及按各车间、各班次、各现场点进行每日生产计划管理。

为了监控整个生产流程，在生产计划产生后，MES 依次为每个车身分配唯一标识代码——车辆识别代码（Vehicle Identification Number，VIN），并根据 VIN 为每张订单打印识别条码，在整车生产流程卡上粘贴该条码。整车生产流程卡与 VIN 在焊装车间被安置在车身上，用来跟踪车辆的实际位置和生产进程。

在焊装车间、涂装车间与总装车间，MES 按工艺流程顺序设立对应的数据采集点，具体如图 4-10 所示。当车辆顺序经过现场采集点时，在每个数据采集点，通过扫描或人工方式采集相关数据信息，MES 会对数据进行需求分析，向零部件供货商发出供货请求。同时，MES 对各方面的数据进行综合分析，向底层的设备控制系统发送控制指令，控制生产流水线的生产内容与进度。在生产现场，MES 根据采集的订单号在现场点显示车辆信息数据，由现场作业人员进行相关数据的输入、处理和输出，完成现场车辆的生产操作、现场状态监控与异常处理等操作流程。相关的生产过程数据存入 MES 数据库，后台可实时跟踪不同车间车辆的生产状况。

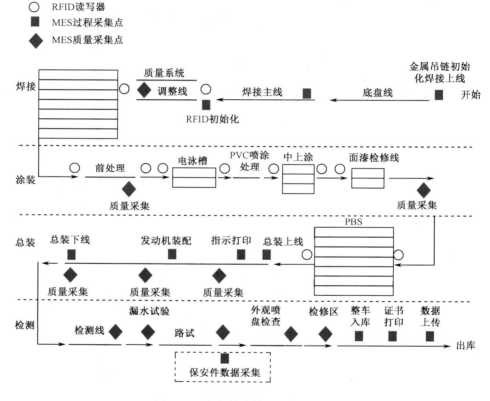

图 4-10　汽车制造数据采集点位图

在整车制造过程中，从钢板到成品车的最终下线，涉及的物料种类、数量繁多，生产各阶段的在制品也较为复杂。整车制造的精益物料计划根据 JIT 与零库存的生产理念，实现焊装、涂装、分装和总装不同生产流转过程中的在制品库存协同与零库存趋向，从而确保生产物料满足整车制造的要求。

在整个生产过程中，MES 会根据各车间各生产线零件消耗情况与线边的零件库存情况进行需求分析，当发现库存不足时，MES 会指示零件配送人员进行精益备件和配送。对于一般零部件，MES 根据整车厂实时库存变化情况，发出物料拉动需求信息。排序件根据 MES 车辆上线序列和物料清单生成物料排序拉动信息，上述物料需求信息同步发布至供应商平台，供应商据此进行物料交货。对于生产线边的零部件物料供应，可以通过线边的安灯、看板等方式进行零部件 JIT 拉动，也可以通过 MES 车辆上线序列和物料清单，生成台车配送信息，物料供应部门据此进行零部件配料和上线拉动。

整车质量管理指在生产过程中按照工艺流程进行质量检测和控制管理，采集并分析质量缺陷数据。MES 的质量管理主要在流水线上设立报交点，根据工艺要求由质保人员进行车辆检测和报交，具体如图 4-11 所示。在生产过程中，一旦发现质量问题，质量暗灯系统可对流水线传输系统进行控制，等待质量响应。当车辆将要越过该工位时，流水线停止输送，直到质量问题解决，流水线再开始运作。下线的成品车还要经过整车抽检业务进行感知质量、外形质量和功能质量等评分。除此之外，在整车发动机舱盖上还将粘贴整车零部件信息、VIN 和订单识别号，用于后续质量追溯。

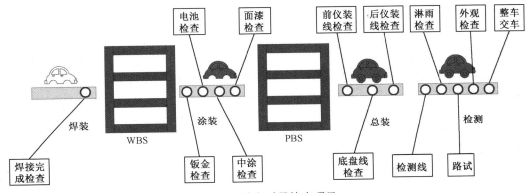

图 4-11 整车质量检查项目

4.6 实验：工厂流水线工件处理模拟

4.6.1 实验目的

（1）了解 Python 的基本编程环境。
（2）了解 SimPy 开源的仿真框架。
（3）对用 Python 实现一个工厂工件处理和物件传送过程有整体认识。
（4）运行程序，查看结果。

4.6.2 实验要求

（1）熟悉 Python 的基本编程环境。
（2）熟练掌握 SimPy 仿真框架的使用，并结合真实业务场景设计仿真方案。
（3）用代码实现工厂工件处理和物件传送过程。

4.6.3 实验原理

实验场景：模拟工厂处理物件的工序。工厂需要处理多个物件，当一个机器设备处理完一个物件后，就放上传送带，该机器设备接着处理到达的下一个物件；被送上传送带的物件传送一段时间后停止传送，到达下一个机器设备。

4.6.4 实验步骤

1. SimPy 安装

SimPy 可以同时在 Python2（要求 2.7 版本及以上）及 Python3（要求 3.2 版本及以上）上运行，可以通过 pip 命令轻松安装。

```
$ pip install simpy
```

如果安装了 pytest 包，在 SimPy 的安装路径下执行下列命令行，可以选择性地运行 SimPy 测试文件来了解软件是否可行。

```
$ pytest --pyargs simpy
```

2. SimPy 核心概念

SimPy 是离散事件驱动的仿真库。所有活动部件，如车辆、顾客，即便是信息，都可以用 process（进程）来模拟。这些 process 存放在 environment（环境）中。所有 process 之间及与 environment 之间的互动，都通过 event（事件）来进行。process 表达为 generators（生成器），构建 event（事件）并通过 yield 语句抛出事件。

当一个进程抛出事件时，进程会被暂停，直到事件被激活。多个进程可以等待同一个事件。SimPy 会按照这些进程抛出事件激活的先后来恢复进程。

其实进程中最重要的一类事件是 Timeout，这类事件允许一段时间后再被激活，用来表达一个进程休眠或将当前的状态持续指定的一段时间。这类事件通过 Environment.timeout 来调用。

Environment 决定仿真的起点/终点，管理仿真元素之间的关联，主要 API 有以下几种。

simpy.Environment.process：添加仿真进程。

simpy.Environment.event：创建事件。

simpy.Environment.timeout：提供延时事件。

simpy.Environment.until：仿真结束的条件（时间或事件）。

simpy.Environment.run：仿真启动。

Resource/Store 是另一类重要的核心概念，但凡仿真中涉及的人力资源及工艺上的物料消耗都会抽象用 Resource 来表达，主要的方法是 request。Store 处理各种优先级的队列问题，通过方法 get/put 存放 item。

Store（抽象队列）：simpy.Store 表示存取 item 遵循仿真时间上的先来后到。

Resource（抽象资源）：simpy.Resource 表示人力资源或某种限制条件，例如，某个工序可调用的工人数、可以调用的机器数。

3. 实验环境

本实验的实验环境为 Python 3 的环境，代码如下。

```
# python 3.6 with SimPy
"""
```

```
模拟场景:     [last_q][machine1] ----[con_belt]----> [next_q][machine2]
"""
import simpy
import random
PROCESS_TIME = 0.5      # 处理时间
CON_BELT_TIME = 3       # 传送带时间
WORKER_NUM = 2          # 每个机器的工人数/资源数
MACHINE_NUM = 2         # 机器数
MEAN_TIME = 0.2         # 平均每个物件的到达时间间隔
def con_belt_process(env,
                     con_belt_time,
                     package,
                     next_q):

    """模拟传送带的行为"""
    while True:
        print(f"{round(env.now, 2)} - item: {package} - start moving ")
        yield env.timeout(con_belt_time) # 传送带传送时间
        next_q.put(package)
        print(f"{round(env.now, 2)} - item: {package} - end moving")
        env.exit()

def machine(env: simpy.Environment,
            last_q: simpy.Store,
            next_q: simpy.Store,
            machine_id: str):

    """模拟一个机器, 一个机器可以同时处理物件的数量取决于资源数(工人数)"""

    workers = simpy.Resource(env, capacity=WORKER_NUM)

    def process(item):
        """模拟一个工人的工作进程"""
        with workers.request() as req:
            yield req
            yield env.timeout(PROCESS_TIME)
            env.process(con_belt_process(env, CON_BELT_TIME, item, next_q))
            print(f'{round(env.now, 2)} - item: {item} - machine: {machine_id} - processed')

    while True:
        item = yield last_q.get()
        env.process(process(item))

def generate_item(env,
                  last_q: simpy.Store,
```

```
                    item_num: int=8):

    """模拟物件的到达"""
    for i in range(item_num):
        print(f'{round(env.now, 2)} - item: item_{i} - created')
        last_q.put(f'item_{i}')
        t = random.expovariate(1 / MEAN_TIME)
        yield env.timeout(round(t, 1))

if __name__ == '__main__':

    # 实例环境
    env = simpy.Environment()
    # 设备前的物件队列
    last_q = simpy.Store(env)
    next_q = simpy.Store(env)

    env.process(generate_item(env, last_q))
    for i in range(MACHINE_NUM):
        env.process(machine(env, last_q, next_q, machine_id=f'm_{i}'))
    env.run()
```

机器数为 2 时的工序结果如图 4-12 所示。

图 4-12　机器数为 2 时的工序结果

图 4-12 所示的程序结果是两台机器处理 8 个物件的工序模拟。读者也可以自行调节机器数量和物件数量，如将机器数设置为 3，即相关代码修改如下。

```
MACHINE_NUM = 3
```

机器数为 3 时的工序结果如图 4-13 所示。

```
0 - item: item_0 - created
0.1 - item: item_1 - created
0.2 - item: item_2 - created
0.3 - item: item_3 - created
0.3 - item: item_4 - created
0.5 - item: item_0 - machine: m_0 - processed
0.5 - item: item_0 - start moving
0.6 - item: item_1 - machine: m_1 - processed
0.6 - item: item_1 - start moving
0.7 - item: item_2 - machine: m_2 - processed
0.7 - item: item_2 - start moving
0.7 - item: item_5 - created
0.8 - item: item_3 - machine: m_0 - processed
0.8 - item: item_3 - start moving
0.8 - item: item_4 - machine: m_1 - processed
0.8 - item: item_4 - start moving
0.8 - item: item_6 - created
0.8 - item: item_7 - created
1.2 - item: item_5 - machine: m_2 - processed
1.2 - item: item_5 - start moving
1.3 - item: item_6 - machine: m_0 - processed
1.3 - item: item_6 - start moving
1.3 - item: item_7 - machine: m_1 - processed
1.3 - item: item_7 - start moving
3.5 - item: item_0 - end moving
3.6 - item: item_1 - end moving
3.7 - item: item_2 - end moving
3.8 - item: item_3 - end moving
3.8 - item: item_4 - end moving
4.2 - item: item_5 - end moving
4.3 - item: item_6 - end moving
4.3 - item: item_7 - end moving
```

图 4-13　机器数为 3 时的工序结果

习题

1．什么是执行系统？

2．简述 MES 的概念。

3．简述组件化思想。

4．简述智能化流程管理的内涵。

5．智能化流程管理功能有哪些？

6．信息加工的基本方法有哪几大类？

7．简述信息加工的一般流程。

参考文献

[1]　曹毅杰，宗望远，张燕. 机械原理及设计方法研究[M]. 北京：中国水利水电出版社，
　　　2015.

[2]　[德]雷纳尔·戴森罗特. HYDRA 制造执行系统指南——完美的 MES 解决方案[M].
　　　沈斌，王家海，译. 北京：电子工业出版社，2017.

[3]　刘培林. 基于组件化思想的载人潜水器操纵模拟器训练评价软件系统开发[J]. 计算
　　　机工程应用技术，2008,6(3):1341-1343.

[4]　荣冈，冯毅萍，赵路军. 流程工业组件化生产执行系统[M]. 北京：科学出版社，2014.

[5]　赵卫东. 智能化的流程管理[M]. 上海：复旦大学出版社，2014.

[6] 赵卫东. 流程智能[M]. 北京：清华大学出版社，2012.

[7] Song M, Van der Aalst W M P. Towards comprehensive support for organizational mining[J]. Decision Support Systems，2008, 46(1):300-317.

[8] Bose R P J C, Van der Aalst W M P, Zliobaitè I, et al. Handing concept drift in process mining[C]. Proceedings of the 23rd international conference on Advanced information systems engineering, London, UK, 2011:391-405.

[9] Nakatumba J, Van der Aalst W M P. Analyzing resource behavior using process mining[C]. Proceedings of the International Conference on Business Process Management, Ulm, Germany，2010, 43:69-80.

[10] Conforti R，Fortino G，La Rosa M，et al. History-aware, real-time risk detection in business processes[C]. Proceedings of the Confederated International Conferences on the Move to Meaningful Internet Systems, Crete，Greece，2011:100-118.

[11] Folino F, Guarascio M, Pontieri L. Discovering context-aware models for predicting business process performances[C]. Proceedings of the Confederated International Conferences on the Move to Meaningful Internet Systems，Rome，Italy，2012:287-304.

[12] Hang Z, Lu X, Duan H. Mining association rules to support resource allocation in business process management[J]. Expert Systems with Applications, 2011, 38(8):9483-9490.

[13] Gao X. Towards the next generation intelligent BPM-in the ear of big data[C]. Proceedings of the 11th International Conference on Business Process Management, Beijing, China, 2013, 8094:4-9.

[14] 石少勇，王精业，陈启宏，等. 基于信息加工理论的指挥决策行为建模研究[J]. 2012,9(24):1988-1992.

[15] 何克抗，李文光. 教育技术学[M]. 北京：北京师范大学出版社，2009.

[16] 王悦. 企业信息管理与知识管理系统构建研究[M]. 北京：中国人民大学出版社，2014.

[17] 王万森. 人工智能[M]. 北京：人民邮电出版社，2011.

[18] 江支柱，董宝力. 汽车智能生产执行系统实物[M]. 北京：机械工业出版社，2018.

第5章 信息物理系统

信息物理系统（Cyber-Physical Systems，CPS）是将计算、网络和物理环境等综合为一体的多维复杂系统，通过计算机、通信、控制技术的有机融合，实现工程系统的实时感知、动态控制和信息服务。信息物理系统在设计时将计算、通信与物理系统进行一体化设计，使系统更加可靠、高效、实时协同，具有广泛的应用前景。本章将重点介绍信息物理系统的概念、特征、设计、实现和在行业中的应用等。

5.1 信息物理系统概述

5.1.1 信息物理系统的概念[1]

信息物理系统是集计算、通信与控制于一体的智能系统，信息物理系统通过人机交互接口实现和物理进程的交互，通过网络空间以远程的、可靠的、实时的、安全的、协作的方式操控一个物理实体。在实际应用中，信息物理系统是构建网络空间与物理空间之间基于数据自动流转的状态感知、实时分析、科学决策、精准执行的闭环系统，可以解决生产制造、应用过程中的复杂性和不确定性问题，提高资源配置效率，实现资源优化，提高生产效率，提升产能。其中，状态感知通过传感器感知系统中设备的运行状态，实时分析通过软件系统实现数据可视化，科学决策通过大数据平台实现异构系统数据的流转并以数据支撑决策，精准执行通过控制器、执行器等硬件实现对决策的响应，这些功能的实现依赖于一个实时、可靠、安全的网络。人们把这一闭环系统概括为"一硬"（感知和自动控制）、"一软"（工业软件）、"一网"（工业网络）、"一平台"（工业云和智能服务平台）。

感知和自动控制是数据流转的起点与终点。感知实质上是物理世界的数字化，通过传感器等智能硬件实现生产制造全流程中的人、设备、物料、环境等隐性信息的显性化，是信息物理系统中实现实时分析、科学决策的基础，是数据流转的起点。自动控制是在数据采集、传输、存储、分析和挖掘的基础上做出的精准执行，体现为一系列动作或行为，作用于人、设备、物料和环境上，如分布式控制系统、可编程逻辑控制器及数据采集与监视控制系统等，是数据流转的终点。

工业软件基本上分为嵌入式软件和非嵌入式软件两个类型。嵌入式软件是嵌入在控制器、通信、传感器中的控制、通信、采集等的软件；非嵌入式软件是安装在通用计算机或工业控制计算机中，实现设计、编程、工艺、监控、管理等功能的软件。应用在军工电子和工业控制等领域的嵌入式软件，对可靠性、安全性、实时性等性能指标要求特别高，必须经过严格检查和测评。简而言之，工业软件定义了信息物理系统，其实质是要打造"状态感知—实时分析—科学决策—精准执行"的数据闭环，构筑数据自动流转的规则体系，从而应对制造系统的不确定性，实现制造资源的高效配置。

工业网络是安装在工业生产环境中的一种全数字化、双向、多站的通信系统。工业网络是通过工业现场总线、工业以太网、工业无线网络和异构网络集成等技术连接工业生产系统和工业产品各要素的信息网络，实现工厂内各类装备、控制系统和信息系统的互联互通。工业网络主要用于支撑工业数据的采集交换、集成处理、建模分析和反馈执行，是实现从单个机器、产线、车间到工厂的工业全系统互联互通的重要基础工具，是支撑数据流转的通道。

工业云的核心技术是云计算技术，其系统集成了云计算、物联网、移动互联网及协同创新设计制造等技术，面向工业企业用户提供产品创新的服务平台。在平台上，用户基于本身的产品进行拓展延伸，可以实现生产设备网络化、生产数据可视化、生产流程数字化，做到纵向、横向的融合。

工业云和智能服务平台是跨系统、跨平台、跨领域的数据存储中心、数据分析中心和数据交互中心，其基于工业云服务平台推动专业软件库、应用模型库、产品知识库、测试评估库、案例专家库等基础数据和工具的开发集成与开放共享，实现生产全要素、全流程、全产业链、全生命周期管理的资源配置优化，从而提升生产效率，创新模式业态，构建全新产业生态。这将重构生产体系中信息流、产品流、资金流的运行模式，重建新的产业价值链和竞争格局。

5.1.2　信息物理系统的特征

信息物理系统作为支撑两化深度融合的一套综合技术体系，构建了一个能够联通物理空间与信息空间，驱动数据在其中自动流转，实现对资源优化配置的智能系统。这套系统的核心是数据，其在有机运行过程中，通过数据的自动流转对物理空间中的物理实体逐渐"赋能"，实现对特定目标的资源优化，同时，其表现出八大典型特征：海量运算、感知、数据驱动、软件定义、泛在连接、虚实映射、异构集成、系统自治，并在不同的层次上呈现出不同的特征。

1. 海量运算

海量运算是信息物理系统接入设备的基本特征，因此接入设备通常具有强大的计算能力。从计算性能的角度出发，一些高端的信息物理系统应用要求较高的计算能力，物联网中的终端设备不具备控制和自治能力，通信大都发生在终端设备与服务器之间，终端设备之间无法进行协同，因此物联网可以看作信息物理系统的一种简约应用。在物联网中，采用短距离通信技术（如蓝牙）或远距离通信技术（如 NB-IoT）实现终端设备和平台之间的通信。

2. 感知

感知在信息物理系统中十分重要。自然界中物理量的变化基本上是连续的，是模拟量，而信息空间数据则具有离散性的特征。从物理空间到信息空间的信息流转，首先必须通过传感器将物理量转换成模拟量，再通过 A/D（模拟/数字）转换器转换成数字量，成为信息空间所能识别的数据格式。基于此，传感器网络也可作为信息物理系统的组成部分。

3. 数据驱动

数据存在于生产制造的各领域，大量的数据是隐性的，没有被充分利用并发挥其价值。信息物理系统通过构建"状态感知—实时分析—科学决策—精准执行"的数据自动流转闭环赋能体系，将数据从物理空间中的隐性形态转换为信息空间的显性形态，并不断迭代优化，形成知识库。在此过程中，状态感知的结果、实时分析的对象、科学决策的基础及精准执行的输出都是数据。因此，数据是信息物理系统的核心所在，数据在自动生成、自动流转、自动分析、自动执行及不断迭代优化中累积，不断产生更为优化的数据，实现对外部环境的资源优化配置[1]。

4. 软件定义

软件正和芯片、传感与控制设备等一起对传统的网络、存储、设备等进行定义，并正在从 IT 领域向工业领域延伸。工业软件对各类工业生产环节规律进行代码化，支撑了绝大多数的生产制造过程。作为面向制造业的信息物理系统，软件就成了实现信息物理系统功能的核心载体之一。从生产流程的角度看，信息物理系统会全面应用到研发设计、生产制造、管理服务等方方面面，通过对人、机、物、法、环全面的感知和控制，实现各类资源的优化配置。这一过程需要依靠对工业技术模块化、代码化、数字化并不断软件化来被广泛利用。从产品装备的角度看，一些产品和装备本身就是信息物理系统。软件不但可以控制产品和装备运行，而且可以把产品和装备运行的状态实时展现出来，通过分析、优化，作用到产品、装备的运行，甚至是设计环节，实现迭代优化。

5. 泛在连接

网络通信是信息物理系统的基础保障，能够实现信息物理系统内部单元之间及与其他信息物理系统之间的互联互通。应用到工业生产场景时，信息物理系统对网络连接的时延、可靠性等网络性能和组网灵活性、功耗都有特殊要求，还必须解决异构网络融合、业务支撑的高效性和智能性等挑战。随着无线宽带、射频识别、信息传感及网络业务等信息通信技术的发展，网络通信将会更加全面深入地融合信息空间与物理空间，表现出明显的泛在连接特征，实现任何时间、任何地点、任何人、任何物都能顺畅通信。构成信息物理系统的各器件、模块、单元、企业等实体都要具备泛在连接能力，并实现跨网络、跨行业、异构多技术的融合与协同，从而保障数据在系统内的自由流动。泛在连接通过对物理世界状态的实时采集、传输，以及信息世界控制指令的实时反馈下达，提供无处不在的优化决策和智能服务。

6. 虚实映射

信息物理系统构筑信息空间与物理空间数据交互的闭环通道，能够实现信息虚体与物理实体之间的交互联动。其以物理实体建模产生的静态模型为基础，通过实时数据采集、数据集成和监控，动态跟踪物理实体的工作状态和工作进展（如采集测量结果、追溯信息等），将物理空间中的物理实体在信息空间进行全要素重建，形成具有感知、分析、决策、执行能力的数字孪生（也称为数字化映射、数字镜像、数字双胞胎）；同时借助信息空间对数据综合分析处理的能力，形成对外部复杂环境变化的有效决策，并通过虚控实的方式作用到物理实体。在这一过程中，物理实体与信息虚体之间交互联动，虚实映射，共同作用提升资源优化配置效率。

7. 异构集成

软件、硬件、网络、工业云等一系列技术的有机组合构建了一个信息空间与物理空间之间数据自动流动的闭环"赋能"体系。尤其在高层次的信息物理系统，如 SoS 级信息物理系统中，往往存在大量不同类型的硬件、软件、数据、网络。信息物理系统能够将这些异构硬件（如 CISC CPU、RISC CPU、FPGA 等）、异构软件（如 PLM、MES、PDM、SCM 等）、异构数据（如模拟量、数字量、开关量、音频、视频、特定格式文件等）及异构网络（如现场总线、工业以太网等）集成起来，实现数据在信息空间与物理空间不同环节的自动流动，实现信息技术与工业技术的深度融合，因此，信息物理系统必定是一个对多方异构环节集成的综合体。异构集成能够为各环节的深度融合打通交互的通道，为实现融合提供重要保障。

8. 系统自治

信息物理系统能够根据感知到的环境变化信息，在信息空间进行处理分析，自适应地对外部变化做出有效响应。同时在更高层级的信息物理系统中（系统级、SoS 级），多个信息物理系统之间通过网络平台互联（如 CPS 总线、智能服务平台）实现信息物理系统之间的自组织。多个单元级信息物理系统统一调度，编组协作，在生产与设备运行、原材料配送、订单变化之间自组织、自配置、自优化，实现生产运行效率的提升，以及订单需求的快速响应等；多个系统级信息物理系统通过统一的智能服务平台连接在一起，在企业级层面实现生产运营能力调配、企业经营高效管理、供应链变化响应等更大范围的系统自治。在自优化、自配置的过程中，大量现场运行数据及控制参数被固化在系统中，形成知识库、模型库、资源库，使得系统能够不断自我演进与学习提升，提高应对复杂环境变化的能力。

5.1.3 常见的网络系统

1. 嵌入式系统

嵌入式系统是软件和硬件的综合体，在某些情况下，还可以包括机械装置。传统的物理设备通过嵌入式系统来扩展或增加新的功能，其形成的基本上是封闭的系统。在一些工控网络中，有可能采用工业控制总线进行通信，但这样的通信功能较弱，网络内部难以通过开放总线或互联网进行互联。

2. 物联网

物联网是通过射频识别、红外感应器、全球定位系统、激光扫描器等信息传感设备，按约定的协议，把任何物品与互联网连接起来，进行信息交换和通信，以实现智能化识别、定位、跟踪、监控和管理的一种网络。其核心和基础仍然是互联网，是在互联网基础上延伸和扩展的网络。在物联网中，用户端延伸和扩展到了每个终端设备之间，进行信息交换和通信。

3. 传感网

传感网节点是传感器，其通过自组织的方式构成无线网络，感知温度、湿度。噪声、光强度、压力、土壤成分、移动物体的速度和方向等物理属性，实现特定区域的监测。

4. 信息物理系统

信息物理系统，简单地说，就是开放的嵌入式系统加上网络和控制功能，其核心是计算、通信、控制技术融合、自主适应物理环境的变化。其中，网络的功能主要是为了实现控制，与一般意义上的网络有所区别。

物联网、传感网所擅长的是基于无线的连接，主要实现的是感知，这对于信息物理系统来说太过简单；信息物理系统需要实现的是感控，也就是说，信息物理系统不仅实现感知功能，还需要实现控制，其对设备的计算能力要求远远超过了物联网、传感网。

5.1.4　信息物理系统的发展

信息物理系统是在嵌入式系统、传感器技术和网络技术的基础上发展起来的，尤其是前两者的发展直接导致了信息物理系统概念的提出。

2006 年 2 月，美国发布的《美国竞争力计划》将信息物理系统列为重要的研究项目。

2007 年 7 月，美国总统科学技术顾问委员会（PCAST）在题为《挑战下的领先——竞争世界中的信息技术研发》的报告中列出了八大关键的信息技术，其中信息物理系统位列首位，其余分别是软件、数据/数据存储与数据流、网络、高端计算、网络与信息安全、人机界面、NIT 与社会科学。2007 年，欧盟启动了 ARTEMIS 和 EPoSS 项目，在信息物理系统研究领域投入超过 70 亿美元；2015 年，欧盟又发布《CyPhERS CPS 欧洲路线图和战略》，期望在信息物理系统研究方面取得国际领先地位。

信息物理系统的意义在于将物理设备联网，特别是连接到互联网上，使得物理设备具有计算、通信、精确控制、远程协调和自治五大功能。

从本质上说，信息物理系统是一个具有控制属性的网络，但它又不同于现有的控制系统。

人们对控制并不陌生。从 20 世纪 40 年代麻省理工学院发明数控技术至今，基于嵌入式系统的工业控制系统遍地开花，工业自动化早已成熟。在人们日常居家生活中，各种家电都具有控制功能。

但是这些控制系统基本是封闭的系统，即便其中一些工业控制应用网络具有联网和通信的功能，其工业控制网络内部总线大都使用的是工业控制总线，网络内部各个独立的子系统或设备难以通过开放总线或互联网进行互联，而且，通信功能比较弱。信息物理系统则把通信放在与计算和控制的同等地位上，这是因为在信息物理系统强调的分布式应用系统中，物理设备之间的协调是离不开通信的。

信息物理系统的网络内部设备的远程协调能力、自治能力、控制对象的种类和数量，特别是网络规模远远超过现有的工业控制网络。

在资助信息物理系统研究方面扮演着重要角色的美国国家科学基金会（NSF）认为，信息物理系统将让整个世界互联起来。

信息物理系统在继承物联网无处不在通信模式的基础上，更强调物体之间的感知互动，强调物理世界与信息系统之间的循环反馈，它将地理分布的异构嵌入式设备通过高速稳定的网络连接起来，实现信息交换、资源共享和协同控制，具有广阔的市场前景和巨大的经济效益，是未来网络演进的必然趋势。

5.2　信息物理系统的实现

5.2.1　信息物理系统的体系架构

基于对信息物理系统的认识及其主要特征，下面给出一个信息物理系统的最小单元体系架构，即单元级信息物理系统体系架构，然后逐级扩展，依次给出系统级和 SoS 级两个层级的体系架构。

1. 单元级体系架构

单元级信息物理系统是具有不可分割性的信息物理系统的最小单元，其本质是通过软件对物理实体及环境进行状态感知、计算分析，并最终控制物理实体，构建最基本的数据自动流动闭环，形成物理世界和信息世界的融合交互。同时，为了与外界进行交互，单元级信息物理系统应具有通信功能。单元级信息物理系统是具备可感知、可计算、可交互、可延展、自决策功能的信息物理系统的最小单元，一个智能部件、一个工业机器人或一个智能机床都可能是信息物理系统的一个最小单元，其体系架构如图 5-1 所示。

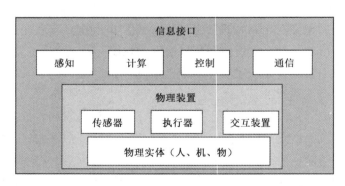

图 5-1　单元级信息物理系统体系架构

1）物理装置

物理装置主要包括人、机、物等物理实体和传感器、执行器、与外界进行交互的装置等，是物理过程的实际操作部分。物理装置通过传感器能够监测、感知外界的信号、物理条件（如光、热）或化学组成（如烟雾）等，同时经过执行器能够接收控制指令并对物理实体施加控制作用。

2）信息接口

信息接口主要包括感知、计算、控制和通信等功能，是物理世界中的物理装置与信息世界交互的接口。物理装置通过信息接口实现物理实体的"数字化"，信息世界可以通过信息接口对物理实体"以虚控实"。信息接口是物理装置对外进行信息交互的桥梁，通过信息接口可使物理装置与信息世界联系在一起，从而使物理空间和信息空间走向融合。

2. 系统级体系架构

在实际运行中，任何活动都是多个人、机、物共同参与完成的。例如，在制造业实际生产过程中，冲压可能由传送带进行传送，工业机器人进行调整，然后由冲压机床进行冲压，它是多个智能产品共同协作的结果，这些智能产品一起形成了一个系统。通过信息物理系统总线形成的系统级信息物理系统体系架构如图 5-2 所示。

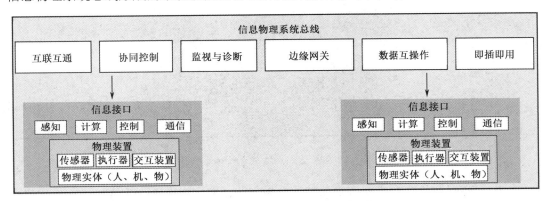

图 5-2　系统级信息物理系统体系架构

多个最小单元（单元级）通过工业网络（如工业现场总线、工业以太网等）实现更大范围、更宽领域的数据自动传递，实现了多个单元级信息物理系统的互联、互通和互操作，进一步提高了制造资源优化配置的广度、深度和精度。系统级信息物理系统基于多个单元级信息物理系统的状态感知、信息交互、实时分析，实现了局部制造资源的自组织、自配置、自决策、自优化。在单元级信息物理系统功能的基础上，系统级信息物理系统还主要包含互联互通、即插即用、边缘网关、数据互操作、协同控制、监视与诊断等功能。其中，互联互通、边缘网关和数据互操作主要实现单元级信息物理系统的异构集成；即插即用主要在系统级信息物理系统实现组件管理，包括组件（单元级信息物理系统）的识别、配置、更新和删除等功能；协同控制指对多个单元级信息物理系统的联动和协同控制等；监视与诊断主要对单元级信息物理系统的状态进行实时监控和诊断。

3. SoS 级体系架构

多个系统级信息物理系统的有机组合构成 SoS 级信息物理系统。例如，多个工序（系统级信息物理系统）形成一个车间级信息物理系统，或者形成整个工厂的信息物理系统。通过单元级信息物理系统和系统级信息物理系统混合形成的 SoS 级信息物理系统体系架构如图 5-3 所示。

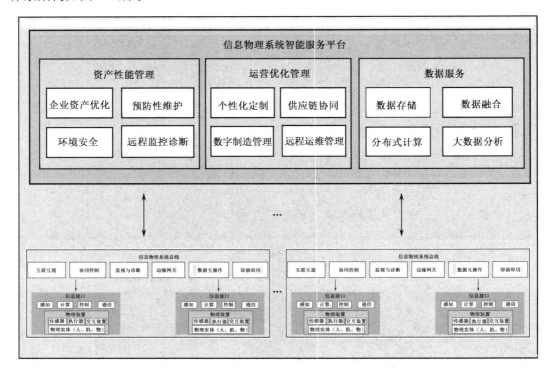

图 5-3　SoS 级信息物理系统体系架构

SoS 级信息物理系统主要实现数据的汇聚，从而对内进行资产的优化，对外形成运营优化服务。其主要功能包括数据存储、数据融合、分布式计算、大数据分析等数据服务，并在数据服务的基础上形成资产性能管理和运营优化管理。

SoS 级信息物理系统可以通过大数据平台实现跨系统、跨平台的互联、互通和互操作，促成多源异构数据的集成、交换和共享的闭环自动流动，在全局范围内实现信息全面感知、深度分析、科学决策和精准执行。这些数据部分存储在信息物理系统智能服务平台，部分分散在各组成的组件内。对这些数据进行统一管理和融合，并对这些数据进行分布式计算和大数据分析，这是这些数据能够提供数据服务并有效支撑高级应用的基础。

资产性能管理主要包括企业资产优化、预防性维护、环境安全和远程监控诊断等方面。运营优化管理主要包括个性化定制、供应链协同、数字制造管理和远程运维管理。通过信息物理系统智能服务平台的数据服务，能够对信息物理系统内的每个组成部分进行操控，对各组成部分状态数据进行获取，对多个组成部分协同进行优化，达到资产和资源的优化配置与运行。

5.2.2　信息物理系统的技术需求

由于复杂性和跨学科的特点，信息物理系统的技术需求极其广泛，其成功实现不仅需要借助已有的成熟技术，如借助总体技术进行架构设计，借助信息安全技术保障系统的安全可靠，同时还对技术提出了新要求。下面基于信息物理系统的特征，按照信息物理系统 3 个层次的体系架构，重点梳理汇总信息物理系统特征引发的新的技术需求。

1. 单元级

单元级信息物理系统技术需求是构建一个最基本的信息物理系统单元时需要满足的技术需求。从单元级信息物理系统的体系架构看，传感器是信息物理系统获取相关数据信息的来源，是实现自动检测和自动控制的首要环节。信息物理系统需要进一步对获取的数据进行计算分析并使其在信息虚体中流通，执行器则根据计算结果实现对物理实体的控制与优化，所以可梳理出其技术需求主要包括：状态感知能力；对物理实体的控制执行能力；对数据的计算处理能力；对外交互和通信的能力。

2. 系统级

在单元级信息物理系统的技术需求基础上，参考系统级信息物理系统的体系架构，强调组件之间的互联互通，并在此基础上着眼于对不同组件的实时、动态信息控制，实现信息空间与物理空间的协同和统一，同时对集成的计算系统、感知系统、控制系统与网络系统进行统一管理，可归纳得出，系统级信息物理系统除了包含单元级信息物理系统的技术需求，还需关注：信息物理系统之间的互联互通能力；系统内各组成信息物理系统的管理和检测能力；系统内各组成信息物理系统的协同控制能力。

3. SoS 级

SoS 级信息物理系统所感知的数据更为真实、丰富多样、种类繁多，因此需要新的处理模式对数据进行融合分析，提取其中潜在价值，从而提供更强的决策力、洞察力和流程优化能力。通过数据服务可进行信息物理系统的资源控制和信息物理系统能力的获取。在系统级信息物理系统技术需求基础上，参考 SoS 级信息物理系统的体系架构，综合归纳得到 SoS 级信息物理系统相对系统级信息物理系统增加的技术需求：数据存储和分布式处理能力；对外可提供数据和智能服务的能力。

5.2.3　信息物理系统的技术体系

通过研究分析信息物理系统的体系架构和技术需求，综合单元级、系统级、SoS 级信息物理系统所需的自动控制技术、智能感知技术、计算（软件）技术、通信技术、互联技术、协同控制技术、分布式终端管理技术、数据存储和处理技术、云服务技术等，并结合信息物理系统当前已较为成熟的嵌入式软件、通信、大数据等技术，得到信息物理系统技术体系如图 5-4 所示。

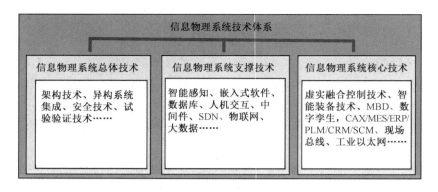

图 5-4　信息物理系统技术体系

信息物理系统技术体系主要分为信息物理系统总体技术、信息物理系统支撑技术、信息物理系统核心技术。信息物理系统总体技术主要包括系统架构、异构系统集成、安全技术、试验验证技术等，是信息物理系统的顶层设计技术；信息物理系统支撑技术主要包括智能感知、嵌入式软件、数据库、人机交互、中间件、SDN（软件定义网络）、物联网、大数据等，是信息物理系统应用的支撑；信息物理系统核心技术主要包括虚实融合控制技术、智能装备技术、MBD、数字孪生、CAX/MES/ERP/PLM/CRM/SCM、现场总线、工业以太网等，是信息物理系统的基础技术。

对信息物理系统技术体系中各种技术归纳总结，本书认为，上述技术体系可以分为四大核心技术要素，即"一硬"（感知和自动控制）、"一软"（工业软件）、"一网"（工业网络）、"一平台"（工业云和智能服务平台）。其中，感知和自动控制是信息物理系统实现的硬件支撑；工业软件固化了信息物理系统计算和数据流程的规则，是信息物理系统的核心；工业网络是互联互通和数据传输的网络载体；工业云和智能服务平台是信息物理系统数据汇聚和支撑上层解决方案的基础，对外提供资源管控和能力服务。

5.2.4　信息物理系统的核心技术要素

基于信息物理系统的"一硬"（感知和自动控制）、"一软"（工业软件）、"一网"（工业网络）、"一平台"（工业云和智能服务平台）四大核心技术要素，下面对其中包含的部分关键技术进行论述，其他技术如总体技术、信息安全等也是信息物理系统可靠、高效运行的保障，只是限于篇幅，此处不过多论述。

1. 感知和自动控制

信息物理系统使用的感知和自动控制技术主要包括智能感知技术和虚实融合控制技术，如图 5-5 所示。

（1）智能感知技术。信息物理系统主要使用的智能感知技术是传感器技术。传感器是一种检测装置，能感受到被测量的信息，并能将检测感受到的信息，按一定规律变换为电信号或其他所需形式的信息输出，以满足信息的传输、处理、存储、显示、记录和控制等要求。RFID 是最常用的一种传感器，它主要包括感应式电子晶片或近接卡、感应卡、非接触卡、电子标签、电子条码等。RFID 系统一般由电子标签（Tag）、读写器

（Reader）和计算机网络及数据处理系统（也称为"RFID 中间件"或"应用软件"）三大部分组成。

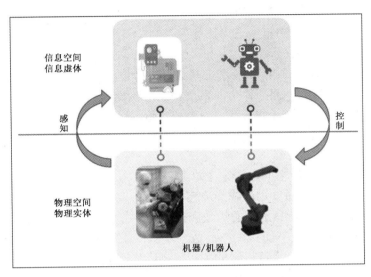

图 5-5　感知和自动控制

（2）虚实融合控制技术。信息物理系统虚实融合控制是多层"感知—分析—决策—执行"循环，建立在状态感知的基础上，感知往往是实时进行的，向更高层次同步或即时反馈。如图 5-6 所示，虚实融合控制技术包括嵌入控制、虚体控制、集控控制和目标控制 4 个层次。

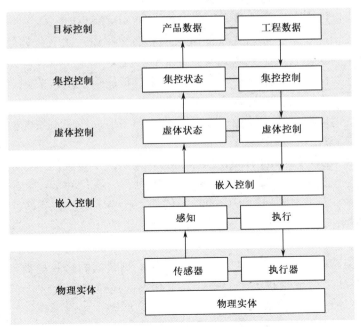

图 5-6　虚实融合控制技术

① 嵌入控制。嵌入控制主要针对物理实体进行控制，通过嵌入式软件，从传感器、仪器、仪表或在线测量设备采集被控对象和环境的参数信息来实现"感知"，通过数据处理来"分析"被控对象和环境的状况，通过控制目标、控制规则或模型计算来"决策"，进而向执行器发出控制指令来"执行"，如此不停地进行"感知—分析—决策—执行"循环，直至达成控制目标。

② 虚体控制。虚体控制指在信息空间进行的控制计算，主要针对信息虚体进行控制。虚体控制不是必需的，但往往是非常重要的，一是因为在嵌入式软硬件上实现复杂计算不如在"大"计算环境（如云计算）上成本低、效率高；二是因为需要同步跟踪物理实体的状态（感知信息），通过控制目标、控制逻辑或模型计算来向嵌入控制层发出控制指令。

③ 集控控制。在物理空间，一个生产系统往往由多个物理实体构成，如一条生产线会有多个物理实体，并通过物流或能流连接在一起。在信息空间内，其主要通过信息物理系统总线的方式进行信息虚体的集成和控制。

④ 目标控制。对于生产而言，产品数字孪生的工程数据提供实体的控制参数、控制文件或控制指示，属于"目标"级的控制，实际生产的测量结果或追溯信息收集到产品数据，可通过即时比对判断生产是否达成目标。

2. 工业软件

工业软件是专用于工业领域，为提高工业企业研发、制造、生产、服务与管理水平及工业产品使用价值的软件。工业软件通过应用集成能够使机械化、电气化、自动化的生产系统具备数字化、网络化、智能化特征，从而为工业领域提供一个面向产品全生命周期的网络化、协同化、开放式的产品设计、制造和服务环境。信息物理系统应用的工业软件技术主要包括嵌入式软件技术、MBD 和 CAX/MES/ERP 等。

（1）嵌入式软件技术。嵌入式软件技术主要把软件嵌入在工业装备或工业产品中，这些软件可细分为操作系统、嵌入式数据库和开发工具、应用软件等，它们被植入硬件产品或生产设备的嵌入式系统之中，达到自动化、智能化控制、监测、管理各种设备和系统运行的目的，应用于生产设备，实现采集、控制、通信、显示等功能。嵌入式软件技术是实现信息物理系统功能的载体，其紧密结合在信息物理系统的控制、通信、计算、感知等各个环节，如图 5-7 所示。

（2）MBD。MBD（Model Based Definition）采用一个集成的全三维数字化产品描述方法来完整地表达产品的结构信息、几何形状信息、三维尺寸标注和制造工艺信息等，将三维实体模型作为生产制造过程中的唯一依据，改变了传统以工程图纸为主、以三维实体模型为辅的制造方法。MBD 支撑信息物理系统的产品数据在制造各环节的流动，如图 5-8 所示。

在 MBD 制造模式下，产品工艺数据、检验检测数据的形式与类型发生了很大变化。通过 MBD，产品模型串联起了工业软件。工艺部门通过三维数字化工艺设计与仿真，依据基于 MBD 的三维产品设计数模建立三维工艺模型，生成零件加工、部件装配动画等多媒体工艺数据。检验部门通过三维数字化检验，依据基于 MBD 的三维产品设计数模、三维工艺模型，建立三维检验模型和检验计划，如图 5-8 所示。

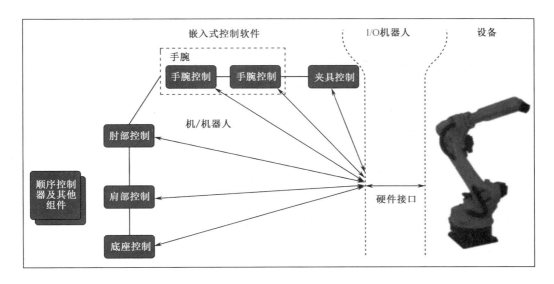

图 5-7　嵌入式软件技术在单元级信息物理系统的作用

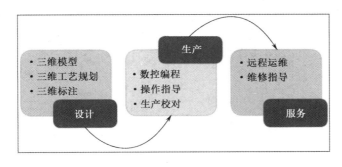

图 5-8　MBD 在制造业的应用

（3）CAX/MES/ERP。CAX 是 CAD、CAM、CAE、CAPP、CAS、CAT、CAI 等各项技术的综合名称。CAX 实际上把多元化的计算机辅助技术集成起来复合和协调地进行工作，从产品研发、设计、生产、流通等各个环节对产品全生命周期进行管理，实现生产和管理过程的智能化、网络化管理和控制。

CAX 软件是 CPS 信息虚体的载体。信息虚体的原始要素定义，以及信息虚体之间接口的定义，都是通过 CAX 软件实现的。通过 CAX 软件，信息物理系统的信息虚体充斥到制造流程中，从供应链管理、产品设计、生产管理、企业管理等多个维度，提升"物理世界"中的工厂/车间的生产效率，优化生产工程。

MES 是满足大规模定制需求、实现柔性排程和调度的关键，其主要操作对象是信息物理系统的信息虚体，通过信息虚体的操控，以网络化和扁平化的形式对企业的生产计划进行"再计划"，"指令"生产设备"协同"或"同步"动作，对产品生产过程进行及时响应，使用当前的数据对生产过程进行及时调整、更改或干预等处理。同时，信息虚体的相关数据通过 MES 收集整合，形成工厂的业务数据，通过工业大数据的分析整合，使其全产业链可视化，达到使企业生产最优化、流程最简化、效率最大化、成本最低化和质量最优化的目的。

ERP 是以市场和客户需求为导向，以实行企业内外资源优化配置，消除生产经营过程中一切无效的劳动和资源，实现信息流、物流、资金流、价值流和业务流的有机集成和提高客户满意度为目标，以计划与控制为主线，以网络和信息技术为平台，集客户、市场、销售、采购、计划、生产、财务、质量、服务、信息集成和业务流程重组等功能为一体，面向供应链管理的现代企业管理思想和方法。

3. 工业网络

经典的工业网络金字塔模式展示了定义明晰的层级结构，信息从现场层向上经由多个层级流入企业规划层。尽管这一模式得到广泛认可，但其中的数据流动并不顺畅。由于金字塔每层的功能性要求不尽相同，因此各层往往采用不同的网络技术，使得不同层级之间的兼容性较差。此外，由于信息物理系统对开放互联和灵活性的要求更高，因此自动化金字塔模式的这种结构越来越受诟病。

信息物理系统中的工业网络技术将颠覆传统的基于金字塔分层模型的自动化控制层级，取而代之的是基于分布式的全新范式，如图 5-9 所示。由于各种智能设备的引入，设备可以相互连接形成一个网络服务。每个层面都拥有更多的嵌入式智能和响应式控制的预测分析；每个层面都可以使用具有虚拟化控制和工程功能的云计算技术。与传统工业控制系统严格的基于分层的结构不同，高层次的信息物理系统是由低层次信息物理系统互联集成、灵活组合而成的。

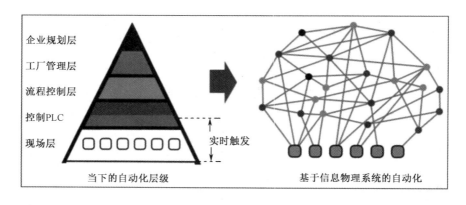

图 5-9　信息物理系统的网状互联网络

信息物理系统网络从技术角度来看，主要涉及工业异构异质网络的互联互通和即插即用。由于不同的网络在传输速率、通信协议、数据格式等方面的差异，异构异质网络的融合具有高度的复杂性。一些设备将作为边缘网关，发挥连接异构网络的作用，将数据融合在 IP 网络中进行传输和控制。同时还需要一个统一的通信机制与数据互操作机制，使数据在不同网络间传输和交换，实现设备间的互联互通。此外，为了适应柔性制造、小批量定制化的需求，信息物理系统必须是灵活组合的，相应地，工业网络也必须是柔性的、即插即用的，从而能使资源合理配置及生产效率极大地提高。信息物理系统网络在接入技术上主要分为有线网络，以及无线网络和基于有线无线网络形成的柔性灵活的工厂网络；从网络类型来分，既有各种智能设备组成的专用协议局域网，也有基于通用 TCP/IP 协议的公共互联网。

（1）现场总线技术。现场总线技术是计算机，网络通信、超大规模集成电路、仪表和测试、过程控制和生产管理等现代高科技迅猛发展的综合产物，主要解决工业现场的智能化仪器仪表、控制器、执行机构等现场设备间的数字通信及这些现场控制设备和高级控制系统之间的信息传递问题。现场总线作为工厂数字通信网络的基础，沟通了生产过程现场及控制设备之间及其与更高控制管理层次之间的联系，因此现场总线的内涵现在不仅指一根通信线或一种通信标准。总线在运动控制中的应用使得工业自动化控制技术正在向智能化、网络化和集成化方向发展，为自控设备与系统开拓了更为广阔的领域。现场总线的控制系统的主要特点有全数字化通信、开放型的互联网络、可操作性与互用性、现场设备智能化、系统结构高度分散、对现场环境具有适应性。

（2）工业以太网技术。当前广泛使用的工业以太网技术有十余种，如 EtherCAT、Ethernet PowerLink 等。这些工业以太网技术基本上都是各家厂商基于 IEEE 802.3（Ethernet）百兆网基础增加实时特性获得的。工业以太网技术提供了一个无缝集成新的多媒体世界的途径。此外，当前 IEEE 802 正在对实时以太网 TSN 进行标准化，以满足工业环境中时间敏感的需求。TSN 实现了一个标准的开放式网络基础设施，可支持不同厂商仪器之间的相互操作和集成。同时，TSN 可支持制造应用中的其他网络传输，进而驱动企业内部信息系统网络与生产控制系统网络的无缝融合。工业生产商和终端用户将通过更多的供应商获得更低成本的网络部件，有助于工业以太网更广泛被采用。

（3）无线技术。无线技术由于节省线路布放与维护成本、组网简单（常支持自组织组网，而且不需要考虑线长、节点数等制约），已应用于工业生产的一些场景，如基于 IEEE 802.15.4 的 WirelessHART 与 ISA100.11a 技术，当前已用于资产管理、过程测量与控制、HMI 等方面，尤其是在高温、腐蚀等不适宜有线布放的环境下，无线技术几乎是唯一选择。Wi-Fi 和 ZigBee 也是工厂内非生产环境会使用的无线局域网技术，前者侧重于高速率，后者侧重于低功耗。此外，移动宽带技术 LTE、eLTE，低功率广域无线技术 NB-IoT、LTE-M、LoRa 等也在工业企业中有相应的应用。

（4）SDN。为了适应柔性生产的需求，单元级信息物理系统可能需要根据需求进行灵活重构，如智能机器可在不同的系统级信息物理系统（如生产线）之间迁移和转换，并实现即插即用，这需要工厂网络柔性灵活组网。基于 SDN 的敏捷网络，实现了管理平面与业务平面的分离，可以实现网络资源可编排能力。基于业务系统（MES）的需求，在 SDN 控制器的配置下，各网络设备进行网络资源调度和业务分发，实现快速的网络重组，从而支撑柔性制造和生产自组织。

4. 工业云和智能服务平台

工业云和智能服务平台通过边缘计算、雾计算、大数据分析等技术进行数据的加工处理，形成对外提供数据服务的能力，并在数据服务基础上提供个性化和专业化的智能服务，如图 5-10 所示。

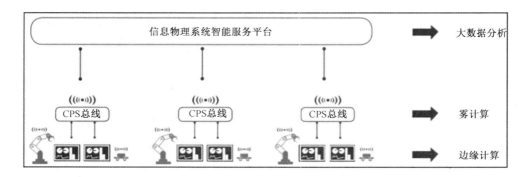

图 5-10　构建信息物理系统平台需要的计算技术

（1）边缘计算。边缘计算指在靠近物或数据源头的网络边缘侧，融合网络、计算、存储、应用核心能力的开放平台，就近提供边缘智能服务，满足行业数字化在敏捷连接、实时业务、数据优化、应用智能、安全与隐私保护等方面的关键需求。

对于 SoS 级信息物理系统，其每个信息物理系统组成均具有计算和通信功能，通过每个信息物理系统的边缘计算，数据在边缘侧就能解决，更适合实时的数据分析和智能化处理。边缘计算聚焦实时、短周期数据的分析，具有安全、快捷、易于管理等优势，能更好地支撑信息物理系统单元的实时智能化处理与执行，满足网络的实时需求，从而使计算资源更加有效地得到利用。此外，边缘计算虽靠近执行单元，但同时也是云端所需高价值数据的采集单元，可以更好地支撑云端的智能服务。

（2）雾计算。信息物理系统是复杂控制系统，局域型的信息物理系统对于每个信息物理系统组成也需要进行协同计算，从而对信息物理系统组成协同控制。雾计算将数据、数据处理和应用程序集中在网络边缘的设备中，数据的存储及处理更依赖本地设备，而非服务器。雾计算是新一代的分布式计算，在信息物理系统中应用分布式的雾计算，通过智能路由器等设备和技术手段，在不同设备之间组成数据传输带，可以有效减少网络流量，数据中心的计算负荷也可相应减轻。雾计算可以用于产品信息物理系统或系统级信息物理系统，以应对网络产生的大量数据——运用处理程序对这些数据进行预处理，提升其使用价值。雾计算不仅可以解决联网设备自动化的问题，更关键的是它对数据传输量的要求更小。

（3）大数据分析。大数据分析技术将给全球工业带来深刻的变革，创新企业的研发、生产、运营、营销和管理方式，给企业带来更快的速度、更高的效率和更深远的洞察力。工业大数据的典型应用包括产品创新、产品故障诊断与预测、工业企业供应链优化和产品精准营销等诸多方面。工业云和智能服务平台所支持的信息物理系统，可以通过大数据分析来实现上述创新。例如，有效地分析产品大数据，通过系统地收集研发数据和分析建模，以新的算法来优化、控制和稳定产品研发质量，以此来实现产品创新；有效地分析高频、海量的运维大数据，确定产品的工作状态，发现零部件更换与维护的规律，由事后发现问题、解决问题变为事先避免问题，以此来实现产品故障诊断与预测式运维服务；对来自社交网络的商业大数据的分析，可以从数据中观察到人们复杂的社会行为模式，通过数据挖掘，找到用户的产品使用习惯、喜好和实际需求，以调整优化产品，为客户提供更高满意度的产品与服务，以此来实现产品精准营销。

5.2.5 信息物理系统的标准化

标准与技术创新同步已成为推动产业发展的有效模式。信息物理系统是一个具有显著创新潜力和社会影响的领域，其技术体系和应用方案有待完善，用标准助推创新发展是必要的手段。因此，可借鉴国内外已开展的信息物理系统标准化工作经验，针对信息物理系统标准化存在的现实需求，将现阶段开展的标准化工作聚焦在几个重点方向上。

1. 国内外已开展的标准化工作

目前美国 NIST、IEEE 及我国信息物理系统发展论坛已先行开展了信息物理系统标准化研究工作。

美国 NIST 于 2014 年 6 月成立了信息物理系统公共工作组（CPS PWG），联合相关高校和企业专家共同开展了信息物理系统标准化研究，并于 2016 年 5 月发布了《信息物理系统框架》。该框架分析了信息物理系统的起源、应用、特点和相关标准，并从概念、实现和运维 3 个视角给出了信息物理系统在功能、商业、安全、数据、实时、生命周期等方面的特征。

美国 IEEE 于 2008 年成立了信息物理系统技术委员会（TC-CPS），致力于信息物理系统领域的交叉学科研究和教育。TC-CPS 每年都举办 CPS Weeks 等学术活动及涉及信息物理系统各方面研究的研讨会。

中国电子技术标准化研究院于 2016 年 9 月联合国内百余家企事业单位发起成立了信息物理系统发展论坛，以期共同研究信息物理系统的发展战略、技术和标准等。

2. 有待解决的信息物理系统标准化问题

信息物理系统体现了工业技术和信息技术的跨界融合，涉及硬件、软件、网络及平台等多方面的集成，以及不同环节、不同模式下的复杂应用。目前国内外对信息物理系统标准化的研究还处于起步阶段，这些现实情况及信息物理系统本身具有的创新性、复杂性给标准化工作带来了诸多挑战。目前有待解决的信息物理系统标准化问题如下。

（1）统筹信息物理系统设计、实现、应用等多方面的标准化任务，整体布局，分段实施。

（2）统一信息物理系统标准化语言，减少理解和认识的差异。

（3）解决互联互通、异构集成、互操作等复杂技术问题。

（4）规范信息物理系统应用模式，营造良好的应用氛围。

（5）构建信息物理系统安全环境，预防控制安全问题。

3. 信息物理系统标准化的重点方向

针对上述问题，可从顶层设计、基础共性类标准、关键技术类标准、应用类标准和安全类标准 5 个方面进行信息物理系统标准化研究。

（1）顶层设计。顶层设计是开展标准化工作的总体纲领与参考，界定了信息物理系统标准研究的范围，明确了待研制的标准明细及各项标准之间的关系。对顶层架构的设计至少应包括标准体系框架、实施综合标准化体系建设指南等。

（2）基础共性类标准。基础共性类标准用于统一信息物理系统的术语、相关概念及框架模型，是认识、理解及实现信息物理系统的基础，为开展其他方面的标准化研究提供了支撑。其包括术语和概念、体系结构及相关的评估规范等。

（3）关键技术类标准。关键技术类标准用于规范信息物理系统的设计、开发和实践中的关键技术要素及其测试规范，指导技术研发、测试验证等，包括 MBD 建模、异构集成、数据互操作、数据分析等技术要求及其测试规范、技术实现的过程与方法等。

（4）应用类标准。应用类标准用于指导不同场景、不同行业信息物理系统的部署、集成与测试，包括用例、系统解决方案及行业实施指南等。

（5）安全类标准。安全类标准用于规范信息物理系统中的工业控制及信息安全管理，提升工业控制安全防控能力，包括工业控制系统信息安全管理、风险评估、防护能力评估等。

5.3　研究展望

自 2006 年至今，信息物理系统的发展得到了许多国家政府的大力支持和资助，已成为学术界、科技界、企业界争相研究的重要方向，获得了国内外计算机、通信、控制、生物、船舶、交通、军事、基础设施建设等多个领域的研究机构与学者的关注和重视。同时，信息物理系统也是各行业优先发展的产业领域，具有广阔的应用前景和商业价值。

5.3.1　国外研究现状

国际上，有关信息物理系统的研究大多集中在美国、德国、日本、韩国、欧盟等国家和地区。各国/地区研究机构对信息物理系统的研究及成果如表 5-1 所示。

表 5-1　各国/地区研究机构对信息物理系统的研究及成果

研究机构	研究方向	研究成果
美国的 NIST	理论和标准研究：参考架构、应用案例、时间同步、CPS 安全、数据交换	（1）成立了 CPS PWG； （2）发布了《信息物理系统框架》（2016 年 5 月）； （3）发布了 CPS 测试验证平台设计概念
美国的 IEEE	标准研究：CPS 相关标准	（1）成立了 IEEE TC-CPS； （2）定期举办学术会议
欧盟委员会	战略分析和理论研究：智能设备、嵌入式系统、感知控制、复杂系统（SoS）	（1）设立了 CPS 研究小组； （2）启动了 ARTEMIS 项目； （3）发布了《CyPhERS CPS 欧洲路线图和战略》
德国的 acatech	国家战略和理论研究：CPS 特征、CPS 应用、智能设备、信息物理制造系统 CPPS	（1）德国工业 4.0 确定以 CPS 为核心； （2）发布了《网络世界的生活》； （3）成立了世界第一个 CPPS 实验室
中国的 EST	标准、技术、应用研究：参考结构、核心技术、标准需求及应用案例等	（1）成立了信息物理系统发展论坛； （2）承担了 CPS 共性关键技术测试验证平台建设与应用推广等项目

1. 美国

2006 年 2 月，美国科学院发布了《美国竞争力计划》，明确将 CPS 列为重要的研究项目；2006 年年末，美国国家科学基金会召开了世界上第一个关于 CPS 的研讨会并将 CPS 列入重点科研领域，开始进行资金资助；2007 年 7 月，美国总统科学技术顾问委员会（PCAST）在题为《挑战下的领先——全球竞争世界中的信息技术研发》的报告中列出了八大关键的信息技术，其中 CPS 位列首位；2008 年 3 月，美国 CPS 研究指导小组（CPS Steering Group）发布了《信息物理系统概要》，把 CPS 应用于交通、农业、医疗、能源、国防等方面。

2014 年 6 月，美国 NIST 汇集相关领域专家，组建成立了 CPS PWG，联合企业共同开展 CPS 关键问题的研究，推动 CPS 在跨多个"智能"应用领域的应用。2015 年，NIST 工程实验室智能电网项目组发布了 CPS 测试平台（Testbed）设计概念。2016 年 5 月，NIST 正式发表了《信息物理系统框架》，提出了 CPS 的两层域架构模型，在业界引起了极大关注。

截至 2016 年，美国国家科学基金会投入了超过 3 亿美元来支持 CPS 基础性研究。在学术界，IEEE 及 ACM 等组织从 2008 年开始，每年都举办 CPS Weeks 等学术活动。CPS Weeks 汇集了国际上关于 CPS 的 5 个主要会议：HSCC、ICCPS、IoTDI、IPSN 和 RTAS 及涉及 CPS 各方面研究的研讨会和专题报告。

美国利用国际产业链优势，在 CPS 标准、学术研究和工业应用方面处于领先地位，我国亟需在标准研究和应用领域深入研究，追赶世界先进水平。

2. 德国

德国作为传统的制造强国，也一直关注着 CPS 的发展。2009 年，德国《国家嵌入式系统技术路线图》提出发展本地嵌入式系统网络的建议，明确提出 CPS 将是德国继续领先未来制造业的技术基础。2013 年 4 月，在汉诺威工业博览会上，德国正式推出了工业 4.0。《德国工业 4.0 实施建议》中提出：建设一个平台，即"全新的基于服务和实时保障的 CPS 平台"。2015 年 3 月，德国国家科学与工程院（acatech）发布了《网络世界的生活》，对 CPS 的能力、潜力和挑战进行了分析，提出了 CPS 在技术、商业和政策方面所面临的挑战和机遇。依托人工智能研究中心（DFKI），德国开展了 CPS 试验工作，建成了世界第一个 CPPS 实验室。

德国借助其制造强国优势，突出 CPS 在制造业和嵌入式领域的应用，我国在实施制造强国战略过程中，需要重点关注 CPS 对制造业发展的促进作用。

3. 欧盟

欧盟在 CPS 方面也做了很多工作。CPS 研究作为欧盟公布的"单一数字市场"战略的一部分，得到了欧盟的大力支持，欧盟通信网络、内容和技术理事会单独设立 CPS 研究小组；欧盟在 2007 年启动了 ARTEMIS（Advanced Research and Technology for Embedded Intelligence and Systems）等项目，计划投入超过 70 亿美元进行 CPS 相关方面的研究，并将 CPS 作为智能系统的一个重要发展方向。2015 年 7 月，欧盟发布了《CyPhERS CPS 欧洲路线图和战略》，强调了 CPS 的战略意义和主要应用的关键领域。

欧盟发挥国家间的组织优势，重点关注 CPS 的战略分析和理论研究，我国也要加强同世界其他国家和组织的沟通交流，促进 CPS 理论和应用的发展。

4. 日本和韩国

在日韩等国，CPS 从 2008 年左右开始备受关注。韩国科技院等高等教育机构和科研院尝试开展了 CPS 的相关课程，从自动化研究与发展的角度，关注计算设备、通信网络与嵌入式对象的集成跨平台研究。日本以东京大学和东京科技大学为首，对 CPS 技术在智能医疗器件及机器人开发等方面的应用投入了极大的科研力量。

日、韩作为后发的发达国家，紧跟 CPS 的技术研发和应用，这对我国的 CPS 发展既是动力，也是挑战，我国需要加大在 CPS 领域的研究投入。

5.3.2 国内研究现状

在 CPS 明确提出之前，我国已经开展了类似的研究，这些研究与政府在工业领域的政策紧密联系在一起。2016 年，中国政府提出了深化制造业与互联网融合发展的要求，其中在强化融合发展基础支撑中，对 CPS 的未来发展做出了进一步要求。政策的延续和支持使得我国的 CPS 发展驶入快车道。

高校和科研单位也纷纷进行 CPS 技术研究和应用。2010 年，科技部启动了"面向信息—物理融合的系统平台"等项目。2012 年，浙江大学、清华大学、上海交通大学联合成立了赛博（Cyber）协同创新中心，开展工业信息物理融合系统（iCPS）的基础理论和关键技术方面的前沿研究。2016 年 3 月，中山大学成立了信息物理系统研究所，致力于 CPS 核心技术和特色应用研究。2016 年 9 月，中国电子技术标准化研究院（工业和信息化部电子工业标准化研究院）联合国内百余家企事业单位发起成立了信息物理系统发展论坛，共同研究 CPS 的发展战略、技术和标准，开展试点示范，推广优秀的技术、产品和系统解决方案等活动。此外，在工业和信息化部的支持下，中国电子技术标准化研究院开展了 CPS 共性关键技术测试验证平台建设与应用推广等项目的研究。

在 CPS 应用实践方面，国内也进行了较多的有益探索。2013 年，中船集团与美国 NSF-IMS 中心联合成立了海洋智能技术中心（OITC），开展 CPS 技术在工业领域的应用研究。该中心研制的 CPS 智能信息平台和智能船舶运行与维护系统（SOMS）作为国产智能船舶的两大核心系统在散货船、集装箱船和 VLCC 船上广泛应用。广东工业大学 2015 年 5 月建立了广东省信息物理融合系统重点实验室，2016 年 6 月进一步建立了智能制造信息物理融合系统集成技术国家地方联合工程研究中心，初步构建了智能制造信息物理融合系统集成应用体系架构，并在船舶制造、汽车零配件制造等领域开展了集成应用示范工作[1]。

5.3.3 CPS 网络研究展望

CPS 网络是一种全新的局部操控、全局控制、具有多学科交叉应用的混合网络，作为一种全新的组网方式，CPS 网络在众多领域（如个人医疗救助、智能交通、环境监测等）具有巨大的应用潜力，并对未来人们的生活方式产生了深远的影响。预计未来一段时间内 CPS 网络研究的重点方向包括以下几方面。

（1）网络控制与中间件。

（2）网络连接向多层次发展。

（3）网络层次模型多样化。

（4）可供实验的完整网络实验平台。

（5）完整可实现的 CPS 系统[1]。

5.4　案例[1]

5.4.1　案例名称

中国船舶工业系统工程研究院 CPS 应用探索，项目规模属于 SoS 级 CPS。

5.4.2　建设背景

船舶工业是为航运业、海洋开发及国防建设提供技术装备的综合性产业，对钢铁、石化、轻工、纺织、装备制造、电子信息等重点产业发展和扩大出口具有较强的带动作用。但是在全球经济增长乏力的大背景下，航运业市场持续低迷，过度在船舶设计制造端追求产品性能的提升已经无法打动船东，需要创造新的行业合作形态，令产业链上下游企业共同参与到船舶价值创造中，创造新的用户价值。

中国船舶工业系统工程研究院利用自身的系统工程理论优势和海军体系工程理论基础，于 2010 年成立了海洋智能技术中心，这是我国船舶领域最早的信息物理系统专门研究机构。海洋智能技术中心为了探索适应中国船舶制造业和远洋航运业的转型发展方案，以工业智能为核心突破点，从根本上解决了船厂、船东和船员之间的矛盾，率先开展了基于 CPS 船舶产业的 SoS 解决方案，并积极开展了实船实践验证工作，共创了"无忧船舶"和"无忧运营"。

5.4.3　实施情况

海洋智能技术中心针对 SoS 级 CPS 的体系架构，结合我国海洋装备技术和应用特点，在国内首次研制了以装备全寿命周期视情使用、视情管理和视情维护为核心，面向船舶与航运智能化的智能船舶运行与维护系统（Smart-vessel Operation and Maintenance System，SOMS），并进一步面向船队、船东和船舶产业链，分别设计了船舶（个体）、船队（群体）和产业链（社区）的 CPS 应用解决方案，为整个船舶产业链提供了面向环境、状态、集群、任务的智能能力支撑。

海洋智能技术中心在北京设置了工业大数据认知中心与智能信息服务平台，通过具有自主知识产权的 CPS 认知与决策系统（CPS Cognition and Decision System，CCDS），将船舶工业数据异构融合，在信息空间进行映射，在机器自主学习的认知计算环境中，完成了船舶设计、制造、运营流程的知识发现与行为预测，并通过智能信息服务平台以数据驱动的模型训练技术对外提供面向船舶设计、制造、管理、运营的视情决策支持。

同时，海洋智能技术中心研发了船舶智能 Agent。其一方面以模型和算法为载体，通过模型移植技术实现船舶的自主成长，在实时接入上千种传感器数据的基础上，独立为船端用户的活动提供实时快速的决策支持；另一方面以模型化方式与北京认知中心进行知识交互，并在工业大数据认知中心与智能信息服务平台的支持下，基于群体认知学习能力，提供更深度的智能决策支持和智能 Agent 持续升级。

通过工业大数据认知中心与智能信息服务平台，以及 CCDS 和智能 Agent 的技术布局，海洋智能技术中心根据船舶产业应用对象的不同，提出了以下 3 个层次的 SOMS 解决方案。

（1）船舶层次：SOMS 个体 CPS 体系解决方案。船舶作为船舶行业的核心装备，既是整个产业链技术水平的集中体现，也是产业链智能化升级最重要的载体。SOMS 个体 CPS 体系解决方案设计了由感知、分析、决策和控制 4 个模块构成的智能控制单元，首先对典型的主力船型加装感知系统和分析系统，分析全船数据，通过北京认知中心的强大运算能力和数据科学家队伍，训练认知模型，优化认知算法，以重点船舶的智能化带动船舶整体智能化发展；在为重点船舶提供视情决策、资源优化支持的基础上，利用模型移植，将核心模型和关键算法制作成 CPS 胶囊。此后只需要在同型姊妹船舶上安装 CPS 胶囊，并接入简单的关键数据就可以实现大部分自主视情优化功能，而无须进行感知网络的重复建设，有利于 CPS 技术和成果的高效率、低成本推广。

（2）船队层次：SOMS 群体 CPS 体系解决方案。船队作为工业领域最典型的装备集群，几乎具备了装备集群的所有特点和特征。同时，由于船舶使用场景和任务的多样性，船队在集群协同优化方面也有很多智能化需求。SOMS 群体 CPS 体系解决方案为船队的直接关系用户，也就是船东，设计了由感知、分析、决策和管理 4 个模块构成的智能管理单元，并在船舶智能化的基础上，结合我国船舶工业的实际情况，运用模型化传输手段实现了岸海一体分析决策流程，为船东提供了基于 CPS 的群体认知学习化环境，同时通过智能信息服务平台，为船东提供视情使用和视情管理服务，从而在安全、经济和环保 3 个方面为船东提供自主成长的智能化服务支撑。

（3）产业链层次：SOMS 社区 CPS 体系解决方案。在 SOMS 个体和群体 CPS 体系解决方案的基础上，为了进一步在船舶产业进行 CPS 的应用推广，本着"数据驱动，融合创新"的理念，SOMS 社区 CPS 体系解决方案提供面向全产业链的全维数据感知、综合数据分析、定制信息服务，以商船、渔船、执法船和关键设备等海洋领域核心装备为装备对象，向海洋领域的核心活动用户提供装备全寿命周期信息服务、智慧航运服务、货物产业链服务、智慧渔业管理服务等智慧化服务，以智能 Agent 和部署在船端、船东总部的分布式数据中心为数据来源，以北京认知中心为数据认知、优化决策、信息服务的载体，以 CCDS 为核心，将不同领域的用户以知识相连接，构建了信息物理融合的船舶工业社区，实现了 CPS 在船舶产业链的深度融合与广泛应用。

这 3 种解决方案是依次递进、相互影响的，由于面临的装备、船舶、船队和企业等对象众多，船舶的工作环境、任务场景复杂，SOMS 解决方案既是装备建设解决方案，又是系统工程解决方案，更是体系工程解决方案。因此，SOMS 解决方案在实现过程中需要相互依托，相互促进，循序渐进，整个 SOMS 体系工程分为以下 3 个建设阶段。

第一阶段：CPS 体系框架建设，海洋智能技术中心建设由工业软件、感知控制硬件、船舶互联网、认知决策中心和信息服务中心组成的 CPS 体系框架，并对 CPS 认知决策系统进行重点攻关，同步开展主力船型和重点企业实践验证工作，为 CPS 体系应用与推广提供技术基础和实践案例。

第二阶段：通过典型船舶和重点企业的示范带动作用，将 SOMS 解决方案在船舶产业链上下游进一步推广，由船舶使用端向船舶的设计、制造端辐射，最终实现 SOMS 技术体系在船舶产业的整体布局，为船舶产业的信息物理深度融合打下基础。

第三阶段：通过对船舶、船队和产业链对象的全面覆盖，实现 SOMS 解决方案在船舶设计、制造、使用流程中的全面融入，真正实现船舶全产业链的信息物理深度融合与广泛融合，构建完整的 CPS 工业体系化应用，从而提升整个产业的工业智能化水平。

5.4.4　实施效果

1. SOMS 与智能船舶

海洋智能技术中心的"SOMS 个体 CPS 体系解决方案"提出了基于信息物理系统的船舶智能化解决方案，并在军民领域同步开展了实船应用实践，目前该解决方案已在三大主力船型实践应用，其中作为全球首个搭载定制版 SOMS 系统的远洋大型船舶"明勇轮"，自 2015 年起已累计运行 10080 小时、18 个不同航段，航行数据为 5.79GB。其中，健康管理和能效管理两大模块实现了显著的油耗节省和"近零故障"（Near-Zero Breakdown），受到了市场用户和领域专家的高度认可。

2. SOMS 与智能管理

作为中国最早开展 CPS 研究的船东之一，招商轮船在劳氏船级社的支持下，率先与中船集团签署战略合作协议，在共同推进船舶智能化、航运管理智能化、岸海一体智能信息体系等方面全面合作，并创造条件，推进"SOMS 群体 CPS 体系解决方案"的实船试装与实践应用，目前"SOMS 群体 CPS 体系解决方案"已在招商轮船 VLOC、VLCC 等主力船型开展了实船试装与测试工作，并取得了阶段性的成果。

3. SOMS 与智慧海洋

结合国家"智慧海洋"工程，将 CPS 应用于船舶产业，构建"装备端—CPS 云端—用户端"三位一体的船舶领域 CPS 知识体系，实现知识的挖掘、积累、组织、成长和应用，从而完成 CPS 的全产业链深度融合与广泛融合，推动船舶产业的智能化进程。

5.5　实验：使用 SimPy 仿真加油站运行

5.5.1　实验目的

（1）熟练掌握 Python 仿真框架 SimPy 的使用方法。

（2）掌握 Python 语言在信息物理系统中的应用方法。

（3）模拟一个加油站和到达加油站的车辆。

5.5.2 实验要求

（1）使用仿真框架 SimPy 模拟加油站的加油流程。
（2）编写程序，使其按预期输出正确结果。

5.5.3 实验原理

（1）加油站的燃油泵数量有限，燃油泵之间共用一个油箱，因此，该加油站被建模为资源。共享油箱是用容器建模的。
（2）到达加油站的车辆首先向加油站请求燃油泵，一旦它获得了一个燃油泵，它就试图从燃油泵中获取所需的燃油量，完成后离开。
（3）加油站的油位由加油站控制人员定期监测。当油位降到某一临界值以下时，就需要一辆油罐车给加油站加油。

5.5.4 实验步骤

1. 资源：simpy.resources.resource

它指出了谁拥有使用共享资源的优先权。这些资源的数量限制了使用它们的进程数。进程需要请求资源的使用权，一旦不再需要使用权，就必须释放它。一个加油站可以被建模为一个拥有有限数量燃油泵的资源。车辆到达加油站并要求使用燃油泵。如果所有燃油泵都在使用中，那么车辆就需要等待一个用户完成加油并释放燃油泵。

这些资源一次可由有限数量的进程使用。进程请求这些资源成为用户，并在完成后释放它们。例如，具有有限数量燃油泵的加油站可以使用资源进行建模。到达的车辆需要一个燃油泵，并在加油完成后，释放燃油泵然后离开加油站。

请求资源被建模为"将进程令牌放入资源中"，相应地，释放资源为"从资源中获取进程令牌"。因此，调用 request()/release()等同于调用 put()/get()。注意，释放资源总会立即成功，无论流程是否实际使用资源。

除资源之外，还有一个优先权资源（流程可以在其中定义请求优先级），以及一个抢占资源（资源用户可以被具有更高优先级的请求抢占）。

simpy.resources.resource 的各子类使用方法如下。

（1）下面语句表示具有可由进程请求的使用时段容量的资源。

```
class simpy.resources.resource.Resource(env, capacity=1)
```

如果所有插槽都被占用，则请求将排队。一旦释放了一个使用请求，将触发一个挂起的请求。

env 参数是资源绑定到的环境实例。

（2）下面语句表示表示支持优先请求的资源。

class simpy.resources.resource.PriorityResource(env, capacity=1)

队列中挂起的请求按优先级升序排序（这意味着较低的值更重要）。

（3）下面语句表示具有优先权的优先级资源。

class simpy.resources.resource.PreemptiveResource(env, capacity=1)

如果请求被抢占，则该请求的进程将收到一个中断，并以抢占的实例作为原因。

（4）下面语句给出了包含抢占信息的抢占中断的原因。

class simpy.resources.resource.Preempted(by, usage_since, resource)

（5）下面语句表示请求使用资源。

class simpy.resources.resource.Request(resource)

一旦授予访问权限，就会触发事件。它是 simpy.resources.base.put 的子类。

如果尚未达到用户的最大容量，则会立即触发请求。如果已达到最大容量，则一旦释放资源的早期使用请求，就会触发该请求。

请求在 WITH 语句创建时自动释放。

（6）下面语句表示请求使用具有给定优先级的资源。

class simpy.resources.resource.PriorityRequest(resource, priority=0, preempt=True)

如果资源支持抢占，并且抢占为真，则资源的其他使用请求可能会被抢占。

此事件类型继承请求并添加 PriorityResource 和 PreemptiveResource 所需的一些附加属性。

（7）下面语句给出了释放请求授予的资源的使用情况。

class simpy.resources.resource.Release(resource, request)

此事件立即触发。它是 simpy.resources.base.get 的子类。

（8）下面语句给出了按事件的键属性排序的队列。

class simpy.resources.resource.SortedQueue(maxlen=None)

2. 容器：simpy.resources.container

容器用于在连续（如水）或离散（如苹果）过程之间共享均匀的物质资源。

一个容器可以用来模拟一个加油站的油箱。加油车辆增多，就会减少加油站油箱中的汽油量。

容器语法格式如下。

class simpy.resources.container.Container(env, capacity=inf, init=0)

含有物质容量的资源，可以是连续的（如水）或离散的（如苹果）。它支持将物质放入/取出容器的请求。

env 参数是容器绑定到的环境实例。

容量定义容器的大小。默认情况下，容器的大小不受限制。初始物质量由 init 指定，默认为 0。

如果容量≤0，init<0 或 init>capacity，则引发 ValueError。

（1）level：容器中物质的当前量。

（2）put：要求将一定量的物质放入容器中。

（3）get：请求从容器中取出一定量的物质。

当把物质的数量放入容器中时，一旦容器中有足够的可用空间，就会触发请求。

如果数量≤0，则引发 ValueError：

```
amount = None
```

在容器中放入物质量的语句如下。

```
class simpy.resources.container.ContainerPut(container, amount)
```

当请求从容器中获取物质量时，一旦容器中有足够的可用物质，就会触发请求。

如果数量≤0，则引发 ValueError：

```
amount = None
```

从容器中取出物质量的语句如下。

```
class simpy.resources.container.ContainerGet(container, amount)
```

3. 项目完整程序

程序代码如下。

```
"""
加油站加油实例
封面:
-资源: Resource
-资源: Container
-等待其他进程
脚本:
加油站的燃油泵数量有限，共用一个燃料库的加油泵。汽车随机到达加油站，请求其中一个燃油
泵，然后从油箱开始加油
加油站控制过程观察加油站的燃油油位，如果加油站的油位低于临界值，则呼叫油罐车加油
"""
import itertools
import random
import simpy

RANDOM_SEED = 42
GAS_STATION_SIZE = 200              # 单位：升
THRESHOLD = 10                      # 调用油罐车的阈值(单位：%)
FUEL_TANK_SIZE = 50                 # 单位：升
FUEL_TANK_LEVEL = [5, 25]           # 油箱最低/最高液位(单位：升)
REFUELING_SPEED = 2                 # 升/秒
TANK_TRUCK_TIME = 300              # 油罐车到达的时间(秒)
T_INTER = [30, 300]                # 每隔[min，max]秒创建一辆车
SIM_TIME = 1000                    # 模拟时间(秒)
```

```python
def car(name, env, gas_station, fuel_pump):
    """模块的功能是：一辆汽车到加油站加油。它要求加油站的一个燃油泵，并试图从中获得
所需的油量。如果加油站油箱的油用完了，汽车必须等油罐车来
    """
    fuel_tank_level = random.randint(*FUEL_TANK_LEVEL)
    print('%s arriving at gas station at %.1f' % (name, env.now))
    with gas_station.request() as req:
        start = env.now
        #请求一个燃油泵
        yield req
        #获得所需的燃油量
        liters_required = FUEL_TANK_SIZE - fuel_tank_level
        yield fuel_pump.get(liters_required)
        # "实际"加油过程需要的时间
        yield env.timeout(liters_required / REFUELING_SPEED)
        print('%s finished refueling in %.1f seconds.' % (name, env.now - start))

def gas_station_control(env, fuel_pump):
    #定期检查*燃油泵*的油位，如果油位低于临界值，请致电油罐车
    while True:
        if fuel_pump.level / fuel_pump.capacity * 100 < THRESHOLD:
            #我们现在要叫油罐车
            print('Calling tank truck at %d' % env.now)
            #等待油罐车到达加油站
            yield env.process(tank_truck(env, fuel_pump))
        yield env.timeout(10)   # Check every 10 seconds


def tank_truck(env, fuel_pump):
    #延误一段时间后到达加油站加油
    yield env.timeout(TANK_TRUCK_TIME)
    print('Tank truck arriving at time %d' % env.now)
    ammount = fuel_pump.capacity - fuel_pump.level
    print('Tank truck refuelling %.1f liters.' % ammount)
    yield fuel_pump.put(ammount)


def car_generator(env, gas_station, fuel_pump):
    #调度到达加油站的新车
    for i in itertools.count():
        yield env.timeout(random.randint(*T_INTER))
        env.process(car('Car %d' % i, env, gas_station, fuel_pump))


#设置并启动模拟
```

```
print('Gas Station refuelling')
random.seed(RANDOM_SEED)

#创建环境并启动进程
env = simpy.Environment()
gas_station = simpy.Resource(env, 2)
fuel_pump = simpy.Container(env, GAS_STATION_SIZE, init=GAS_STATION_SIZE)
env.process(gas_station_control(env, fuel_pump))
env.process(car_generator(env, gas_station, fuel_pump))

#执行
env.run(until=SIM_TIME)
```

4．模拟输出

```
Gas Station refuelling
Car 0 arriving at gas station at 87.0
Car 0 finished refueling in 18.5 seconds.
Car 1 arriving at gas station at 129.0
Car 1 finished refueling in 19.0 seconds.
Car 2 arriving at gas station at 284.0
Car 2 finished refueling in 21.0 seconds.
Car 3 arriving at gas station at 385.0
Car 3 finished refueling in 13.5 seconds.
Car 4 arriving at gas station at 459.0
Calling tank truck at 460
Car 4 finished refueling in 22.0 seconds.
Car 5 arriving at gas station at 705.0
Car 6 arriving at gas station at 750.0
Tank truck arriving at time 760
Tank truck refuelling 188.0 liters.
Car 6 finished refueling in 29.0 seconds.
Car 5 finished refueling in 76.5 seconds.
Car 7 arriving at gas station at 891.0
Car 7 finished refueling in 13.0 seconds.
```

习题

1．什么是信息物理系统？
2．信息物理系统的特征是什么？
3．简述信息物理系统的体系架构。

4．简述信息物理系统的核心技术要素。

5．简述信息物理系统国内外的研究现状。

参考文献

[1] 中国信息物理系统发展论坛. 信息物理系统白皮书（2017）[EB/OL]. http://www. cesi.cn/201703/2251.html，2017.

第6章　模糊逻辑系统

自1965年美国控制理论专家扎德（L.A. Zadeh）教授提出模糊集合理论以来，相关学者逐渐开展了模糊集合和模糊系统的研究工作，模糊理论和技术已成为处理现实世界各类物体的重要方法。模糊逻辑系统是智能系统又一个重要的研究和应用领域，在近半个世纪获得了很大的发展。它实际上是模拟大脑左半球模糊逻辑思维形式和模糊逻辑推理功能的一种符号计算模型，通过"若……则……（if → then）"等规则形式表现人的经验知识，在符号水平上表现智能。这种符号的最基本形式就是描述模糊概念的模糊集合，而模糊集合、模糊关系和模糊逻辑推理共同构成了模糊控制的数学基础。

本章将首先简述模糊逻辑系统的基本知识；接着探讨模糊逻辑系统的原理与结构，以及相应的开发过程；然后通过多个案例证明模糊系统的可控性与鲁棒性；最后介绍相应的实验。

6.1　模糊逻辑系统概述

模糊逻辑是智能控制的一种重要形式。模糊逻辑系统中的智能是靠计算机模拟人的左脑模糊控制思维过程产生的，属于模拟智能的符号主义。本节将简要地介绍模糊控制要用到的模糊数学基础，从而引出模糊逻辑系统的工作原理。

6.1.1　模糊逻辑系统的定义

具体来说，模糊逻辑系统是在基于模糊集合论的数学基础上，通过计算机（如系统机、模糊芯片等）模拟人在控制复杂对象中采用语言变量描述模糊概念，采用经验的控制规则描述对象输入—输出间的模糊关系模型，进而实现模糊逻辑推理的一种计算机数学控制。下面简要介绍模糊集合及其相关运算与模糊逻辑的若干定义。

1. 模糊集合

设 U 为某些对象的集合，称为论域，其可以是连续的或离散的；u 表示 U 的元素，记作 $U = \{u\}$。

定义 6-1（模糊集合）论域 U 到[0,1]区间的任一映射 μ_F，即 $\mu_F : U \rightarrow [0,1]$，都确定 U 的一个模糊集合（Fuzzy Set）F，μ_F 称为 F 的隶属函数（Membership Functions）或隶属度（Grade of Membership）。也就是说，μ_F 表示 u 属于模糊集合 F 的程度或等级。$\mu_F(u)$ 值的大小直接反映了 u 对于模糊集合 F 的从属程度：若 $\mu_F(u)$ 值接近于 1，则表示 u 从属于模糊集合 F 的程度很高；若 $\mu_F(u)$ 值接近于 0，则表示 u 从属于模糊集合 F 的程度很低。

在论域 U 中，可将模糊集合 F 表示为元素 u 与其隶属函数 $\mu_F(u)$ 的序偶集合，记作

$$F = \{ (u, \mu_F(u)) \mid u \in U \}。$$

若 U 为连续域，则模糊集合 F 可记作 $F = \int_U \mu_F(u) / u$，注意这里的 $\int$ 并不表示积分的含义，只是借用来表示集合的一种方法。

若 U 为离散域，则模糊集合 F 可记为

$$F = \mu_F(u_1) / u_1 + \mu_F(u_2) / u_2 + \cdots + \mu_F(u_n) / u_n$$

$$= \sum_{i=1}^{n} \mu_F(u_i) / u_i, i = 1, 2, \cdots, n$$

注意，这里的 $\sum$ 并不表示求和，只是借用来表示集合的一种方法；符号"/"不代表除的含义，只是用来表示元素 u_i 与其对应的隶属度 $\mu_F(u_i)$ 之间的对应关系；符号"+"也不是加法，仅是一个用于表示模糊集合在论域上的整体记号。

从上述的定义中可以知道，模糊集合的构造取决于两个要素：合适的论域和适当的隶属函数。隶属函数的确定带有一定的主观意愿，对同一概念，不同的人所确定的隶属函数往往会存在一定的差异，而造成这个差异的原因主要在于个人感受和对抽象概念的表达认知，所以模糊集合的主观性与非随机性是区别模糊集合和概率论的关键。

2．模糊集合运算及基本性质

与精确集合的并、交、补的运算对应，模糊集合也有相似的运算，本节介绍多个模糊集合的基本运算。以下均假设 A、B 和 C 是定义在同一个论域 U 上的模糊集合。

定义 6-2（等价） 两个模糊集合 A 和 B，如果对任意 $u \in U$，当且仅当 $\mu_A(u) = \mu_B(u)$ 时，称 A 和 B 是等价的。

定义 6-3（包含） 对任意 $u \in U$，当且仅当 $\mu_A(u) \leqslant \mu_B(u)$ 时，称 B 包含 A，记作 $A \subseteq B$。

定义 6-4（补集） 定义集合 A 的补集为 U 上的模糊集合，记作 $\overline{A}$，其隶属函数为 $\mu_{\overline{A}}(u) = 1 - \mu_A(u)$。

定义 6-5（并集） 模糊集合 A 和 B 的并集也是模糊集合，记为 $A \cup B$，其隶属函数为 $\mu_{A \cup B} = \max[\mu_A(u), \mu_B(u)] = \mu_A(u) \vee \mu_B(u)$。

定义 6-6（交集） 模糊集合 A 和 B 的交集也是模糊集合，记作 $A \cap B$，其隶属函数为 $\mu_{A \cap B} = \min[\mu_A(u), \mu_B(u)] = \mu_A(u) \wedge \mu_B(u)$。

对于补、并和交运算来说，许多在经典集合中成立的基本性质是可以扩展到模糊集合中的。

（1）幂等律：

$$A \cup A = A$$
$$A \cap A = A$$

（2）交换律：

$$A \cup B = B \cup A$$
$$A \cap B = B \cap A$$

（3）结合律：

$$(A \cup B) \cup C = A \cup (B \cup C)$$
$$(A \cap B) \cap C = A \cap (B \cap C)$$

（4）分配律：

$$A \cup (B \cap C) = (A \cup B) \cap (A \cup C)$$
$$A \cap (B \cap C) = (A \cap B) \cup (A \cap C)$$

（5）吸收律：

$$A \cup (A \cap B) = A$$
$$A \cap (A \cup B) = A$$

（6）同一律：

$$A \cap E = A \qquad A \cup E = E$$
$$A \cap \varnothing = \varnothing \qquad A \cup \varnothing = A$$

式中，$\varnothing$ 为空集，E 为全集。

（7）德·摩根律：

$$-(A \cap B) = (-A) \cup (-B)$$
$$-(A \cup B) = (-A) \cap (-B)$$

（8）复原律：

$$\overline{\overline{A}} = A$$

（9）对偶律：

$$\overline{A \cup B} = \overline{A} \cap \overline{B}$$
$$\overline{A \cap B} = \overline{A} \cup \overline{B}$$

（10）互补律不成立：

$$-A \cup A \neq E$$
$$-A \cap A \neq \varnothing$$

除了基本运算，模糊集合中还具有代数运算。设论域上的两个模糊集合可以由模糊隶属函数进行定义，则有如下运算。

（1）代数积：

$$A \cdot B \Leftrightarrow \mu_{A \cdot B}(u) = \mu_A(u)\mu_B(u)$$

（2）代数和：

$$A + B \Leftrightarrow \mu_{A+B}(u) = \mu_A(u) + \mu_B(u) - \mu_A(u)\mu_B(u)$$

（3）有界和：

$$A \oplus B \Leftrightarrow \mu_{A \oplus B}(u) = [\mu_A(u) + \mu_B(u)] \wedge 1$$

（4）有界差：

$$A \Theta B \Leftrightarrow \mu_{A \Theta B}(u) = [\mu_A(u) - \mu_B(u)] \vee 0$$

（5）有界积：

$$A \odot B \Leftrightarrow \mu_{A \odot B}(u) = [\mu_A(u) + \mu_B(u) - 1] \vee 0$$

3．模糊逻辑语言与推理

模糊逻辑是一种模拟人类思维过程的逻辑，要用[0,1]区间上的某个确切值来描述一个模糊命题的真假程度，往往是很困难的，所以要用到模糊逻辑。语言是人类思维和信息交流的重要工具，一般有两种语言：自然语言和形式语言。人们在日常工作生活中所用的语言属于自然语言，具有丰富的语义、灵活的使用等特点，但具有模糊特性（如"今天天气还行"等）；而计算机语言是一种形式语言，形式语言具有严格的语法和语义，一般不存在歧义。具有模糊性的语言称为模糊语言，其语言变量是自然语言中的词或句，取值不是通常的数，而是用模糊语言表示的模糊集合。扎德为语言变量做出了如下定义。

定义 6-7（语言变量）一个语言变量可定义为多元组 $(x, T(x), U, G, M)$。其中 x 为变量名；$T(x)$ 为 x 的词集，即语言值名称的集合；U 为论域；G 为产生语言值名称的语法规则；M 为各语言值含义有关的语法规则。语言变量的某个语言值对应一个定义在论域 U 中的模糊数。通过语言变量的基本词集，将模糊概念与精确数值联系起来，可实现对定性概念的定量化及定量数据的定性模糊化。

模糊逻辑推理是建立在模糊逻辑基础上的，它是一种不确定性推理方法，是在二值逻辑三段论基础上发展起来的。这种推理方法以模糊判断为前提，运用模糊语言规则，推导出一个近似的模糊判断结论。模糊逻辑推理方法尚在继续研究与发展中，已经提出的典型推理方法有 Zadeh 法、Mamdani 法和 Mizumoto 法等。根据不同的模糊逻辑推理模型，可以得到 3 种普遍的推理方法，分别是模糊近似推理、单输入模糊逻辑推理和多输入模糊逻辑推理[1]。

（1）模糊近似推理。在模糊逻辑和近似推理中，有两种重要的模糊逻辑推理规则，即广义取式（肯定前提）假言推理法（简称广义前向推理法）和广义拒式（否定结论）假言推理法（简称广义后向推理法）。

广义取式假言推理规则可以表示为前提 1：x 为 A'，前提 2：若 x 为 A，则 y 为 B，结论：y 为 $B' = A' \circ (A \rightarrow B)$。结论 B' 可通过 A' 与由 A 到 B 的推理关系进行合成而得到，其隶属函数为 $\mu_{B'}(y) = \bigvee_{x \in X} \{\mu_{A'}(x) \wedge \mu_{A \rightarrow B}(x, y)\}$。

广义拒式假言推理规则可表示为前提 1：y 为 B'，若 x 为 A，则 y 为 B，结论：x 为 $A' = (A \rightarrow B) \circ B$。结论 A' 可通过 B' 与由 A 到 B 的推理关系进行合成而得到，其隶属关系为 $\mu_{A'}(x) = \bigvee_{y \in Y} \{\mu_{B'}(y) \wedge \mu_{A \rightarrow B}(x, y)\}$。

（2）单输入模糊逻辑推理。对于单输入的情况，假设两个语言变量 x、y 之间的模糊关系为 R，当 x 的模糊取值为 A^* 时，与之对应的 y 的取值 B^* 可通过模糊逻辑推理得出：$B^* = A^* \circ R$。

（3）多输入模糊逻辑推理。对于语言规则含有多个输入的情况，假设输入语言变量 $x_1, x_2, \cdots, x_m$ 与输出语言变量 y 之间的模糊关系为 R，当输入变量的模糊取值分别为 $A_1^*, A_2^*, \cdots, A_m^*$ 时，与之对应的 y 的取值 B^* 可通过公式 $B^* = (A_1^* \times A_2^* \times \cdots \times A_m^*) \circ R$ 得到。

6.1.2　模糊逻辑系统的工作原理

1. 系统原理

理论上，模糊系统由 N 维关系 R 表示，关系 R 可视为受约于[0,1]区间的 N 个变量的函数。r 是几个 N 维关系 R_i 的组合，每个 R_i 代表一条规则 $r_i : \text{IF} \to \text{THEN}$。系统的输入 x 被模糊化为一关系 X，对于多输入单输出（MISO），控制 X 为 $(N-1)$ 维。模糊输出 Y 可应用合成推理规则进行计算。对模糊输出 Y 进行模糊判决（解模糊）可得精确的数值输出 y。图 6-1 所示为具有输入和输出的模糊系统原理示意。由于采用多维函数来描述 X、Y 和 R，因此该模糊系统需要许多存储器以实现离散逼近。

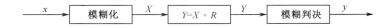

图 6-1 具有输入和输出的模糊系统原理示意

图 6-2 所示为模糊系统的一般原理框架。它由输入定标、输出定标、模糊化、模糊决策和模糊判决等部分组成。比例系数（标度因子）实现系统输入和输出与模糊逻辑推理所用标准时间间隔之间的映射。模糊化（量化）使所测系统输入在量纲上与左侧信号（LHS）一致。这一步不损失任何信息。模糊决策过程由一推理机制来实现，该推理机制使所有 LHS 与输入匹配，检查每条规则的匹配程度，并聚集各规则的加权输出，产生一个输出空间的概率分布值。模糊判决将这一概率分布归纳于一点，供驱动器定标后使用。

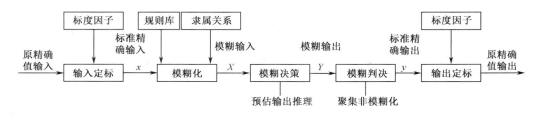

图 6-2 模糊系统的一般原理框架

2. 基本形式

根据模糊控制器的基本原理，可以把模糊控制器的基本形式归为 3 类：经典 Mamdani 型模糊控制器、T-S 型模糊控制器和自适应模糊控制器。

1）经典 Mamdani 型模糊控制器

该形式的模糊控制器是基于 Mamdani 模糊逻辑推理基础上的，如果选择不同的模糊关系合成算子及模糊化和精确化方法，则控制器的算法和控制系统的性能也将不同。其中，在线推理的模糊控制器的控制规则、隶属函数等参数可以灵活设计，但在线推理速度一般难以满足实时控制需要；查询表式模糊控制器的控制规则比较固定，不便灵活调整，但使用起来简单且运行实时性好；对于解析形式的模糊控制器，其通过解析描述来近似查询表式的模糊控制规则，尽管规则解析描述，但它使用模糊语言变量，且采用非线性控制形式，运行速度快，而且其控制规则可通过引入加权因子自调整，便于实现自适应控制，具有较好的自适应能力。

2）T-S 型模糊控制器

T-S 模型是日本学者 Takagi 和 Sugeno 于 1985 年提出的一种描述动态系统的模糊关

系模型，它采用系统状态变化量或输入变量的函数作为 if→then 模糊规则的后件，不仅可以用来描述模糊控制器，也可以描述被控对象的动态模型。这种模糊规则的特点：条件部分的变量用模糊集合的隶属函数表示，而结论部分的变量隶属函数用分段线性函数来表示。应用 T-S 型模糊控制器便于将线性系统控制理论和模糊控制相结合。

   3）自适应模糊控制器

   自适应模糊控制在基本模糊控制器上增加了自适应机构，该机构实现对基本模糊控制器自身控制性能的负反馈控制，从而不断地调整和改善控制器的性能。自适应模糊控制可分为直接自适应模糊控制和间接自适应模糊控制。其中，间接自适应模糊控制又可分为模型参考自适应模糊控制和自校正模糊控制。模型参考自适应模糊控制要求系统的输出尽可能跟踪参考模型的期望输出，它一般在控制子系统的基础上增加了参考模型和自适应机构两个环节。自校正模糊控制在原控制子系统上增加了参数估计器（参数辨识）和参数校正两个环节。参数估计器在线对被控对象不断进行参数辨识，将结果送给参数校正环节，并通过负反馈对控制器参数不断进行校正，以使系统达到期望的控制性能。

6.2 模糊逻辑系统结构

   实现一个模糊逻辑系统需要解决 4 个问题：模糊化模块的定义、知识库表示、推理机制的选择及清晰化计算（解模糊）。其与开发基于知识的应用系统类似，在确定设计要求和进行系统辨识之后，建立知识库（KB），包括规则库、结构、条件集合定义和比例系数等。由于领域专家提供的知识常常是定性的，"if → then"规则格式是这种专家控制知识最合适的表示方式之一，这种表达方式包含某种不确定性，因此知识的表示和推理必须是近似的，近似推理机制可解决这种需求。具体来说，当用计算机实现时，这种规则最终需要具有数值形式，隶属函数和近似推理为用数值表示集合模糊蕴含提供了一种有利的工具。

   为了进一步了解模糊逻辑系统的结构和作用原理，下面以图 6-3 为例来说明。其中模糊逻辑系统由模糊化模块、知识库、推理机制和模糊判决接口（去模糊化模块）4 个基本单元组成。它们的作用和工作过程说明如下。

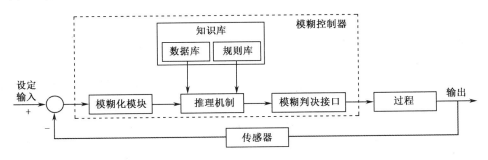

图 6-3 模糊逻辑系统的结构

6.2.1　模糊化模块

模糊化模块也称为模糊化接口，它的作用是通过在控制器的输入、输出论域上定义语言变量，将精确的输入、输出值转换为模糊化量。因此，模糊化接口的设计步骤也就是定义语言变量的过程，可分为语言变量的确定、语言变量论域的设计、定义各语言变量的语言值和定义各语言值的隶属函数，具体过程如下。

（1）首先对输入量进行处理，将其变成模糊控制器要求的输入量。例如，常见的情况是计算 $e=r-y$ 和 $\dot{e}=\mathrm{d}e/\mathrm{d}t$，其中 r 表示参考输入，y 表示系统输出，e 表示误差。有时为了减小噪声的影响，常对 $\dot{e}$ 进行滤波后再使用，如可取 $\dot{e}=[s/(T_s+1)]e$。

（2）对上述已经处理过的输入量进行尺度变换，使其变换到各自的论域。

（3）将已经变换到论域的输入量进行模糊处理，使原先精确的输入量变成模糊量，并用相应的模糊集合来表示。

6.2.2　知识库

知识库包含了具体应用领域中的知识和要求的控制目标，通常是由数据库和规则库两部分组成的。

（1）数据库主要包含了语言控制规则论域的离散化、量化和正则化，以及输入空间的分区、隶属函数的定义等。所有输入、输出变量所对应的论域及这些论域上所定义的规则库中使用的全部模糊子集的定义都存放在数据库中。数据库还提供模糊逻辑推理必要的数据、模糊化接口和模糊判决接口相关论域的必要数据。语言控制规则标记控制目标和领域专家的控制策略。

（2）规则库包含了用模糊语言变量表示的一系列控制规则，它们反映了控制专家的经验和知识。这些控制规则是根据人类控制专家的经验总结得到的，按照"if...is...and...is...then...is..."的形式表达，这样的规则很容易通过模糊条件语句描述的模糊逻辑推理来实现。而模糊控制规则就是根据控制目的和控制策略给出的一套由语言变量描述，并由专家或自学习产生的控制规则的集合。

6.2.3　推理机制

推理机制是模糊控制器的核心，指采用某种推理方法，由采样时刻的输入和规则库中蕴含的输入输出关系，通过模糊逻辑推理方法得到模糊控制器的输出模糊值，即模糊控制信息可通过模糊蕴含和模糊逻辑的推理规则来获取。根据模糊输入和模糊控制规则，模糊逻辑推理求解模糊判决关系方程，获得模糊输出。模糊逻辑推理算法和很多因素有关，如模糊蕴含规则、推理合成规则、模糊逻辑推理条件语句前件部分的连接词和语句之间的连接词的不同定义等。因为这些因素有多种不同的定义，所以可以组合出相当多的模糊逻辑推理算法。

6.2.4　去模糊化模块

去模糊化模块也称为模糊判决接口、清晰化或模糊判决等。由模糊逻辑推理得到的模糊输出值 C 是输出论域上的模糊子集，只有将其转化为精确控制量 u，才能施加于受控对象。所以，去模糊化模块的作用是将模糊逻辑推理得到的控制量（模糊量）变换为实际精确的或非模糊的控制量。它包含两部分：①将模糊的控制量经清晰化变换，变成表示在论域的清晰量；②将表示在论域的清晰量经尺度变换，变成实际的控制量。

6.3　逻辑开发过程

6.3.1　定义语言变量和术语

模糊规则是由若干个语言变量构成的模糊条件语句，它反映了人类对客观事件的模糊判断和思维。根据模糊语言的定义，它由语法规则、语言值、语义规则（句法规则）和论域几部分构成。因此，模糊语言变量是简单的词汇或语句组成的输入和输出变量，在确定模糊语言变量时，首先要确定其基本语言值。例如，在确定温度高低时，首先要给出 3 个基本语言变量值（也称为语言变量的元值）："高""中""低"。然后根据需要，生成若干个语言子值，如"很高""略高""稍低""极低"等。又如，在描述误差变化的大小时，可先确定语言变量的 3 个元值："正""负""零"，如果有必要，还可以生成："正大""正中""正小""零""负小""负中""负大"等。一般来说，一个语言变量的语言值越多，对事物的描述越全面准确，可能得到的控制效果就越好。当然过细地划分反而有可能使控制规则变得复杂，因此应该根据具体情况而定。通常情况下，像误差和误差变化等语言变量的语言值可取下面 3 种中的一种：{负大、负小、零、正小、正大}{负大、负中、负小、零、正小、正中、正大}或{负大、负中、负小、负零、正零、正小、正中、正大}。不管模糊语言值如何取，有一点是肯定的，即所有语言值形成的模糊子集应构成模糊变量的一个模糊划分。

6.3.2　构建成员函数

模糊语言值实际上是一个模糊子集，而语言值最终是通过隶属函数来描述的，即模糊化。语言值的隶属函数又称为语言值的语义规则，它有时以连续函数的形式出现，有时以离散的量化等级形式出现，应该说它们都有各自的特色。例如，连续的隶属函数描述比较准确，而离散的量化等级描述比较简洁明确。在模糊逻辑系统中，常见的隶属函数类型有以下两种。

1. 三角形函数

这种隶属函数的形状和分布可以由 3 个参数（如 a、b 和 c）来描述，如图 6-4（a）所示。

$$\begin{cases} \mu(x) = (x-a)/(b-a), & a < x < b \\ \mu(x) = (x-c)/(b-c), & b < x < c \end{cases}$$

图 6-4（b）所示为最常用的三角形隶属函数，其中 7 个模糊子集分别为{负大、负中、负小、零、正小、正中、正大}；图 6-4（d）所示为它的一种变形，属于混合型隶属函数；图 6-4（c）是模糊控制器控制量常用的一种隶属函数。由于它的形状仅与直线斜率相关，因此适用于要求隶属函数在线调整的自适应模糊控制器。

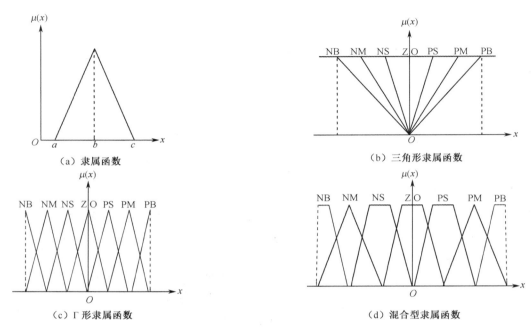

（a）隶属函数   （b）三角形隶属函数
（c）Γ形隶属函数   （d）混合型隶属函数

图6-4　三角形隶属函数及其变化形式

2. 高斯型函数

高斯型的隶属函数是表示模糊子集的一种比较合适的形式，这在概率统计中已得到某种体现，它可以用两个参数来描述，一般写为 $\mu(x) = \exp[-(x-c)^2 / \sigma^2]$。这种隶属函数的特点是连续且每个点都可导，比较适用于自适应、自学习模糊控制器的隶属函数在线修正。

需要指出的是，隶属函数在大多数情况下是根据经验给出的，因此具有很大的随意性。这说明即使模糊控制器设计者有可能获得较满意的控制性能，其设计过程也充满了主观色彩。

采用量化后的隶属函数也是模糊控制器设计中最常用的方法之一。假设系统 e 的论域是 X，其模糊语言值取为{NB、NS、ZO、PS、PB}。若将这些语言值分别用-3、-2、-1、0、1、2、3 这 7 个整数（也称为等级）来表示，则有 $X = \{-3, -2, -1, 0, 1, 2, 3\}$，如表 6-1 所示。

表 6-1 模糊子集的量化

变量\隶属度\等级	−3	−2	−1	0	1	2	3
PB	0	0	0	0	0.2	0.5	1
PS	0	0	0.1	0.5	1	0.5	0.1
ZO	0	0	0.3	1	0.3	0	0
NS	0.1	0.5	1	0.5	0.1	0	0
NB	1	0.5	0.2	0	0	0	0

在论域[−3,+3]上，离散化后的精确量与语言变量之间建立了一种模糊关系。这样在论域[−3,+3]上，精确量可以用模糊子集表示，若 $e = -3$，则可以用 NB 表示，且其隶属度为 1。例如，$e = 2$ 则可以用 PB 和 PS 这两个模糊子集表示，其隶属度为 PB=0.5、PS=0.5。如果精确量的实际范围是[a,b]，则需要将[a,b]区间上的精确量转换到区间[−3,+3]上，并记作 e^*，转换公式为

$$e^* = 6 \times [e - (a + b) / 2] / (b - a)$$

由上式计算出的值 e^* 若不是整数，则可以把它归一化为最接近于 e^* 的整数值。若 e 的实际变化范围是[−6,+6]，当 $e = 5.4$ 时，则由上式得到 $e^* = 2.7 \overset{\text{def}}{=} 3$。

6.3.3 构建知识库

模糊控制器中的知识库由数据库和规则库两部分组成。

1. 数据库

数据库所存放的是所有输入、输出变量的全部模糊子集的隶属度矢量值（在其论域上按相应等级数离散化后对应集合的矢量表示值，若论域为连续域则为隶属函数）。在规则推理的模糊关系方程中，其向推理机制提供数据，但要说明的是，输入输出变量数据集不属于数据库存放范畴。

2. 规则库

模糊控制器的规则基于专家知识或操作熟练人员长期积累的经验，它是按人的直觉推理的一种语言表示形式。模糊规则通常由一系列的关系词连接而成，如 if→then、else、also、and、or 等。关系词必须经过"翻译"才能将模糊规则数值化，最常用的关系词为 if→then、also（或 or），对于多变量模糊控制器还有 and。如果某模糊控制器的输入变量为误差 e 和误差变化率 e_c，它们对应的语言变量为 E 与 EC，则模糊子集的划分如图 6-5 所示。

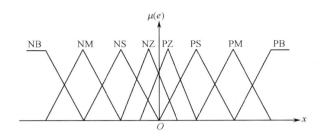

图 6-5　e 的模糊化等级与模糊子集

对于控制变量 U，给出下述一组模糊规则，表格形式如表 6-2 所示。

R_1：if　E　is NB and　EC　is NB then　U　is PB。

R_2：if　E　is NB and　EC　is NM then　U　is PB。

R_3：if　E　is NB and　EC　is NS then　U　is PM。

R_4：if　E　is NB and　EC　is NZ then　U　is PM。

R_5：if　E　is NM and　EC　is NB then　U　is PB。

R_6：if　E　is NM and　EC　is NM then　U　is PB。

⋮

表 6-2　二维模糊控制器规则表

E \ U \ EC	NB	NM	NS	NZ	PZ	PS	PM	PB
NB	PB		PM			PS		PZ
NM								
NS								
NZ					PZ	NZ		
PZ								
PS		NZ						
PM				NS				NB
PB					NM			

通常把 if 部分称为前提，而 then 部分称为结论，语言变量 E 与 EC 为输入变量，而 U 为输出变量。对于 E 为 PZ、PS、PM、PB 和 EC 为 PZ、PS、PM、PB 的情况，还可以给出类似规则 48 条，总共为 $n^2 = 8^2 = 64$。要是逐条列出，显然比较烦琐。从表 6-2 中可以发现，它具有一定程度的轴中心对称性，这样一目了然。但是，需要指出的是，并非所有模糊控制器的规则表都是对称的。

规则库就是用来存放全部模糊控制规则的，在推理时为"推理机"提供控制规则。由上述可知，规则条数和语言变量的模糊子集划分有关。这种划分越细致，规则条数就越多，但这并不意味着规则库的知识准确程度就越高，规则库的"准确性"还与专家的知识库准确度有关。

6.3.4　模糊逻辑推理

知识库创建好之后，接着进行模糊逻辑推理，模糊逻辑推理有时也称为似然推理，其一般形式如下。

1. 一维形式

if X is $\underset{\sim}{A}$ then Y is $\underset{\sim}{B}$

if X is $\underset{\sim}{A}^*$

　　　　　then Y is ?

if X_1 is $\underset{\sim}{A}$ and X_2 is $\underset{\sim}{B}$ then Y is $\underset{\sim}{C}$

if X_1 is $\underset{\sim}{A}^*$ and X_2 is $\underset{\sim}{B}^*$

　　　　　then Y is ?

2. 二维形式

这类推理反映了人们的思维模式，它是传统的布尔逻辑推理无能为力的。当给定的前提是模糊集合时，可以采用似然推理方法进行推理。然而在模糊控制中，这种推理方式一般不直接使用，因为在模糊控制中，得到的输入变量值（如误差和误差变化）往往不是一个模糊子集，而是一个单独点（孤点），如 $A^* = x_0$、$B^* = y_0$ 等。此时，模糊逻辑推理方式略有不同。假设有如下两条模糊规则。

R_1：if X is $\underset{\sim}{A}_1$ and Y is $\underset{\sim}{B}_1$ then Z is $\underset{\sim}{C}_1$

R_2：if X is $\underset{\sim}{A}_2$ and Y is $\underset{\sim}{B}_2$ then Z is $\underset{\sim}{C}_2$

一般有以下 3 类推理方式。

（1）**第一类推理方式**：也称为 Mandani 极小运算法，这种方法是由 Mandani 首先提出的，因而得名。若已知 $x = x_0$，$y = y_0$，则新的隶属度为

$$\mu_{\underset{\sim}{C}}(z) = [\varpi_1 \wedge \mu_{\underset{\sim}{C}_1}(z)] \vee [\varpi_2 \wedge \mu_{\underset{\sim}{C}_2}(z)]$$

式中，$\varpi_1 = \mu_{\underset{\sim}{A}_1}(x_0) \wedge \mu_{\underset{\sim}{B}_1}(y_0)$；$\varpi_2 = \mu_{\underset{\sim}{A}_2}(x_0) \wedge \mu_{\underset{\sim}{B}_2}(y_0)$。

这种推理方式在模糊控制器中最常见，其合成方式直接采用极大极小运算，计算比较简单。当然在这种合成推理过程中，丢失了许多有效信息，于是有了第二类推理方式。

（2）**第二类推理方式**：也称为拉森（Lason）乘积推理算法，此时由（$x = x_0$，$y = y_0$）和规则 R_1、R_2 得到的合成推理结果为

$$\mu_{\underset{\sim}{C}}(z) = [\varpi_1 \mu_{\underset{\sim}{C}_1}(z)] \vee [\varpi_2 \mu_{\underset{\sim}{C}_2}(z)]$$

式中，ϖ_1 和 ϖ_2 的计算与第一类推理方式中的相同。

（3）**第三类推理方式**：这类推理算法适用于隶属函数为单调函数的情况，是由日本学者 Tsukamoto 提出的。对于给定的 $x = x_0$，$y = y_0$，有

$$z_0 = (\varpi_1 z_1 + \varpi_2 z_2)/(\varpi_1 + \varpi_2)$$

式中，$z_1 = \mu_{\underset{\sim}{C}_1}^{-1}(\varpi_1)$；$z_2 = \mu_{\underset{\sim}{C}_1}^{-1}(\varpi_2)$，且 ϖ_1 和 ϖ_2 的计算与第一类推理方式中的相同。

6.3.5　解模糊化

模糊逻辑推理算法大多得到的结果是模糊值（除了 6.3.4 节中第三类推理方法得到的结果），不能直接作为被控对象的控制量，需要将其转化为一个执行机构可以执行的

精确量，此过程被称为解模糊过程或模糊判决，它可以看作模糊空间到清晰空间的一种映射。解模糊的目的是根据模糊逻辑推理的结果求得最能反映控制量的真实分布，然而解模糊过程目前尚无系统的方法，常用的方法如下。

1. 最大隶属度法

这种方法非常简单，在模糊控制器的推理输出结果中，直接取其隶属度最大的元素值作为控制量去执行控制的方法称为最大隶属度法。若输出量模糊集合 U' 的隶属函数只有一个峰值，则取隶属函数的最大值为精确值，即

$$\mu_{U'}(u_0) \geqslant \mu_{U'}(u), u \in U$$

式中，u_0 为精确值。

当隶属度最大的元素 u_0 有多个时，即有

$$\mu(u_0^1) = \mu(u_0^2) = \cdots = \mu(u_0^P)$$

其中，$\mu(u_0^1) < \mu(u_0^2) < \cdots < \mu(u_0^P)$。这时可以取这些元素的平均中心值为模糊化后的精确值，即取 u_0 为

$$u_0 = \frac{1}{p}\sum_{i=1}^{p} u_0^i \text{ 或 } u_0 = \frac{u_0^1 + u_0^p}{2}$$

2. 重心法

所谓重心法，就是取模糊隶属函数曲线与横坐标轴围成面积的重心作为代表点。理论上应该计算输出范围内一系列连续点的重心，即

$$u_0 = \frac{\int_u u\mu_U(u)\mathrm{d}u}{\int_u \mu_U(u)\mathrm{d}u}$$

但实际上往往是计算输出范围内整个采样点（若干个离散值）的重心。这样对于离散点的重心求法为

$$u_0 = \frac{\sum_{i=1}^{n} u_i \times \mu_U(u_i)}{\sum_{i=1}^{n} \mu_U(u_i)}$$

与最大隶属度法相比，重心法概括了更多的有效信息，但计算复杂，特别是对于连续论域上的隶属函数，需要求解积分方程，因此与加权平均法相比，应用得较少。

3. 加权平均法

加权平均法是模糊控制器中应用较为广泛的一种判决方法，其输出量由下式决定

$$u_0 = \frac{\sum_{i=1}^{n} k_i \times u_i}{\sum_{i=1}^{n} k_i}$$

式中，系数 k_i 的选择要根据实际情况而定，不同的系统决定了系统有不同的响应特性。当该系数 $k_i = \mu_U(u_i)$ 时，即其取为隶属函数时，该方法就是重心法。在模糊控制中，可

以通过选择和调整该系数来改善系统的响应特性，因而这种方法具有灵活性。

在实际应用中，究竟采用哪种方法不能一概而论，应根据具体情况而定。已有的研究结果初步表明，加权平均法比重心法具有更佳的综合性能，而重心法的动态性能要优于加权平均法，静态性能则略逊于加权平均法。研究表明，使用重心法的模糊控制器类似多级继电控制；加权平均法则类似 PI 控制器。一般情况下，这两种解模糊方法都优于最大隶属度法。

6.4　案例

智能控制象征着自动化的未来，是自动控制科学发展道路上的又一次飞跃。智能控制是人工智能和自动控制的重要研究领域，并被认为是通向智能系统递阶道路上自动控制的顶层；而模糊控制则是智能控制中最活跃的方向，扎德提出的"模糊集合"的概念为模糊控制开辟了新的研究领域。如今，模糊控制在理论探索和实际应用中都取得了一系列令人瞩目的成果，本节将介绍模糊逻辑系统在汽车系统、消费电子产品及环境控制中的实际应用。

6.4.1　汽车系统

随着模糊控制技术的不断发展，它越来越广泛地应用在汽车上，如汽车制动防抱死系统、汽车巡航系统及倒车防撞系统等。下面将详细介绍制动防抱死系统（ABS 系统）的数学模型及模糊控制在该系统中的应用。ABS 系统实质上是一种紧急制动情况下缩短汽车制动距离，同时保持汽车方向稳定性的装置，能在很大程度上改善汽车驾驶的安全性能。如今，该系统已经广泛应用于各种车辆，并成为汽车主动安全控制的一个重要研究方向。

ABS 控制器则是 ABS 系统的核心，现有控制算法有逻辑门限值控制、PID 控制、滑膜变结构控制及模糊控制[2]。其中，模糊控制算法不受限于控制对象的精确模型且具有较强的鲁棒性和适应性，但普通的模糊控制算法自身仍不能很好地消除系统稳态误差，控制精度也不够高。PID 控制算法结构简单，稳定性好且控制精度高，但车辆状况多变及轮胎非线性等因素导致其参数匹配困难，且易产生超调。因此可以采用模糊 PID 控制算法，这样能够充分发挥两种算法的优点。其由两部分组成，即参数可调整的 PID 控制器和模糊控制器。其中，模糊控制器以误差 e 和误差变化率 e_c 作为输入，根据模糊控制原理来对 K_p、K_i 和 K_d 3 个参数在线调整，以满足不同时刻的 e 和 e_c 对控制参数的要求，从而使被控对象具有良好的动态性能。自适应模糊 PID 控制器结构如图 6-6 所示[3]。

根据 PID 参数的自整定原则，用于整定 PID 参数的模糊控制器为 2 个输入、3 个输出，即输入变量为误差 e 和误差变化率 e_c，输出变量为 PID 控制器的 3 个参数 ΔK_p、ΔK_i 和 ΔK_d。由实际汽车 ABS 系统的工作状况及经验总结，定义输入语言变量和的论域均为[−6,6]，变化范围分别为[-0.2,0.2]和[−12,12]，其模糊子集均为{NB，NM，NS，ZE，PS，PM，PB}，各元素分别表示负大，负中，负小，零，正小，正中，正大；定义输出语言变量ΔK_p、ΔK_i和ΔK_d的论域均为[0,1]，其模糊子集为{ZE，PO，PS，PM，PB}，各元素分别表示零，零正，正小，正中，正大。每个语言变量选择均为具有较高灵敏度的 trimf 隶属函数类型。输入和输出隶属函数如图 6-7 和图 6-8 所示（两图中，横坐标均为变量，纵坐标均为相应的隶属度）。

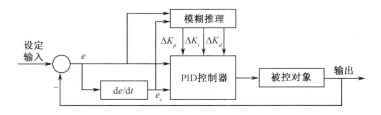

图 6-6　自适应模糊 PID 控制器结构图

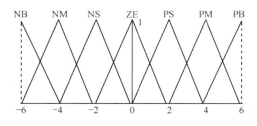

图 6-7　e 和 e_c 的隶属函数

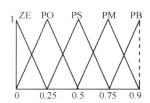

图 6-8　ΔK_p、ΔK_i 和 ΔK_d 的隶属函数

通过在线调整参数 ΔK_p、ΔK_i 和 ΔK_d，实现系统的自适应模糊 PID 控制，其调节计算公式如下。

$$K_p = K'_p + \Delta K_p$$
$$K_i = K'_i + \Delta K_i$$
$$K_d = K'_d + \Delta K_d$$

式中，K'_p、K'_i 和 K'_d 均为原来整定好的 PID 参数。

根据 K_p、K_i 和 K_d 对输出特性的影响，一般而言，K_p、K_i 和 K_d 在不同的 e 和 e_c 的控制过程中满足的自调整要求可归纳为：当制动刚开始时，e 较大，应选择较大的 K_p 和较小的 K_d，以使系统具有较好的追踪性能，同时避免系统超调量过大，应减弱积分作用，通常取 $K_i = 0$；当 e 和 e_c 为中等大小时，为使系统超调量减小，应取较小的 K_i，而 K_p、K_d 取值适中，以保证系统的响应速度；当 e 较小时，为使系统具有良好的稳态性能，应增大 K_p 和 K_i，选取适中的 K_d。这里所设计的 ΔK_p、ΔK_i 和 ΔK_d 的模糊控制规则如表 6-3～表 6-5 所示。

表 6-3　ΔK_p 的模糊规则表

e	e_c						
	NB	NM	NS	ZE	PS	PM	PB
NB	PM	PB	PB	PB	PB	PB	PM
NM	PS	PM	PM	PM	PM	PM	PS
NS	PS	PB	PS	PM	PS	PB	PB
ZE	PS	PB	PM	PB	PM	PB	PB
PS	PS	PB	PS	PM	PS	PB	PB
PM	PS	PM	PM	PM	PM	PM	PS
PB	PM	PB	PB	PB	PB	PB	PM

表 6-4　ΔK_i 的模糊规则表

e	e_c						
	NB	NM	NS	ZE	PS	PM	PB
NB	ZE	ZE	ZE	ZE	ZE	ZE	ZE
NM	PS	PS	ZE	ZE	ZE	PS	PS
NS	PO	PB	PS	PM	PS	PB	PO
ZE	PM	PB	PB	PB	PB	PB	PM
PS	PO	PB	PS	PM	PS	PB	PO
PM	PS	PS	ZE	ZE	ZE	PS	PS
PB	ZE	ZE	ZE	ZE	ZE	ZE	ZE

表 6-5　ΔK_d 的模糊规则表

e	e_c						
	NB	NM	NS	ZE	PS	PM	PB
NB	PS	PM	PO	ZE	PO	PM	PS
NM	PM	PM	PB	PB	PB	PM	PM
NS	PM	PS	PS	PO	PS	PS	PM
ZE	PS	ZE	PM	PB	PM	ZE	PS
PS	PM	PS	PS	PB	PB	PS	PM
PM	PM	PM	PB	PB	PB	PM	PM
PB	PS	PM	PB	PB	PB	PM	PS

　　根据模糊控制规则进行模糊逻辑推理后，整定的 3 个修正参数要进行反模糊化计算，得到精确的输出控制量。这里采用工业控制中广泛使用的解模糊化方法——重心法求取。计算方法已在 6.3.5 节介绍过，在此不再赘述。

6.4.2　消费电子产品

　　在现代人的快节奏生活中，微波炉是一种广泛应用且不可或缺的家用电器。传统的微波炉在工作之前，人们根据需要加热食物的类型、数量和温度等手动地预置加热时间。而加热时长往往难以掌握：若加热时间过短，则会导致烹煮效果不好；若加热时间过长，则会损害食物的营养，特别是对于水分少的食物，可能产生过热炭化的现象。随着智能技术的发展，通过模糊控制技术设计的智能微波炉，使人们不再需要手动设置便可以智能控制加热时间，使得微波炉的使用更加便捷，这对于家用电器的发展具有重要的意义。

　　智能微波炉控制系统的结构如图 6-9 所示。它主要由输入电路的红外检测、温度检测、湿度检测及按键输入和炉门检测等输入信息，并通过单片机输出电路的显示电路、磁控管控制电路、加热丝控制电路、炉腔照明电路和报警电路等完成工作[4]。

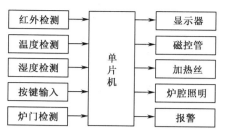

图 6-9 智能微波炉控制系统的结构

　　智能微波炉的模糊控制器工作在全自动方式下，首先根据输入的比热和测得的食物温升推断出食物的质量，再以食物质量、比热和烹调功率作为推理的前件，准确地推断出微波炉的工作时间。磁控管工作时就以推理出的微波炉的工作时间进行食物的烹调。

　　在智能微波炉的模糊控制器中，工作时间 t、食物质量 m、食物的比热 C、功率 P、加热效率 η、食物温升 ΔT 之间是存在一种联系的，其中 η 对于微波炉来说是一个常数。根据微波炉的工作情况，考虑到实际检测条件和适当的控制精度，首先选定模糊逻辑推理系统的输入输出语言变量的论域分别为

$$\Delta T = \{-5,-4,-3,-2,-1,0,1,2,3,4,5\}$$
$$C = \{-3,-2,-1,0,1,2,3\}$$
$$m = \{-4,-3,-2,-1,0,1,2,3,4\}$$
$$t = \{-4,-3,-2,-1,0,1,2,3,4\}$$

相应的模糊语言变量取值为

$$\Delta T = \{VS,S,MS,M,ML,L,VL\}$$
$$C = \{S,MS,M,MB,B\}$$
$$m = \{VL,L,M,H,VH\}$$
$$t = \{VS,S,MS,M,ML,L,VL\}$$

　　根据经验和实验数据，在各语言变量论域上，用于描述其模糊子集的隶属函数采用梯形与三角形隶属函数，各模糊变量的隶属函数如图 6-10 所示。

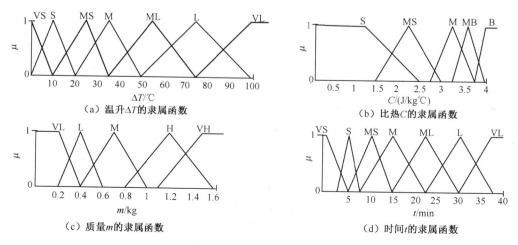

图 6-10　各模糊变量的隶属函数

对于双输入单输出的模糊控制器，其控制规则可采用的形式为 if A_i and B_j then C_{ij} （$i=1,2,\cdots,n;j=1,2,\cdots,m$），其中 A_i 和 B_j 为两个输入量的模糊子集，C_{ij} 为输出量模糊子集。微波炉在加热过程中，食物质量 m 和比热 C、食物温升 ΔT、时间 t、功率 P 及效率 η 有关，可以将其表示为 $m\infty(t\cdot P\cdot\eta)/(C\cdot\Delta T)$。功率 P 在推算食物质量时是常数；对于同一个微波炉来说，效率 η 也是常数；时间 t 在推算食物质量时是恒定的，一般默认取 20s。因此，根据两个模糊输入变量：食物温升 ΔT 和食物比热 C，经实验分析归纳，即可确定质量 m 的模糊控制规则表，如表 6-6 所示。

微波炉的加热时间 t 和食物质量 m、食物比热 C、食物温升 ΔT、功率 P 及效率 η 有关，可以用公式 $t\infty(m\cdot C\cdot\Delta T)/(P\cdot\eta)$ 表示。式中，m 的单位为 kg，C 的单位为 J/(kg·℃)，ΔT 的单位为 ℃，而 P 的单位为 W，微波炉的加热效率 η 是一个常数，且一般取 80%～90%，t 的单位为 s。考虑一般食物加热到 100℃ 之后才能煮熟，食物的温升 ΔT 定为 100℃，食物解冻所用的时间约是加热所用时间的 1/4，其解冻工作时间的求取类似加热时间的推理。由此可知，加热时间的推理前件有食物比热 C、食物温升 ΔT 和加热功率 P，因此会产生较多的推理规则。为了方便起见，可把功率固定为某一种状态，只考虑比热和食物质量的推理过程。当微波炉功率取单点模糊量时，令 $P=1000\text{W}$，则可得到加热时间的模糊控制规则，如表 6-7 所示。

表 6-6　食物质量 m 的模糊控制规则表

m	ΔT						
	VS	**S**	**MS**	**M**	**ML**	**L**	**VL**
S	VH	VH	H	M	L	VL	VL
MS	H	H	M	L	VL	VL	VL
M（C）	H	M	L	L	VL	VL	VL
MB	M	L	L	VL	VL	VL	VL
B	L	L	VL	VL	VL	VL	VL

表 6-7　$P=1000\text{W}$ 时加热时间 t 的模糊控制规则表

t	C				
	S	**MS**	**M**	**MB**	**B**
VL	VS	VS	VS	VS	VS
L	VS	VS	VS	VS	VS
M（m）	VS	VS	VS	VS	VS
H	VS	S	MS	MS	MS
VH	S	MS	M	M	ML

表 6-6 和表 6-7 中的控制规则可表示成一个总的模糊关系 R，即 $R=\underset{ij}{U}(A_i\times B_j\times C_{ij})$，$R$ 的隶属函数为 $\mu_R(x,y,z)=\overset{i=n}{\underset{i=1}{\vee}}\overset{j=m}{\underset{j=1}{\vee}}(\mu_{A_i}(x)\wedge\mu_{B_j}(y)\wedge\mu_{C_{ij}}(z))$。当输入模糊变量分别取模糊集 A_i、B_j 时，输出量 C_{ij} 根据模糊逻辑推理合成规则可得 $C_{ij}=(A_i\times B_j)\circ R$，则输出量 C 的隶属函数为 $\mu_C(z)=\underset{x\in X,y\in Y}{\vee}(\mu_R(x,y,z)\wedge\mu_A(x)\wedge\mu_B(y))$。根据以上公式得到输出量的隶属函数后，可采用加权平均法，由以下公式求出系统最终的精确量 m 和 t。

$$m=\sum(\mu_m(m_i)m_i)/\sum\mu_m(m_i)$$
$$t=\sum(\mu_t(t_i)t_i)/\sum\mu_t(t_i)$$

模糊控制算法包括两部分：①计算机离线计算模糊控制表（见表 6-8），属模糊矩阵运算；②计算机在模糊控制过程中在线计算输入变量（温升、比热和质量），并对其进行模糊化处理，查询模糊控制表后，得出控制决策，再进行解模糊处理。

表 6-8 P=1000W 时的时间控制表

t						m				
		−4	−3	−2	−1	0	1	2	3	4
C	−3	−4	−4	−4	−3	−3	−3	−3	−2	−2
	−2	−4	−3	−3	−3	−2	−2	−2	−1	−1
	−1	−4	−3	−3	−2	−2	−1	−1	0	1
	0	−3	−3	−2	−2	−1	0	0	1	2
	1	−3	−3	−2	−1	0	1	1	2	3
	2	−3	−2	−2	−1	0	1	2	3	4
	3	−3	−2	−1	0	1	2	3	4	4

6.4.3　环境控制

目前对温室环境控制很难建立一个精确的数学模型，而且温室需要控制的环境因子有很多，采用传统的控制方法很难达到理想的控制效果。大部分温室温度控制器采用PID 控制算法，这种算法对固定参数的线性定常系数系统非常有效，但常规的 PID 控制器对于非线性、时变的和不能用精确模型描述的系统不能进行很好的控制[5]。用模糊逻辑实现控制，只需要关心最终的效果而不是系统的数学模型，其研究的重点是控制器本身而不是被控对象。因此，这种系统对系统参数变化不敏感，具有很强的鲁棒性和通用性，可以实现对不同类型温室的温度控制；系统的模糊逻辑控制根据温室内的温度变化来调节温室机构的状态，可达到降温或升温的效果。实时的温度采样值与设定值的差值E 是可正可负的，通过对温度偏差进行模糊化处理后，可实现对温室温度的控制。

模糊逻辑控制器的工作过程分为 3 个阶段：第一个阶段是"模糊化"，就是将采样得到的系统精确的输入量转换成用模糊集合的隶属函数来表示的某一模糊变量的语言值；第二阶段是"模糊逻辑推理"，即把模糊输入量运用到"if→then"规则库中，并把各个规则所产生的结果"累加"到一起，产生一个模糊输出集合；第三个阶段是对这些模糊输出进行解模糊化，即在一个输出范围内找到一个最具有代表性的且可以直接驱动执行机构的确切的输出控制变量。

当采样值不在设定值的范围内时，采用模糊逻辑控制算法实现控制。由于温室系统是一个缓变系统，在对温室进行模糊控制时，可以不考虑温室误差变化率，只考虑温度误差。为了便于操作，将该模糊控制区分为 7 个模糊子集，分别表示温度的等级，如mf1（负特别大）、mf2（负大）、mf3（负稍大）、mf4（适中）、mf5（正稍大）、mf6（正大）、mf7（正特别大）。隶属函数选用对称三角形隶属函数，如图 6-11 所示。

这样对在设定值附近±3℃范围内的每个温度采样值，都可以找到对应不同模糊子集（隶属函数）的隶属度，从而把采样值转换成模糊量，由此可以把温度误差精确输入量模糊化。这里将模糊输出论域划分为 7 个模糊子集：G（关）、TR（特弱）、JR（较弱）、M（适中）、JD（较大）、Q（强）、TQ（特强）。其隶属函数仍采用对称三角形，如图 6-12 所示。

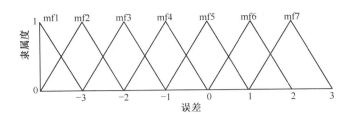

图 6-11　输入量温度误差 E 的隶属函数

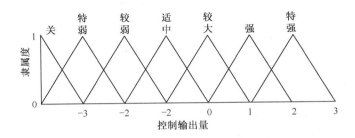

图 6-12　控制输出量的隶属函数

根据图 6-11 和图 6-12，制定模糊控制规则，U 表示模糊输出论域的 7 个模糊子集。因为模糊输入变量 E 有 7 个，所以规则数为 7 个，由此构成一个模糊逻辑控制规则库，如表 6-9 所示。

表 6-9　模糊逻辑控制规则库

E	mf1	mf2	mf3	mf4	mf5	mf6	mf7
U	TQ	Q	JQ	M	JR	TR	G

根据模糊化的输入量 E，通过查询模糊逻辑控制规则库，采用第一类推理方式可以获得模糊输出量。这是一种典型的一路输入/输出的模糊逻辑控制器，其规则形式为

$$\text{if（}E\text{ 是 }X\text{）then（}U\text{ 是 }Y\text{）}$$

对于某一季节温室的温度控制，如夏季植物适宜的生长温度为 28℃ 左右，这时的温室机构有几种是常开的，其他的要根据实际的情况开或关，输出变量为 0 或 1，off 为 0（机构关闭），on 为 1（机构打开）。模糊规则共有 7 条，表示如下。

（1）if（E is mf1）then（U1 is off）(U2 is off)(U3 is off)(U4 is off)(FJ is off)(U6 is off)。

（2）if（E is mf2）then（U1 is on）(U2 is off)(U3 is off)(U4 is off)(FJ is off)(U6 is off)。

（3）if（E is mf3）then（U1 is on）(U2 is on)(U3 is off)(U4 is off)(U5 is off)(U6 is off)。

（4）if（E is mf4）then（U1 is on）(U2 is on)(U3 is on)(U4 is off)(U5 is off)(U6 is off)。

（5）if（E is mf5）then（U1 is on）(U2 is on)(U3 is on)(U4 is on)(U5 is off)(U6 is off)。

（6）if（E is mf6）then（U1 is on）(U2 is on)(U3 is on)(U4 is on)(U5 is on)(U6 is off)。

（7）if（E is mf7）then（U1 is on）(U2 is on)(U3 is on)(U4 is on)(U5 is on)(U6 is on)。

其中，E 表示温度误差，U1 表示天窗，U2 表示东西卷帘，U3 表示南北卷帘，U4 表示外遮阳，U5 表示风机，U6 表示喷淋。规则（1）表示如果 E 属于负特别大时，则所

有机构均关闭，其他的规则解释同规则（1）。

6.5 实验：使用 skfuzzy 实现模糊逻辑系统

6.5.1 实验目的

（1）了解模糊逻辑系统的基本概念。

（2）了解模糊集合和隶属函数的定义。

（3）了解 Python 3 实现模糊逻辑系统的基本流程。

6.5.2 实验要求

（1）了解模糊逻辑系统的工作原理。

（2）了解 Python skfuzzy 依赖库的使用。

（3）理解 Python 3 相关的源码，并用代码实现模糊逻辑系统。

6.5.3 实验原理

一个模糊逻辑系统通常使用一组模糊变量的规则，这些规则描述一个或多个模糊变量与另一个模糊变量之间的映射。在下面的小费问题示例中，一条规则可能是"如果服务很好那么小费较高"。本节实验基于双输入、单输出小费问题（基于美国的小费习惯）实现一个简单的模糊逻辑系统，该系统用于模拟客户在餐厅选择给多少小费的问题。在选择小费时，需要考虑服务品质和食品质量两个方面，用一个 0～10 的整数表示饭店服务品质和一个 0～10 的整数来表示饭店的食品质量（其中 10 为最高分，表示非常好）。使用这些评价指标来给出小费标准，即小费低是 5%，小费中等是 15%，小费高是 25%，该问题可以表述如下。

1. 输入变量

（1）服务品质（service）：论域为服务员从 0～10 分的服务质量，模糊集={差，适中，好}。

（2）食品质量（quality）：论域为食物从 0～10 分的美味程度，模糊集={差，适中，好}。

2. 输出变量

小费（tip）：论域为人们应该提供多少小费，范围为 0%～25%；模糊集={低，中等，高}。

3. 模糊规则定义

（1）如果服务品质差或食品质量差，那么小费低。

（2）如果服务品质适中，那么小费中等。

（3）如果服务品质好或食品质量好，那么小费高。

6.5.4 实验步骤

可以使用 skfuzzy API 对此进行建模，本实验必须在 Python 3 环境下运行，需要安装相关的第三方依赖库 numpy、skfuzzy 等，执行如下代码进行安装。

```
pip install numpy
pip install matplotlib
pip install scikit-fuzzy==0.4.1
```

接下来创建 test.py 文件并编辑它，首先导入相关包并定义模糊变量（如 quality 等），通过 automf() 函数可以自动为成员函数进行填充，使用熟悉的 Pythonic API 以交互的方式构建自定义成员函数。

```
import numpy as np
import skfuzzy as fuzz
from skfuzzy import control as ctrl
import matplotlib
quality = ctrl.Antecedent(np.arange(0,11,1),'quality')    #食品质量
service = ctrl.Antecedent(np.arange(0,11,1),'service')    #服务品质
tip = ctrl.Consequent(np.arange(0,26,1),'tip')   #小费
# 使用.automf（3,5 或 7）可以实现自动成员函数填充
quality.automf(3)
service.automf(3)
# 可以使用熟悉的 Pythonic API 以交互方式构建自定义成员函数
tip['low'] = fuzz.trimf(tip.universe,[0,0,13])
tip['medium'] = fuzz.trimf(tip.universe,[0,13,25])
tip['high'] = fuzz.trimf(tip.universe,[13,25,25])
```

为了理解这些模糊子集，可以通过 skfuzzy 包中的 view() 函数绘制各模糊变量的隶属函数，并保存在当前路径下。

```
quality['average'].view()
plt.savefig('quality.png')
service.view()
plt.savefig('service.png')
tip.view()
plt.savefig('tip.png')
```

为了使这些三角形隶属函数有用，需要接着定义输入和输出变量之间的模糊关系。根据上述的介绍可知，需要定义 3 个简单的规则，通过这些模糊规则得到准确的小费值是一项具有挑战的任务。同样，可以使用 view() 函数绘制模糊规则。

```
#3 个模糊规则的定义
rule1 = ctrl.Rule(quality['poor']|service['poor'], tip['low'])
rule2 = ctrl.Rule(service['average'],tip['medium'])
rule3 = ctrl.Rule(service['good']|quality['good'],tip['high'])
rule1.view()
plt.savefig('rule1.png')
```

现在模糊规则已经定义好，利用 skfuzzy.control 中的 ControlSystem() 函数可以简单

创建一个模糊控制器，为了模拟这个控制系统，则需要先创建一个 ControlSystemSimulation 对象，其代表控制器应用于一组特定的环境，如在酒吧或咖啡馆给服务员小费，因为输入是不同的。

```
tipping_ctrl = ctrl.ControlSystem([rule1,rule2,rule3])
tipping_ctrl = ctrl.ControlSystem(tipping_ctrl)
```

简单指定输入量并调用 compute()方法来模拟该控制系统，假设该餐厅服务品质为 9.8 分，且食物质量为 6.5 分，系统会给出建议的小费数。

```
#注意：如果想同时传递多个输入，则使用 inputs(dict_of_data)
tipping.input['quality'] = 6.5
tipping.input['service'] = 9.8
tipping.compute() #通过该方法来模拟控制系统
#调用 compute()方法后，就可以可视化结果了
print(tipping.output['tip'])
tip.view(sim=tipping)
plt.savefig('result.png')
```

6.5.5 实验结果

该模糊变量采用三角形隶属函数，各模糊变量的隶属函数如图 6-13 所示。

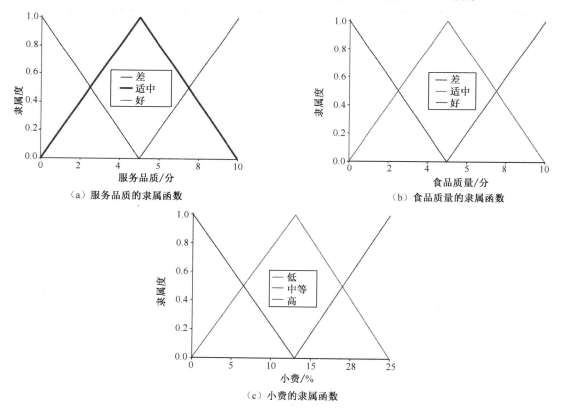

（a）服务品质的隶属函数 （b）食品质量的隶属函数

（c）小费的隶属函数

图 6-13 各模糊变量的隶属函数

模糊规则示例如图 6-14 所示。

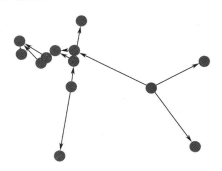

图 6-14　模糊规则示例

最终输出的小费结果如下，其可视化效果如图 6-15 所示。

```
# python3 test.py
19.847607361963192
```

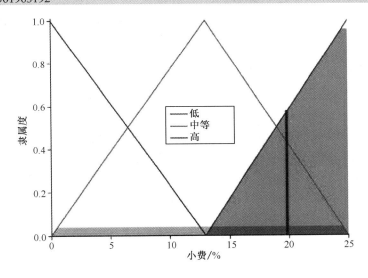

图 6-15　小费结果可视化效果

习题

1. 模糊系统的理论基础是什么？什么是模糊逻辑？它与二值逻辑有什么关系？
2. 什么是模糊集合和隶属函数？模糊集合有哪些基本运算，满足哪些规律？
3. 模糊逻辑系统结构包括哪些组成？各部分的作用和工作机制是什么？
4. 模糊逻辑系统有哪几种设计方法？
5. 什么是模糊判决？常用的模糊判决方法有哪些？
6. 模糊控制器与专家系统有什么相同和不同之处？
7. 分别对下列两个系统进行基本模糊控制器设计，并进行仿真。

$$G_1(s) = \frac{e^{-0.5s}}{(s+1)^2}, \quad G_1(s) = \frac{4.2}{(s+0.5)(s^2+1.6s+8.5)}$$

要求超调量不大于 1%，稳态误差为 0。

8．模糊逻辑系统有广泛的应用，请举例说明其在各领域中的应用。

参考文献

[1] 蔡自兴，王勇. 智能系统原理、算法与应用[M]. 北京：机械工业出版社，2014.

[2] 崔胜民. 现代汽车系统控制技术[M]. 北京：北京大学出版社，2008.

[3] 包套图. 基于模糊控制 PID 控制算法的汽车制动系统[J]. 应用科技，2012,39(5):71-72.

[4] 周鲜成. 智能微波炉模糊控制器的设计[J]. 湖南城市学院学报，2000,17(6):44-47.

[5] 张作贵，毛罕平. 基于模糊逻辑控制的温室温度控制技术的研究[J]. 农业装备技术，2004,30(4):15-17.

第 7 章　自主无人系统

自主无人系统（Autonomous Unmanned System，AUS）是人工智能的重要应用领域之一，其研究发展可大力推动人工智能技术的创新和落地。当前，在政府和相关机构的倡导扶持下，我国人工智能正从弱智能向强智能稳步前行，希冀在人工智能前沿研究中占据一席之地[1]。研制自主无人系统，已成为人工智能发展程度的标志性成果之一，自主无人系统智能化水平的提升可以显著推进科技与经济的快速发展，进一步提高人们的生活质量。在可预见的未来，自主无人系统产业将成为世界经济腾飞的新引擎，引领智能产业与生态的发展。

本章将对自主无人系统的概念、组成、发展现状和相关研究成果进行系统阐述：首先介绍自主无人系统的基本概念和关键特征，以及其一般的系统组成和模型架构；然后较为全面地归纳自主无人系统的研究和发展现状；最后分门别类地介绍几种典型的自主无人系统，包括自组织网络、无人飞行器和无人驾驶汽车。

7.1　自主无人系统的概念和特征

7.1.1　基本概念

自主无人系统由来已久，并不是新鲜事物。自古以来，人类为了各种目的创造了许多无须人操作的自动系统，包括用于军事指挥的指南车、用于水利灌溉的水转筒车、用于计时的漏壶、自报行车里程的鼓车、检测地震的候风地动仪等。到了近代，人类研发了大量应用于各行各业的自动控制系统，如辅助飞机操控的陀螺自动驾驶仪和辅助产品生产的流水线控制系统等。随着科技的进步，无人系统的技术水平也逐渐提高，特别是人工智能的飞速发展，促使自主无人系统达到了较高水平，各种类型的自主无人系统相继问世，包括空中无人系统（无人机）、地面无人系统（无人车）和海上无人系统（无人船）等，对人类社会产生了显著影响[2]。

传统意义上的自动化系统定义为"在没有或较少人工参与的情况下，完成特定操作，实现预期目标的设备或系统"，自动化系统可在特定态势下执行可靠且可预测的行动[3]。自主无人系统通常是指通过融合人工智能、机电控制、计算机、通信、材料等多种先进技术进行自我操作或管理而不需要人工干预的人造系统。自主无人系统通过将人工智能融入传统的无人自动化系统而具有智能的自主性。自主性定义为某实体基于自身知识和对环境的理解，独立执行和选择不同行动过程以实现预期目标的能力[4]。

自主无人系统充分运用了人工智能技术，可以应对非程序化或非预设态势，具有一定的自我管理和自我引导能力。因此，与自动化设备或系统相比，自主无人系统能够应对复杂多样的环境，完成更广泛的操作和控制，具有更广阔的应用潜力。如果说传统的自动化系统解放了人的体力，自主无人系统更多的是解放了人的脑力。若要实现自主性，系统需要具备良好的感知能力和对环境的理解能力，能够进行目标识别、分类和判定，并能应对突发事件或态势[5]。一般来说，自主化是指应用传感器和复杂软件，使设备或系统在较长时间内无须其他外部干预就能够独立完成任务，能够在未知环境中自动进行调节，并保持系统良好运转的过程。自主化可以看作自动化的外延，是智能化和更高能力的自动化。从这种意义上看，自主无人系统就是能够持续监视自身状态，并根据内部或外部事件自动调整其状态和执行操作以满足预定目标的系统。

与自主无人系统相比，人能够更好地把握目标任务，进行态势评估，制订行动方案和应对特殊情况。但是，人不善于快速持续地处理大量数据，也不善于长时间保持注意力，而自主无人系统能够弥补人的不足。自主无人系统的发展应用，促使人工智能的研究从过去聚焦制造模拟人（生物）行为的机器扩展到对已有机器进行自主化和智能化的改造革新[6]。

7.1.2　关键特征

自主性和智能性是自主无人系统最重要的两个特征。人工智能的各种技术，如图像识别、人机交互、智能决策、推理和学习，是实现和不断改善自主无人系统这两个特征的最有效的方法[7]。

从一般意义上讲，自主与智能是两个不同范畴的概念。自主表达的是行为方式，强调由自身决策完成某行为；智能则是完成行为过程的一种特殊能力，关注运用的方法及策略是否符合自然规律或人的行为规则。自主与智能之间的关系：自主在前，智能在后，二者相辅相成；自主未必智能，但自主希望有智能；智能依赖自主，智能的等级取决于自主权的高低，智能是自主与知识及知识运用的结合体[8]。因此，自主无人系统的设计应遵循上述自主与智能的关系准则。在构造自主无人系统时，应赋予系统相当程度的自主和智能能力，从而实现系统自身的特点和满足人的需求。

显而易见，自主和智能是分层次和等级的[9]。如今，大部分的无人系统实际上只是实现了某种程度上的自动化，如当前的无人机和无人车在很多情况下都需要人力遥控或配合操作。未来，这些无人设备将会包含更多自主性功能，既可通过遥控进行操作，也可能是半自主化或全自主化的。

自动化系统由指定的规则控制，不允许有任何偏差，而自主无人系统由允许系统偏离基本线的宽泛规则控制。自主无人系统的自主权限首先受人（使用者）限制，同时也受自身能力和使用环境的制约，如地理天气环境和任务要求等。由于自主无人系统是在人授权下工作的，系统由人赋予一定的智能，在赋予智能过程中，难免会出现人类无法管控的干扰因素，导致自主无人系统出现人们没有预料又无法控制的情况，并且这些失控现象可能是暂时的也可能是持续的[5]。但是，随着人工智能技术的进步，今后将会研发出具有更高自主能力的系统（从遥控和自动化系统到近乎完全自主的系统），以支持各种任务的需要。

7.2　系统组成和模型

7.2.1　系统组成

自主无人系统是一种智能化的自动控制系统，参照传统自动化系统[3]，自主无人系统主要由控制器、被控对象、执行装置（执行器）和测量装置（检测器）四部分构成，如图 7-1 所示。

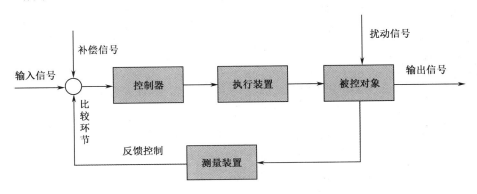

图 7-1　自主无人系统组成框图

（1）控制器：指可按照预定顺序改变主电路或控制电路的接线，以及改变电路中的电阻值来控制电动机的启动、调速、制动和反向的主令装置，或者可根据工艺要求调节给定信号大小的装置或元件；相比于传统自动化系统，自主无人系统的控制器是一种智能控制器，具有相当程度的自主性和智能性。

（2）被控对象（控制对象）：一般指自动控制系统中需要控制工艺参数的生产设备或机器，如传热过程中的加热器、自动计量的料斗、速度控制中的电机等；从定量分析和设计角度来讲，控制对象只是被控设备或过程中影响对象输入、输出参数的部分因素，并不是设备的全部。

（3）测量装置（检测器）：检测工艺参数并将测量值以特定的信号形式传送出去，以便进行显示、调节；检测器在控制过程中时刻监视并检测过程运行状态，其输出信号是控制的依据，因此要求准确、及时、灵敏，例如，在自动检测和调节系统中，检测器将各种工艺参数，如温度、压力、流量、液位、成分等物理量变换成统一标准的信号，再传送到调节器和指示记录仪中，进行调节、指示和记录。

（4）执行装置：接收经过放大的偏差信号，直接驱动被控对象，使被控变量发生变化，以减小偏差，实现控制要求，例如，使用液体、气体、电力或其他能源并通过电机、气缸或其他装置驱动被控对象。

除了上述四大部分，系统往往还需要特定的比较元件和放大元件，比较元件将检测元件输出的反馈信号与给定信号相比较，决定偏差信号的大小和方向（正负）。由于偏差信号一般较小，因此要通过放大元件进行电压放大和功率放大才能驱动执行装置。比较元件和放大元件经常组合在一起，也称为调节器。

按控制原理的不同，自主无人系统分为开环控制系统和闭环控制系统[10]。在开环控制系统中，系统输出只受输入的控制，控制精度和抑制干扰的特性都比较差。在开环控制系统中，按时序进行逻辑控制的系统称为顺序控制系统，其由顺序控制装置、检测元件、执行机构和被控工业对象所组成，主要应用于机械、化工、物料装卸运输等过程的控制及机械手和生产自动线。闭环控制系统是建立在反馈原理基础上的，利用输出量同期望值的偏差对系统进行控制，可获得比较好的控制性能。闭环控制系统又称为反馈控制系统。自主无人系统通常以闭环的形式控制系统的动态行为，涉及环境的外部输入激励和系统自身的内部反馈调节。具体来说，自主控制行为通常包括以下步骤：实时环境状态监控，分析系统可用信息，谋划未来行为，按照特定的高层目标来执行生成的操作计划。

按给定信号分类，自主无人系统可分为恒值控制系统、随动控制系统和程序控制系统[10]。恒值控制系统中的给定值不变，要求系统输出量以一定的精度接近给定的希望值。例如，生产过程中的温度、压力、流量、液位高度、电动机转速等自动控制系统属于恒值控制系统。随动控制系统中的给定值按未知时间函数变化，要求输出量跟随给定值变化。例如，跟随卫星的雷达天线系统属于随动控制系统。程序控制系统中的给定值按一定的时间函数变化，如程控机床属于程序控制系统。

7.2.2　系统模型

1. 系统体系架构

自主无人系统的体系架构主要包含两个部分：一是基于数据的实时感知和处理来获悉环境信息；二是基于环境态势的认知进行自主调配和控制，强调人、机和环境的互相依存关系和协调共生[5]。依据这种思想，其体系架构自下而上可以划分为 4 个层级，分别是智能感知层、信息处理层、态势认知层和自主配置层，如图 7-2 所示。

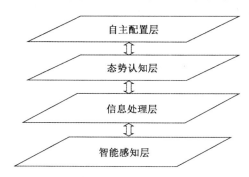

图 7-2　自主无人系统的分层体系架构

智能感知层：作为自主无人系统实体与外界环境交互的最底层，智能感知层主要负责数据的高质量采集与信息的有效传输共享；其可能的形式之一是利用本地代理在机器上采集数据，在本地做轻量级的分析来提取特征，之后通过标准化的通信协议将特征传输至能力更强的计算平台；值得一提的是，由于自主无人系统对智能分析运算的及时性要求非常高，原始数据体量庞大、传输成本高，在这一层直接将所有原始数据传输至云端分析不仅成本高昂，而且风险巨大；与原始数据相比，特征信息维度更小，其经过处理后可以在保留原始数据信息的情况下最大限度地减少传输开销。

信息处理层：在从环境导入数据后，信息处理层需要对其进行预处理，将数据转化为自主无人系统可执行的信息；根据不同的应用场景，信息处理层基于机器学习与统计建模算法将高维的数据流转化为低维可执行的实时信息，为系统迅速做决策提供信息支持；这一层发挥效能的关键是算法适应环境变化的鲁棒性。

态势认知层：态势认知层综合前两层产生的信息，为用户提供所监控环境和系统自身态势的完整信息；基于学习和推理的预诊断技术，将大量多源信息进行分类和聚类，以便进行故障检测、故障分类与性能预测；该层向自主配置层提供维护和配置系统的可执行信息。

自主配置层：根据态势认知层提供的信息，自主无人系统控制引擎可以对外界环境和自身的变化作为应激性反馈，进行必要的组件配置和参数调整，从而使系统具备自组织和环境适应能力，保持在能够接受的性能范围之内，避免非预期的故障停机。

2. 系统评价指标

一般来说，自主无人系统的性能表现依赖于自主认知、自主控制和群体智能三大评价指标，其中每项评价指标又可进一步划分为几个二级指标，如图 7-3 所示[2]。具体而言，自主认知一级指标包括数据采集、避免碰撞、对象分类、对象识别、推理和语义理解等二级指标；自主控制一级指标可能包括载人、远程控制、故障诊断、提前设计、仿生和自主操作等二级指标；群体智能一级指标可能包括结构控制、任务规划、合作、任务重规划、合作探究和职责等二级指标。

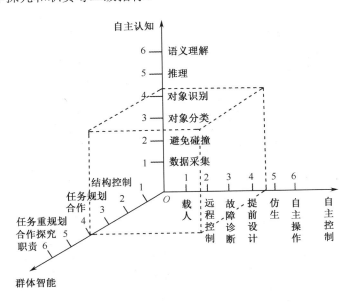

图 7-3　自主无人系统的评价指标体系

3. 系统设计要素

1）信任度

人对自主无人系统的信任对于系统的自主化至关重要[11]。例如，在战场环境中，作战人员和自主作战系统协同作战，作战人员需要明确对自主作战系统任务执行能力的信任度。该信任度不仅体现了系统的可靠性，也是系统执行任务优良性的重要评价依据。基于此，作战人员需要对自主作战系统建立可靠的信任——明确何时、以哪种程度使用自主作战系统或何时进行干预。对自主作战系统的信任评估基于对系统、人员及态势因素的判断。其中，系统因素包括自主作战系统的有效性和可靠性、对其可靠性的主观判断、由于信任缺失或修复缓慢出现系统性能减弱甚至失效的频率、系统的理解和预测能力、及时性和完整性；人员因素包括作战人员的感知能力、信任意愿和其他个人因素；态势因素包括时间限制、工作量，以及参与其他竞争任务的需要等因素。

实际上，对自主无人系统的使用既不能过分相信和依赖，也不能废而不信，适度的信任能够确保系统具有较高的可靠性，如图 7-4 所示[2]。当前，人工智能在道德思维方面的能力存在技术缺陷，这可能限制了公众对开发的自主无人系统的信任。因此，引导使用人员对自主无人系统建立信任十分关键。反过来说，未来自主无人系统或能判断其使用者对它的信任程度。信任是复杂的、多维的。因此，对自主无人系统的信任必须通过对表征行为和功能的关键指标的持续评估来建立，从开发阶段开始，一直持续到系统生命周期的所有阶段。如果使用人员和自主无人系统之间没有足够的信任度，那么即便高度一致地工作，这些系统也将失去原有的价值。

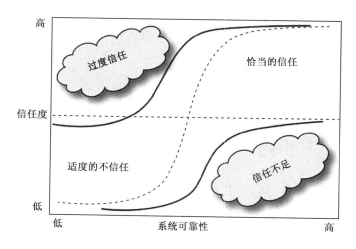

图 7-4　自主无人系统可靠性和信任度的关系

2）自动化

自主无人系统的自动化往往并不能实现降低使用人员工作量的预期目标，有时甚至在低工作量水平时会增加使用人员的工作量。也就是说，自动化高并不意味着智能性强[8]。随着对自动系统的理解及协作要求的增加，工作量往往从显著可见的人力作业变成不那么明显的感知任务。未来，需要建立易于理解和协作的自主无人系统，同时，应基于以人为本的原则认真考量选择何种任务实现自主化，建立最佳人工—自主行动系统。

通常，自主无人系统用来支持使用人员执行任务和做出决策，然而，事实证明，有效的决策支持是非常困难的。由于自主无人系统并不完美，因此自主无人系统决策的准确性和及时性并不会有效提高。人们发现，向使用人员提供否定性建议的决策支持系统（如指出某计划、行动方案的潜在问题）运行更好，使用人员可以通过环境态势评估确认潜在的不足或僵局。由于未来我们将更多地使用智能软件和决策系统，因此需要对认知协作给予特别关注，使其能够提升而非降低使用人员决策能力。除此之外，还需要在人工—自主系统联合行动结果的基础上切实检验自主无人系统的应用效能。

3）自主化级别

不同的任务需求和场景需要不同级别的自主无人系统。按需灵活性是构建自主无人系统的一个中心原则，因为没有哪个自动化系统可以胜任所有任务，而且某些特定功能还需要在使用过程中不断改进，或者在使用人员的操作下完成。自主化级别与系统能力密切相关，系统能力提升也会相应地提升系统自主化的级别。提高自主性将增加自主无人系统设计的复杂性和实现成本，但也会加快决策速度，使得自主无人系统能执行需要比人类反应时间更快的决策任务。

根据任务执行能力、环境评估与数据整合能力、决策及方案生成能力的不同，自主无人系统具有不同的自主程度，不同的自主程度取决于环境及使命的复杂度，可能涉及一些人类活动和非人类使用人员的干涉[12]，如何时选择哪种功能、什么级别的自主无人系统是一个动态决策问题。一般情况下，使用人员会根据系统的性能水平、使用风险、可信程度、任务需求及协作关系等方面选择使用不同的自主无人系统。

4）人机协同

在未来很长一段时间，需要自主无人系统和使用人员协同配合来完成特定任务。原因有二：第一，基于当前的技术水平，在可预见的未来，自主无人系统可能达不到完全自主的水平，也很难应对多任务的复杂环境；第二，使用人员需要掌握对自主无人系统的控制，进行任务评估及与其他力量协同配合。

为了实现人机有效协作，自主无人系统与使用人员之间需要在彼此信任的基础上共享态势感知信息，如图 7-5 所示[13]。态势感知信息不仅涉及原始数据（一级 SA），还包括理解任务目标重要性的融合数据（二级 SA）及预估近期将要或可能发生事件的数据（三级 SA），这对前摄决策制定有着重要意义。态势感知信息共享不仅意味着低层数据的共享，也包括根据任务目标等因素理解信息和预测未来。除了系统自主化级别，自主无人系统的稳健性、控制范围和控制力度也影响着使用人员与自主无人系统间的协同合作，稳健性包括系统的态势感知能力、理解力和控制力。传统的自动化系统十分脆弱，并且只能处理一些预设的情况。健壮的自主无人系统能够应对多种态势，可迅速适应变化的环境并为使用人员提供更兼容的联合方案。控制的范围越广，系统自主化程度越高，同时对高效的人机通信要求也越高。

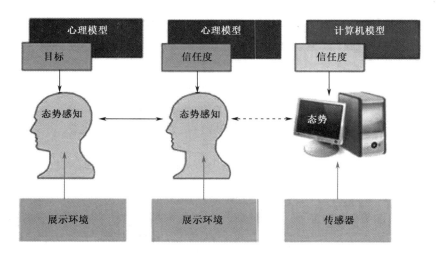

图 7-5　自主无人系统和使用人员之间共享态势感知信息

5）其他考虑

机器学习，特别是深度学习是人工智能中一个迅速发展的领域，它在许多领域具有推动自主无人系统发展的巨大潜力。深度学习是一种有前途的人工神经网络形式，可以利用图形处理单元（GPU）、传统 CPU 和定制的神经形态芯片来学习数据中的模式和模型[14]。人工智能和及其学习将允许开发能够自主学习和做出高质量决策的系统。机器学习通过两种方式支持自主无人系统：其一，提供类似人类与外部世界交互的感知和控制方式，先是接收信息，然后分析和控制；其二，将获得的信息多层次抽象化，从而描述外部环境。当自主无人系统获得外部信息时，通过与外部环境的交互，同时选择最佳应对策略，系统就可以使用强化学习机制控制自身行动。这些方法可以使系统具有通过收集到的数据学习特定任务的能力，并以此可开发具有更高自主性的无人操作系统。

自主无人系统在尺寸、重量和功率限制方面也有独特的技术要求。此外，当前许多人工智能数据处理平台在云环境中运行计算，这可能不适合在无通信环境中操作的无人操作系统。然而，随着工业领导者逐步开发可嵌入式无人操作系统的云解决方案，未来的挑战可能会变小[4]。

数据质量是设计自主无人系统必须解决的一个问题。高质量数据是自动化分析的基础，高质量数据是必要的，以便提高自动化程度，并最终实现完全自主。未来几十年，自主无人系统能力的扩展在很大程度上将取决于人类和自主无人系统的有效合作能力[15]。近期，需要特别增强系统的操作安全性和效率，如无人机空中防撞和地面车辆的自动安全特性。中期，自主算法、改进的传感器和计算机处理能力将改进人和机器的合作（从任务级支持发展到操作上的支持），并允许机器直接协助人类进行各种操作。例如，在无人驾驶系统中，提高自主水平将使无人操作系统具有领导—跟随能力。

7.3　研究现状和发展趋势

7.3.1　研究现状

1. 概述

进入 21 世纪以来,微电子、生命科学、自动化技术和人工智能技术共同进步和相互渗透,共同推动着自主无人系统行业快速发展。特别是最近 10 年,由于更先进模型和算法的提出及计算机硬件计算能力的提高,特别是在深度学习出现之后,许多令人惊叹的自主无人系统及应用接踵而至。无人车、无人机、无人船,以及家用和医疗机器人领域都得到了显著的发展,并广泛应用于环保、测绘、环卫、安防军事和民用等领域[16]。自主无人系统在枯燥任务、恶劣环境和危险任务领域具有独特优势,在军事、科技、经济、社会生活各方面日益发挥重要的作用。在军事领域,海洋、空间智能无人平台可以进行空中、地面和水下的作战与侦察,无人机已大量用于空中战术侦查、对地打击、防空压制、近距支援等任务;在民用领域,智能无人平台可以完成资源勘测、环境监测等繁重重复或抢险救灾、资源调查等具有一定危险的任务。目前,全美有近 1700 家公司研制了约 4000 种空中无人系统、地面无人系统和海洋无人系统[17]。自主无人系统数量规模的爆炸式发展,正在孕育从数量到质量的蜕变,正在成为改变生产与生活的革命性技术之一。

2. 空中无人系统

相对而言,空中无人系统是目前发展最成熟、装备量最大、参战最频繁、应用最广泛的自主无人系统,已基本形成大、中、小结合,远、中、近程搭配的无人机体系,应用领域持续拓展[18]。在军用方面,情报、监视、侦察仍是无人机最基本、最核心的应用领域,美军在其反恐作战中,约 80%的侦察监视任务由无人机完成;随着侦察/打击一体无人机的出现,军用无人机开始向主力作战平台转变;以货运无人机在阿富汗战争中的成功使用为开端,军用无人机开始在后勤保障领域崭露头角。在民用领域,农林作业、治安反恐、地理测绘、摄影娱乐、应急救援、气象监测等方面的应用需求快速增长,以中小型无人机为代表的民用无人机正在世界范围掀起发展热潮。

近年来,无人机部署规模不断增大。美国列装的无人机总数超过 1 万架,"捕食者""死神"长航时侦察/打击一体无人机,以及"全球鹰"高空侦察无人机等中高端无人机数量超过 400 架;俄罗斯、以色列、英国等也在快速扩大其高端无人机装备规模;我国的"翼龙""彩虹"和"利剑"等无人机已形成系列化产品并装备部队[19]。此外,美国等正积极推进更先进的无人机技术验证[20]:美国 X-47B 验证了无人机航母起降、自主空中加油等多项技术,美国军方启动的"忠诚僚机"等项目推进了有人/无人协同编队、无人机空投与回收、无人机蜂群作战等新技术发展;欧洲地区、俄罗斯等在中空长航时、高空长航时、无人作战飞机等方面均进行了多次飞行验证。从产业规模上看,预计 2020 年,全球民用无人机年销售量将超过 400 万架,市场规模达到 260 亿美元;从研制企业上看，全球共有超过 500 家无人机公司，我国民用无人机研制单位超过 130 余家，我国 2017 年无人机出口接近 80 亿元，2018 年超过 100 亿元[21]。

3. 地面无人系统

目前，地面无人系统已大量装备使用。在军事领域，国外发展的地面无人系统超过 300 种，列装的有 200 余种[22]。其中，便携式地面无人系统占比达到 85%，主要应用于侦察监视等辅助作战任务；车载式地面无人系统大约占 10%，可用于执行探测、摧毁和路线清障等作战任务；自行机动式地面无人系统的数量很少，主要用于执行班组支援、地雷探测与处理。美国装备的地面无人系统数量超过 1 万套，约占全球地面无人装备总量的 80%，在阿富汗、伊拉克等战场中投入使用；以色列现装备了"前卫""守护者"等无人车；英、法等国家已装备并正在积极发展多款地面无人系统；俄罗斯自 2011 年以来，地面机器人装备数量增长了 3 倍，一度落后世界先进水平的局面正在扭转。

美国、欧洲地区近期重点开展模式识别、自主控制传感器、自主防护系统、威胁识别与自适应响应、越障、集群协同等多项无人系统自主技术研究。已装备的地面无人系统中，以色列的"先锋哨兵"无人车具备较强的自主能力，能够自动设定行驶路线、规避障碍，在网络中可与其他无人车协同作战，可自主"跟随"车辆或士兵行进。

目前，地面机器人已应用于作战行动[20]。2016 年，地面武装机器人首次成功应用于实战，对未来地面作战模式产生了重大影响。俄罗斯在叙利亚作战行动中，首次使用多部地面武装机器人参与进攻，开创了地面武装机器人实战的先例。作战中，两型地面机器人与无人机协同作战，无人机负责战场监视，控制人员通过自动化指挥系统遥控机器人攻击。

最近几年，军用地面无人系统快速向民用领域拓展[21]。无人驾驶汽车成为各国科技巨头关注的焦点，谷歌、特斯拉、Uber 等多家公司相继推出无人驾驶项目。例如，谷歌无人驾驶汽车已实现了 200 多万英里（1 英里=1.609344 千米）的道路测试，并计划在 2020 年前完成无人驾驶汽车的商业化生产；中国的百度等非汽车制造商，也高调进入无人驾驶领域。此外，无人救援机器人、无人消防机器人、无人拖拉机、家庭服务机器人等均已投入使用，正在深刻影响人们的工作与生活方式。

4. 海上无人系统

长期沉寂的海上无人系统也呈现快速发展的可喜态势。水面和水下无人系统主要执行反水雷、情报监视侦察、反潜战、港口保护、科学探测等任务，目前已实现服役并日益受到各主要国家的关注[22]。

在无人水面舰艇方面，美国、以色列、法国等国家均开展了相关装备的研制[23]。美国"浮潜"级的"遥控猎雷系统"和"舰队"级的"斯巴达侦察兵"反潜无人艇已经服役，"X"级和"港口"级的无人艇正处于研发阶段。近期，美国在新型无人艇研发和测试方面取得了较大进展，特别是在反潜持续跟踪无人艇"海上猎手"的研发方面取得了阶段性突破。"海上猎手"可对安静型潜艇实施长期贴身跟踪。此外，美国近期重点关注无人水面艇蜂群技术发展，已验证了多艘无人艇的自主区域巡航、敌我识别、探测追踪、跟踪敌船等复杂任务能力。

在无人潜航器方面，美国、俄罗斯、以色列、挪威等国家已有多型装备交付部署，另有大直径无人水下航行器、海洋多用途无人系统等多种型号装备处于探索和发展中[24]。已部署系统多数用于反水雷，其余用于海洋调查、潜艇搜索和通信等任务；在研型号除反雷之外，重点用于侦察/打击一体任务。世界先进国家已基本解决了单个无人潜航器技术，并正在向多系统自主集群协同及海陆空集群协同发展，体系化、集群化及对新概念无人潜航器的探索成为未来的研究方向。我国无人潜航器技术已取得突出进展，中国科学院、哈尔滨工程大学等单位都在该领域进行了大量研究，研发了"探索者""潜龙"等标志性系统。

5. 有人/无人自主协同

此外，美军当前非常重视有人/无人自主协同技术的研发与应用，视其为一项重要的颠覆性技术。根据美国国防部《2011—2036 财年无人系统综合路线图》，有人/无人平台协同正在成为地面作战的主要模式[25]。美国国防部《2013—2038 财年无人系统综合路线图》中指出："在美国全球战略重心重返亚太地区的态势下，建立有人/无人协同系统（Manned-Unmanned Teaming，MUM-T）将成为美国国防部的必要使命，未来将在没有作战人员干涉的情况下自主选择并打击目标，进而催生自主作战概念。"[26]美军在无人自主作战系统的试验鉴定与评估方面，已经先行 10 余年，从经验认识到具体做法均有相当积累。

就我国而言，无人装备已成为我军武器发展的一个重要方向，已应用于反恐、维稳、排爆、侦察。随着无人装备投入使用，体系对抗的现代战争逐渐形成了有人/无人协同作战的模式[21]。有人/无人自主协同技术大致分为有人/无人遥控、有人/无人半自主协同、有人/无人自主协同 3 个阶段。在有人/无人遥控模式下，无人平台没有自主性，决策与行为完全依靠有人平台。在有人/无人半自主协同模式下，无人平台自主完成行为操作，有人平台完成复杂决策操作。在高级的有人/无人自主协同模式下，有人/无人平台功能对等，协同关系自发形成且强度动态可调。

6. 自主网络管理

在自主网络管理领域，西方发达国家投入巨资进行研究，取得了一系列国际领先的研究成果。在网络自主管理技术领域，德国柏林大学根据反馈模型定义了基于闭环控制的自主设备，描述了系统模型和互操作性接口[27]。在移动网络的自主管理方面，美军针对 Ad Hoc 网络开发了 AMPS（Ad Hoc Mobility Protocol Suite）[28]，主要提供移动网络的动态合并和划分机制，能够使网络拓扑适应节点和链路的动态变化，提高移动网络的扩展性和健壮性。近年来，美军针对移动网络的复杂性和动态性，启动了 DRAMA（Dynamic Re-Addressing and Management for the Army）项目，对移动网络的自动管理和配置技术进行研究与设计开发工作，以便达到自主管理（Self-Management）的目标，包括自形成（Self-Forming）、自配置（Self-Configuring）和自修复（Self-Healing）[29]。英国帝国理工学院将自主管理技术用于战场条件或自然灾害下的无人驾驶汽车（Unmanned Autonomous Vehicles，UAV）组成的无线移动网络[30]，提出了一种自包含的、独立于被管环境的 Ponder 2 策略管理系统，目标是使移动网络设备间能够根据需求的改变自动调整，也能够监测节点的移动、环境变化、组件故障，并进行自适应调整。在策略管理方面，浙江大学的廖备水等将策略应用到异构网络应用的共享和集成管理问题中，提出了一个基于 PDC 代理的面向服务的自主计算系统模型[31]。该模型基于面向服务的体系结构和技术，把资源抽象为服务，并将服务作为代理的管理对象。代理在策略的指导下参与协作，实现服务的发现、协商、合成、认证授权、过程监视及异常处理等。

7.3.2 发展趋势

展望未来，自主无人系统技术水平将不断提升，使命任务将不断拓展，装备数量将保持增长。同时，自主无人系统将向多样化、智能化、集群化、体系化等方向发展，以更好地适应各类复杂环境。具体而言，未来自主无人系统的发展将呈现以下几个明显趋势[2]。

（1）系统性能水平不断提高。随着新型动力与能源，多样化探测、识别技术，先进通信和控制等技术的发展，未来自主无人系统持续任务时间、态势感知、信息传输、自主控制等能力将大幅度增加，更高、更远、更大、更小、更快的自主无人系统将不断问世应用。

（2）应用任务领域持续拓展。在军事方面，将继续提升自主无人系统的运用范围、灵活性、效能和适应性，最终全面涉足对地、对海、对空、导弹防御和网电攻防等各任务领域，在民用方面，将在农林牧副渔、娱乐、物流、应急救援、公共服务等行业领域拥有巨大市场前景。

（3）智能自主水平稳步提升。自主能力是自主无人系统发展的最终目标。随着自主无人系统自主性的逐渐增长，将来自主无人系统在完成任务过程中所需人类的干预将大大减少，最终自主无人系统将具备自主学习并适应环境的能力，并能自主决策和向人类提供建议，从而达到更自主的"人在回路上"甚至"人在回路外"的更高层次。此外，自主无人系统智能技术还将朝着聚合众多单体智能，实现群体智能、鲁棒性体系架构、更高效费比方向快速发展。

（4）协同能力明显发展。实现有人与无人、无人系统间的协同作战能力是各类自主无人系统未来的重要发展方向。美军在其最新的自主无人系统路线图中进一步强调了无人装备的协同发展和联合应用；美国陆军计划建设一支由有人/无人系统团队组成的现代化部队；美国空军验证了有人/无人机编组对目标进行自主打击的能力；美海军正在大力推进空中、水面和水下自主无人系统协同能力发展，已验证了水下—水面—空中人机编组跨域协同作战能力，力图打造高效协同的新型海上作战体系。

（5）集群作战优势加快形成。自主无人系统集群指数十或数百套同类低成本无人系统像"蜂群"那样成群结队执行任务，在局部区域迅速集结形成大规模装备优势，具有集群替代机动、数量提升能力、成本创造优势等特点，是自主无人系统的重要发展方向。美国已经开展了自主无人系统的集群研究，进行了数十次无人机、无人艇的集群测试及编组和机动飞行试验。近两年，中美 4 次刷新了无人机集群飞行的规模。我国 2017 年完成了 119 架无人机集群飞行试验，再次刷新了无人机集群试验世界纪录。

7.3.3　未来挑战

自主无人系统已经渗透到工业生产、社会治理、战场空间等领域，极大地改变了作战样式与生产生活方式，在军事、产业、监管、伦理等方面对国家安全和社会治理形成了新的挑战，具体表现在以下几个方面[19]。

（1）对战争形态产生新变革。军用无人系统的快速发展，对传统战争形态产生强烈冲击，对作战样式提出新挑战。无人装备不受人类生理因素的限制，具备有人装备难以具备的能力，将改变传统作战样式，甚至产生新的作战样式，催生新的作战理论，给传统作战方式带来颠覆。以往战场上单纯由人操作装备、人与人直接搏杀对抗的局面改变，开启了战争走向无人化战场的大门。自主无人系统武器化、隐形化、智能化程度不断提高，现代战争日益呈现零伤亡、非接触、小型化等特点，作战目的转向节点摧毁、结构破坏、体系瘫痪。无人作战系统将广泛渗透战场各个角落，使未来战争成为完全意义上的全天候、全方位战争。无人作战系统的广泛应用使现代化战争更多地依赖于智能较量，并对战斗范围和战争进程产生直接性或决定性作用。此外，自主无人系统的发展将极大地改变未来作战力量与装备体系构成，对现有装备建设思路与模式提出了新的要求。

（2）对反恐维稳构成新威胁。小型无人系统具有用途广、获取容易、使用门槛低、威胁模式多等特点，很契合恐怖主义、极端组织的需求。随着自主无人系统的应用日益广泛，恐怖分子、极端组织、犯罪团伙等开始逐步使用无人机、无人车等进行侦察、袭击，对国家反恐防暴、社会维稳等构成威胁。其主要威胁包括闯入军事设施、政治场所等进行拍摄、监听等，为后续恐怖袭击等提供准确情报；进入人口密集区、大型活动、重要集会等场所制造恐慌气氛，进行爆炸袭击、投放生化毒剂等；在国境边境等地区偷运毒品、爆炸物等各种违禁品。例如，2017 年 1 月，美国观察者网报道称"伊斯兰国"武装力量在摩苏尔使用商用无人机投掷爆炸物，造成了平民伤亡。因此，如何增强对自主无人系统的防御，逐渐成为世界主要国家维持安全稳定面临的新问题。

（3）对航空安全形成新影响。近年来，由于管控不严，小型无人机、无人航空器构成的侵扰事件不断增长，其破坏威力与影响程度不容小觑，对国家空域管理、航线安全等形成了新的挑战。近年来，美国、英国、法国及中国等国家先后数十次遭受各类小型无人机侵扰，挑战公共安全、挑衅执法能力的势态愈演愈烈。例如，2015 年 7 月，德国汉莎航空一架航班在华沙上空与无人机擦肩而过，迫使随后的 20 架客机改变航线；2015 年，加拿大发生与无人机相关的事件共 82 起。我国也多次发生无人机违法违规飞行影响民航运行的事件：2014 年，北京某公司在不具备航空摄影测绘资质且未申请空域的情况下，组织无人机航拍测绘，致多架民航飞机避让延误；成都自 2017 年以来，连续发生 8 起无人机扰航事件，其中 6 起影响航班运行，造成 138 架次航班返航备降。

（4）给法律监管带来新课题。由于自主无人系统的特殊性，其规范运行、法律责任及监管等问题已成为全球共性难题，对国家安全与社会治理产生了新的威胁：一是对自主无人系统的法律监管缺乏，各种自主无人系统造成人员与财产损害的事件不断增多，已暴露出在自主无人系统法律方面存在的障碍和漏洞；二是自主无人系统出现违法行为的事故赔偿与责任追究、自主无人系统是否享有权利并对自身行为承担责任等一系列新的法律问题不断涌现。例如，2016 年，谷歌无人驾驶汽车与一辆公交大巴发生摩擦，引发对自主无人系统卷入犯罪案件中责任主体界定的争议。今后，自主无人系统的自主性不断提升，将对传统法律体系产生巨大的冲击和颠覆。

（5）对社会伦理造成新冲击。自主无人系统的大量运用导致一些前所未有的社会伦理挑战：一是自主无人系统智能化和自主化水平不断提升，存在超出人类规则设置与控制的风险，将可能对人类产生伤害；二是由于技术故障、判断失误等原因，在使用自主无人系统作战时，将出现对人类的误伤甚至误杀；三是在无人化战场上，"死伤"的主要是可以大量再造的"智能机器"，这就会因战争风险降低而导致武力随意使用，降低战争门槛。

7.4 自组织网络

7.4.1 概念释义

自组织网络（Self-Organizing Network，SON）目前尚没有明确的定义，它是伴随移动通信网络技术发展而引出的一套新型网络理念和规范。SON 最早由网络运营商提出，其主要目的是实现移动无线网络的一些自主功能，包括自配置、自优化、自诊断和自保护等，从而减少人工参与，降低运营成本[32]。

自配置指从设备安装上电到用户设备能够正常接入进行业务操作，这个过程在很少或完全没有工程人员干预的前提下完成。它简化了新站开通调测流程，减少了人为干预环节，降低了对工程施工人员的要求，目标是做到即插即用，真正降低开站难度，从而减少运维成本。

自优化指系统根据终端设备和网络核心设备的运行性能测量状况，对网络参数进行自我调整优化，从而达到提高网络性能和质量，以及降低网络优化成本的目的。

自诊断指网络问题的自我治愈，通过对系统告警和性能的检测及时发现网络问题，并自检测定位，部分或全部消除问题，最终实现对网络质量和用户体验的最小化影响。

自保护指管理系统能够采取必要的措施以保护系统操作免受外来影响或破坏。例如，对边缘路由器进行接纳控制配置来防止未授权的流量访问网络。

除了上述概念，在移动通信领域，自组织网络还通常指以 Ad Hoc 网络为代表的无线自组网或移动自组网[33]。Ad Hoc 网络是一种多跳的临时性自治系统，它的原型是美国早在 1968 年建立的 Aloha 网络和之后于 1973 年提出的 PR（Packet Radio）网络。IEEE 在开发 802.11 标准时，提出将 PR 网络改名为 Ad Hoc 网络，即今天人们常说的移动自组织网络。Ad Hoc 网络是一种移动通信和计算机网络相结合的网络，是移动计算机网络的一种，用户终端可以在网内随意移动而保持通信。作为一种多跳的临时性自治系统，其在军事、民用、商用等许多重要领域都具有独特优势。随着移动技术的不断发展和人们日益增长的自由通信需求，Ad Hoc 网络受到了更多的关注，得到了快速的发展和普及。

自组织网络作为一种分布式网络，是一种自治、多跳网络，整个网络没有固定的基础设施，可以在不能利用或不便利用现有网络基础设施（如基站、AP）的情况下，提供终端之间的相互通信[34]。但是这并不意味着自组织网络可以替代传统网络，由于终端的发射功率和无线覆盖范围有限，因此距离较远的两个终端如果要进行通信就必须借助于其他节点进行分组转发。这就意味着，自组织网络将作为传统移动网络的一种必要补充和发展，尤其适用于军事通信和应急通信等场合，和蜂窝网、Wi-Fi 等共同组成未来的5G 网络，为物联网、车联网、智慧城市等应用提供信息基础平台。

7.4.2 显著特点

在 Ad Hoc 网络中，节点间的路由通常由多个网段（跳）组成，由于终端的无线传输范围有限，两个无法直接通信的终端节点往往通过多个中间节点的转发来实现通信。因此，它又被称为多跳无线网、自组织网络、无固定设施的网络或对等网络。Ad Hoc 网络同时具备移动通信和计算机网络的特点，可以看作一种特殊的移动计算机通信网络[33]。图 7-6（a）中给出了 Ad Hoc 网络的一种典型的物理网络结构，图 7-6（b）所示为其逻辑结构，图中终端 A 和 I 无法直接通信，但 A 和 I 可以通过路径 A—B—G—I 进行通信。

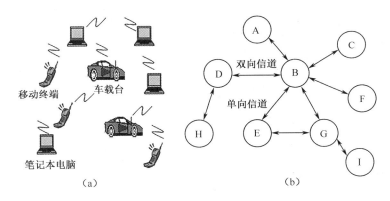

图 7-6　Ad Hoc 网络的物理网络结构和逻辑结构

与传统通信网络相比，Ad Hoc 网络具有以下显著特点[35]。

（1）无中心和自组织性：Ad Hoc 网络中没有控制中心，节点通过分布式协调彼此行为，无须人工干预和预设的网络设施，可以在任何时刻、任何地方快速展开并自动组网。

（2）网络拓扑动态变化：在 Ad Hoc 网络中，移动终端能够随意移动并可调节功率或关闭电台，加上无线信道自身的不稳定性，移动终端之间形成的网络拓扑随时可能发生变化。

（3）受限的无线传输带宽：由于无线信道本身的物理特性，Ad Hoc 网络所能提供的带宽较低；此外，竞争无线信道产生的冲突、信号衰减、噪声和信道之间干扰等因素都会使移动终端得到的实际带宽远远小于理论上的带宽。

（4）移动终端的局限性：移动终端存在很多固有缺陷，如能源受限、内存较小、CPU 处理能力较低和成本较高等，这给应用的设计开发和推广带来了一定的难度，同时，显示屏等外设的功能和尺寸受限，不利于开展功能较复杂的业务。

（5）安全性差：由于采用无线信道、有限电源、分布式控制等技术，Ad Hoc 网络容易受到被动窃听、主动入侵、拒绝服务、剥夺"睡眠"等网络攻击。

（6）多跳网络特性：由于节点传输范围有限，当它要与覆盖范围之外的节点通信时，需要借助中间节点的转发，即形成了多跳通信网。

表 7-1 所示为 Ad Hoc 网络与传统无线网络的主要区别。

表 7-1　Ad Hoc 网络与传统无线网络的主要区别

比较内容	网络类型	
	传统无线网络	Ad Hoc 网络
无线网络结构	单跳	多跳
拓扑结构	固定	动态建立、灵活变化
有无基础设施支持	有	无
安全性和服务质量	较好	较差
配置速度	慢	快
成本	高	低
生存时间	长	短
路由选择和维护	容易	困难
网络健壮性	低	高
中继设备	基站和有线骨干网	无线节点和无线骨干网
控制管理	由基站集中负责	由无线节点负责

7.4.3　网络结构

拓扑可变的网络包含 4 种基本结构[33]：中心式控制结构、分层中心式控制结构、完全分布式控制结构和分层分布式控制结构。前两种属于集中式控制结构，其普通节点设备比较简单，而中心控制节点设备较复杂，有较强的处理能力，负责选择路由和实施流量控制。由于 Ad Hoc 网络中节点的能力通常相同，并且中心控制节点易被发现和易遭摧毁，Ad Hoc 网络不适合采用集中式控制结构，特别是在战场环境中。完全分布式控制结构又称为平面结构，如图 7-7 所示。在这种网络结构中，所有节点在网络控制、路由选择和流量管理上是平等的，原则上不存在瓶颈，网络比较健壮。源站和目的站之间一般存在多条路径，可以较好地实现负载平衡和选择最优的路由。另外，平面结构中节点的覆盖范围比较小，相对较安全，但在用户很多，特别是在移动的情况下，存在处理能力弱、控制开销大、路由经常中断等缺点，并且无法实施集中式的网络管理和控制功能，因此它主要用于中小型网络。

分层分布式控制结构又称为分级结构，借鉴了完全分布式和分层中心式的优点。分级结构中，网络被划分为簇。每个簇由一个簇头和多个簇成员组成，由簇头节点负责簇间业务的转发。根据不同的硬件配置，分级结构又可分为单频分级和多频分级两种结构。单频分级结构（见图 7-8）只有一个通信频率，所有节点使用同一个频率通信。为了实现簇头之间的通信，要有网关节点的支持。簇头和网关节点形成了高一级的网络，称为虚拟骨干网。而在多频率分级网络中，不同级采用不同的通信频率。低级节点的通信范围较小，而高级节点覆盖较大的范围。高级节点同时处于多个级中，有多个频率，使用不同的频率来实现不同级的通信。在图 7-9 所示的两级网络中，簇头节点有两个频率。频率 1 用于簇头与簇成员的通信；而频率 2 用于簇头之间的通信。目前在军事系统中，规模较大的 Ad Hoc 网络常采用分级结构，而且簇的划分和管理通常与作战单位相对应，不同簇的节点之间通信必须借助于簇间网关节点的转发完成。例如，以一个建制连作为一个簇，不同连间节点的通信必须通过营的网关节点转发。

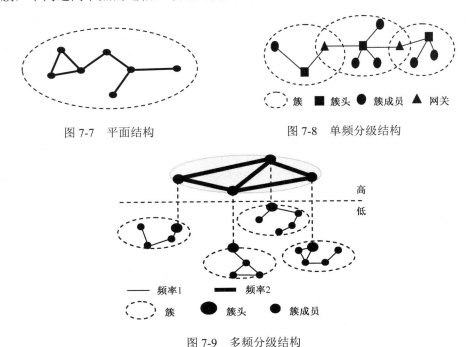

图 7-7　平面结构　　　　　　图 7-8　单频分级结构

图 7-9　多频分级结构

　　平面结构的最大缺点是网络规模受限。在平面结构中，每个节点都需要知道到达其他所有节点的路由，维护这些动态变化的路由信息需要大量的控制消息。网络规模越大，路由维护和网络管理的开销就越大。当平面结构网络的规模增加到某个程度时，所有的带宽都可能被路由协议消耗掉，因此网络的可扩充性较差。分级结构可以大大减少路由开销，克服了平面结构可扩充性差的缺点，网络规模不受限制，并且可以通过增加簇的个数或网络的级数来提高网络的容量。

　　分级结构的缺点：需要簇头选择算法和簇维护机制；簇头节点的任务相对较重，可能成为网络的瓶颈；簇间的路由不一定能使用最佳路由。这些问题都是在设计分级结构时需要特别考虑的问题。分级后网络被分成了相对独立的簇，每个簇都有控制中心。有中心的 TDMA、CDMA、轮询等接入技术都可以在分级结构中使用。有中心控制的路由、功率调整、移动性管理和网络管理等技术也可以移植到 Ad Hoc 网络中来。总之，当网络的规模较小时，可以采用简单的平面结构；而当 Ad Hoc 网络规模较大并需要提供一定的服务质量保障时，宜采用分级结构。

7.4.4　路由协议

Ad Hoc 路由协议的主要作用是在自组织网络中迅速准确地计算到达目的节点的路由，同时通过监控网络拓扑变化来更新和维护路由[36]。Ad Hoc 网络的独特性使得常规路由协议（如 RIP、OSPF 等）不再适用，原因是：动态变化的网络拓扑使得常规路由协议难以收敛；常规路由协议无法有效利用单向信道；常规路由协议的周期性广播会耗费大量带宽和能量，严重降低系统性能。Ad Hoc 路由协议的特点是快速、准确、高效、可扩展性好。快速指能对网络拓扑动态变化做出快速反应，查找路由的时间较短；准确指能提供准确的路由信息，支持单向信道，尽量避免路由环路；高效指计算和维护路由的控制消息尽量少，尽量提供最佳路由，并支持节点休眠。可扩展性指路由协议要能够适应网络规模的增长。

（1）按照路由信息获取方式分类。依据路由信息的获取方式，Ad Hoc 路由协议大致可分为先验式（Proactive）、反应式（Reactive）和混合式（Hybrid）路由协议。在先验式路由协议中（如 DSDV、WRP 和 GSR 等），每个节点维护到达其他节点的路由信息的路由表。当检测到网络拓扑变化时，节点在网络中发送更新消息，收到更新消息的节点将更新路由表，从而维护一致的、准确的路由信息。源节点一旦要发送报文，可以立即获得到达目的节点的路由。因此，这种路由协议的时延较小，但开销较大。反应式路由决议（如 AODV、DSR 和 TORA 等）不需要维护路由信息，当需要发送数据时才查找路由。与先验式路由协议相比，反应式路由协议的开销较小，但传送时延较大。由此可知，结合先验式和反应式路由协议的混合式路由协议（如 ZRP）是一种较好的折中：在局部范围使用先验式路由协议，维护准确的路由信息，缩小路由消息的传播范围；当目标节点较远时，则按需查找路由。这样既可以减少路由开销，又可以改善时延特性。

（2）依据拓扑结构组织方式分类。按照拓扑结构组织方式，Ad Hoc 路由协议可分为平面（Flat）路由协议和分级（Hierarchical）路由协议。在平面结构中，所有节点地位平等，通信流量平均分散在网络中，路由协议的鲁棒性好。但是当网络规模很大时，每个节点维护的路由信息量很大，路由消息可能会充斥整个网络，且消息的传递也将花费很长时间，网络的可扩展性差，故它主要用在小型网络中。对于规模较大的网络，分级路由协议是较好的选择。分级路由协议开销小，可扩展性较好，适合大规模 Ad Hoc 网络；缺点是需要维护分级结构，骨干网的可靠性和稳定性对全网性能影响较大，并且得到的路由往往不是最佳路由。

7.4.5　网络管理

Ad Hoc 网络是一种动态性很强的多跳自组织网络，对它进行有效的管理面临很多困难。由于没有基础设施支持且没有中心节点，传统的集中式管理方法不再适用。网络的组织、节点的定位和服务分发要比传统网络复杂得多，尤其是当网络规模增大后，网络管理将更加复杂。业界提出了自治网络管理系统（ANMS）的概念，这种系统的目标是在不需要人为干预（或最小化人为干预）的情况下以独立和自治的方式预测、诊断与解决网络中出现的各种问题，并能适应网络规模和用户需求的动态变化[27]。

（1）拓扑管理。拓扑管理指通过一种机制自适应地将节点组成一个互联网络。但是 Ad Hoc 网络中节点数量大，并且位置更改较快，这个要求很难满足。一种策略是利用节点的相对移动特性。节点可以通过交换位置、速度、方向等消息来计算相对移动性，从而能够更好地应对高速变化的网络拓扑。相对移动性还可用来划分移动节点的功能，如高速移动的主机只能获得数据报服务，而不能使用虚电路。

（2）移动管理。移动管理也称为移动跟踪或位置管理，主要用于在移动环境下实时提供移动节点的静态标识符（如节点的名称）和它的动态地址（节点的位置）之间的映射。节点需要建立动态位置目录来记录节点静态标识符和动态地址的映射关系。当节点移动时，需要在相应的目录服务器中更新位置信息。两个需要互相通信的节点需要查询位置目录服务器来获得对方的位置信息。在平面 Ad Hoc 网络中，可以借助路由协议来获得所需节点的地址，故移动管理比较简单。但是当网络规模较大时，应使用分级结构来进行移动管理。在分层的网络中，位置目录通常由高层节点维护，地址查询从最底层开始，依次查询上级目录，直到找到目标节点。

针对自组织网络的现实需求和发展趋势，ANMS 采用了一种基于智能代理的自组织网络自主管理系统架构，其主要包括自主管理、拓扑发现、位置定位、性能监控和故障分析 5 个子系统。此外，其还以策略库和目录服务作为系统的支持环境[28]，如图 7-10 所示。

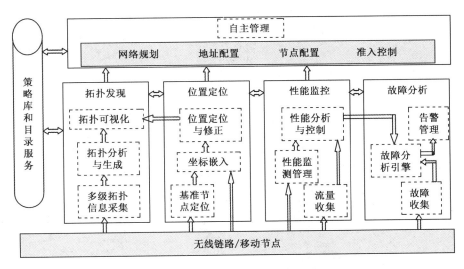

图 7-10　基于智能代理的自组织网络自主管理系统架构

为了应对自组织网络系统的复杂性、异构性和动态性，必须提高网络管理的智能，从而达到自主管理的目标，减少管理成本和反应时间，提高管理的精度和效率，适应业务需求的变化。节点上的智能代理（Intelligent Agent，IA）可以看作标准的服务构件，对外提供 XML 格式的策略访问接口，对内支持多种网络管理和监控工具，并允许对操作参数进行调整。智能代理策略支持远程策略更新和远程管理工具的自动升级，还可以完成不同网络性能参数的测量和采集，从而提高测量精度和扩展性[37]。

集中式控制结构无法适应多级管理的实战需求，完全分布式控制结构的工作效率低，因此考虑建立按管理机构或簇结构划分网络管理域，管理域内有一台域代理负责权限管理。但是，在执行性能监控任务时，可能涉及一个节点或多个节点，并且这些节点有可能分属不同的管理域。为了便于及时感知节点的状态信息并进行交互处理，可以将执行同一性能监控任务的节点划分为一个任务域。显然，任务域是动态的，而且一个节点可分属多个任务域。可采用静态的管理域与动态的任务域相结合的分域式管理模型，组织和协调节点及智能代理上的管理任务。

7.4.6 应用案例

在发生了地震、水灾、火灾或遭受其他灾难后，固定的通信网络设施都可能无法正常工作。此时，Ad Hoc 网络对于保障前后方指挥所对现场人员实现有效的指挥控制，支持现场人员的协同行动具有重要意义。基于 Ad Hoc 网络的应急通信网络组网方案如图 7-11 所示[38]。图中，在灾难或事故现场，部署应急通信指挥车和各类现场救助单元，救助单元可以是各种车辆、便携设备或背负通信设备的人，每个救助单元通过无线通信设备以移动自组织方式组成 Ad Hoc 网络。现场救助单元可以在网络内进行通信，每个单元既可能是通信双方的源节点或目的节点，也可能是转发分组的中间节点。这些救助单元也可以通过现场应急指挥车，经过 GSM/CDMA 蜂窝网络或卫星通信网络等，与远程的应急指挥中心进行通信。

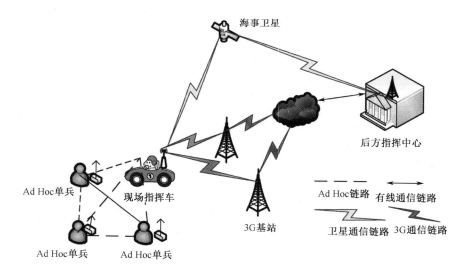

图 7-11 基于 Ad Hoc 网络的应急通信网络组网方案

NEC 公司开发的基于 PHS 无线技术的 Ad Hoc 网络系统就可以为协同工作的一组用户提供一种无线通信环境：底层通信技术采用了 PHS 分组交换协议，允许用户在不依赖其他网络设施的情况下按需自动组网；用户可以自由加入或离开系统；以 TCP/IP 作为主要通信协议，支持多播传输。例如，当警察或消防队员在事发现场紧急执行任务时，可以通过 Ad Hoc 网络快速部署现场应急通信指挥网络，从而保障指挥的顺利进行。当在边远或野外地区实施紧急任务时，无法依赖固定或预设的网络设施进行通信，也可利用 Ad Hoc 网络进行临时组网。在大型集会、庆典、展览等场合，Ad Hoc 网络可以作为有基础设施网络的补充，快速、简单组网能力使得它可以用于临时场合的通信，从而免去布线和部署网络设备的工作。在危险事发区域，可以部署移动机器人群体组建 Ad Hoc 网络来相互通信和协调行动。Ad Hoc 网络还可以用于在自动高速公路系统（AHS）中协调和引导车辆、对工业加工处理过程进行远程控制等。

7.5　无人飞行器

7.5.1　基本概念

1. 定义

无人飞行器（Unmanned Aerial Vehicle, UAV）也称为无人飞行系统（Unmanned Aerial System，UAS）或无人驾驶飞机，简称无人机。无人机出现之初，人们在定义无人机时采用的是最直观的物理概念，只考虑飞行员与飞机的物理位置关系，即将无人机定义为没有飞行员驾驶的飞机，其最初的英文是 Pilotless Aircraft[19]。随着无线电遥控技术的发展，航空工程师使用了无线电在地面遥控无人机的飞行，这就出现了遥控飞行器（Remotely Piloted Aerial Vehicle, RPAV）和遥控飞行系统（Remotely Piloted Aircraft System, RPAS）的概念，在此期间也有人使用 Uninhabited Aerial Vehicle 称呼无人机[18]。Unmanned Aircraft System （UAS）这一术语最早出现在美国国防部颁布的《无人机路线图 2005—2030》报告中，并在之后被广泛使用。美国国防部给 UAS 的定义：指不载有操作人员、利用空气动力提供升力、可以自主飞行或遥控驾驶、可以一次使用也可回收使用、携带致命或非致命有效载荷的有动力飞行器[25]。

因此，狭义上讲，无人机是一种自带动力的、无线电遥控或自主飞行的、能执行多种任务并能多次使用的无人驾驶飞行器。事实上，无人机要完成任务，除了需要飞机及其携带的任务设备，还需要有地面控制设备、数据通信设备、维护设备，以及指挥控制和必要的操作、维护人员等，较大型的无人机还需要专门的发射/回收装置。因此，UAS 是无人机与其配套的通信站、起飞（发射）回收装置，以及无人机运输、储存和检测装置等的统称。

2. 内涵

依据 UAS 的定义，无人机的基本内涵有 3 个要点[41]：①飞机上无驾驶人员；②飞机能完成一定的使命任务；③飞机可以重复使用。按照这样定义，弹道或半弹道飞行器、巡航导弹和炮弹不能看作无人飞行器，原因是导弹不能回收；目前遥控航模飞机是否属于无人机仍有争论，因为很多遥控航模飞机只是通过人的操纵在视距内进行表演娱乐活动，因此普遍认为遥控航模飞机不属于无人机范畴。

从无人机的英文术语看，Unmanned 意指无人机应同时具备两个含义：人不在飞机上并且人不操控飞机，飞机能够正常飞行，也就是说，无人机从起飞准备—滑行—起飞—空中飞行—返场着陆—退出关停的全过程都不需要人介入，这应该更能体现"真正"无人机的内涵。

技术发展到现阶段，无人机的飞行可与人没有直接关系，即人与无人机二者存在隔离的状态；从广义上讲，由于无人机作为一类可飞行的工具或武器，人要使用它，就必须明确人机权限问题：人是无人机的主宰，无人机的行为要听从人的管控，但人由于自身能力、精力及精确控制飞机能力的限制，不可能时时刻刻管控无人机，因此无人机必须要有独立自主工作的能力。

3. 分类

无人机经过一个多世纪的发展，其演变与发展是全方位的，已形成了种类繁多、形态各异、丰富多彩的现代无人机家族，如图 7-12 所示。目前，对于无人机的分类尚无统一、明确的标准。传统的分类方法中有按重量、大小分类的，也有按照航程、航时分类的，或者按照用途、操控方式和飞行模式分类[18]。

无人机发展最根本的变化是其飞行操控方式的变化。按照无人机飞行控制方式的不同，可将其大致分为遥控飞行无人机、遥控加局域自动飞行无人机、全自动飞行无人机、全自动加局域自主飞行无人机、全自主飞行无人机。目前，国际上无人机的最高水平是全自动加局域自主飞行无人机，全自主飞行无人机仍处于开发实验阶段。

图 7-12　多种无人机实例照片

按照无人机所能担负的任务或功用分类，可将其简单分为军用无人机和民用无人机两大类。军用无人机拥有隐蔽性好、作战环境要求低、战场生存能力强、避免飞行员自身伤亡的优点，已经被广泛应用于现代战争或平日的军事任务上。进一步细分，军用无人机又可分为靶机、无人侦察机、通信中继无人机、诱饵无人机、电子干扰无人机、特种无人机、对地攻击无人机、无人作战飞机等。民用无人机可以进一步分为工业级无人机及消费级无人机。在民事领域，无人机已被应用于空中拍摄、电力巡查、资源勘探测绘等诸多通航领域。这种分类方法突出的是无人机的任务特性，但实际使用往往存在相同的无人机平台因承担不同的任务而成为另一种类无人机的问题。

按照飞行平台的大小和重量分类，可以将无人机分为大型、中型、小型和微型无人机。例如，起飞重量大于 500kg 的称为大型无人机，起飞重量为 200～500kg 的称为中型无人机，起飞重量小于 200kg 的称为小型无人机。对于微型无人机，通常的定义是翼展在 15cm 以下的无人机。这种分类的最大局限在于分类标准难以适应无人机的发展。随着现代无人机技术的快速发展，一些大型无人机的起飞重量已达数吨，而一些中小型无人机的起飞重量也突破了 500kg。

按照飞行方式或飞行原理，可将无人机分为固定翼无人机、旋翼无人机、扑翼无人机、动力飞艇、临近空间无人机、空天无人机等。其中，扑翼无人机指像昆虫和鸟一样通过拍打、扑动机翼来产生升力以进行飞行的一种飞行器，主要是微小型飞行器。临近空间无人机指在临近空间飞行和完成任务的无人机，由于临近空间空气稀薄，无人机在其中巡航飞行必须采用新的飞行原理。空天无人机则是可在航空空间与航天空间跨越飞行的无人机，其飞行机制体现了航空航天技术的融合创新。

7.5.2　发展状况

1. 发展简史

人类一直梦想着能够像鸟一样飞行，为此尝试了多种方法，如使用风筝、早期的火箭、飞车、热气球及滑翔机等。直到 1903 年莱特兄弟设计了第一台现代意义的飞机，完成了人类第一次动力载人飞行，人类在空中飞行的梦想才得以实现。在梦想在天空中飞翔的同时，人们也开始设想人不在飞机上就能控制飞机的飞行，这就产生了无人机的概念。

现代无人机的历史可以追溯到 1914 年。当时第一次世界大战正进行得如火如荼，英国的卡德尔和皮切尔两位将军建议研制一种不用人驾驶，而用无线电操纵的小型飞机，它能够飞到目标区上空完成投弹任务，从而达到减少飞行员牺牲和实现远程无人攻击的目的。随后，A.M.洛教授负责实施这一大胆的设想，并将该计划命名为"AT 计划"[19]。1917 年 3 月，A.M.洛教授领导的研制小组终于研制出了英国第一架无人驾驶飞机。1927 年，由 A.M.洛教授参与研制的"喉"式单翼无人机在英国海军"堡垒"号军舰上成功地进行了试飞。此后，无人机在军事领域得到了长足发展。随着无人机技术的逐步成熟，到了 20 世纪 30 年代，英国政府决定研制一种无人靶机，用于验校战列舰上的火炮对飞机的攻击效果。此后不久，英国又研制出一种全木结构的双翼无人靶机，命名为"德·哈维兰灯蛾"。第二次世界大战期间，英国一共生产了 420 架这种无人机，并重新命名为"蜂王"。

在英国大力发展无人机的同时，美国在无人机的研发上也不甘落后。早在 1915 年，美国的斯佩里公司和德尔科公司就曾研制出了第一架有动力无人机。此后不久，美国陆军又研制出了一种名为"凯特林飞虫"的无人机，并于 1918 年 9 月成功试飞。20 世纪

30 年代，美国陆军研制出了供打靶用的无线电遥控机。在第二次世界大战中，美国陆军航空队曾大量使用无人靶机，并在太平洋战场上取得了很好的战斗效果。在此期间，美国海军也曾研制出了 3 种喷气式无人机，但因种种原因，都未能正式装备部队。

第二次世界大战结束后，随着航空技术的飞速发展，无人机从简单的人遥控飞机飞行阶段发展到现在的无人机自动（自主）飞行阶段，无人机家族也逐渐步入鼎盛时期。时至今日，世界上研制生产的各类无人机已达近百种，并且一些新型号正在研制中。随着对无人机战术研究的深入，无人机在军事方面的应用日益广泛，被誉为"空中多面手"[39]。1982 年，以色列在战争中使用无人机进行侦察、干扰、诱敌，无人机的作用再次被重视和开发。在 1991 年初的海湾战争中，无人机已成为"必须有"的战场能力，6 套先锋无人机系统参战，提供了高品质、近实时、全天时的侦察、监视、目标捕获和战损评估。在阿富汗战争中，美军用"捕食者"作为载机，发射了"AGM-114C""海尔法"空地导弹，首次在实战中实现了无人机发射导弹直接对地定点攻击，进一步发展了作战无人机的功能，对无人作战飞机的实战使用进行了验证，并真正开始了无人化战争。值得一提的是，美军于 2010 年 4 月成功研发了一款被命名为"猎鹰 HTV-2"的无人飞行器，其飞行速度达到了音速的 20 倍，刷新了一项新的亚轨道太空飞行记录，并为产生新一代超级武器做了准备。

我国的无人机研制始于 20 世纪五六十年代，逐步形成了"长空一号"靶机、"无侦5"高空无人照相侦察机等系列，具备自行设计与小批生产能力[21]。我国在高度重视无人机作为靶机等军事用途的同时，积极进行民用无人机研制开发工作。我国无人机研制有着注重军民协同发展的传统，开发了 WZ-2000 隐身无人机、"蜂王"无人机、"翔鸟"无人驾驶直升机等一系列无人机，形成了今天种类繁多、用途多样的无人机研发制造体系。据统计，我国目前至少有 400 家无人机企业。

自 2012 年以来，美国无人机交易占全球份额的 65%；中国位居第二，占 5%；之后为澳洲、加拿大和英国，占 4%；法国无人机交易的份额低于 3%[16]。2018 年 11 月，中国航空工业集团有限公司发布的《无人机系统发展白皮书（2018）》显示，全球无人机系统产业投资规模比 20 年前增长了 30 倍，全球年产值约 150 亿美元[40]。美国研究机构预计，到 2024 年，全球无人机市场规模可达 600 亿美元，在未来 10 年中，市场将增长 3～4 倍，产值累计超过 4000 亿美元，预计将带动万亿美元级的产业配套拓展和创新服务市场[19]。

2. 发展趋势

近年来，随着各种技术的进步和投资力度的加大，无人机的发展势头迅猛，呈现多样化的发展趋势。总体来说，无论是军用还是民用，无人机继续向高自主性、低人工干预和高智能化等方向发展，具体表现在以下几个方面[21]。

1）自主控制方面

无人机控制系统的自主控制水平可划分为若干等级。例如，2005 年美国国防部将军用无人机自主控制系统分为 10 个层次。一般来说，人们把这些控制层次分成 3 个等级：远程控制、自动控制和自主控制。目前，大多数无人机已达到自动控制水平。例如，高度、速度、位置和飞行路径都可自动控制，但这些控制行为均是预先编程的，并不能够表示出无人机的自主性。随着传感器技术的发展、嵌入式计算能力的提高，未来无人机的自主控制能力将明显改善。未来具有自主控制水平的无人机将具有飞行不确定性的显著特征，并且其安全性和灵活性将明显提高。例如，当前的一个突出问题是无人机对于自身周围的障碍物探测和规避能力还很弱，这也成为无人机一个大杀手，市场迫切需要无人机具有自主防撞功能。

2）人机关系方面

改变人机关系是未来无人机发展的另一趋势。早期的无人机都采用人在回路模式，这意味着无人机的操作过程无法在没有人干预的情况下进行。目前，与无人机的人机交互正在逐步转向人在回路上模式。在这种模式下，无人机在根据预设程序执行任务时，人只发挥监控监察无人机状态是否正常的作用。随着硬件和软件可靠性的增强，在未来无人机系统中，人工干预将进一步减少。人们只需要把飞行任务分配给无人机，而不必实时监视和控制它们。这种操作方式称为人在回路外模式，当无人机处于该级别时，还应该提高无人机的安全性和可靠性。

3）信息感知方面

面向环境感知的图像与信息的融合技术是无人机信息感知的重点研究方向。当前的机载传感器已经具备了成像化的能力，能胜任图像信息的像素级融合。但是，当前的图像理解技术并不成熟，因此无法对环境进行直接感知。所以需要进一步的系统开发、技术验证和理论来研究多平台多源和单平台机载的传感器图像融合，从而实现全源情报信息的有效融合，保证全息图像画面的直观性。

4）智能化方面

无人机的智能化主要体现在飞行的自主路径规划能力、执行任务的自主决策能力和与其他飞行伙伴的自主协作能力方面。其中，自主路径规划能力是重中之重。目前，无人机的飞行路径或跟踪轨迹大多是由人预设的，效率和灵活性较低。未来的无人机应该能够根据各自的任务和相应的约束条件自主规划飞行路径。当约束条件发生变化时，无人机将自主调整飞行路径。另外，智能无人机应具有较强的任务理解和分析能力，当面对复杂的任务时，可以不依赖操作人员自主完成任务。先进的智能无人机将集成群体智能技术。无人机集群由许多相同的和不同的无人机组成，这些无人机应该能够进行自主合作，在保持个体独立性的基础上充分发挥集体智慧，从而最大限度地提高团队表现。因此，未来智能化无人机的一个特点就是能够通过自主合作有效完成复杂任务。

7.5.3　系统工作机理

1. 系统构成

无人机是一种典型的自主式无人驾驶系统，主要包括飞行器平台、控制站、通信站和发射回收装置四大部分，如图 7-13 所示[41]。其中，飞行器平台又包括飞机机体、飞控系统、导航系统、动力系统、任务设备、电气系统与通信系统等。控制站主要包括显示系统、操纵系统及保障维修系统；通信站可以建在地面，也可以设在车、船或其他平台上。通过通信站，不但可以获得无人机所侦察到的信息，而且可以向无人机发布指令，控制它的飞行，使无人机能够顺利完成任务。此外，通信站还负责完成系统的日常维护，以及无人机的状态测试和维修等任务。发射回收装置保证无人机顺利升空，以安全的高度和速度飞行，并在执行完任务后安全回落到地面。无人机的起飞（发射）装置有多种类型，主要的起飞（发射）方式有地面滑跑起飞、沿导轨发射、空中投放等，小型无人机通常采用弹射或火箭发射，而大型无人机则采用起落架或发射车进行发射。无人机的回收方式包括自动着陆、降落伞回收和拦截网回收等。

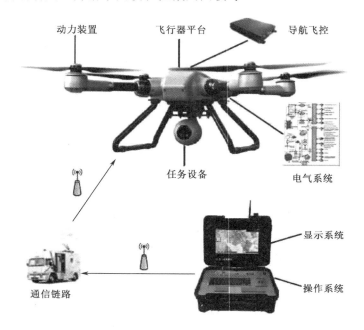

图 7-13 无人机系统组成部件

飞机控制系统是无人机的"大脑"，是无人机完成起飞、空中飞行、执行任务和返场回收等整个飞行过程的核心系统。飞机控制系统一般包括传感器、机载计算机和伺服动作设备三部分，实现的功能主要有无人机姿态稳定和控制、无人机任务设备管理和应急控制。其中，机身大量装配的各种传感器（包括角速率、姿态、位置、加速度、高度和空速等传感器）是飞机控制系统的基础，是保证飞机控制精度的关键。为了具有更高的探测精度，高端无人机传感器大量应用了超光谱成像、合成孔径雷达、超高频穿透等新技术。

导航系统是无人机的"眼睛"。导航系统向无人机提供参考坐标系的位置、速度、飞行姿态，引导无人机按照指定航线飞行，相当于有人机系统中的领航员。目前，无人机所采用的导航技术主要有惯性导航、定位卫星导航、地形辅助导航、地磁导航、多普勒导航等。为了提高障碍回避、物资或武器投放、自动进场着陆等能力，今后无人机导航技术将采用"惯性+多传感器+GPS+光电导航系统"。

动力系统负责无人机整个飞行过程的能源供应。目前，民用工业无人机以油动为主，消费级无人机以电动为主。不同用途的无人机对动力装置的要求也不同。低速、中低空小型无人机倾向于活塞发动机，低速短距、垂直起降无人机倾向于涡轮发动机，小型民用无人机则主要采用电动机、内燃机或喷气发动机。此外，太阳能、氢能等新能源电动机也有望为小型无人机提供更持久的动力。

通信系统（数据链系统）是无人机和控制站之间的桥梁，保证对遥控指令的准确发送、传输和接收。上行通信链路主要负责地面站到无人机的遥控指令的发送和接收。下行通信链路主要负责无人机到地面站的遥测数据、红外或电视图像的发送和接收。普通无人机大多采用定制视距数据链，而中高空、长航时无人机则采用超视距卫星通信数据链。

2. 工作模式

无人机尽管具有自我独立工作的能力，但不能否认的一个事实是，无人机由人使用，人是无人机的"主人"，无人机必须听从人的管控，无人机自我独立工作权限应该由人按需进行设置。因此，标准的无人机应有 3 种工作模式[42]：自主（自动）模式、人工干预模式和人工操纵模式。这 3 种模式的使用是由人（操作员）综合考虑实际环境的情况设置与选择的。其中，自主模式是无人机系统的默认模式，按照人制定的规则、理念、思路进行工作，自主管控无人机的飞行；人工干预模式指在自主模式下，允许人主动纠正自主飞行的偏差，是在默认控制基础上进行的微调；人工操纵模式指在控制系统出现故障而无法自主控制无人机的应急条件下，由人直接操纵飞机。

上述 3 种工作模式也明确了"人机权限"问题，人作为无人机的"主人"，通过制定规则和策略管控无人机，无人机按规则和策略自主生成控制指令控制飞机的飞行；飞行中出现与人的设想不一致的结果时，人可进行适度的修正；飞行出现应急情况时，人可直接操控飞机，但这是不得已的做法。由于在无人机的整个使用过程中，不同的飞行阶段有不同的使命和任务，基于此，在构造无人机系统工作逻辑时，应采用"因势利导"的原则设置不同飞行阶段的工作模式，通常的做法是，先确认飞行阶段，再选择合适的工作模式。

3. 智能等级

必须承认，人是最为合理的自主智能综合体。无人机的设计理念应遵循人体结构和人的思维/行为逻辑。鉴于人的智能处理是分层次的，有轻重缓急之分。因此，无人机的自主智能处理也应分层次和等级。相关研究将无人机的智能分为以下 3 种等级[43]。

等级 1：规定无人机可以高可靠飞行，包括无人机的飞行高度、速度和姿态是安全的，无人机有防撞能力，无人机能自主规避飞行中遇到的物体，无人机具有特情安全着陆能力。

等级 2：规定无人机可以高品质地工作，包括无人机能够实现态势感知与认知，能够实现任务和轨迹的规划与重规划，具有一定的故障自修复能力。

等级 3：实现机群协同任务，包括无人机编队飞行，实现有人/无人协同作战，可以进行群体感知与态势共享。

总之，为实现具备上述 3 种等级的自主智能无人机，无人机必须具有独立自主的信息获取、信息处理与决策及行为执行能力。独立自主的信息获取能力是无人机自主操控的基础，独立自主的信息处理与决策能力是无人机自主操控的核心，独立自主的行为执行能力意味着无人机应依据自身的能力和自我决策去执行任务，而不只是机械地执行外来命令。此外，信息获取与处理的独立自主能力体现在 3 个方面：信息源应是自然属性，信息源不能人为设置特征属性，否则难以保证信息的多样性、可信性和安全性；信息源的信息感知要自主完成，不能利用其他外部信息和辅助段；信息特征的提取要自主完成，不能利用其他外部手段提供的特征信息。

4．性能指标

无人机的性能指标是衡量无人机品质的关键要素，主要包括[44]以下几种。

（1）航程：航程是衡量无人机飞行距离的重要指标，与无人机的翼型、结构、动力装置等有关；另外，美军已经在研究无人机空中加油技术，以便增加无人机的航程。

（2）续航时间：续航时间是衡量无人机任务持续性的重要指标，不同类型的无人机系统对续航时间的要求是相同的；飞机耗尽其可用燃料所能持续飞行的时间称为最大续航时间。

（3）升限：飞机能维持平飞的最大飞行高度称为升限，其可分为理论升限和实用升限；升限对于军用航空器来说，是保证作战任务完成的重要指标。

（4）飞行速度：飞行速度是衡量无人机飞行能力，甚至是突防、攻击性能的重要数据，包括巡航速度和最大速度；巡航速度指飞机在巡航状态下的平飞速度，一般是最大速度的 70%～80%。

（5）爬升率：在一定的飞行重量和发动机工作状态下，飞机在单位时间内上升的高度，也可用爬升到某高度耗用掉多少时间来表示，此即爬升率。

7.5.4　关键技术分析

1．自主控制技术

一般来说，自主控制应以知识和信息驱动为基础，尽量避免人的直接控制，更多的是强调自我控制和自我决策，自主控制系统应具有较高的智能化程度，能够应对新的控制任务与意外情况。无人机系统的自主控制主要指系统在无人干预的情况下充分利用信息处理与在线环境感知，对优化的控制策略加以自主生成，有效地完成战术与战略任务[45]。

无人机自主控制要做到智能任务，也就是无人机的任务执行要由无人机自主判断，这将极大地改变现有的以地面站为中心的体系结构。基于模式识别（语音、文字、图像）的学习控制技术，将在无人机未来的发展过程中起到重要的作用，也是无人机理解任务、观察环境、自主决策的技术基础。无人机任务的智能还依赖于大数据环境下云计算和深度学习技术的发展，即通过对多源多粒度数据的深度学习，挖掘影响决策要素间的内在关联关系，这是无人机自主决策的基础。无人机系统的典型特征是"平台无人，系统有人"，随着系统自主控制能力和智能化水平的提高，通过人机系统智能融合和集群自适应学习，可以实现有人/无人系统的高效协同作战。其中涉及的关键技术有人机交互技术、人机功能动态分配技术、人机综合显控技术、无人机自主学习能力/推理能力提升技术、平台状态/战术态势/任务协同综合显示技术等。

但是，必须看到，国内外无人机系统的自主控制技术水平尚处于较低层次，面对复杂不确定的环境，无人机的处理、判断与感知方面的能力明显不足，往往只能实现确定环境中的半自主或自主控制，这并非真正意义上的无人机自主控制系统。不过随着科技的发展，无人机系统也在逐步完善，现已经开始向"人在回路上"的监督控制方向转变，以便达到完全自主控制的目的。

2. 集群协作技术

智能无人机集群系统需要在复杂的战场态势中同时完成情报、监视、侦察（ISR）及多目标攻击等任务，合理高效的协同任务规划方案是任务执行的基础[46]。合理的任务分配可以充分发挥单机作战功效，体现集群资源的智能化作战优势，极大地提高任务执行的成功率和效率，降低风险和成本。

无人机集群任务分配一般按照保证最大益损比和任务均衡的原则进行，综合考虑任务空间聚集性、单机运动有序性及目标环境适应性，避免单机资源利用冲突，以集群编队整体最优效率完成最大任务数量，体现集群协同作战优势。协同任务分配的主要算法类型有市场机制拍卖算法、匈牙利算法、蚁群算法、粒子群算法、遗传算法、一致性集束算法等。现阶段多数算法并不成熟，不适用于大规模的复杂任务自主规划。

智能无人机集群系统需要在险恶复杂的环境下执行艰难的任务，这要求系统能够全面感知和了解复杂环境，可以在集群中进行信息共享与交互，辅助集群中其他无人机进行任务决策，这是智能无人机集群系统实现高等级自主控制的基础。环境感知与认识的关键技术包括数据采集、数学建模、信息融合与共享等，目前国内外相关领域专家正通过基于生物视觉认知机制的目标识别与环境建模、复杂环境感知与认识算法、非结构化感知方法等手段实现能够适应智能无人机集群系统的环境感知与认识技术。

3. 机器视觉技术

赋予无人机"智能"的关键技术之一是让无人机通过机器视觉感知周边的环境，并将结果转化为数据，通过操作系统传给其他应用程序。目前，无人机领域主流的机器视觉技术有双目机器视觉、红外激光视觉和超声波辅助探测等[47]。

1）双目机器视觉

双目机器视觉基于三角定位原理，与人眼对三维世界的还原原理类似，其通过比较两个同向摄像头拍摄的画面中同一物体的视角差来确定距离，从而在二维图像中还原出三维世界的立体模型。双目机器视觉仅需要两个摄像头，但对计算能力的要求较高。

2）红外激光视觉

为了减少计算机视觉中识别物体的计算量及提高精度，以 Intel（英特尔）为代表的厂商使用了红外激光视觉技术。其测距原理与双目机器视觉类似，但识别对象从物体替换成了打在物体表面的红外激光点，从而消除了物体识别的计算需求。另外，红外激光视觉可在暗夜和照明条件不好的室内使用，并有更高的测距精度。红外激光视觉的必要代价是将摄像头替换为红外摄像头，并增加了一个红外激光扫描器的硬件成本。

3）超声波辅助探测

超声波测障是一种较为成熟的技术，已广泛用在军/民用多种应用场合。超声波的优势在于能够有效识别玻璃、电线等双目机器视觉/红外激光视觉无法测距的物体；缺点在于精度较差，只能用于探测障碍是否存在，无法提取精确空间信息用于路径规划。

4. 悬停定位技术

消费级无人机的核心应用是基于无人机的航拍功能的，而航拍功能对无人机系统要求最高的技术指标就是飞行的稳定性，这很大程度上依赖于悬停定位技术。目前，悬停定位技术采用的技术手段主要有以下几种[48]。

1）GPS/IMU 定位

GPS/IMU 定位是较为传统和成熟的定位方法。GPS 可以测得无人机当前的水平位置和高度，飞控系统根据无人机位置和高度相对于悬停点的偏差对无人机进行补偿控制，从而实现定点悬停。然而，GPS 信号易受干扰，影响实际控制效果。因此，工程实践中引入了飞行器的惯性测量模块（Inertial Measurement Unit, IMU）信息与 GPS 信号进行滤波，得到更为精确的位置和高度信息。

2）超声波辅助定高

超声波测距传感器是一种较为成熟的测距传感器，能够根据超声波发出与返回的时间差，测得超声波传感器与障碍物的距离。当无人机布置有下视超声波传感器时，可测得较为精确的距地面距离，从而辅助实现定高控制，但超声波辅助定高对于水平位置的飘移控制不起作用。

3）光流定位

光流定位是采用图像传感器对传感器所捕捉的图像画面进行分析，间接计算得到自身位置和运动信息的一种技术。光流定位利用图像序列中像素在时间域上的变化及相邻帧之间的相关性，找到图像连续帧之间的对应关系，从而计算出相邻帧之间物体运动信息。一般而言，光流是由于场景中前景目标本身的移动、相机的运动，或者两者的共同运动所产生的。当无人机采用光流定位技术实现自身位置确定后，即可采用通用的控制算法实现水平面和高度上的定位。

5. 跟踪拍摄技术

对于航拍无人机来说，一个新的趋势是采用跟踪拍摄模式，即对无人机设置一个兴趣点，无人机自动对兴趣点进行跟踪拍摄，这是无人机智能化的发展趋势。目前常用的跟踪拍摄技术主要分为以下两种[19]。

1）GPS 跟踪

GPS 跟踪较为简单，即被跟踪者需手持遥控器，并获得自己当前位置的卫星定位信息，之后将此信息发送给无人机，无人机以接收到的目标位置作为目标进行导航。GPS

跟踪是一种比较初级的跟踪方式，市场上大部分无人机均采用这种方式。

2）图像跟踪

图像跟踪指无人机根据所设置的兴趣点的图像特征信息完成对目标的跟踪。图像跟踪涉及对目标对象的图像识别，尤其是在目标运动场景中。在图像背景和目标形态变化较大的情况下，对目标的准确跟踪需要用到深度学习技术，这是当前人工智能的一个热点研究方向。

6. 自动避障技术

无人机的飞行安全是关系到其大规模商业应用的核心问题，如何感知障碍物并自主规避障碍物是无人机最前沿的研究课题之一。目前，无人机主要采用以下几种自动避障技术[49]。

1）超声波测距避障

超声波测距避障技术类似于传统的倒车雷达系统，方法成熟，实现容易。该技术利用超声波探测获知障碍物的距离信息，然后采用相应策略避开障碍物，其特点是探测距离近，探测范围小。

2）双目机器视觉避障

这种技术基于双目机器视觉的图像景深重构方法，对视场内的景物进行景深重构，通过景深信息来判断视场内的障碍物情况，探测范围广、距离远，相应地，安全性更高，但技术难度大，而且会受到光照强弱变化的影响。

3）激光雷达避障

这种技术依靠在无人驾驶汽车上应用较多的激光雷达技术对无人机周边的环境进行扫描，并进行地图建模。

4）Realsense 单目+结构光探测避障

Realsense 是 Intel 公司发布的视觉感知系统，有效测距可达 10m。该技术采用了主动立体成像原理，模仿了人眼的视差原理，通过配备深度传感器和全 1080P 彩色镜头，能够精确识别手势动作、面部特征、前景和背景，进而让设备理解人的动作和情感。

7. 云台技术

云台对于抑制机身的主动倾侧、被动干扰等影响航拍效果的扰动起到了重大作用[50]。机载云台通常都是三轴云台。三轴云台包括俯仰、偏航、滚转 3 个轴，也称为 3 个自由度，摄像头通过对电机的控制，可以实现俯仰、偏航、滚转 3 个自由度的运动，从而对无人机进行位移和姿态补充，进而起到隔离、抵消无人机运动影响的作用。

三轴云台技术需要实现运动敏感和抵消控制功能。运动敏感要求安装在最内层的摄像头部分能够感知到摄像头的姿态偏差。抵消控制指当感觉到摄像头要偏离设定的姿态时，对电机施加反向的运动以抵消运动变化。

7.6 无人驾驶汽车

7.6.1 无人驾驶汽车的定义

无人驾驶汽车（Pilotless Automobile 或 Driverless Cars）是智能汽车的一种，也称为轮式移动机器人，简称无人车，主要依靠车内的基于人工智能和计算机通信系统实现的智能驾驶仪来达到无人驾驶的目的[51]。百度百科的定义：无人驾驶汽车是通过车载传感系统感知道路环境，并根据感知所获得的道路、车辆位置和障碍物信息，自动规划行车路线并控制车辆的转向和速度，从而使车辆能够安全、可靠地在道路上行驶，实现预定目标的智能汽车。随着现代高新技术的迅速发展，数字化、信息化和智能化越来越多地应用到人类社会的生产、生活的各方面，曾经只能在科普小说中看到的无人驾驶汽车已经不再是虚幻的，人们在现实中就可以看见无人驾驶汽车。

关于自动驾驶和无人驾驶，严格来说含义并不相同，虽然这两种技术都能实现汽车自主驾驶功能，但两者的研发目的不同。自动驾驶汽车保留了人工驾驶的功能，可以实现自动和人工的实时切换；而无人驾驶汽车具有更加强大的智能及主动性，可以完全不依靠人的意志，在紧急情况下可以进行自动处理。总体来说，无人驾驶相对于自动驾驶需要更加强大的综合处理及判断能力。当然，最高层次的自动驾驶和无人驾驶基本上没有什么区别。

无人驾驶汽车属于无人驾驶车辆（Unmanned Vehicle）的一种主要形式，其他类型的无人驾驶车辆还包括无人驾驶列车、无人驾驶地铁和无人驾驶摩托车等[52]。无人驾驶汽车是一个集环境感知、规划决策、多等级辅助驾驶等功能于一体的综合系统，它集中运用了计算机、现代传感、信息融合、无线通信、人工智能及自动控制等技术，是典型的高新技术综合体。其显著优点是使出行更安全、更舒适，缓解了交通压力，并减少了环境污染。同时，无人汽车也被广泛认为是一种验证视觉、听觉、认知及人工智能技术的通用实验平台。当前，无人驾驶汽车已成为衡量一个国家科研实力和工业水平的一个重要标志，在国防和国民经济领域具有广阔的应用前景。

7.6.2 分类分级

1. 分类

无人驾驶汽车种类繁多，其中有些根本离不开人，而有些则像科幻小说和电影中描述的那样，如图 7-14 所示。无人驾驶汽车的分类方法很多，按照驾驶的自动化程度，无人驾驶汽车系统大致可以分成四大类[53]，分别是驾驶辅助系统、部分自动化系统、高度自动化系统及完全自动化系统。其中，驾驶辅助系统可为司机提供必要的协助，包括提供一些重要的或有益的驾驶相关信息，以及在形势开始变得比较危及时能够发出相对明确的警告；部分自动化系统是在驾驶者收到警告但没有及时采取相应行动时能够自动进行干预的系统；高度自动化系统能够在任意时间段内替代驾驶员操纵车辆的职责，但是这种系统仍然需要驾驶员对驾驶活动进行必要的监控。驾驶辅助系统和部分自动化系统采用以人工为主、自动驾驶为辅的驾驶模式，高度自动化系统采用以人工为辅、自动操控为主的驾驶模式。完全自动化系统不仅可以实现完全无人驾驶，而且还能允许车内所有乘员从事其他活动且不需要进行监控。

图 7-14　无人驾驶汽车样例

迄今为止，投入大规模使用的无人驾驶汽车主要采用以人工为主、自动驾驶为辅的驾驶模式，如汽车防抱死系统、牵引和稳定控制系统、定速巡航系统和自动泊车系统等[54]。真正的无人驾驶汽车仍处于实验或路测阶段，离大规模量产使用还有时日。

目前，汽车中常规装配的防抱死系统其实是一种低级形式的无人驾驶系统。虽然防抱死制动器需要驾驶员介入操作，但该系统仍可作为无人驾驶系统系列的一个代表。不具备防抱死系统的汽车紧急刹车时，轮胎会被锁死，导致汽车失控侧滑。驾驶没有防抱死系统的汽车时，驾驶员要反复踩踏制动踏板来防止轮胎锁死。防抱死系统可以监控轮胎情况，了解轮胎什么时候即将锁死，并及时做出反应，而且反应时机比驾驶员把握得更加准确。因此，防抱死系统是引领汽车工业朝无人驾驶方向发展的早期技术之一。

定速巡航系统又称为定速巡航行驶装置或定速自动驾驶系统等，已成为中高级轿车的标准装备。定速巡航系统用于控制汽车的定速行驶，汽车一旦被设定为巡航状态时，发动机的供油量便由计算机控制，计算机会根据道路状况和汽车的行驶阻力不断地调整供油量，使汽车始终保持以所设定的车速行驶，而无须驾驶员人工操纵油门。巡航控制系统主要是通过巡航控制组件读取车速传感器发来的脉冲信号并与设定的速度进行比较，通过精准的电子计算发出指令，保证车辆在设定速度下的最精准供油。一般情况下，当驾驶者踩下刹车踏板或离合器时，定速巡航会被自动解除。原则上，定速巡航要在高速公路或全封闭路上使用，因为复杂的路况不利于定速巡航驾驶汽车的交通安全，在突发意外的情况下，容易使驾驶员措手不及。另外，反复刹车也无法使汽车保持稳定的定速巡航状态，从而失去定速的意义。

牵引和稳定控制系统不太引人注目，通常只有专业驾驶员才会意识到它们发挥的作用。牵引和稳定控制系统比任何驾驶员的反应都灵敏。与防抱死系统不同的是，这些系统非常复杂，各系统会协调工作防止车辆失控。这些系统不断读取汽车的行驶方向、速度及轮胎与地面的接触状态，当探测到汽车将要失控并有可能导致翻车时，牵引和稳定控制系统将进行干预。这些系统与驾驶员不同，它们可以对各轮胎单独实施制动，增大或减少动力输出，相比同时对 4 个轮胎进行操作，这样做通常效果更好。

泊车可能是危险性最低的驾驶操作了，但很多驾驶员仍会觉得不那么容易。自动泊车系统可以极大地减轻驾驶员的泊车负担，该系统通过车身周围的传感器来将车辆导向停车位，而驾驶者完全不需要手动操作。当然，使用该系统前，驾驶者需要把汽车开到停车点旁边，并使用车载导航显示屏告诉汽车该往哪儿停。

从应用场景分，无人驾驶汽车可以分为三大类[53]：高速公路环境类、城市环境类和特殊环境类。实际上，3 类无人驾驶汽车的研究内容相互重叠，只是技术的侧重点不同。

高速公路环境下的无人驾驶汽车将用在环境限定为具有良好标志的结构化高速公路上，主要完成道路标志线跟踪、车辆识别等功能。该应用集中在简单结构化环境下的高速自动驾驶上，从而实现进入高速公路之后的全自动驾驶。尽管这样的应用定位有一定的局限性，但它的确解决了现代社会中最为常见、危险，也最为枯燥的驾驶环节的驾驶任务。

与高速公路环境下的无人驾驶汽车相比，城市环境下的无人驾驶汽车由于速度较慢，因此更安全可靠，应用前景更好。短期内，其可作为城市公共交通的一种补充，解决城市区域交通问题，如大型活动场所、公园、校园、工业园、机场等的交通问题。但是，城市环境更为复杂，对感知和控制算法提出了更高的要求。目前这类环境的应用已经进入小范围推广阶段，但其大范围应用仍存在一定的困难，如存在可靠性问题、多车调度和协调问题、与其他交通参与者的交互问题、成本问题等。

对无人驾驶汽车研究走在前列的国家，一直都很重视无人驾驶汽车在军事和其他一些特殊条件下的应用。特殊环境类无人驾驶汽车的关键技术与基于高速公路和城市环境的无人驾驶汽车是一致的，只是在性能要求上的侧重点不一样。例如，车辆的可靠性、对恶劣环境的适应性是在特殊环境下考虑的首要问题，也是在未来推广应用时要重点解决的问题。

2. 分级

2013 年，美国国家公路交通安全管理局（National Highway Traffic Safety Administration, NHTSA）发布了汽车自动化的 5 级标准，将自动驾驶功能分为 0～4 级，以应对汽车主动安全技术的爆发增长[53]。2014 年 1 月，美国汽车工程师协会（Society of Automotive Engineers, SAE）则将自动驾驶划分为 0～5 级，如表 7-2 所示[55]。表 7-2 中，DDT（Dynamic Driving Task，动态驾驶任务）指汽车在道路上行驶所需的所有实时操作和策略，但不包括行程安排、目的地和途径的选择等战略任务。

表 7-2　SAE-J3016 自动驾驶等级划分标准

等级		名称	定义	驾驶操作	环境监控	DDT支援	系统能力
人类驾驶员监控驾驶环境	0	无自动化	始终由人类驾驶员全权执行驾驶任务,即使在有"警告或干预系统辅助"的情况下	人类驾驶员			N/A
	1	驾驶员支持	部分驾驶模式,如"转向或加速/减速"由辅助驾驶系统完成,其余由人类驾驶员操作	人类驾驶员和系统	人类驾驶员	人类驾驶员	部分驾驶模式
	2	部分自动化	部分驾驶模式,如"转向或加速/减速"由一个或多个辅助驾驶系统完成,其余由人类驾驶员操作	系统			
自动驾驶系统监控驾驶环境	3	有条件自动化	特定驾驶模式,由自动驾驶系统执行各方面的动态驾驶任务	系统	系统	人类驾驶员	部分驾驶模式
	4	高度自动化				系统	更多驾驶模式
	5	全自动化					全驾驶模式

定义栏中间列说明：使用关于驾驶环境的信息,并期望人类驾驶员执行动态驾驶任务的所有剩余方面 / 期望驾驶员对请求适当干预 / 即使驾驶员没有适当回应干预的请求 / 在由驾驶员管理的所有道路和环境条件下

　　SAE 定义的自动驾驶 0～3 级与 NHTSA 标准相一致,分别是无自动化、驾驶员支持、部分自动化与有条件自动化。唯一的区别在于：SAE 对 NHTSA 的完全自动化做了进一步细分,强调了行车对环境与道路的要求。SAE-Level 4 下的自动驾驶需要在特定的道路条件下进行,如封闭的园区或固定的行车线路等,可以说是面向特定场景下的高度自动化驾驶。SAE-Level 5 则对行车环境不加限制,可以自动地应对各种复杂的车辆、新人和道路环境。

　　Level 0：无自动化（No Automation）,没有任何自动驾驶功能或技术,人类驾驶员对汽车所有功能拥有绝对控制权；驾驶员需要负责转向、加速、制动和观察道路状况；任何驾驶辅助技术,如现有的前向碰撞预警、车道偏离预警及自动雨刷和自动前灯控制等,虽然有一定的智能化,但仍需人来控制车辆,所以都属于 Level 0。

　　Level 1：驾驶员支持（Driver Assistance）,驾驶员仍然对行车安全负责,不过可以将部分控制权授权给系统管理,某些功能可以自动进行,如常见的自适应巡航控制（Adaptive Cruise Control, ACC）、应急刹车辅助（Emergency Brake Assist, EBA）和车道

保持（Lane-Keep Support, LKS）。Level 1 的特点是只有单一功能，驾驶员无法做到手和脚同时不操控。

Level 2：部分自动化（Partial Automation），人类驾驶员和汽车来分享控制权，驾驶员在某些预设环境下可以不操作汽车，即手脚同时离开控制，但驾驶员仍需要随时待命，对驾驶安全负责，并随时准备在短时间内接管汽车驾驶权，例如，结合了 ACC 和 LKS 形成的跟车功能。Level 2 的核心在于驾驶员可以不再作为汽车的主要操作者。

Level 3：有条件自动化（Conditional Automation），在有限情况下实现自动控制，如在预设的路段（如高速和人流较少的城市路段），汽车自动驾驶可以完全负责整个车辆的操控，但当遇到紧急情况时，驾驶员仍需要在某些时候接管汽车，但有足够的预警时间，如即将进入修路的路段（Road Work Ahead）。Level 3 将解放驾驶员，即驾驶员对行车安全不再负责，不必监视道路状况。

Level 4：高度自动化（High Automation），自动驾驶在特定的道路条件下，如封闭的园区、高速公路、城市道路或固定的行车线路等可以高度自动化。在这些受限的条件下，人类驾驶员可以全程不用干预。

Level 5：全自动化（Full Automation），对行车环境不加限制，汽车可以自动地应对各种复杂的交通状况和道路环境等，在无须人协助的情况下由出发地驶向目的地，仅需要起点和终点信息，汽车将全程负责行车安全，并完全不依赖驾驶员干涉，且不受特定道路的限制。

7.6.3 研发应用情况

1. 国外概况

自动驾驶汽车的研究可以追溯到 20 世纪 20 年代[56]。1925 年，美国陆军的电子工程师 Francis P. Houdina 在纽约街道上演示了基于无线电控制的代号为"American Wonder"的无人驾驶车辆，可谓是世界上第一辆无人驾驶汽车。1956 年，美国通用汽车正式对外展示了 Firebird II 概念车，这是世界上第一辆配备了汽车安全和自动导航系统的概念车。从 20 世纪 70 年代开始，英国、德国、法国等发达国家先后开始进行无人驾驶汽车的研究，主要的研究场景有 3 个：军事用途、高速公路环境和城市环境。经过几十年的发展，无人驾驶汽车在可行性和实用化方面都取得了突破性的进展。

20 世纪 90 年代，英国正式启动了无人驾驶汽车计划，但直到 2010 年才由英国的先进交通系统公司和布里斯托尔大学联合研制出了名为 ULTra 的无人驾驶汽车[57]。这种汽车没有驾驶员，设有 4 个座位，形似外星人飞船，靠电池产生动力，速度可达 40km/h。乘客可以通过触摸屏来选择他们的目的地，汽车会自动沿着其狭长的道路系统行驶。英国第一辆真正投入使用的无人驾驶汽车于 2015 年 2 月亮相，旨在帮助乘客、购物者和老年人短距离出行。前不久，新的无人驾驶汽车在英国格林尼治亮相，称为 Lutz Pathfinder。Lutz Pathfinder 的最远行驶里程为 40 英里，速度为每小时 15 英里。该汽车的支持者希望人们从普通汽车转向无人驾驶交通工具，以便减少污染和拥堵。2015 年 1 月，英国开始允许无人驾驶汽车在公路上行驶。英国也修订道路交通规则，以便为无人驾驶汽车的出现提供适当的规则指引。英国监管部门要求上路的无人驾驶汽车必须有人监控，并且可以随时切换到人工驾驶模式。调查发现，目前大多数英国民众对无人驾驶汽车持保守态度，愿意购买的人只占 20%。

法国 INRIA 公司花费 10 年心血研制出了"赛卡博"（Cycab）无人驾驶汽车，其外形看起来像高尔夫球车。该车使用类似于巡航导弹制导的全球定位技术，通过触摸屏设定路线后，"赛卡博"就能把乘客带到想去的地方。"赛卡博"装备了支持实时运动导航的 GPS，精度高达 1cm。这款无人驾驶汽车装有激光传感器，能够避开前进道路上的障碍物，还装有双镜头摄像头，以便按照路标行驶。人们可以通过手机控制驾驶汽车，每辆无人驾驶汽车都能通过互联网进行通信，这意味着多辆无人驾驶汽车能够通过信息共享和协调控制组成车队。该车也能通过交通网络获取实时交通信息，防止在行驶过程中发生交通阻塞。该车还会自动发出警告，提醒过往行人注意。

早在 1985 年，德意志联邦大学研制的 VaMoRs 智能原型车辆就在户外高速公路上以 100km/h 的速度进行了测试，它使用了机器视觉来保证横向和纵向的车辆控制[54]。2015 年 10 月，德国汉堡的 Ibeo 公司应用先进的激光传感技术把无人驾驶汽车变成了现实。该公司研发的无人驾驶汽车由普通轿车改装而成，在车身安装了 6 台名为"路克斯"（LUX）的激光传感器，可以在错综复杂的城市公路系统中实现无人驾驶。这归功于车内安装的无人驾驶设备，包括激光摄像机、全球定位仪和智能计算机。在行驶过程中，车内安装的全球定位仪随时获取汽车的准确方位，激光摄像机随时探测汽车周围 180m 内的道路状况，并通过全球定位仪路面导航系统构建三维道路模型。此外，它还能识别各种交通标志，保证汽车在遵守交通规则的前提下安全行驶。在激光扫描器的帮助下，无人驾驶汽车便可以实现自行驾驶：如果前方突然出现汽车，它会自动刹车：如果路面畅通无阻，它会选择加速；如果有行人进入车道，它也能紧急刹车。

在 20 世纪 50 年代早期，美国巴雷特电子公司开发出了世界上第一个自动导引车系统。在 20 世纪 80 年代初期，美国国防部开始大规模资助自动陆地车辆的研究。为促进无人驾驶车辆的研发，从 2004 年起，美国 DARPA 开始举办机器车挑战大赛，该大赛对促进智能车辆技术交流与创新起到了很大的激励作用。目前，美国海军陆战队的战术无人车可以执行如侦察、核生物化学检测、在任何天气或复杂地形下的直接反狙击射击等任务。自伊拉克和阿富汗战争以来，大约有 8000 辆不同类型的无人地面车辆参与到了各种军事任务中。

近年来，特斯拉和谷歌等行业巨头引领着全球无人驾驶汽车的研发和应用[58]。特斯拉无人驾驶汽车迄今已积累了近 8 亿英里路程的测试数据。此外，该公司每 10 小时还可以收集到 100 万英里的行驶数据。谷歌是最有可能扫除当前所有短期障碍并将成千上万辆无人驾驶汽车带到公路的公司。美国政府对无人驾驶汽车的上路监管比较严格。美国加利福尼亚州目前终于允许无人全自动驾驶汽车上路测试。此前，加利福尼亚州只允许有方向盘和刹车踏板等装置的自动驾驶汽车，在持有驾照的测试员在车上监控的情况下上路测试。截至目前，美国至少有 4 个州已经通过了有关允许无人驾驶汽车上路的法律。谷歌无人驾驶汽车已获得了美国加利福尼亚州的立法批准，谷歌会在该州部署数百辆无人驾驶汽车，用来接送公司员工上下班。另外，据报道，谷歌的无人驾驶汽车 waymo 已开始在美国亚利桑那州试点收费运行，这表明在无人驾驶汽车商业化方面，谷歌又走在了前面。迄今为止，美国谷歌公司研发的无人驾驶汽车的测试行驶距离已超过300 万英里。

无人驾驶系统在世界上很多城市也得到了广泛的应用，并取得了成功[56]。在欧洲，比利时、法国、意大利和英国的部分城市正计划为无人车提升运输系统，德国、荷兰和西班牙已经允许在道路上测试无人车，哥本哈根、法兰克福和巴黎等城市的无人驾驶系统已投入运营。值得一提的是，2016 年 8 月，新加坡对无人驾驶出租车 nuTonomy 进行了公开试验，这在全世界是首例，在此之前，试驾的地点都选择在车辆较少的片区。此外，新加坡还有多个无人驾驶巴士计划。

2. 国内情况

我国从 20 世纪 80 年代开始进行无人驾驶汽车的研究，迄今已取得了一系列标志性成果[59]。1992 年，国防科技大学成功研制出中国第一辆真正意义上的无人驾驶汽车。20 世纪 90 年代后期，清华大学研发的无人驾驶试验平台 THMR 系列无人车问世。2001年，贺汉根教授带领的团队研制出时速达 76km 的无人车，又于 2003 年研制出中国首台高速无人驾驶轿车，最高时速达 170km。2003 年，清华大学研制成功 THMR-V（Tsinghua Mobile Robot-V）型无人驾驶车辆，其能在清晰车道线的结构化道路上完成巡线行驶，最高时速超过 100km。2005 年，首辆城市无人驾驶汽车在上海交通大学研制成功。2006 年，新一代无人驾驶红旗 HQ3 由国防科技大学研制成功，其在可靠性和小型化方面取得突破，并于 2011 年 7 月 14 日首次完成了从长沙到武汉 286km 的高速全程无人驾驶实验，创造了中国自主研制的无人车在复杂交通状况下自主驾驶的新纪录，这标志着中国在该领域已经达到世界先进水平。国家自然科学基金委员会称，中国自主研发的无人驾驶汽车 2013 年测试从北京行驶到天津，2015 年测试从北京行驶到深圳。2008—2015 年，国家自然科学基金委员会举办了 7 次中国智能车未来挑战赛。这些挑战赛的成功举办，对促进中国的无人驾驶汽车的发展起到了重要的作用。

无人驾驶汽车技术也是智能交通系统（ITS）的关键技术。随着 ITS 研究的兴起，汽车企业逐年加大了对智能车辆技术研发的投入。无人驾驶汽车已列为中国政府重点支持的七大行业之一，中国政府希望尽快在实际道路上引入无人驾驶汽车。中国人口密度高，无人驾驶汽车可以适应更窄的街道，缓解交通堵塞并降低能源消耗，可为政府节省万亿元的开支。

2014 年 7 月，百度启动无人驾驶汽车研发计划。百度方面证实，百度已经将视觉、听觉等识别技术应用在无人汽车系统研发中，负责该项目的是百度深度学习研究院。2016 年 5 月 16 日，百度宣布与安徽省芜湖市联手打造首个全无人车运营区域，这也是国内第一个无人车运营区域。2018 年 4 月 18 日，无人驾驶清洁车队亮相上海市松江区，并在上海中山科技园试运营。2018 年 4 月 20 日，美团和百度达成协议，计划率先试验无人驾驶送餐。百度表示，无人驾驶送餐可提升传统送餐的安全性、人员分配的合理性，并节约成本。2018 年 11 月 1 日，在百度世界大会上，百度与一汽共同发布了 4 级别无人驾驶乘用车。按照计划，其 2020 年将大批量投产，首批开放城市将有北京、长春、海南等。

3. 争议问题

无人驾驶汽车自问世以来就饱受争议，关于它的优缺点的讨论至今仍在继续。尽管无人驾驶汽车存在诸多优点，并且当前无人驾驶汽车的技术成熟度已经达到实用的阶段，但由于仍存在技术缺陷、安全隐患和相关伦理道德问题，目前无人驾驶汽车仍处于在极少数地区试运行的阶段[54,56]。需要特别指出的是，以安全性高著称的 Uber 无人驾驶汽车于 2018 年 3 月发生了一起撞死路人的安全事故，这让极度亢奋的无人驾驶汽车市场稍微感受到了一丝凉意。下面简单介绍无人驾驶汽车的正面影响和负面影响。

1）正面影响

（1）经济效益。无人驾驶汽车能够应用在物流、载客运营、高危物品运输、园区接驳、交通巡逻等各种场景，能保持 24 小时行驶，极大降低了人力成本，提高了车辆运输能力，创造巨大的经济收益。据世界经济论坛估计，汽车行业的数字化变革将创造 670 亿美元的价值，带来 3.1 万亿美元的社会效益，其中包括无人驾驶汽车的改进、乘客互联及整个交通行业生态系统的完善。

（2）增加驾驶安全。无人驾驶汽车由于采用了计算机控制，外加多种传感器感知周边环境，几乎 360° 无死角，遵守交通规则，永远不会疲劳驾驶或酒驾，在驾驶安全性上比人类驾驶的汽车具有先天优势。据安全专家预测，一旦无人驾驶技术得到充分发展，由人为失误所造成的交通事故，如较长的反应时间、追尾、酒驾、违反交通规则、视野盲区、操作不当及其他形式的错误驾驶基本上都可以避免。

（3）缓解交通拥堵。交通拥堵几乎是每个大都市都面临的问题。研究发现，都市 30% 的交通拥堵是由于司机为了寻找附近的停车场而在商务区绕圈造成的。另外，根据估算，在都市中，有 23%~45% 的交通拥堵发生在道路交叉处，交通灯和停车标志不能发挥有效作用。无人驾驶汽车搭载的车载感应器，通过 V2X（Vehicle to Everything）的方式能够与智能交通系统联合工作，通过对实时交通信息进行分析，可以自动选择路况最佳的行驶路线，从而大大缓解交通堵塞。

（4）降低环境污染。汽车是造成城市空气污染的主要原因之一。兰德公司的研究表明，无人驾驶技术能提高燃料效率，通过更顺畅的加速、减速，能比手动驾驶提高 4%～10% 的燃料效率。一项研究估计，交通拥堵时汽车造成的污染比车辆行驶时高 40%。无人驾驶汽车集共享、绿色能源、节能于一体，不仅能缓解交通拥堵，更能有效降低汽车对空气的污染。

2）负面影响

（1）失业问题。广泛普及的无人驾驶汽车势必会造成大量车辆驾驶员的失业，如出租车司机、货运司机、公交司机等。另外，基于无人驾驶汽车的无人配送将导致大量快递员失业。此外，汽车保险理赔员、汽车维修员，甚至交警都会在无人驾驶汽车浪潮的冲击下大量失业。

（2）安全问题。由于无人驾驶汽车搭载了各种传感器，加上无人驾驶汽车将通过 V2V（Vehicle to Vehicle）和 V2I（Vehicle to Infrastructure）等多种通信方式与云端频繁交互，进行软件或数据升级等，使得参与交通中的车辆、乘客和行人的隐私或多或少会遭遇泄露风险。另外，车辆自身的数据存储设备、传感器设备及互联网系统，都将成为黑客攻击的目标。如果大量无人驾驶汽车被恐怖分子控制，将会造成灾难性的后果。

（3）责任归属问题。当无人驾驶汽车发生交通事故时，事故责任方不可避免地涉及车辆制造商、传感器设备提供商、软件开发公司及车辆运营商。这种错综复杂的相互依赖关系将造成事故责任归属难题，目前业界也没有明确的答案。

（4）伦理问题。无人驾驶汽车在设计时往往只考虑行车安全性、舒适度和成本等问题，很少考虑伦理道德问题。伦理道德因素将影响无人驾驶汽车在不可避免的碰撞中所采取的行动，这是个备受争议的话题。例如，无人驾驶汽车在预料到不可避免地发生碰撞时，是撞上一辆公共汽车还是自毁，这是一个选择题。为此，无人驾驶汽车的软件开发人员需要认真考虑人类伦理的可变性、情境依赖性、复杂性和非确定性等，因为不同的人类驾驶者在驾驶汽车遇到突发情况时，会做出各种各样的伦理决策，不能通过一种统一的方式来控制人们的决策。基于概率统计的机器学习，无人驾驶汽车的判断逻辑和决策也具有一定的随机性与不透明性，即使按照一定的规则对其进行干预，人类也难以对无人驾驶汽车的最终伦理道德决策进行评估或测试。

7.6.4 体系架构

1. 简述

无人驾驶汽车体系架构描述了汽车的主要组成部件及各部件的组织结构和交互关系。具体而言，无人驾驶汽车的体系架构应该阐明车辆的组成结构，列出车辆的服务功能，定义实现服务功能的各个子系统，研究它们之间的通信方式和组织方式。总体来说，无人驾驶汽车的体系架构可以采用分层递进式架构、并行反应式架构和混合式架构[51]。

在分层递进式架构中，汽车的信息感知、任务规划、运动控制和执行器等部件串联运转，即前者的输出为后者的输入。这种体系架构相对简单，但缺乏灵活性且系统可靠性不高，任何一个部件出现故障，将导致整个系统瘫痪。

并行反应式架构针对各种目标任务的基本行为，形成各种不同部件层次灵活组合的并联体系结构。控制层根据信息感知层的输入独立进行决策，每个层次具备独立的控制系统，可以快速响应任务需求和环境变化，整个系统的灵活性和鲁棒性较高。

混合式架构根据任务需求灵活集成分层递进式架构和并行反应式架构，如在不同部件层次采用适当形式的架构，以便在降低系统实现成本的基础上保证系统优良的整体性能。

2. 组成结构

无人驾驶汽车区别于有人驾驶汽车的本质在于：它能够通过感知环境信息做出科学决策，进而自主实施反馈控制。其核心组成结构如图 7-15 所示，主要包括感知、决策和控制 3 个层次[59]。

1）感知层

感知层主要负责从环境中收集信息并从中提取相关知识，如通过各种传感器、GPS及高精度地图实现车辆的定位及对物体的识别。车辆定位主要指通过综合激光雷达

（LiDar）、毫米波雷达、GPS、惯性传感器、高精度地图等信息来得出车辆的准确位置；物体识别包括障碍物、道路标志/标记和行人车辆的检测，主要采用激光雷达及双目摄像机和红外激光摄像机实现。车载听觉感知模块完成特定语音指令识别和异常声音识别等功能。此外，车辆还要利用各传感器对车辆的自身状态，包括车辆行驶姿态、行驶速度和轮胎摩擦系数等进行采集。

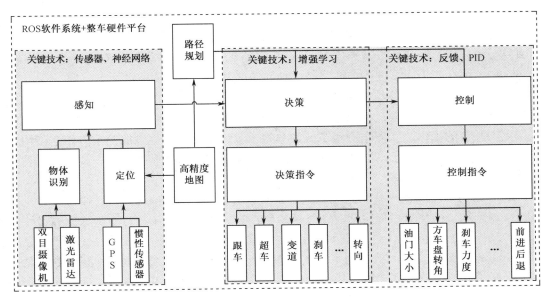

图 7-15　无人驾驶汽车的核心组成结构

激光雷达因其可靠性目前仍是无人驾驶汽车中最重要的传感器，然而在现实中，对于不规则的物体表面，使用激光雷达很难辨别其模式。例如，在大雨天气，激光雷达无法使用。所以在实践中，往往融合激光雷达和相机传感器，利用相机的高分辨率对目标进行分类，利用激光雷达对障碍物进行检测和测距。

在无人驾驶汽车中，通常使用图像视觉来完成道路的检测和道路上目标的检测[60]。道路的检测包含对车道线、可行驶区域、道路上路标、行人、交通标志和信号的检测等。车道线的检测涉及两个方面：一是识别出车道线；二是确定车辆自身相对于车道线的偏移。一种方法是抽取一些车道的特征，包括边缘特征、车道线的颜色特征等，使用多项式拟合的方法进行特征监测。可行驶区域检测目前的做法是采用深度神经网络直接对场景进行分割，即通过训练一个逐像素分类的深度神经网络，完成对图像中可行驶区域的切割。

在无人驾驶汽车感知层，车辆定位的重要性不言而喻。无人驾驶汽车需要知道自己相对于环境的确切位置，定位误差不能超过 10cm。目前，常用的方法是融合 GPS 和惯性导航的定位方法，另一种方法是地图辅助类定位，如同步定位与地图构建算法，这是一个利用以往的经验和当前的观测来估计当前位置的过程。

2）决策层

决策（规划）层主要根据特定目标做出一些有目的性的决策。对无人驾驶汽车而言，目标通常指从出发地到达目的地，同时避免障碍物，并且不断优化驾驶轨迹和行为。决策层又可细分为任务决策、行为决策和动作决策。具体而言，决策层利用感知层采集的环境信息、乘客的指示信息及控制层反馈的信息，通过深度学习和增强学习算法做出科学决策，包括任务规划、行为规划、动作规划等。

任务规划通常也称为路径规划（Route Planning），负责相对顶层的路径规划，如起点到终点的路径选择。如果把汽车行驶的道路处理成有向权重图（Directed Weight Network），那么，无人驾驶汽车的路径规划问题就是一个有向图路径搜索问题。

行为规划的主要任务是按照任务规划的目标和当前的环境态势情况，做出无人驾驶汽车下一步应执行的决策，可以把它理解为车辆的副驾驶，其依据目标和当前的交通情况指挥驾驶员的操作，如停车、跟车或超车等。一种实现行为规划的简单方法是使用包含大量动作短语的有限状态机（Finite State Machine，FSM），但要避免车辆陷入某种死锁。

动作规划通过规划一系列的动作以达到某种目的（如规避障碍物）。通常来说，评价动作规划算法的性能指标主要有计算效率和计算完整性。其中，计算效率即完成一次动作规划的处理效率，动作规划算法的计算效率在很大程度上取决于配置空间（Configuration Space）。配置空间定义了车辆所有可能配置的集合，包含车辆能够运动的维度。在引入了配置空间的概念后，无人驾驶汽车的动作规划就变成了：在给定一个初始配置、一个目标配置及若干约束条件的情况下，在配置空间中找出一系列的动作，使无人驾驶汽车从初始配置转移至目标配置，同时满足约束条件。

3）控制层

控制层作为无人驾驶汽车系统的最底层，是无人驾驶汽车的核心部分，其任务是精准执行决策层规划好的动作。也就是说，根据决策层下达的指令，对车辆进行实时控制，主要包括方向盘的控制、油门的控制、刹车的控制、挡位的控制及空调的控制等。

通过对驾驶员的驾驶行为进行分析可知，车辆的控制是一个典型的预瞄控制行为，驾驶员找到当前道路环境下的预瞄点，根据预瞄点控制车辆的行为[61]。控制层的主要评价指标是控制的精准度。控制层内含测量装置，通过比较车辆的测量结果和预期的状态来输出控制动作，这一过程称为反馈控制（Feedback Control）。最典型的反馈控制器当属 PID 控制器（Proportional-Integral-Derivative Controller），但 PID 控制器在无人驾驶汽车控制中存在一定的问题。PID 控制器是单纯基于当前误差反馈的，由于制动机构的延时性，会给控制本身带来延迟，而 PID 控制器由于内部不存在系统模型，因此 PID 控制器不能对延时建模。为了解决这一问题，业界引入了基于模型预测的控制方法。由于模型预测控制基于运动模型进行优化，在建立模型时需要考虑 PID 控制的延时问题，因此模型预测控制在无人驾驶汽车控制中具有很高的应用价值。

7.6.5　主要研究内容

相比于常规的有人驾驶汽车，无人驾驶汽车的信息化、数字化和智能化水平要高很多，其需要根据自身知识库和实时获取的环境条件信息做出相应的全局或局部路径规划，并自动做出行为决策和控制动作，使车辆安全可靠地运行至预定的目的地。因此，无人驾驶汽车的研究是多学科融合交叉应用的前沿领域，涉及计算机、人工智能、微电子、机械设计、通信技术、网络技术、控制论及决策论等技术和理论。从总体上看，无人驾驶汽车的研究内容主要包括标准化工作、控制系统、信息通信技术、决策规划及显示、导航定位、行车环境监测等方面[56,59,62]。

1. 标准化工作

无人驾驶汽车作为一种全新的汽车概念和汽车产品，将会成为未来汽车市场的主流产品。为了规范无人驾驶汽车的研究、设计、开发、生产和销售，避免将来可能发生的混乱局面，应该在无人驾驶汽车推广应用之前，抓紧相关标准的研究制定工作。无人驾驶汽车的标准化研究应包括以下方面：系统功能标准；系统结构标准；质量与可靠性要求技术指标；信息与控制系统数据库技术指标；信息采集、处理与传输标准；导航与定位技术规范；通信技术规范；应用软件技术规范；安全、舒适性、环保、能耗技术规范；人机界面技术规范；与现行汽车技术规范体系的衔接规范等。

2. 控制系统

无人驾驶汽车的控制系统是汽车智能化的决策者和执行者，是整车电控系统的核心。由于汽车驾驶任务的复杂性，智能化的汽车控制器必须具备较高的操纵响应能力和紧急避障能力。由于交通环境的复杂性、交通信息的多源性和驾驶任务的多样性，研究无人驾驶汽车的智能控制系统绝非易事。汽车智能控制器既要具有自学习、自适应、自组织等仿人智能化特征，又要克服人类驾驶员固有的缺陷。迄今为止，智能控制理论的研究已取得了丰硕的成果，提出了模糊控制、神经控制、专家控制、粗糙集控制和智能控制等理论。智能控制策略的核心思想是"模仿人的思维和行动"，完成只有人类才能完成的控制任务。汽车智能控制系统必须以安全控制为第一要务，通过综合采用多种不同功能的控制子系统实现安全平稳舒适驾驶的目标。目前，无人驾驶汽车配备的控制系统主要包括紧急制动辅助系统、车距控制系统、限速识别系统、并线警告系统、泊车辅助系统、夜视仪系统、周围环境识别系统及综合稳定控制系统等。

3. 信息通信技术

汽车在行驶过程中，必须实时获取的信息包括车辆自身状况、乘客和货物、道路、近邻车辆及导航定位等信息，信息的种类涵盖语音、图像、文字和数据信息等。因此，无人驾驶汽车必将大量运用最新的信息通信技术手段，基于高效实时的信息交互驱动汽车安全平稳地行驶。因此，对无人驾驶汽车的信息环境模型、信息源特征、信息采集、处理与传输技术进行深入研究非常重要。

此外，无人驾驶汽车之间、无人驾驶汽车与交通控制中心之间、无人驾驶汽车与道路设施之间、无人驾驶汽车与其他信息系统之间，都存在大量的信息实时交互需求。通信系统是无人驾驶汽车的神经中枢，要保证汽车各模块之间及车载体与控制中心之间的高质量通信，必须研究适用于无人驾驶汽车信息交互的通信机制、编码纠错技术和信息安全保密技术等。

4. 决策规划及显示

无人驾驶汽车决策规划系统的主要职责：根据行驶任务和交通环境信息完成最优的决策行为或分派任务，包括车辆优化调度、路径规划、汽车加减速、超车及停车等。决策规划系统必须具有良好的实时性和容错性，即使在一种或几种传感器失效时也能有效工作。决策策略应根据经验进行提取并主动学习，然后存于策略知识库中。

显示系统包括底视显示子系统、顶视显示子系统和控制中心显示子系统。底视显示子系统显示汽车的行驶速度、发动机转速、发动机状态、车门状态、燃油状态，以及方向盘上各操控按钮的状态；顶视显示子系统可为驾驶员传递路况信息、卫星导航信息等；控制中心显示子系统主要为驾驶员提供各种信息显示，如电话、电视、车辆状态信息、车载移动办公、导航、网络和娱乐等的显示。

5. 导航定位

导航定位系统综合运用了计算机网络技术、通信与信息技术、传感器技术和自动车辆定位技术，主要部件包括车载计算机、显示器、CD 机、数字地图和定位模块等。无人驾驶汽车导航定位系统的任务是对行驶中的汽车进行实时导航定位，在车辆内显示实况地图，确定车辆位置，选择合适的行车路径，等等。无人驾驶汽车上安装的导航定位装置通常有惯性导航仪、无线电导航仪、GPS 导航定位仪、GPS/DR/GIS 组合导航定位仪等，以及电子地图数据库或地理信息系统等。必要时，车辆可以与交通监控中心实时通信来获取中心数据库的信息，并将车辆自身及需要经过的道路的信息存入中心数据库。

6. 行车环境监测

行车环境监测包括环境探测和车况探测两个方面。环境探测系统由测量车间距离和前面车辆方位的毫米波雷达、激光雷达、CCD 摄像机，以及能够判断路面状况的道路传感器组成。车身周边情况探测是实现汽车防碰撞的关键技术，车身配备的监测传感器性能的优劣将直接影响系统的性能。微波传感器的性价比较高，因此一般选择毫米波雷达作为主传感器，辅以图像、路面传感器等来实现对车前障碍物的精确检测。毫米波雷达安装在车辆前端的中央位置上，激光雷达安装在毫米波雷达的两侧，它们的主要功能是测量本车与前车的距离和前面车辆的方位，并把所测数据传输到车辆防碰撞判断系统。此外，CCD摄像机可获得前方车辆和障碍物的图像信息，道路传感器可得到路面的状态信息，车况探测系统可检测本车的速度、加速度和其他状态信息，所有信息都将被送往防碰撞判断系统。车辆防碰撞判断系统根据多传感器接收到的车辆前方目标信息和本车的状态信息，利用多源信息融合技术，识别出本车前方车辆的距离和速度等状态信息，进行碰撞危险估计，并当实际测量的车间距离等于或小于临界车间距离时，自动启动制动控制装置。

7.7　实验：模拟自动反馈控制系统

7.7.1　实验目的

（1）了解自动反馈控制系统的基本工作原理。

（2）了解 Python 的基本操作环境，学习通过 Python 编程仿真自动反馈控制系统的方法。

（3）编写 Python 代码，运行程序，查看并分析实验结果。

7.7.2　实验要求

（1）熟悉 Python 环境的搭建，了解编写 Python 程序和调试、运行程序的步骤及方法。

（2）理解自动反馈控制系统根据预设约束条件，通过学习反馈对自身参数进行调节控制，从而达到优化某个系统目标的原理和过程。

（3）实现简单的自动反馈控制系统程序。

7.7.3　实验原理

本实验旨在展示自动反馈控制系统的工作机理，拟实现的简单自动反馈控制系统示意如图 7-16 所示。简单自动反馈控制系统主要包括鼓风机、阀门、杠杆和风轮四大组件，鼓风机通电后持续吹出风，吹出的风需要经过阀门才能到达风轮；而风轮的转速会影响杠杆的位置，并间接影响阀门的打开程度，进而影响鼓风机的风力。鼓风机的输入为正作用（或正反馈），而风轮及阀门的影响为负作用（或负反馈），两者共同作用，实现系统的自动反馈控制。

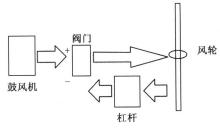

图 7-16　简单自动反馈控制系统示意

7.7.4　实验步骤

本实验的实验环境为 Python 3.6 IDE 环境。

本实验的核心程序源代码如下（读者可以根据需要添加代码以扩展程序功能）。

```
#coding=utf-8
#系统参数
a=0.1
b=1.0
#系统结构，F：风力；F1：实际输入风力；W：风轮转速
```

```
def WW(): return a*F1                    #每次输入的风力
def FF1(): return F-b*W                  #杠杆所得到的力
#初始条件
F1=2                                     #实际输入风力为 2
W=0.2                                    #风轮转速为每秒 0.2 转
print("F1= %f, W is %f" %(F1,W))         #输入实际风力和转速

#鼓风机风力正常
F=2.2          #鼓风机的风力为 2.2
print("鼓风机风力= %f" % F)
#输出鼓风机的风力


#随着时间增加
for t in range(20):      #返回一个迭代序列
    F1,W=FF1(),WW()      #将风力和转速进行更新
    print("F1= %f, W is %f" %(F1,W))      #输出更新后的风力和转速
#鼓风机风力偏大
F=2.3          #当鼓风机的风力为 2.3 时
print("鼓风机风力= %f" % F)
#随着时间增加
for t in range(20):      #返回迭代列 20 次
    F1,W=FF1(),WW()      #再次更新
    print("F1= %f, W is %f" %(F1,W))      #输出实际风力和转速
#鼓风机风力偏小
F=2.1          #当风力为 2.2 时
print("鼓风机风力= %f" % F)
#随着时间增加
for t in range(20):      #在 f=2.2 时，再次迭代
    F1,W=FF1(),WW()
    print("F1= %f, W is %f" %(F1,W))
```

7.7.5　实验结果

本程序相对简单，按照 7.7.4 节的程序代码运行后，输出结果如图 7-17 所示。从结果可以看到，风轮转速是鼓风机风力 F 的函数，当风轮转速变化时，会带动杠杆变化，进而控制风口阀门，并最终调节输出的实际风力，构成一个闭环的自动反馈控制系统。当鼓风机风力适当时，实际输出风力和转速保持不变，自动反馈控制系统处于平稳运行状态；当鼓风机风力偏大时，风轮转速先明显增加，导致联动的杠杆控制阀门开度变小，通过系统的反馈调节使实际输出的风力逐渐减小，进而导致风轮转速随着减小，最终达到稳定状态；当鼓风机风力偏小时，风轮转速开始明显减小，导致联动的杠杆控制阀门开度变大，通过系统的反馈调节使实际输出的风力逐渐增加，进而导致风轮转速随着增大，最终达到稳定状态。

当系统参数变化时，如更改系统参数为 a=0.15，b=0.95，程序的运行结果如图 7-18 所

示。从实验结果可以看到，自动反馈控制系统呈现类似的变化规律，但调节效果大大降低，因此，设置合适的系统参数对于系统性能至关重要。

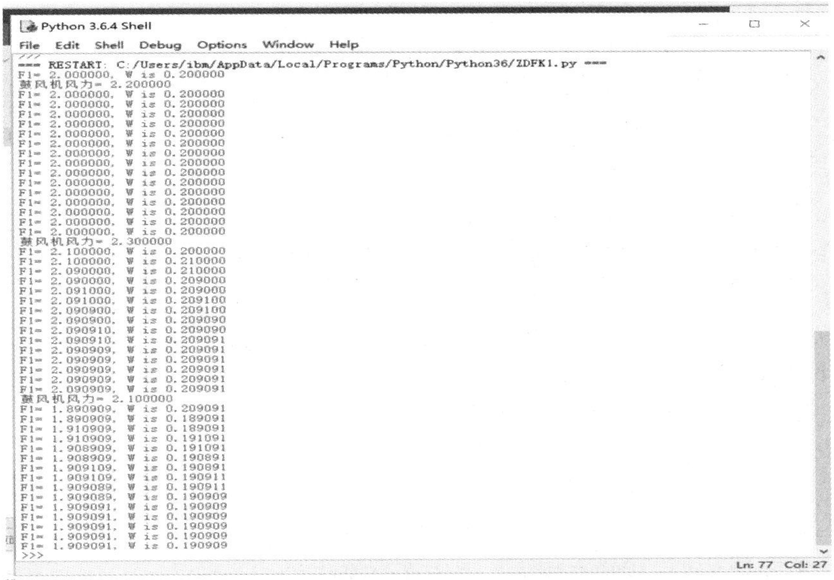

图 7-17　程序运行结果

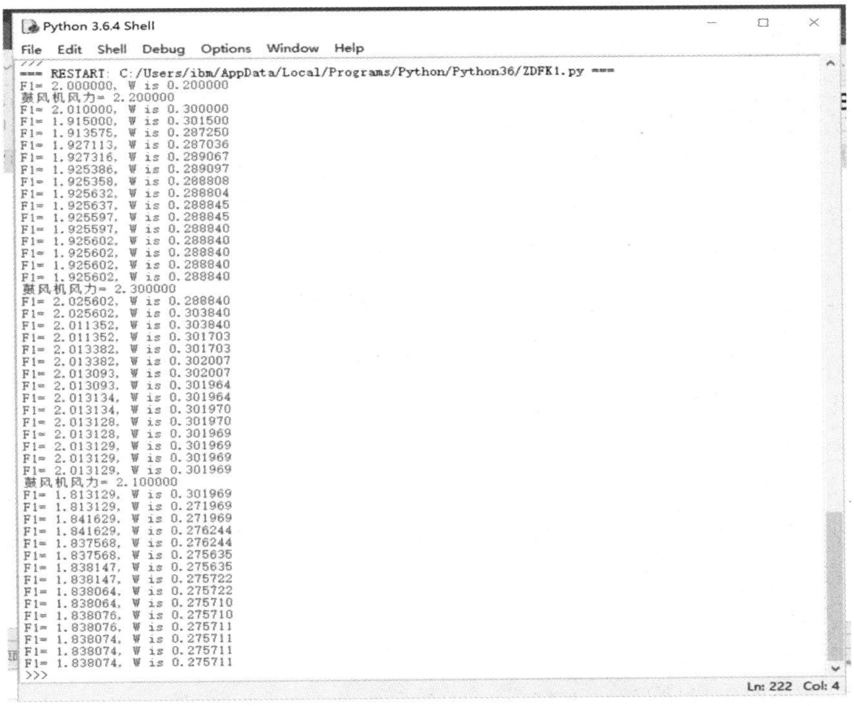

图 7-18　更改系统参数后的程序运行结果

习题

1. 什么是自主无人系统？它与自动化系统有哪些区别？
2. 自主无人系统的主要特征有哪些？你是如何理解这些特征的？
3. 自主无人系统的主要评价指标有哪些？
4. 设计自主无人系统时需要考虑哪些要素？
5. 自主无人系统有几种主要类型？其目前发展面临的主要挑战是什么？
6. 自组织网络的特点是什么？简要说明其与传统网络的主要区别。
7. 请简单列举自组织网络的主要研究和应用领域。
8. 如何理解无人机的概念和内涵？
9. 请简要说明无人机的发展历史和主要类型。
10. 如何看待无人机未来的发展趋势？
11. 请举例说明无人机的几项关键技术。
12. 无人驾驶汽车与无人轨道交通工具有哪些异同点？
13. 当前无人驾驶汽车主要应用了哪些人工智能技术？
14. 无人驾驶汽车大规模实用的主要难点有哪些？
15. 你怎样预测无人驾驶汽车的前景？

参考文献

[1] 国务院. 新一代人工智能发展规划[J]. 中国信息化，2017(8):12-13.
[2] 张涛，李清，张长水，等. 智能无人自主系统的发展趋势[J]. 无人系统技术，2018(6):11-22.
[3] 肖安昆. 自动控制系统及应用[M]. 北京：清华大学出版社，2007.
[4] 梁晓龙，孙强，尹忠海，等. 大规模无人系统集群智能控制方法综述[J]. 计算机应用研究，2015, 32(1):11-16.
[5] 朱华勇，牛轶峰，沈林成，等. 无人系统自主控制技术研究现状与发展趋势[J]. 国防科技大学学报，2010, 32(3):115-120.
[6] 王志宏，杨震. 人工智能技术研究及未来智能化信息服务体系的思考[J]. 电信科学，2017, 33(5):1-11.
[7] 吕伟，钟臻怡，张伟. 人工智能技术综述[J]. 上海电气技术，2018, 11(1):62-66.
[8] Kenzo Nonami. 自主控制系统与平台——智能无人系统[M]. 龚立，译. 北京：国防工业出版社，2017.
[9] 陈宗基，魏金钟，王英勋，等. 无人机自主控制等级及其系统结构研究[J]. 航空学报，2011 (6):1075-1083.
[10] 郭小勤. 自动控制原理[M]. 广州：华南理工大学出版社，2012.
[11] 李琦，张文玉. 无人作战平台指挥控制技术[J]. 指挥信息系统与技术，2011(6):27-32.

[12] Durst P J, Gray W. Levels of Autonomy and Autonomous System Performance Assessment for Intelligent Unmanned Systems[R]. The US Army Engineer Research and Development Center, 2014.

[13] 陈安，王晗. 基于物理人机交互的智能助行器实时控制研究[J]. 计算机应用研究，2017, 34(5):1362-1366.

[14] 余凯，贾磊，陈雨强，等. 深度学习的昨天，今天和明天[J]. 计算机研究与发展，2013, 50(9) : 1799-1804.

[15] Kolling A, Walker P, Chakraborty N, et al. Human interaction with robot swarms: a survey[J]. IEEE Trans Human-Mach Syst, 2016, 4(6): 9-26.

[16] 艾媒咨询. 2017 年中国人工智能行业白皮书 [EB/OL]. http://www. iimcdia. cn/59710.html, 2017.

[17] Gertler J U S. Unmanned Aerial Systems[R]. Congressional Research Service Reports, 2014.

[18] 秦博，王蕾. 无人机发展综述[J]. 飞航导弹，2002(8):4-10.

[19] 陶于金，李沛峰. 无人机系统发展与关键技术综述 [J]. 航空制造技术，2014, 464(20):34-39.

[20] 编辑部. 美军无人自主系统试验鉴定挑战、做法及启示[J]. 中国科学：技术科学，2017, 47(3):221-229.

[21] 编辑部. 中国自主无人系统智能应用的畅想[N]. 光明日报，2017-07-13.

[22] 王桂芝，沈卫. 国外自主地面无人系统发展综述[J]. 机器人技术与应用，2017(6):23-29.

[23] 万接喜. 外军无人水面艇发展现状与趋势[J]. 国防科技，2014, 35(5):91-96.

[24] 潘光，宋保维，黄桥高，等. 水下无人系统发展现状及其关键技术[J]. 水下无人系统学报，2017, 25(2):44-51.

[25] Weatherington D. Unmanned Aircraft Systems Roadmap 2005－2030[R]. US Department of Defense Report, 2005.

[26] International Civil Aviation Organization. Unmanned Aircraft Systems (UAS)[R]. ICAO Report, 2011.

[27] Nancy S, Ahmed K. Towards Autonomic Network Management: an Analysis of Current and Future Research Directions[J]. IEEE Communications Surveys & Tutorials, 2009, 11(3): 22-36.

[28] Chen W, Jain N, Singh S, ANMP: Ad Hoc Network Management protocol[J]. IEEE Journal on Selected Areas in Communications, 1999, 17(8):1506-1531.

[29] 王海涛. 自治网络管理——网络管理发展的新方向，数据通信，2010(12):8-11.

[30] Chen J Y C, Barnes M J. Human-agent teaming for multirobot control: a review of human factors issues[J]. IEEE Trans Human-Mach Syst, 2014, 44:13-29 .

[31] 廖备水，李石坚，姚远，等. 自主计算概念模型与实现方法[J]. 软件学报，2008, 19(4):231-237.

[32] Movahedi Z, Ayari M, Langar R. A Survey of Autonomic Network Architectures and Evaluation Criteria[J]. IEEE Commun. Surveys & Tutorials, 2011, 13(5):1-27.

[33] 郑少仁，王海涛，赵志峰，等. Ad Hoc 网络技术[M]. 北京：人民邮电出版社，2005.

[34] 沈斌. 移动 Ad Hoc 网络与 Internet 互联的关键技术研究[D]. 武汉：华中科技大学，2007.

[35] 王海涛，郑少仁，宋丽华. Ad hoc 网络中 QoS 保障机制的研究[J]. 通信学报，2002，23(10):114-121.

[36] 王海涛，郑少仁. 移动 Ad hoc 网络的路由协议及其性能比较[J]. 数据通信，2003(1):5-8.

[37] Martin B, Remi B, Olivier F. Vulnerability Assessment in Autonomic Networks and Services: A Survey[J]. IEEE Communications Surveys & Tutorials, 2014, 16(2):988-1011.

[38] 王海涛，张学平，陈晖，等. 基于无线自组网的应急通信技术[M]. 北京：电子工业出版社，2015.

[39] 申超，武坤琳，宋怡然. 无人机集群作战发展重点动态[J]. 飞行导弹，2016(11):28-33.

[40] 中国航空工业集团公司. 无人机系统发展白皮书（2018）[D]. 中国航空工业集团公司，2018.

[41] 张立珍. 无人机自主飞行控制系统的设计[D]. 南京：南京航空航天大学，2011.

[42] 韩泉泉，席庆彪，刘慧霞，等. 基于飞行安全的无人机控制技术发展趋势研究[J]. 现代电子技术，2014(13):22-25.

[43] 朱华勇，牛轶峰，沈林成，等. 无人机系统自主控制技术研究现状与发展趋势[J]. 国防科技大学学报，2010, 32(3):115-120.

[44] Barnwell W G. Distributed actuation and sensing on an uninhabited aerial vehicle[D]. Dissertation of Masteral Degree. Raleigh: North Carolina State University, 2003.

[45] 韩泉泉，刘洋，刘磊. 小型无人机自主飞行控制技术的研究[J]. 计算机光盘软件与应用，2014,(6):35-36.

[46] 王强. UAV 集群自主协同决策控制关键技术研究[D]. 西安：西北工业大学，2015.

[47] 卞正岗. 机器视觉技术的发展[J]. 中国仪器仪表，2015(6):40-46.

[48] 甄红涛，齐晓慧，夏明旗. 四旋翼无人机鲁棒自适应姿态控制[J]. 控制工程，2013，20(5):915-919.

[49] 季丽丽，王道波，盛守照，等. 低速无人机自主着陆控制技术研究[J]. 伺服控制，2012(1):34-37.

[50] 魏星. 基于粒子群算法的飞行控制律参数设计研究[J]. 西安航空学院学报，2017，35(1):3-7.

[51] Long L N, Hanford S D. Evaluating cognitive architectures for intelligent and autonomous unmanned vehicles[R]. Technical Report. AAAI Workshop, University Park, 2007.

[52] Advisory Group for Aerospace Research & Development. Integrated Vehicle Management Systems[R]. AGARD Advisory Report 343, AGARDAR-343, 1986.

[53] 王曰凡. 全自动无人驾驶系统——全新理念的城市轨道交通模式[J]. 城市轨道交通研究, 2006(8):1-5.

[54] 蒋历正, 邓红元. 浅析无人驾驶系统[J]. 铁路通信信号工程技术, 2006(2):55-57.

[55] Hod Lipson. 无人驾驶[M]. 林露茵, 译. 上海：文汇出版社, 2017.

[56] 孙健, 全兴. 无人驾驶汽车发展现状及建议[J]. 科技视界, 2107(6):25-29.

[57] 张津平. 无人驾驶技术的应用[J]. 信息系统工程, 2017(4):12-13.

[58] 陈延寿. 无人驾驶汽车研究动向[J]. 汽车与配件, 2017(6):44-48.

[59] 陈慧岩, 熊光明, 龚建伟. 无人驾驶汽车概论[M]. 北京：北京理工大学出版社, 2014.

[60] 吴毅华. 基于激光雷达回波信号的车道线检测方法研究[D]. 合肥：中国科学技术大学, 2015.

[61] 辛烃. 无人驾驶车辆运动障碍物检测、预测和避撞方法研究[D]. 合肥：中国科学技术大学, 2014.

[62] 匀文婷, 赵同. 无人驾驶汽车的关键技术及其未来商业化应用[J]. 汽车与配件, 2017(2):34-39.

第8章 群体智能

对许多物种而言，即使每个个体都不太聪明，但作为一个群体工作却能执行复杂的任务。例如，蚁群能够非常有效地在它的巢穴和一些食物源之间找到最短路径，而一只蚂蚁却没有能力完成这项任务。又如，一群鸟儿可以作为一个整体旋转、移动，而没有明显的总体规划来指导它们的行为；鱼群也同样步调一致。群体智能是一种当某些自主的、非智能的实体互动时产生的集体智能行为。群体智能可以描述为在极少数规则下工作的群居昆虫产生的集体行为。伴随着智能体之间的有限交互，自组织是主要的主题。群体智能的许多著名的例子来自动物世界，如鸟群、鱼群和虫群。由于整个群体可收集更多信息，智能体个体之间的社交互动有助于它们更有效地适应环境。为了模拟群体产生的广泛行为，群体智能的遵循几个一般原则：接近原则、质量原则、多响应原则、稳定性和适应性原则。本章将对流行的群体智能算法进行介绍，包括蚁群优化算法、粒子群优化算法、蜂群优化算法、细胞自动机。

8.1 蚁群优化算法

现实世界中群体智能最公认的例子来自蚂蚁。为了寻找食物，蚂蚁将从它们的聚居地开始随机向各个方向移动。一旦蚂蚁找到食物，就会回到聚居地并在路径上留下一种名为信息素的化学物质，然后其他蚂蚁可以检测到信息素并遵循相同的路径。有趣的是，蚂蚁的路径访问频率取决于路径上信息素的浓度。由于信息素会随时间的推移自然蒸发，因此路径的长度也是一个因素。所以，在所有这些考虑因素下，较短的路径将是有利的，因为遵循该路径的蚂蚁不断添加信息素，这使其浓度足够强以防止蒸发。结果，就出现了从聚居地到食物源的最短路径[1-4]，如图 8-1 所示。

图 8-1（a）显示了蚁穴和食物之间的直线，蚂蚁有条不紊地来回拾取食物并将其放入蚁穴中。假设在路径中放置障碍物，如图 8-1（b）所示。一般而言，大约一半的蚂蚁将采取上面的路径，另一半的蚂蚁采取下面的路径，如图 8-1（c）所示。因为上面的路径较短且单位时间内穿过它的蚂蚁数量相同，所以会累积更多的信息素。信息素的这种增加将吸引每只蚂蚁，使得蚂蚁更有可能在下一次迭代中选择上面的路径。上面路径的信息素会变得越来越丰富，最终所有的蚂蚁都会走上面的路径，如图 8-1（d）所示。

蚁群优化（ACO）算法是受蚂蚁觅食中使用信息素策略启发的一个群体式优化算法。蚁群优化算法最初的目的是找到旅行商问题中的最短路径。在蚁群优化算法中，当人工蚂蚁穿越图 8-2 中连接节点的边时会释放虚拟信息素。

（a）蚂蚁沿着蚁穴和食物之间的路径前进

（b）路上出现障碍物

（c）大约一半的蚂蚁沿着上面的路径走，另一半沿着下面的路径走

（d）由于信息素在较短的路径上沉积得更快，因此所有蚂蚁都选择了这条路径

图 8-1　蚂蚁在蚁穴和食物之间的路径选择过程

在给定的时间内，人工蚂蚁能够多次往返沉积了较多信息素的路径。因此，在这个正反馈回路中，这条路径将吸引更多的人工蚂蚁。然而在自然界中，如果初始搜索时有较多的蚂蚁选择了较长的路径，即使它不是最短的，该路径也将吸引更多的蚂蚁。为了克服这个问题，在蚁群优化算法中，假设信息素挥发来减少长路径被选中的概率。

图 8-2 中，基于信息素 τ_{ij} 和可行性 η_{ij}（距离的倒数），节点 A 处的人工蚂蚁顾及下一个访问路径的方向，由于节点 A 已经被访问过了，因此不会加以考虑。

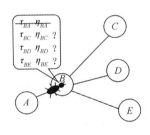

图 8-2　连接节点

在蚂蚁系统中，蚂蚁最初随机分布在图 8-2 中的节点上。每个蚂蚁都根据它所处位置的周围路径长短和信息素的含量选择路径。每条路径只可以被访问一次，即被访问过的路径不在选择的范围内。如果访问过的路径上遗留的信息素含量与路径长度成反比，一旦所有蚂蚁都遍历了整幅图，则每只蚂蚁都将从自己的路线返回。在蚂蚁重新开始另一次搜索前，所有路径上信息素的量都将被少量地挥发。通过结合信息素挥发与路径长短的选择概率，除了有些蚂蚁还继续在稍长一些的路径上前行，可以确保蚂蚁最终会聚集在最短的路径上。

现在来分析算法，蚂蚁的总数 M 一般等于节点的数目 N，在搜索开始时，所有的路径上都有少量的虚拟信息素。p_{ij}^k 表示蚂蚁 k 从节点 i 到节点 j 路径选择的概率，公式为

$$p_{ij}^k = \frac{\tau_{ij}^a \eta_{ij}^b}{\sum_{h \in J^k}^H \tau_{ih}^a \eta_{ih}^b}$$

式中，τ_{ij} 为路径上虚拟信息素的量；η_{ij} 为节点间的能见度，通过路径长度的倒数 $1/l_{ij}$ 计算；常数 a、b 均为这两个重要因素的权重。如果 $a=0$，则蚂蚁完全根据最短的距离选择路径；反之，如果 $b=0$，蚂蚁仅根据信息素的量选择路径。式中分数的分母为信息素和所有边 H 的可见度值的累加和，边 H 为从蚂蚁当前位置可达的边，只要它们属于蚂蚁 k 仍未访问过的节点集合 J^k。

当所有蚂蚁都遍历完整幅图时，每个蚂蚁 k 沿着自己的路径返回并在已经访问过的路径上遗留 $\Delta\tau_{ij}^k$ 的信息素。

$$\Delta\tau_{ij}^k = \frac{Q}{L^k}$$

式中，L^k 为蚂蚁 k 所经过路径的总长度；Q 为一个常数，它是通过简单的启发式方法估计的最短路径。

M 个蚂蚁折回自己的道路之后在每条路径上遗留的信息素量为

$$\Delta\tau_{ij} = \sum_{k=1}^{M}\Delta\tau_{ij}^k$$

在所有蚂蚁开始最短路径的再次搜索前，信息素的挥发公式为

$$\tau_{ij}^{t+1} = (1-\rho)\tau_{ij}^t\Delta T_{ij}$$

其中，$0\leqslant\rho<1$ 是信息素的挥发系数。

这就是该算法在找到一条满意的最短路径前的一次迭代。蚁群系统在不能保证找到最短的路径之前，该过程需要重复进行几百次迭代。有些系统不能保证可以找到最短的路径，但相比于解决旅行商问题的最好算法而言，对于中等大小的图（大约 30 个节点），蚁群优化算法可以提供一个等价甚至更好的解决方案。该算法通过允许每次迭代中已经找到最短路径的蚂蚁在释放虚拟信息素的过程中重复几次它自己访问过的路径来进行改善。

尽管蚁群优化算法不能保证在复杂的高维空间中找到最短路径，但它可以使用相对小的计算量找到令人满意的解决方案。与其他算法相比，蚁群优化算法在寻找路径方面的一个主要优势是概率选择，人工蚂蚁除了发现最短的路径，还可以发现并保留多个较短路径，如图 8-3（a）所示。如果一个边不能再被通过或该节点不可用，蚂蚁将快速使用并强化第二条最短路径，如图 8-3（b）所示，其他算法则必须在新图上再次计算最短路径。因此，蚁群优化算法特别适用于可选择的解决方案必须立即可用的动态场景。

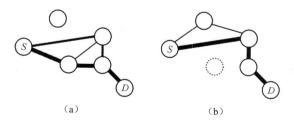

（a）　　　　　　　　　　　　（b）

图 8-3　蚂蚁寻路与信息素释放

蚁群优化算法解决此类问题的方法是采用信息素的概念。ACO 元启发式分为以下 3 个阶段[2]，如图 8-4 所示。

```
初始化
while 没有终止 do
    解决方案构造；
    使用人工蚂蚁本地搜索；
    更新信息素；
end
```

图 8-4　算法 1：ACO 元启发式

（1）解决方案构造：使用 m 个人工蚂蚁，求解 $C = \{c_{ij}\}$ $(i=1,\cdots,n;\ j=i,\cdots,D_i)$ 满足所有约束 Ω 的构造，其中 c_{ij} 指定决策变量 $X_i = v_i^j$。这也可以被视为构造图 $G_c(V,E)$ 上蚂蚁的随机游走。

（2）本地搜索：通过针对个别问题的特定设计，本地搜索可以改进构建的解决方案，但由于个别问题变化很大，因此本地搜索是一个可选过程。

（3）更新信息素：有希望的解决方案的信息素值将增加，并且信息素挥发将减少不需要的溶液值，因此，最好的解决方案是获得最高浓度的信息素。

计算机科学中的许多 NP 难（NP：非确定性多项式）问题可以使用蚁群优化算法来解决，如分配问题和调度问题[2]。蚁群优化算法的性能在很大程度上取决于是否可以找到最优的局部搜索程序，这是与特定问题相关的。

8.2　粒子群优化算法

粒子群优化（PSO）算法是由 Kennedy 和 Eberhart 于 1995 年受到鸟群寻找食物的启发而研究提出的。想象一下，一群鸟中每只鸟的鸟鸣强度与它在当前位置发现的昆虫数量成正比，并且每只鸟都能感知周围鸟的位置，分辨出周围哪个鸟鸣最强。如果每只鸟都从 3 个方向选择轨迹，那找到昆虫最集中的那个点将会很容易，这 3 个方向分别是：在同一方向继续飞行、回到目前昆虫集中度最高的位置、向近邻鸟鸣最强的位置移动[1-4]。

PSO 算法中的群由粒子（鸟类）组成，它们共同在空间中移动并搜索全局最优解，如图 8-5 所示。每个粒子的属性包括它的位置和性能。例如，在单变量函数优化过程中，每个粒子的特征包括变量值和对应的函数值。

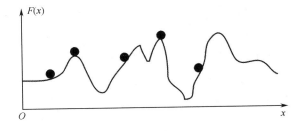

图 8-5　由 5 个粒子组成的群搜索定义在实数域的一维函数的全局最小值

最初，粒子随机分布在搜索域上，并根据其局部信息移动。每个粒子与近邻的粒子通信，记录下迄今为止性能最好的位置，并且将这一位置告知周围的粒子。每个粒子通过将 3 个位移分量相加来更新其位置，3 个位移分量：①与上一个时间段位移方向相同的位移分量；②移向迄今为止所经历最优性能位置的位移分量；③移向邻域最优解的位移分量。

如图 8-6 所示，通过 3 个方向位移分量的总和给出一个粒子（黑色圆盘）需要更新的位置：当前方向、到目前为止自身的最优位置及方向（黑色轮廓的灰色圆盘）、指向某一时刻最优邻域的方向（无轮廓的灰色圆盘）。每个方向可分别带有加权系数 a、b、c，在图 8-6 中，其值全被置为 1。此外，一些不确定性（虚线）可以添加到有最优本体和最优邻域的位置（图中未涉及不确定性更新机理）。

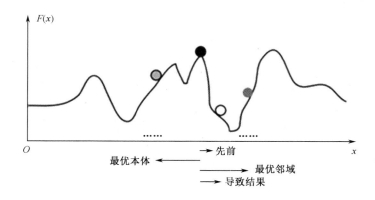

图 8-6　3 个方向位移分量

通常，用 x_i^{t+1} 表示粒子 i 的新位置，计算公式为 $x_i^{t+1} = x_i^t + v_i^{t+1}$，其中，$v_i^{t+1}$ 是粒子的新速率。在这个简单的例子中，可以认为粒子不断移动的轨迹是一维实值函数。

每个粒子的速率通过上面提到的 3 个方向的速率（见图 8-6）进行计算，即

$$v_i^{t+1} = av_i^t + b(x_i^p - x_i^t) + c(x_j^t - x_i^t)$$

式中，a、b、c 均为常数，分别控制 3 个方向的重要性；$(x_i^p - x_i^t)$ 为 p 粒子到目前为止的最优性能位置和粒子当前位置的差值；$(x_j^t - x_i^t)$ 为在 t 时具有最好性能的近邻粒子 j 的位置和粒子当前位置的差值。

在地理邻域，一个粒子与少数粒子通信，并在其附近的函数区域进行优化，如图 8-7（a）所示的虚线区域。在社交邻域，粒子贴上了标签，然后根据一些预定义的序列定义邻域，如图 8-7（b）所示的圆。在搜索过程中，不论粒子处于哪种函数空间，一个粒子总会与其社交邻域进行通信，如图 8-7（b）所示的虚线区域。

当一个粒子在新位置记录了一个更好的全局最优解时，x_i^p 的值就会被更新。然而，为了允许粒子去探索新的区域并避免陷入局部最优，快速更新需要一些随机的因素。通过在目前最优解的位置和粒子邻域最优解周围增加一个不确定性的区域（图 8-7 中的虚线区域）可以达到这一目的，公式为

$$v_i^{t+1} = av_i^t + br_s(x_i^p - x_i^t) + cr_t(x_j^t - x_i^t)$$

式中，r_s 和 r_t 分别为范围在 $[0,s]$ 和 $[0,t]$ 的随机值。

粒子的邻域可以按位置划定，在这种情况下，邻域由函数空间的粒子位置给定，如图 8-7（a）所示。一旦被群居化，粒子将被贴上标签，并被定义成与位置无关的邻域。例如，一个经常使用的群居化的邻域由一圈粒子序列组成，如图 8-7（b）所示。如果使用社交邻域，那么一个粒子在搜索过程中只会对同组粒子发送和接收信号。在群体中，粒子的位置可以同步或异步更新（类似于第 3 章中介绍的 Hopfield 神经网络中对神经元的更新）。

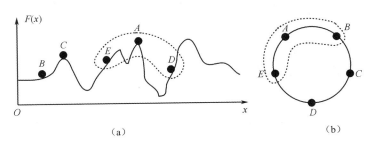

图 8-7　地理邻域和社交邻域

群体的典型大小是 $[20,200]$ 个粒子，它的邻域大约为群体大小的十分之一。对于实数域的低维函数，3 个常量 a、b、c 的值和不确定性区域 s 和 t 可以被象征性地设在 $[0.1,1]$。

粒子群优化算法已经在发电厂监管、旅行商问题等几个领域被成功使用。实验表明，相比其他的优化技术，粒子群优化算法能更好地对实数变量的函数进行优化，如神经网络的权重。但是对于多维函数及在离散或欧几里得空间中定义的函数，必须找到方向和更新速度最适当的计算方法，才能使粒子朝该函数更好地收敛。这种选择是非常微妙的，因为它将函数空间的相邻点映射到粒子空间，从而影响优化函数发生的可能性。

类似于进化算法，粒子群优化算法通过种群候选解并行地搜索问题空间。然而，进化算法是通过候选解之间的竞争进行搜索的，而粒子群优化算法是通过合作方式实现搜索的。在进化算法中，选择合适的遗传编码和交叉算子相当于在粒子群优化算法中选择合适的位置和速度更新。在这两种情况下，对于函数优化，选择可能是比较容易的，但对于较复杂和不连续的问题，不同的编码映射和算子会产生截然不同的结果。

8.3　蜂群优化算法

就像蚂蚁一样，蜜蜂也有类似的食物收集行为。蜂群优化算法不依赖于信息素，而依赖于蜜蜂的觅食行为。在第一阶段，一些蜜蜂被派出去寻找有前途的食物来源。在找到一个好的食物来源后，蜜蜂会回到聚居地并进行摇摆舞以传播有关来源的信息，如图 8-8 所示。食物来源信息包括 3 种：①距离；②方向；③食物来源的质量。食物来源的质量越好，吸引的蜜蜂就越多。因此，最好的食物来源就出现了。

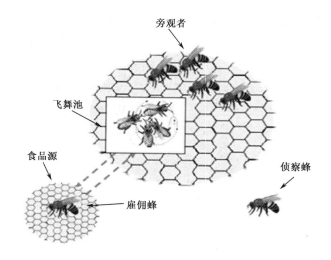

图 8-8　蜜蜂寻找食物来源示意

从蜜蜂的觅食行为中提取的元启发式算法也可用于解决组合问题，特别是涉及全局最小或最大的问题。同样，BCO（蜂群优化）元启发式算法包含以下几个阶段，如图 8-9 所示。

图 8-9　算法 2：BCO 元启发式

（1）初始化：初始化所有蜜源 $F_m(m=1,\cdots,N)$，F_m 是优化问题的解决方案，并将通过 BCO 算法进行调整，以最小化或最大化定义的目标函数 f。

（2）雇佣蜂：雇佣蜂将用随机向量 R_m 在食物源 F_m 附近搜索，计算适合度以确定 R_m 是否带来更好的食物来源，适合度函数 T 的通常选择为

$$T(\boldsymbol{x}_m)=\begin{cases}\dfrac{1}{1+f(\boldsymbol{x}_m)}, & \text{if } f(\boldsymbol{x}_m)\geqslant0\\[2mm]1+\left|f(\boldsymbol{x}_m)\right|, & \text{if } f(\boldsymbol{x}_m)<0\end{cases}$$

（3）旁观者蜜蜂：在雇佣蜂分享有关食物来源的信息后，旁观者蜜蜂将相应地选择目的地，通常，这是根据雇佣蜂提供的适合度值计算的，例如，利用上面定义的适应值 $T(\boldsymbol{x}_m)$，可以计算概率值 p_m，即

$$p_m=\frac{T(\boldsymbol{x}_m)}{\sum_{m=1}^{N}T(\boldsymbol{x}_m)}$$

随着更多的旁观者蜜蜂发现更丰富的资源，积极的反馈也会带来更丰富的资源。

（4）侦察蜂：通常是被算法遗弃的雇佣蜂，因为它们发现的食物来源质量很差，侦察蜂将从头开始，并随机搜索食物来源，然而，负面反馈将降低其先前发现的食物来源的吸引力。

BCO 算法在数值优化中具有有趣的应用，如它可用于找到全局最优解。此外，最近的研究表明，BCO 算法也可以应用于车间调度、神经网络训练和图像处理等问题。

8.4　细胞自动机

细胞自动机最早由美籍数学家冯·诺依曼（Von Neumann）在 1950 年为模拟生物细胞的自我复制而提出，但并未受到学术界重视。直到 1970 年，任教于剑桥大学的英国数学家约翰·何顿·康威（John Horton Conway）设计了生命游戏，经马丁·葛登在《科学美国人》杂志上介绍，才吸引了科学家们的注意。此后，英国学者史蒂芬·沃尔夫勒姆（Stephen Wolfram）对初等元胞机 256 种规则所产生的模型进行了深入研究，并用熵来描述其演化行为，将细胞自动机分为平稳型、周期型、混沌型和复杂型。

理论上认为，维持生命最简单的系统是生物细胞系统。虽然细胞已经是相当复杂的系统了，但生命最复杂的形式是多细胞组织，即细胞结构化序列集合。在多细胞有机体内，几乎所有的细胞都包含相同的遗传物质，但两个细胞的形态和功能却有着显著的不同。这种明显的差异可用事实来解释：每个细胞的状态不仅取决于其遗传物质，也取决于它产生时的状态和此前细胞所受的影响。因此，一个多细胞系统是由许多基本单元复制组成的系统，这里所说的单元就是细胞。它们相互作用产生了一个全局行为，该全局行为不只是独立单元行为的组合放大。人们特别感兴趣的是基本单元模式比生物细胞更加简单的情况。首先人们用列表来定义这类模型所需的基本要素；然后通过这些要素一起来构建各种类型的细胞系统。下面将分析这些模型的性能并讨论它们在诸多方面的一些应用，如计算、人工生命、物理学和复杂系统的建模与仿真[1]。

8.4.1　细胞系统的基本构成

人们使用生物细胞组织提供的启示来定义抽象细胞系统中的元素。从该抽象细胞系统中也会获得专门适用于各种现象的模型。在提取的细胞组织中，细胞集合构成离散的细胞空间，把生物细胞复杂的内部状态简化为一个数值或符号状态变量，则它的值构成一个合理又简单的状态集。控制生物细胞时空动态的复杂规则和相互作用是从数学函数或规则中提取的，这种规则必须明确指出如何及时更新状态变量，这是由于考虑了一个细胞和与之相连的邻近细胞的相互作用，而该状态开始于给定细胞空间的初始结构。

在更精确的和正式的层面上，一个抽象的细胞系统组成包括以下要素。

（1）细胞空间。系统中细胞的集合称为细胞空间。一般来说，它是一个规则的 d 维细胞网格。在抽象级别上处理细胞系统时，网格常被认为是无限的。然而，任何实际的实现需要一个有限的空间。图 8-10 所示为一些常用类型的细胞空间示例。在实际应用中，很少考虑三维以上的细胞空间，因为沿每个维度给定大小的晶格细胞的总数随着维数增加呈指数增长。

（2）时间变量。细胞系统的动态可以沿着离散的或连续的时间轴变化。

（3）状态和状态集。一个细胞的状态代表了该细胞当前明确的信息。这是细胞对过去所发生事情的记忆。因此，这也是细胞的过去影响细胞系统未来的唯一方式。状态集 S 是一个细胞状态的可接受值的集合。通常，指定一个特殊的静止状态 s_0，表示细胞处于休眠或非活动状态。在大多数细胞系统的模型中，细胞的状态由数值变量的值来表征。有时使用数值 n 元组而不是单个变量来表示状态，即原则上，这个 n 元组可以重新编码为单个变量。使用 n 元组的好处：每个变量可以以更加有意义的方式来代表细胞状态的不同方面，对状态建模可以简化下面将描述的转换函数的定义。

（4）邻域。一个细胞的邻域是细胞集（包括细胞本身），它的状态可以直接影响细胞未来的状态。换言之，每个细胞都与其邻域细胞状态有关，并可影响其邻域细胞状态。原则上，邻域的形状和大小可以是任意的。不过，通常邻域由少量的相邻细胞组成，因为细胞系统被假定为只在局部交换信息的模型系统。指派邻域的一个简单方法是在细胞空间中定义距离，然后指定一个细胞邻域是由该细胞一定半径 r 内的所有细胞组成的。图 8-11 说明了此概念并表示了一些常见的低维细胞系统的邻域。如果在这种系统中，所有细胞具有相同类型的邻域，那么就称该细胞系统具有齐次性或均匀的邻域。齐次性可以进一步规定空间属性、时间属性或二者的共同属性。

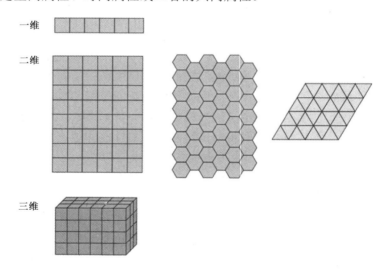

图 8-10　常用类型的细胞空间示例

在一维情况下，图 8-11 给出了如何使用半径 r 的概念定义邻域。最常用的二维邻域是冯·诺依曼型和摩尔型。

（5）状态迁移函数。及通常称为简单转换函数，规定了细胞状态如何在时间轴上展开。它取决于细胞邻域的状态，也可能取决于细胞的位置和时间。如果简单转换函数对所有细胞都相同或不依赖于时间而变化，那么该细胞系统被认为分别在时间和空间上关于简单转变函数是齐次性的。一般来说，当一个细胞系统是齐次性的，且没有进一步的限制时，简单转换函数和邻域在空间与时间上都有齐次性。对于离散时间细胞系统，在计算机上对简单转换函数的实现可以通过编程，用每个时间步长来评估函数。对于小的有限状态集和小邻域，简单转换函数可以通过对一个存储转换函数的所有条目的查找表来实现。

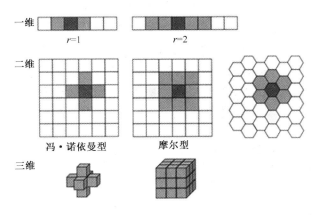

图 8-11　细胞空间邻域示例

（6）边界条件。如果细胞空间有边界，则边界细胞可能缺乏一些形成邻域细胞的规则。这个问题通过指定合适的边界条件来解决。最常见的一维空间边界条件示例如图 8-12 所示。

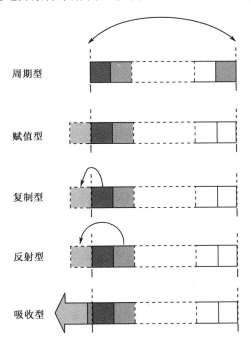

图 8-12　最常见的一维空间边界条件示例

① 周期型。对存在边界的细胞空间，最简单的解决方案是消除边界，通过变换细胞空间把具有边界的空间变换成没有边界的空间。通常，要把一个长方形的 d 维细胞空间转换成 d 维环形细胞空间，可通过矩形空间把两端粘合来实现，此策略称为周期型边

界条件。

② 赋值型。对存在边界的细胞空间，另一种策略是给它们定义一个虚拟邻域。虚拟邻域细胞的状态赋值不依赖于实际的细胞系统状态。在大多数情况下，状态的赋值是固定的（固定边界条件），但也可以用更复杂的过程生成。例如，它可以由随机过程（随机边界条件）生成，也可以来源于细胞系统中某种建模的量（如粒子或车辆）。

③ 复制型。即将细胞系统中的细胞状态复制到虚拟邻域细胞。隔热边界条件复制边界细胞的状态。这个名称来源于模拟热扩散现象的系统，该系统用温度表示细胞状态，复制策略保证了边界的温度梯度为 0，从而定义了边界的热交换也为 0。镜像边界条件指将边界的紧邻细胞状态复制到虚拟细胞。周期边界条件可以理解为将相反边界细胞的状态复制到虚拟细胞。

④ 反射型。反射边界条件（也称为封闭边界条件）对应于一个过程的定义，该过程反映了细胞系统所建模的某种现象（如粒子碰撞边界、波冲击边界）。反射过程的定义取决于细胞系统所模拟的细节。

⑤ 吸收型。吸收边界条件（也称为开放边界条件）是一种特殊的边界条件类，允许用有限空间模拟无限细胞空间的行为。这种无限细胞空间在静态时具有有限数目的细胞，其迁移函数在静止时为零状态，即在边界处定义一个过程，该过程不会干扰细胞系统所建模的有限区域的活动。吸收过程的定义取决于转换函数的详细信息，而且可能相当复杂。另一种解决方法是定义动态边界，即持续增加细胞空间的大小，从而防止感兴趣的有限区域感知到边界效应。

⑥ 起始条件。指定所有细胞的初始状态，以便根据简单转换函数更新细胞系统中细胞的状态，起始条件也称为分配细胞系统的初步条件或种子。

⑦ 停止条件。停止条件规定了停止细胞空间的更新时机。典型停止条件是达到了预定的模拟时间，并且可观察到细胞系统处于循环状态。

对于一些细胞系统，以上列出的边界条件实际上是不同情况的合并。例如，细胞系统中用于模拟粒子的运动、反射或吸收的粒子边界条件可以通过固定相应的边界条件简单实现，分别对应于超出边界的虚拟细胞中粒子的存在和不存在。

8.4.2　细胞自动机

包含所有上述要素的最简单和最受欢迎的细胞系统就是细胞自动机（CA）。一个 CA 包括一个离散时间变量、一个有限邻域、一个有限状态集和同步更新细胞空间中的所有细胞。整数序列 $S = \{0, \cdots, k-1\}$ 通常用作 CA 状态集，其中 $s_0 = 0$ 代表静止状态。CA 的状态迁移函数 φ（也称为迁移规则或 CA 规则）是确定性函数，它表明了第 i 个细胞在第 $t+1$ 时间步的状态。也就是说，$s_i(t+1)$ 是其细胞邻域 N_i 中的细胞在第 t 时间步的状态函数，即 $s_i(t+1) = \varphi(s_j(t): j \in N_i)$。

CA 这个名称来源于自动机的数学概念，这是一个离散时间系统，具有有限输入集 I、有限状态集 S、有限输出集 O 和状态迁移函数 φ，该函数根据当前状态和输入确定下一个时间步的状态。输出函数 η 给出了当前输出，它是当前状态的函数。CA 中的每个细胞都是一个自动机，它将自身的状态作为输出信息发布，并将领域细胞的输出作为自身的输入。

原则上，CA 规则可以表示为一个过渡表，该表详细规定了一个细胞在其所有可能邻域细胞组合状态下的下一个状态，如图 8-13 所示。如果状态集包含 k 个元素且邻域由 n 个细胞组成，那么邻域可能的排列为 k^n。因此，用迁移表表示 CA 规则会随着 k 和 n 的增加变得不切实际。CA 规则的数量增长也会更加迅速，即使是较小的 k 和 n 的值，也能成为天文数字。因为对每个邻域的排列有 k 种方式指定下一个状态，对具有 k 个可能的状态和邻域大小为 n 的 CA 有 k^{k^n} 个不同的 CA 规则。对于具有两个可能的状态和大小为 3 的邻域的 CA（二进制 CA），有 $2^{2^3} = 256$ 个不同的 CA 规则；但对于具有 3 个可能的状态及一个邻域大小为 3 的 CA（三进制 CA），则有 $3^{3^3} = 7625597484987$ 种不同的 CA 规则。

领域配置状态

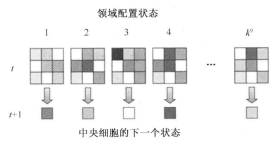

图 8-13　具有摩尔型邻域的二维 CA 的迁移表

在图 8-13 中，灰度级表示细胞状态，每个细胞具有 k 种可能的状态，每个细胞的邻域大小为 9，该表包含 k^9 个邻域状态。

1. 特殊规则

一般来说，既然 CA 规则数量是如此巨大的，那么挑选一些遵守额外约束的规则是非常有用的，这些约束能够简单指定或确保 CA 拥有一些特殊的属性。下面是一些最常见的特殊 CA 规则。

（1）极权型。假设用数字表示状态，如果 CA 规则只取决于邻域状态值的总和，则称其为极权型规则。极权型规则可以写为

$$s_i(t+1) = \varphi(\sum_{j \in N_i} s_j(t))$$

假设具有 k 个状态（值为 0 到 $k-1$）且邻域大小为 n，则只能有 $n(k-1)+1$ 个不同的值，因此可能有 $k^{n(k-1)+1}$ 个极权型规则。例如，邻域大小为 3 的二进制 CA 的 256 个规则只有 16 个是极权型规则，邻域大小为 3 的三进制 CA 的超过 10^{12} 个规则中，只有 2187 个是极权型规则。

（2）外极权型。如果 CA 规则只取决于状态更新细胞的值（"中心"细胞）和邻域中其他细胞状态的变量之和（"外邻域"），那么该 CA 规则称为外极权型规则。外极权型规则可以写为

$$s_i(t+1) = \varphi(s_i(t), \sum_{\substack{j \in N_i \\ j \neq i}} s_j(t))$$

（3）对称型。如果 CA 规则不受邻域细胞状态排列的影响，是对称的，那么该 CA 规则称为对称型规则。外极权型规则仅取决于邻域状态的总和，它关于任何邻域细胞状态都是对称排列的，因此外极权型规则也属对称型规则。

（4）零态静止型。如果 CA 规则把静止邻居映射到静止状态，那么该 CA 规则称为零态静止型规则。

2. 时空图

观察 CA 活动最吸引人的方式是在计算机屏幕上看其动画，但当唯一可用的介质是纸张时，对具有较小状态集的一维和二维的 CA 活动，可以用时空图显示。图 8-14（a）所示为一个一维 CA 的时空图。每个时间步长的细胞空间用正方形构成的水平线表示，垂直方向用来显示细胞空间状态在时间上的演化。状态集的每种状态用不同的灰度（或颜色）表示。图 8-14（b）所示为一维时空图直接生成二维时空图的例子（为了清晰，细胞空间的白色细胞没有显示）。因为这种表示法隐藏了二维 CA 的大部分活动，所以有一种替代表示形式，如图 8-15 所示。CA 在时间轴上的演化通过图示可加以说明，垂直方向的矩形区域的堆叠代表细胞空间在不同时间步的状态。

图 8-14 和图 8-15 代表具有摩尔型邻域的二进制 CA，实施所谓的外部奇偶校验规则。黑色细胞对应状态 $s=1$，白色细胞对应状态 $s=0$。如果在其外部邻域中 1 的数量是奇数，那么 CA 规则指出下一个细胞状态为 1；否则为 0。

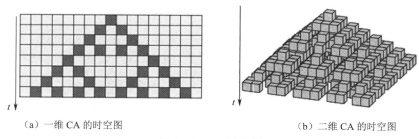

（a）一维 CA 的时空图　　　　　　　　　　　　（b）二维 CA 的时空图

图 8-14　CA 时空图

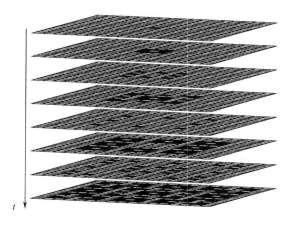

图 8-15　二维 CA 的另一种时空图

8.4.3 细胞系统建模

下面将介绍如何实际构建细胞真实世界的模型并使用模型研究其属性。可以根据下列步骤来定义和运行一个细胞模型。

（1）指定细胞空间。

（2）指定时间变量。

（3）指定邻域。

（4）分配状态集。

（5）指定迁移规则。

（6）指定边界条件。

（7）指定初始条件。

（8）指定停止条件。

（9）一直更新细胞状态，直到满足停止条件。

为了说明上面列出的建模步骤的应用，下面将介绍如何定义一个简单的交通 CA 模型。要模拟有限的单向延伸及单车道路 [见图 8-16（a）]，可通过将一段道路离散化成有限长度的单元格来实现，由此产生的细胞空间是一个一维有限的细胞网格，如图 8-16（b）所示。在 CA 中，时间变量是离散的，车辆被模拟为在离散时间间隔中移动。因此，现实交通流量仅可通过平均越过若干时间步或越过若干细胞来衡量。假设每个细胞的状态仅受其相邻细胞影响，即 CA 邻域由 3 个细胞组成，如图 8-16（c）所示。假定每个单元格包含一辆汽车或为空，这意味着状态集只包含两个状态，如图 8-16（d）所示。当然，这个假设与在一段离散化的道路上每个单元格赋予的长度有关，这段道路必须足够大，可以包含一个车辆，但也不能太大，最多一个汽车放在其上。迁移规则模拟车辆从左至右的移动，并且指定当目标单元格为空时，车辆可以而且必须前进。这种规则可以用迁移表来表示，如图 8-16（e）所示。指定周期型边界条件，使车辆从右边离开细胞空间后从左边再进入，如图 8-16（f）所示。要运行这个模拟过程，现在必须分配初始条件。使用一个随机的汽车分布密度 ρ 作为初始条件，该密度从 0（空路）到 1（每个单元格被一辆车占用）变动。注意，迁移规则确保车辆既不能创造也不能消灭，即车辆数目守恒，因此指派的密度在整个 CA 演化过程中保持不变。

运行 CA 可以看到，初始转变后，车流量达到一个稳定状态，该状态循环重现。图 8-17 所示为不同汽车分布密度下的 CA 时空图。黑色细胞对应单元格被汽车占用，白色细胞对应空单元格。注意这两个图在质量上的差别。对于低密度 $\rho=0.3$，一旦初始瞬态结束，时空图中只保留了对角线上的白色细胞，在模型中对应于在相同交通方向沿着这条路前的空延伸。对于高密度 $\rho=0.7$，在瞬态结束后，只保留了对角线上的黑色细胞，表示沿着这条路的方向流通堵塞。

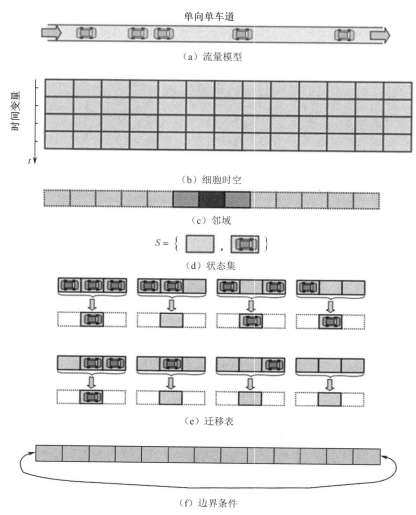

图 8-16　细胞自动机流通模型元素

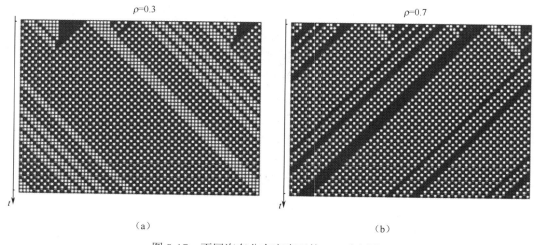

图 8-17　不同汽车分布密度下的 CA 时空图

图 8-17（a）所示的时空图说明 30%的道路被车辆占据；图 8-17（b）所示的时空图说明 70%的道路被车辆占据。

8.4.4　康威生命游戏

康威生命游戏（Conway's Game of Life），又称康威生命棋，是英国数学家约翰·何顿·康威在 1970 年发明的细胞自动机。

康威生命游戏包括一个二维矩形世界，其中的每个方格居住着一个活着的或死了的细胞，即每个细胞具有两个状态。一个细胞在下一个时刻的生死取决于相邻 8 个方格中活着的或死了的细胞数量，即采用外极权型规则。如果相邻方格活着的细胞数量过多，那么这个细胞会因为资源匮乏而在下一个时刻死去；相反，如果周围活着的细胞过少，那么这个细胞会因太孤单而死去。在实际中，玩家可以设定周围活细胞的数目怎样时才适宜该细胞的生存。如果这个数目设定过高，那么世界中的大部分细胞会因为找不到太多的活的邻居而死去，直到整个世界都没有生命为止；如果这个数目设定过低，那么世界中又会被生命充满而没有什么变化。

在实际中，这个数目一般选为 2 或 3，这样整个生命世界才不至于太过荒凉或拥挤，而是达到一种动态的平衡。如果这样，游戏的规则就是：当一个方格周围有 2 或 3 个活细胞时，方格中的活细胞在下一个时刻继续存活；即使这个时刻方格中没有活细胞，在下一个时刻也会"诞生"活细胞。

在这个游戏中，还可以设定一些更加复杂的规则，如当前方格的状况不仅由父一代决定，而且还考虑祖父一代的情况。玩家还可以作为这个世界的"上帝"，随意设定某个方格细胞的死活以观察对世界的影响。

在游戏进行中，杂乱无序的细胞会逐渐演化出各种精致、有形的结构，这些结构往往有很好的对称性，而且每一代都在变换形状。一些形状已经锁定，不会逐代变化。有时，一些已经成形的结构会因为一些无序细胞的"入侵"而被破坏。但是形状和秩序经常能从杂乱中产生出来。

康威生命游戏的意义在于：验证了某些科学家的宇宙观，即最简单的逻辑规则能产生复杂有趣的活动。康威生命游戏在方格网上进行，有点像围棋。有填充的网格代表有生命，或者理解成一个细胞，或者按中国传统，可把填充和无填充理解成"有"和"无"。

游戏规则只有以下 4 条。

（1）当周围仅有一个或没有活细胞时，原来的活细胞进入死亡状态。（模拟生命数量稀少）

（2）当周围有两个或 3 个活细胞时，网格保持原样。

（3）当周围有 4 个及以上活细胞时，原来的活细胞也进入死亡状态。（模拟生命数量过多）

（4）当周围有 3 个活细胞时，空白网格变成活细胞。（模拟繁殖）

康威生命游戏的 4 条规则一目了然地对应着宇宙中的生命规律，"种子"长成"花朵"，"花朵"死后留下 4 个"种子"，它就是一种元胞自动机（Cellular Automaton），体现了冯·诺依曼（Von Neumann）关于机器自我进化的思想。康威生命游戏中更多的代表性细胞类型包括静物（Still Lifes）、方块（Block）、蜂窝（Beehive）、吐司（Loaf）、小船（Boat）、浴缸（Tub）。还有一类称为振荡器（Oscillator），其可从初始形态开始，在有限图形之间切换，周而复始。甚至还有会整体移动的，如太空飞船（Spaceship）类型、滑翔机（Glider）等。

　　康威生命游戏从原版到后来的众多变种，差别只在量变，而规则的本质没有变。它模拟的是生物体数量与环境资源的关系，反映了宇宙基本规律。过于孤独和过于拥挤，都不利于物种延续。感兴趣的读者请上网参考更多资料。

8.5　实验：基于遗传算法的 TSP 问题求解

8.5.1　实验目的

（1）熟悉 Python 的基本操作环境。
（2）了解旅行商问题（TSP）。
（3）了解遗传算法的基本原理。
（4）运行程序，看到结果。

8.5.2　实验要求

（1）对 TSP 有进一步的了解。
（2）了解遗传算法的基本原理。
（3）能用遗传算法实现 TSP 问题求解。

8.5.3　实验原理

遗传算法的基本运算过程如下。
　　（1）初始化：设置进化代数计数器 $t=0$，设置最大进化代数 T，随机生成 M 个个体作为初始群体 $P(0)$。
　　（2）个体评价：计算群体 $P(t)$ 中各个体的适应度。
　　（3）选择运算：将选择算子作用于群体，选择的目的是把优化的个体直接遗传到下一代或通过配对交叉产生新的个体再遗传到下一代，选择操作是建立在群体中个体的适应度评估基础上的。
　　（4）交叉运算：将交叉算子作用于群体，遗传算法中起核心作用的就是交叉算子。
　　（5）变异运算：将变异算子作用于群体，即对群体中的个体串的某些基因座上的基因值做变动，群体 $P(t)$ 经过选择、交叉、变异运算之后得到下一代群体 $P(t+1)$。
　　（6）终止条件判断：若 $t=T$，则以进化过程中所得到的具有最大适应度个体作为最优解输出，终止计算。

8.5.4 实验步骤

本实验的实验环境为 Python 3.3.2 环境。

编写遗传算法类，代码如下。

```
import random
from Life import Life
class GA(object):
    def __init__(self, aCrossRate, aMutationRage, aLifeCount, aGeneLenght, aMatchFun = lambda life : 1):
        self.croessRate = aCrossRate
        self.mutationRate = aMutationRage
        self.lifeCount = aLifeCount
        self.geneLenght = aGeneLenght
        self.matchFun = aMatchFun              # 适配函数
        self.lives = []                        # 种群
        self.best = None                       # 保存这一代中最好的个体
        self.generation = 1
        self.crossCount = 0
        self.mutationCount = 0
        self.bounds = 0.0                      # 适配值之和
        self.initPopulation()
```

初始化种群的代码如下。

```
def initPopulation(self):
    self.lives = []
    for i in range(self.lifeCount):
        gene = [ x for x in range(self.geneLenght) ]
        random.shuffle(gene)
        life = Life(gene)
        self.lives.append(life)
```

个体评价（计算每个个体的适配度）的代码如下。

```
def judge(self):
    self.bounds = 0.0
    self.best = self.lives[0]
    for life in self.lives:
        life.score = self.matchFun(life)
        self.bounds += life.score
        if self.best.score < life.score:
            self.best = life
```

交叉运算的代码如下。

```
def cross(self, parent1, parent2):
    index1 = random.randint(0, self.geneLenght - 1)
    index2 = random.randint(index1, self.geneLenght - 1)
    tempGene = parent2.gene[index1:index2]     # 交叉的基因片段
    newGene = []
```

```
            p1len = 0
            for g in parent1.gene:
                    if p1len == index1:
                            newGene.extend(tempGene)        # 插入基因片段
                            p1len += 1
                    if g not in tempGene:
                            newGene.append(g)
                            p1len += 1
        self.crossCount += 1
        return newGene
```

变异运算的代码如下。

```
def   mutation(self, gene):
        index1 = random.randint(0, self.geneLenght - 1)
        index2 = random.randint(0, self.geneLenght - 1)
        newGene = gene[:]           # 产生一个新的基因序列，以免变异的时候影响父种群
        newGene[index1], newGene[index2] = newGene[index2], newGene[index1]
        self.mutationCount += 1
        return newGene
```

选择一个个体的代码如下。

```
def getOne(self):
        r = random.uniform(0, self.bounds)
        for life in self.lives:
                r -= life.score
                if r <= 0:
                        return life
        raise Exception("选择错误", self.bounds)
```

产生新后代的代码如下。

```
def newChild(self):
        parent1 = self.getOne()
        rate = random.random()
        # 按概率交叉
        if rate < self.croessRate:
                # 交叉
                parent2 = self.getOne()
                gene = self.cross(parent1, parent2)
        else:
                gene = parent1.gene
        # 按概率突变
        rate = random.random()
        if rate < self.mutationRate:
                gene = self.mutation(gene)
        return Life(gene)
```

产生下一代的代码如下。

```
def next(self):
    self.judge()
    newLives = []
    newLives.append(self.best)          #把最好的个体加入下一代
    while len(newLives) < self.lifeCount:
            newLives.append(self.newChild())
    self.lives = newLives
    self.generation += 1
```

个体类的代码如下。

```
SCORE_NONE = -1
class Life(object):
            def _init_(self, aGene = None):
                self.gene = aGene
                self.score = SCORE_NONE
```

给出中国 34 个城市的经纬度，求出最短路径长度，代码如下。

```
import random
import math
import sys
if sys.version_info.major < 3:
        import Tkinter
else:
        import tkinter as Tkinter

from GA import GA

class TSP_WIN(object):
    def _init_(self, aRoot, aLifeCount = 100, aWidth = 560, aHeight = 330):
            self.root = aRoot
            self.lifeCount = aLifeCount
            self.width = aWidth
            self.height = aHeight
            self.canvas = Tkinter.Canvas(
                    self.root,
                    width = self.width,
                    height = self.height,
                )
            self.canvas.pack(expand = Tkinter.YES, fill = Tkinter.BOTH)
            self.bindEvents()
            self.initCitys()
            self.new()
            self.title("TSP")

    def initCitys(self):
            self.citys = []
```

```
#中国34个城市的经纬度
self.citys.append((116.46, 39.92))
self.citys.append((117.2,39.13))
self.citys.append((121.48, 31.22))
self.citys.append((106.54, 29.59))
self.citys.append((91.11, 29.97))
self.citys.append((87.68, 43.77))
self.citys.append((106.27, 38.47))
self.citys.append((111.65, 40.82))
self.citys.append((108.33, 22.84))
self.citys.append((126.63, 45.75))
self.citys.append((125.35, 43.88))
self.citys.append((123.38, 41.8))
self.citys.append((114.48, 38.03))
self.citys.append((112.53, 37.87))
self.citys.append((101.74, 36.56))
self.citys.append((117,36.65))
self.citys.append((113.6,34.76))
self.citys.append((118.78, 32.04))
self.citys.append((117.27, 31.86))
self.citys.append((120.19, 30.26))
self.citys.append((119.3, 26.08))
self.citys.append((115.89, 28.68))
self.citys.append((113, 28.21))
self.citys.append((114.31, 30.52))
self.citys.append((113.23, 23.16))
self.citys.append((121.5, 25.05))
self.citys.append((110.35, 20.02))
self.citys.append((103.73, 36.03))
self.citys.append((108.95, 34.27))
self.citys.append((104.06, 30.67))
self.citys.append((106.71, 26.57))
self.citys.append((102.73, 25.04))
self.citys.append((114.1, 22.2))
self.citys.append((113.33, 22.13))
#坐标变换
minX, minY = self.citys[0][0], self.citys[0][1]
maxX, maxY = minX, minY
for city in self.citys[1:]:
        if minX > city[0]:
                minX = city[0]
        if minY > city[1]:
                minY = city[1]
        if maxX < city[0]:
```

```
                    maxX = city[0]
              if maxY < city[1]:
                    maxY = city[1]


       w = maxX - minX
       h = maxY - minY
       xoffset = 30
       yoffset = 30
       ww = self.width - 2 * xoffset
       hh = self.height - 2 * yoffset
       xx = ww / float(w)
       yy = hh / float(h)
       r = 5
       self.nodes = []
       self.nodes2 = []
       for city in self.citys:
              x = (city[0] - minX ) * xx + xoffset
              y = hh - (city[1] - minY) * yy + yoffset
              self.nodes.append((x, y))
              node = self.canvas.create_oval(x - r, y -r, x + r, y + r,
                     fill = "#ff0000",
                     outline = "#000000",
                     tags = "node",)
              self.nodes2.append(node)


def distance(self, order):
       distance = 0.0
       for i in range(-1, len(self.citys) - 1):
              index1, index2 = order[i], order[i + 1]
              city1, city2 = self.citys[index1], self.citys[index2]
              distance += math.sqrt((city1[0] - city2[0]) ** 2 + (city1[1] - city2[1]) ** 2)
       return distance


def matchFun(self):
       return lambda life: 1.0 / self.distance(life.gene)


def title(self, text):
       self.root.title(text)


def line(self, order):
       self.canvas.delete("line")
       for i in range(-1, len(order) -1):
```

```
                        p1 = self.nodes[order[i]]
                        p2 = self.nodes[order[i + 1]]
                        self.canvas.create_line(p1, p2, fill = "#000000", tags = "line")

            def bindEvents(self):
                    self.root.bind("n", self.new)
                    self.root.bind("g", self.start)
                    self.root.bind("s", self.stop)

            def new(self, evt = None):
                    self.isRunning = False
                    order = range(len(self.citys))
                    self.line(order)
                    self.ga = GA(aCrossRate = 0.7,
                        aMutationRage = 0.02,
                        aLifeCount = self.lifeCount,
                        aGeneLenght = len(self.citys),
                        aMatchFun = self.matchFun())

            def start(self, evt = None):
                    self.isRunning = True
                    while self.isRunning:
                        self.ga.next()
                        distance = self.distance(self.ga.best.gene)
                        self.line(self.ga.best.gene)
                        self.title("TSP-gen: %d" % self.ga.generation)
                        self.canvas.update()

            def stop(self, evt = None):
                    self.isRunning = False

            def mainloop(self):
                    self.root.mainloop()
    def main():
            tsp = TSP_WIN(Tkinter.Tk())
            tsp.mainloop()
    if _name_ == '_main_':
            main()
```

8.5.5 实验结果

图 8-18 所示为初始化结果。

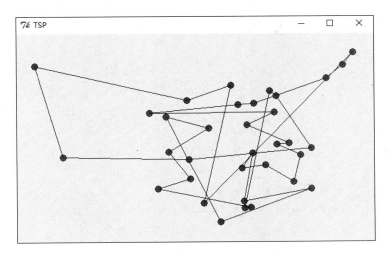

图 8-18　初始化结果

图 8-19 所示为迭代 1005 次的结果。

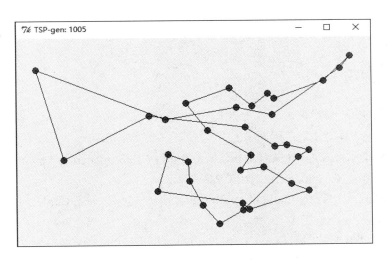

图 8-19　迭代 1005 次的结果

图 8-20 所示为迭代 5007 次的结果，接近最优路径。

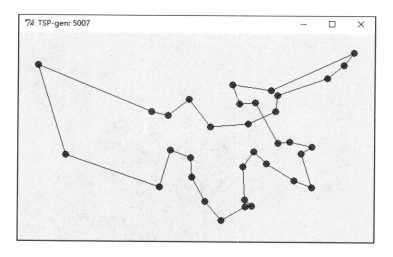

图 8-20　迭代 5007 次的结果

习题

1．简述蚁群优化算法。

2．简述粒子群优化算法。

3．简述蜂群优化算法。

4．简述细胞自动机。

参考文献

[1]　[瑞士]达里奥·弗罗来若，克劳迪奥·米提西. 仿生人工智能[M]. 程国建，王潇潇，卢胜男，等，译. 北京：国防工业出版社，2017.

[2]　Richard E N, Xia J. Artificial Intelligence: With an Introduction to Machine Learning[M]. Second Edition. Chapman and Hall/CRC, 2018.

[3]　Ben Coppin. Artificial Intelligence Illuminated[M]. Jones and Bartlett Publishers, Inc. , 2004.

[4]　Martin Hellmann. Fuzzy Logic Introduction[EB/OL]. https://www.ece.uic.edu/~cpress，2001.

第 9 章　多 Agent 系统

随着计算机技术和网络技术的发展和应用，集中式系统遭遇应用上的瓶颈，已不能完全适应科学技术的发展，以及人们智能、快速、精准的分布式响应需要。在此背景下，并行计算和分布式处理等技术应运而生，分布式人工智能也成为人工智能的一个新的发展方向。Agent 技术是在分布式人工智能研究需要的基础上发展起来的一种技术。当下，Agent 和多 Agent 系统（Multi-Agent System，MAS）的研究已成为分布式人工智能研究的一个热点。本章主要从多 Agent 系统的定义与特点、多 Agent 协调与协作、模型的构建及多 Agent 系统仿真等方面进行详细介绍。

9.1　多 Agent 系统概述

Agent 具有巨大的研究优势和应用前景，自 20 世纪 90 年代以来，Agent 就已成为计算机领域和人工智能研究的重点前沿。

9.1.1　MAS 的概念

1. Agent

在介绍多 Agent 系统之前，先回顾一下什么是 Agent。1977 年，Carl Hewitt 在 *Viewing Control Structures as Patterns of passing Messages* 一文中，定义具有兼容性、交互性和并发处理机制的对象为 "Actor"，该对象具有封闭的内在状态，并且可以与其他同类对象进行消息发送和反馈，这算是 Agent 的雏形[1]。后来人工智能的先驱马文·明斯基（Marvin Minsky）在其 1986 年出版的《思维的社会》（*The Society of Mind*）一书中提出，社会中的某些个体经过协商之后可求得问题的解，这些个体就是 Agent，他还认为 Agent 应具有社会交互性和智能性[2]。从此，Agent 的概念便被引入人工智能和计算机领域，并迅速成为研究热点。国内学术界曾将 Agent 译为 "智能体" "代理" 等，但是这些译法均不能涵盖 Agent 本身的全部意义，所以至今仍称为 Agent 而不牵强译成中文，以避免遗漏或曲解其本身意义。

给 Agent 下一个确切的定义比较困难，人们一般都是根据自己的研究领域和应用需求进行定义。最经典和广为接受的是 1995 年 Wooldridge 和 Jennings 等给出的两种定义："弱定义" 和 "强定义"。

（1）弱定义：Agent 一般用以说明一个软、硬件系统。它具有自治性、社会性、反应性、能动性等特性。

（2）强定义：Agent 不仅具有以上特性，而且具有知识、信念、义务、意图等人类才具有的特性[3]。强定义更加强调人格化概念的 Agent 的心智要素。

一般而言，可以认为 Agent 是一个能够感知外界环境并具有自主行为能力的以实现其设计目标的自治系统。它运行于复杂和不断变化的动态环境中，能有效地利用环境中各种可以利用的数据、知识、信息和计算资源，准确理解用户的真实意图，为用户提供迅捷、准确和满意的服务。

2.多 Agent 系统（MAS）

人类智能本质上是社会性的，人们往往为解决复杂问题成立组织，这些组织能够解决任何个人都无法解决的问题。随着网络和分布计算技术的发展，一些现实系统往往异常复杂、庞大，并呈现分布式特性，单个 Agent 很难对存在于动态开放环境中的大规模复杂问题进行求解。因此，需要将多个基于分散控制的 Agent 系统作为一个整体来研究，即 Agent 可以与其他 Agent （也可能是人）交互，通过其相互作用以解决由单一个体的能力知识所不能处理的大规模复杂问题。

关于 MAS，百度百科给出的定义为：由多个 Agent 组成的集合，其多个 Agent 成员之间相互协调，相互服务，共同完成一个任务。它的目标是将大而复杂的系统建设成小的、彼此互相通信和协调的、易于管理的系统[4]。

MAS 作为解决复杂系统的一个有效方法，能够利用并行分布式处理技术和模块化设计思想，把复杂系统划分成相对独立的 Agent 子系统，通过 Agent 之间的共同协作来完成对复杂问题的求解。在一个 MAS 中，各 Agent 成员之间是独立自主的，其自身的目标和行为不受其他 Agent 成员的限制，可以采用不同的设计方法和计算机语言开发而成，没有全局数据，也没有全局控制，是一种开放的系统，Agent 加入和离开都是自由的。

9.1.2 MAS 的体系结构

MAS 的体系结构是指 MAS 中 Agent 间的信息关系和控制关系，以及问题求解能力的分布模式，通过定义 Agent 之间的权威关系，为 Agent 提供了一种交互框架。体系结构不但决定了 Agent 之间的通信方式，也决定了系统中信息的存储和共享方式。从运行控制的角度上看，MAS 的体系结构可以有 3 种形式：集中式、分布式和混合式，如图 9-1 所示[5]。

（1）集中式结构。将系统分成多个组，每个组采取集中式管理，即每一组 Agent 提供一个具有全局知识的控制 Agent，通过它来实现 MAS 协作的局部控制，如任务规划和分配等，并且由一个消息传递 Agent 来承担消息传递任务，而整个系统采用同样的方式对各成员 Agent 组进行管理。集中式结构能保持系统内部信息的一致性，使系统的管理、控制和调度较为容易。此结构的缺点是随着各 Agent 复杂性和动态性的增加，控制的瓶颈问题也愈加突出，一旦控制局部或全局区域的管理 Agent 崩溃，将导致整个区域或系统崩溃。

（2）分布式结构。各 Agent 组之间和组内各 Agent 之间均为分布式结构，各 Agent 组之间或组内各 Agent 之间无主次之分，处于平等地位。Agent 是否被激活及激活后做什么动作取决于系统状况、周围环境、自身状况及当前拥有的数据。此结构中可以存在多个中介服务机构，为 Agent 成员寻求协作伙伴时提供服务。这种结构的优点是增加了灵活性、稳定性，控制的瓶颈问题也能得到缓解；缺点是每个 Agent 组或 Agent 的运作受限于局部和不完整的信息，很难实现全局一致的行为。

（3）混合式结构。一般由集中式和分布式两类结构组成，它包含一个或多个管理服务机构，此机构只对部分成员 Agent 以某种方式进行统一管理，参与解决 Agent 之间的任务划分和分配、共享资源的分配和管理、冲突的协调等。其他成员之间是平等的，它们的所有行为由自身做出决策。此种结构平衡了集中式和分布式两种结构的优点和缺点，适应分布式 MAS 复杂、开放的特性，是目前 MAS 普遍采用的系统结构。

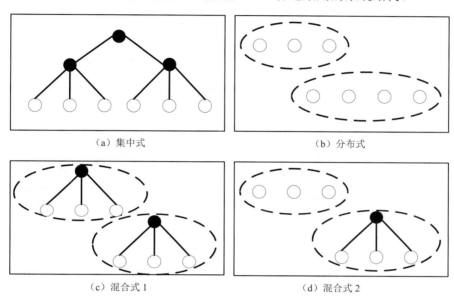

（a）集中式　　　　　　　　　　　　（b）分布式

（c）混合式 1　　　　　　　　　　　（d）混合式 2

图 9-1　MAS 的结构形式

●表示管理控制 Agent；○表示受控 Agent

9.1.3　MAS 的特点及分类

1. 特点

MAS 用于解决实际问题，其特性因为应用的领域不同而有所不同，主要有以下特点。

（1）由于 Agent 可以是不同的个人或组织采用不同的设计方法和计算机语言开发而成，因此可能是完全异质和分布的。

（2）在 MAS 中，每个 Agent 是自治的，各自按照自己的方式异步地运行自己的进程，解决给定的子问题，自主地推理和规划并选择适当的策略，并以特定的方式影响环境。

（3）MAS 支持分布式应用，具有良好的模块性，易于扩展，设计灵活简单。在其实现过程中，不追求单个庞大复杂的体系，而是按面向对象的方法构造多层次、多元化的 Agent，以降低各个 Agent 问题求解的复杂性，从而降低整个系统的复杂性。

（4）MAS 是一个集成系统，各 Agent 之间互相通信、彼此协调，并行地求解问题，能有效地提高问题求解的能力。

（5）多 Agent 技术打破了人工智能领域仅仅使用一个专家系统的限制，在 MAS 环境下，各领域的不同专家可能协作求解某一个专家无法解决或无法很好解决的问题，提高了系统解决问题的能力。

2. 分类

1）根据 Agent 的自主性分类

（1）由控制 Agent 和被控 Agent 构成的系统：Agent 之间存在较强的控制关系，每个 Agent 或对其他 Agent 具有控制作用，或者受控于对它具有权威的 Agent。在这类系统中，被控 Agent 的行为受到约束，自主程度较低。

（2）自主 Agent 构成的系统：Agent 自主地决策，产生计划，采取行动。Agent 之间具有松散的社会性联系。Agent 通过与外界的交互，了解外部世界的变化，并从经验中学习增强其求解问题的能力及与相识者建立良好的协作关系。在这类系统中，自主 Agent 之间的协作关系是互惠互利的关系，当目标发生冲突时，通过协商来解决。

（3）灵活 Agent（半自主的 Agent）构成的系统：Agent 进行决策时，某些问题在一定程度上需要受控于其他 Agent，大部分情况下要求 Agent 完全自主地工作。在这类系统中，Agent 之间通常是松散耦合，具有一定的组织结构，通过承诺和组织约束相互联系。

2）根据对动态性的适应方法分类

（1）系统拓扑结构不变，即 Agent 数目、Agent 之间的社会关系等都不变。
① Agent 内部结构固定，基本技能不变，通过重构求解问题的方式来适应环境。
② Agent 通过自重组来适应环境，如修改调整自己的知识结构、目标、选择等。
（2）系统拓扑结构改变。
① Agent 数目不变，每个 Agent 的微结构稳定，可以修改 Agent 间的关系和组织形式。
② 可增减 Agent 数目，可以动态创建和删除 Agent。

3）根据系统功能结构分类

（1）同构型系统，即每个 Agent 功能结构相同。
（2）异构型系统，Agent 的结构、功能、目标都可以不同，由通信协议保证 Agent 间协调与合作的实现。

4）根据 Agent 关于世界知识的存储分类

（1）反应式多 Agent 系统。
（2）黑板模式的多 Agent 系统。
（3）分布存储的多 Agent 系统。

5）根据控制结构分类

（1）集中控制：由一个中心 Agent 负责整个系统的控制、协调工作。
（2）层次控制：每个 Agent 控制处于其下层的 Agent 的行为，同时又受控于其上层的其他 Agent。
（3）网络控制：由信息传递构成的控制结构，且该控制结构是可以动态改变的，可以实现灵活控制[6]。

9.2 多 Agent 协调与协作

一个多 Agent 系统是由多个 Agent 组成的一个"社会整体"。随着在开放、动态、未知环境中解决问题的能力需求的增加，要求处于一个 MAS 中的具有不同目标的多个 Agent 必须对其目标、资源的使用进行协调，进而利用知识修正各自的知识、愿望、意图等心智状态，从而提高单个 Agent 及 MAS 整体行为的性能，增强 MAS 解决问题的能力。这就需要解决 MAS 中多个 Agent 相互通信、相互协调、相互协商与相互合作的关键问题[7]。

1. 通信

MAS 中各个 Agent 相对独立，不同 Agent 之间可能存在复杂的交互关系，如图 9-2 所示。计算生态学认为，Agent 在开放、动态的环境中不一定具备很强的推理能力，而可以通过不断的交互，逐步协调与环境及各自之间的关系，使整个系统体现一种进化能力，类似于自然生态系统。在分布式人工智能中，Agent 之间实现交互需要有一致的通信语言，有实现通信的机制和高层的交互协议，这 3 个方面密切配合，才能实现主体之间的协作。

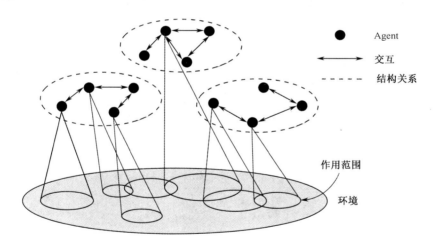

图 9-2 多 Agent 交互协作

1）通信语言

基于人类语言交流的方式，各 Agent 之间也需要通信语言，即以一种用于表达 Agent 之间交互消息的描述性语言来表达自己的意图，它定义了交互消息的格式（语法）和内涵（语义）。目前比较流行的通信语言是知识查询处理语言（Knowledge Query and Manipulation Language，KQML），它是一种基于消息的 Agent 通信语言，既是一种信息格式，也是一种信息操作协议，支持 Agent 之间的实时知识共享[8]。图 9-3 所示为一个 KQML 消息结构，由执行原语及多个消息参数组成。这个例子的直观含义是向股票服务器询问 IBM 的股票价格。其中，ask-one 是 KQML 中定义的执行原语，指通信行为的类型，是通信中必须包含的要素，而带冒号的是一些参数名称，带冒号的部分及紧跟着它的部分构成一个"属性/值"对。

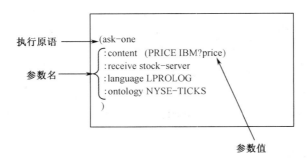

图 9-3　一个 KQML 消息结构

2）通信机制

在 MAS 通信中，消息是通信的基本单元，所有 Agent 之间依靠收发消息进行交互，这就要求 Agent 环境提供一种消息通信机制。消息传输系统（Message Transport System，MTS）提供 Agent 之间传输消息的机制，它负责将消息及时、可靠地传输给目标 Agent，同时也将 Agent 的逻辑名称和物理传输地址对应起来。图 9-4 所示为 MAS 消息传输参考模型[9]。

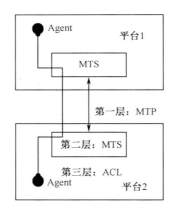

图 9-4　MAS 消息传输参考模型

消息传输参考模型包括 3 个层次：第一层是消息传输协议（Message Transport Protocol，MTP），用来控制两个 Agent 通信通道之间的物理传输；第二层是由平台提供的消息传输服务（Message Transport Service，MTS），它支持同一平台上或不同平台间的 Agent 之间的消息传输；第三层是 Agent 通信语言（Agent Communication Language，ACL）表示的消息的内容。

不论在哪个平台上，MTS 都是由 Agent 通信通道提供的。每条消息都由消息信封和消息主体组成，消息信封功能就像信件的信封一样，提供消息的目的地址和特定的消息传输信息。Agent 通信通道对消息进行解析，提取消息的信封，根据消息的信封确定消息的接收者，如果消息的接收者在同一平台上，则 Agent 通信通道直接将该消息传给接收者；否则，Agent 通信通道根据接收者地址，决定将消息传给接收者所在平台的 Agent 通信通道或其他平台的 Agent 通信通道，并由其他 Agent 通信通道来传送消息。在传送消息时，Agent 通信通道会从本地平台上的 Agent 管理系统和目录服务器那里获取消息。

3）交互协议

为完成一个任务，Agent 之间要发送多次消息。针对不同的任务，Agent 之间的会话经常会遵循固定的模式，消息的发送和接收具有特定的次序，如一个 Agent 在向另外一个 Agent 发送一个请求的消息时，它就会等待对方回答一个消息。这种为了实现某个特定目标而进行交互的结构化消息交换方式就是交互协议[9]。

成立于 1996 年的非营利性国际性组织 FIPA（Foundation of Intelligent Physical Agents）致力于制定支持 Agent 之间和基于 Agent 的应用之间互操作的标准，定义了一系列交互协议，包括请求协议（FIPA-Request）、查询协议（FIPA-Query）、建议协议（FIPA-Propose）、征募协议（FIPA-Recruiting）、代理协议（FIPA-Brokering）、订阅协议（FIPA-Subscribe）、合同网协议（FIPA-Contract-Net）等。图 9-5 就是一个查询交互协议的例子。

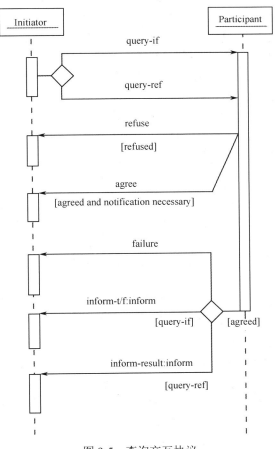

图 9-5　查询交互协议

2. 协调与协作

1）概念与关系

MAS 的协调是指 Agent 之间通过对资源和目标的合理安排，调整各自的行为，以求最大可能地实现各自的目标。MAS 的协作是指多个 Agent 通过协调各自行为，合作完成共同目标[10]。

MAS 协调侧重于针对各自的具体任务和资源的分配，各 Agent 成员如何避免资源冲突和死锁，在合理利用资源的前提下完成各自的任务。而 MAS 协作则更关注对具有不同目标的 Agent 成员，如何构建合作的系统结构，建立它们的协作关系，并在一定的协调机制的基础上，协同完成共同目标。

2）方法

使用对策论研究多 Agent 协调、协作是 MAS 研究的一个热点。对策论被公认为是研究人类交互的最佳数学工具，将这一工具应用于多 Agent 的交互是很自然的。多 Agent 的协调与协作有 3 个实现方法：①无通信的协调（协作），其方法与传统对策论相似；②有中心控制的通信协调（协作），类似于传统操作系统的方法；③协商，种类繁多，主要有基于 Nash 合作对策求解的多 Agent 协商、基于 Nash 非合作对策求解的多 Agent 协商和基于 Robinstein 协商理论的方法。

目前，比较普遍的协作模型是组织协作模型、基于合同网的市场协作模型、多方规划协作模型和基于社会规则的协作模型[11,12]。

（1）组织协作模型是最简单和直接的协作模型，其基本体系是 Master/Slave 或 Client/Server 结构，模型中存在一个或多个 Master 对资源和任务在 Slave 中进行分配。另外，Master 也负责收集参与协作的智能体的信息，建立协作方案，指派任务，监督任务的执行，这样做可以保证任务处理的一致性。通常这种模式都是利用一个共享空间来实现交互和协作，如黑板结构（Blackboard）组织模型中比较典型的系统是 Workman 的 DFI 系统和 Kearney 的 SMAK 系统。该模型的缺点是不容易实现和维护，而且中心 Master 的信息通信量太大，系统健壮性差。

（2）基于合同网的市场协作模型从现实的市场结构中得到启发，每个 Agent 可以承担两种功能：管理者和协作者。也就是说，Agent 被分配一个任务，它成为协作者，如果它认为该任务利用本地资源和自身的能力无法完成，则它负责将此任务分解并尽力寻找协作者来完成这些子任务，此时它成为管理者，这些子问题的解决基于合同网协议（Contract Net Protocol）即将现实生活中的合同过程引入分布式处理中，通过在 Agent 间建立和执行特定目标和任务的合同来保证任务的完成，从而从合同双方的关系来建立交互和协作方式，比较典型的系统如 R.Zlot 采用的招标、投标、中标的任务分配等。该模型的缺点是对通信比较敏感，如在系统通信量较大的情况下系统的容错性较差。

（3）多方规划协作模型将多个 Agent 之间的协作问题简化为一种规划问题，即强调避免不一致和冲突情况的出现，为了形成协作规划，Agent 在行动前应先决定其计划和行动方案，以及交互策略。一旦制订完毕后不允许改变，但在制订过程中可以通过信息通信来消除方案中的冲突问题，这要求参与协作的 Agent 共享和处理大量的信息，因此，通信和计算工作量非常大，Lesser 采用该模型制定了 FA/C 协议。

（4）基于社会规则的协作模型强调协作的规则性，即把不熟悉的事务处理方式，通过知识的共享和智能体的学习，改变为其熟悉的处理方式。这种模式要求更高的分析和推导能力，而这都依赖于 Agent 的知识获取能力。Agent 的行为由预先存储的处理模式所决定，由该模式的例程和规则来完成任务的协作处理，如果某个模式事先未存储，则 Agent 通过自学习，确认该模式为新模式后，会将该模式存储起来。

9.3　构建模型

为了研究或应用的需要，对所研究的系统需要进行必要的化简，并用适当的形式或规则把它的主要特征描述出来，这就形成了模型，这种抽象的过程也就是建模的过程。要达到这个目的，必须掌握目标系统的本质、了解目标系统的特点。

9.3.1　MAS 的建模思想

1. MAS 的本质

就像人类个体总是处于一个人类社会和组织中一样，一般情况下，单个 Agent 总是存在于一个 MAS 中。在这个 MAS 中，Agent 之间通过灵活多样的交互有效地进行合作，以完成各自的任务或实现一个共同的目标。Agent 的行为具有了社会行为的特征，它们的个体行为不仅影响其自身，而且影响其他 Agent 直至整个 MAS。

MAS 的本质就在于这个系统带有明显的社会属性，这也是 MAS 与普通的软件系统的本质区别。此外，MAS 通常处于一个公共的开放环境中，在这样的环境背景下，MAS 可能会存在以下问题[9]。

（1）由于 Agent 的自治性和 Agent 交互固有的灵活性，使系统开发人员不可能事先就确定交互的特征和结果，Agent 交互的模式和结果不可预测。由于并发/并行的 Agent 以任意的方式进行交互，造成不同的交互组合，因此导致没有预期的 MAS 集体行为。而可预测性是一个目标系统的期望属性，所以必须尽量减少系统这种突现行为的出现，减少它的影响。

（2）在一个开放的 MAS 中，Agent 可以动态地加入和离开。一个 Agent 可能需要和一个事先不知道的外部 Agent 交互，它们之间没有一个预定的交互协议。开放性问题是 MAS 建模方法应当考虑的。

（3）在一个 MAS 中，Agent 相互竞争追求各自的目标，从而有可能表现出自私的行为。然而，自私行为可能会破坏整个 MAS 的任务，必须采用某种机制（如组织规则和社会法则）来避免和控制。

2. MAS 建模任务

一般 MAS 的建模任务需要解决下列问题[13]。

第一，需求获取与需求表达，即必须确定目标系统具有什么样的组织结构和功能。由于 Agent 具有自治性，可以在不需要用户监视和干预的情况下自主地运行，使 MAS

的需求具有区别于其他类型系统的特性。在一个 MAS 实现中，许多本来由用户参与完成的功能被 Agent 所代理。在这种由人类智能向 Agent 智能的转化过程中，会给系统增加许多新的需求。

第二，确定系统中的 Agent。对给定的目标系统，要从系统功能实体入手，围绕系统目标对系统进行抽象。一般的处理原则是将组成系统的每个实体都抽象为一个 Agent，确定了实体 Agent 后，还要设计一些辅助 Agent，这类 Agent 主要为实体 Agent 提供共同的服务。

第三，确定每个 Agent 的具体功能。Agent 通过内部感知器感知环境与其他 Agent 信息，并通过效应器对环境与其他 Agent 实施行为。通过这种感知—行为模型或更高级的智能模型，实现个体 Agent 的功能行为建模。

第四，确定环境，包括物理环境和通信环境。环境是 Agent 感知与作用的对象，提供了 Agent 之间交互的若干合适条件，如支持 Agent 存在于通信的所有相关准则与过程。

第五，确定 Agent 之间的交互机制及和其他实体（如对象和人）的交互机制。这是 MAS 社会性的重要表现，也是 Agent 解决依赖、冲突和竞争关系的重要途径。

9.3.2 Agent 模型的建立

Agent 模型涉及领域模型（真实 Agent 模型）、设计模型（概念 Agent 模型）和可操作模型（计算 Agent 模型）3 个方面[14]。

1. 真实 Agent 模型的建立

领域专家通过对目标系统的微观行为进行观察、抽象和分析，建立目标系统组成个体的 Agent 模型，即领域模型。通过描述 Agent 的行为、规则、状态及 Agent 与环境和其他 Agent 之间的交互关系，达到对整个系统进行描述的目的。领域专家一般采用自然语言或某种领域相关语言等非形式化的语言，使用如公式、规则、直观的推断及过程来描述真实 Agent 模型。

2. 概念 Agent 模型的建立

概念 Agent 模型是由建模专家根据真实 Agent 模型建立的设计模型，它包括对领域模型的形式化定义与描述，其属性包括 Agent 的行为模型、内部状态、Agent 结构、Agent 间的通信与交互，以及环境定义、描述。这个设计过程是整个建模过程中最困难也是最重要的工作，往往是一个多次循环迭代的过程。

3. 计算 Agent 模型的建立

建模的最终目的是使模型能在计算机中运行，概念 Agent 模型要能够在计算机上运行，必须交由计算机专家处理，由概念 Agent 设计可操作的模型，即计算 Agent 模型。它包括 Agent 的实现技术、适合于仿真的 Agent 模型构造及与之相关的形式化描述，同时必须考虑到语义相关的可操作模型所受的实现可能性的限制。

上述 3 种 Agent 模型体现了建模过程中 Agent 模型的转换过程，即一步一步从领域专家的领域模型发展到可在计算机中执行实现的计算模型。

9.3.3　Agent 模型的形式化描述

1. 形式化描述语言

在建模与仿真领域，形式化描述是一种重要的研究手段，与自然语言描述的含混不清与歧义性相比，借助数理逻辑或其他形式化规范可提供描述对象的精确语义[15]。形式化语言有多种，其中 Z 语言被广泛应用于工业和学术研究中，而且也正在被人工智能领域所接受。Z 语言的模式（Schema）和模式包含项提供的结构化规范，可以从不同抽象层次描述系统。Z 语言是基于集合论和一阶谓词运算的规范语言，由两部分组成：一是意识上部的声明部分，它声明了变量及其类型；二是下部的谓词部分，表示了与这些变量相关及其约束部分，如式（9.1）所示[16]。

$$\text{SchemaName} \triangleq [\text{声明部分}|\text{谓词部分}] \tag{9.1}$$

2. Agent 的控制论模型结构描述

本部分主要以图 9-6 所示的 Agent 的控制论模型结构为例讨论其形式化描述。

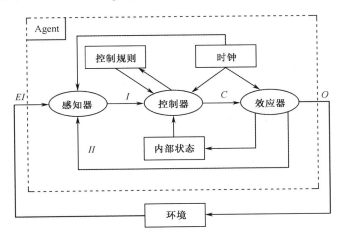

图 9-6　Agent 的控制论模型结构

（1）感知器和效应器是 Agent 与环境进行交互的部件，提供了 Agent 与外部环境相互作用的方式。其中，感知器提供对环境的状态信息，效应器提供改变环境的方法。由感知器和效应器构成的交互机制的 Schema 定义为

$$\text{Mechanism} \triangleq [\text{Perceiver} : \text{AgentPerception}$$
$$\text{Effector} : (\text{COMMAND} \times \text{AgentState} \longmapsto \text{AgentInteracts}] \tag{9.2}$$

式中，Perceiver 为感知器，实现 Agent 的感知行为与感知能力；Effector 为效应器，实现由控制器发出的 Command 指令及当前 Agent 的状态 AgentState 到 Agent 交互行为的映射。

确定感知器能够产生的 Percepts 的范围的 Schema 为

$$\text{mechmPercepts} \triangleq [\text{mechanism} : \text{Mechanism};$$
$$\text{Result!} : \mathbb{P}\ \text{Perceiver}\ |$$

$$Result! = ran(Perceiver)]\tag{9.3}$$

确定效应器可从控制器处接收的 Command 的范围的 Schema 为

$$mechmCommand \triangleq [mechanism: Mechanism;$$
$$Result!: \mathbb{P}\ COMMAND\ |$$
$$Result! = dom(dom(effector))]\tag{9.4}$$

（2）控制器是 Agent 的核心部件，它可抽象为由控制函数和内部状态构成的有限状态机。控制函数实现一个感知结果 Percepts 和当前状态 AgentState，以及控制规则 RULES 和时钟 T 到一个 Command 和下一个状态的映射。Agent 的体系结构和它的实现决定着这种控制的选择及状态的信息表示。

控制器的 Schema 定义为

$$Controller[S] \triangleq [\ S: \mathbb{P}AgentState$$
$$Control: \mathbb{P}\ ((percepts \times S \times T \times RULES) \longmapsto (COMMAND \times S))\ |$$
$$\forall ctr: Controller[S] \cdot (ran(ran\ ctr)) = (ran(dom\ ctr))]\tag{9.5}$$

式（9.5）是用于实现状态控制转换的一般函数，其中状态用参数 S 表示，通过状态 S 的传递，使得具有不同的内部状态组织的控制器由一般化表示形式实现具体化操作。控制函数的完整性约束是指该函数所产生状态必须能够再次作为输入被其他部件所接收。

除此之外，还应定义一些操作 Schema 来获取控制器的信息。控制器所有可能的状态集合形式化定义为

$$ctrState \triangleq [\equiv Controller[S]$$
$$ctr?: \theta Controller[S];$$
$$result!: \mathbb{P}\ S\ |$$
$$result! = ran(dom\ (ctr))]\tag{9.6}$$

控制器所能执行的所有命令的集合形式化定义为

$$ctrCommand \triangleq [\equiv Controller[S]$$
$$ctr?: Controller[S];$$
$$result!: \mathbb{P}\ percepts\ |$$
$$result! = dom(dom(ctr))]\tag{9.7}$$

控制器能够作为输入接收的 Percepts 形式化定义为

$$ctrPercepts \triangleq [\equiv Controller[S]$$
$$ctr?: Controller[S];$$
$$result!: \mathbb{P}\ percepts\ |$$
$$result! = dom(ran\ (ctr))]\tag{9.8}$$

（3）在定义 Agent 的交互机制及控制器的基础上，就可以定义控制论 Agent 模型结构了。它包括交互机制（含感知器和效应器）、控制器及内部初始状态的交互，同时控制器与交互机制必须与 Percepts 及 Command 相匹配，即控制器能够接收交互机制产生的 Percepts，交互机制能够处理控制器发布的 Command。初始状态由设计者赋予 Agent 预先的、明确的知识。这样，控制论 Agent 模型结构的 Schema 表示为

Controller Agent ≙[controller：Controller[S]
  mechanism：Mechanism
  initialInternalState: S |
  ctrCommand(controller) ⊆ mechmCommand(mechanism)
  mechmPercepts(mechanism) ⊆ ctrPercept(controller)
  initialInternalState ∈ ctrState(controller)]　　　　(9.9)

（4）当一个 Agent 采用了另一个 Agent 的目标（Goal）时，则说明两个 Agent 进行了协作。一个协作模型描述了目标、产生目标的 Agent 及采用这一目标的 Agent。协作模型的 Schema 表示为

Cooperation ≙[goal：Goal
  GenerateAgent：Agent
  CooperationAgents: ℙ Agent |
  #CooperationAgents≥1
  ∀Coo：CooperationAgents · goal ∈ Coo. goals
  goal ∈ GenerateAgent. goals]　　　　(9.10)

9.4　多 Agent 系统仿真

对目标系统的研究，建模和仿真是密不可分的两个关键环节，计算机仿真是研究目标系统的一种有效和必要的手段。在仿真环境中可以清楚地描述目标系统，并快速搭建针对具体目标系统的仿真应用系统，实现仿真分析[17]。

9.4.1　基于 Agent 的系统仿真方法

为了提高系统建模的有效性和仿真模型的可重用性，指导领域专家进行仿真分析，需要建立基于 Agent 的系统仿真方法。基于 Agent 的系统仿真和传统仿真的主要区别在于：将目标系统中各个仿真实体用 Agent 的思想来建模，通过指定 Agent 之间的交互方式来观察整个 Agent 社会层次上的特性。在仿真目标系统中，一个 Agent 从其他 Agent 或环境中得到信息，然后根据得到的信息对自身的当前状态和规则进行修改，并且向其他 Agent 或环境发出信息进行交互。通过这样的交互，"突显"出单个 Agent 不具有而目标系统具有的整体行为。

1. 基于 Agent 仿真技术的发展趋势

传统仿真方法一般采用串行仿真技术，一个时间段内只能处理有限的 Agent。而基于 Agent 的系统仿真所针对的目标系统通常非常复杂，一般由多个 Agent 构成，且其中的每个 Agent 本身也可能是一个复杂系统。因此，对目标系统的仿真所需要的计算量大大超过了单个处理器的计算能力，通常采用多处理机或计算机集群来实现。因此，多 Agent 系统的并行化仿真逐渐成为主流方向[18]。同时，随着网络的普及和个人计算机计算能力的增强，网络计算机集群环境具有性价比高、可扩充性强、对空闲资源利用率好等优点，因此，在网络计算机集群环境下的基于 Agent 的分布仿真成为近年来研究

的重点。在基于 Agent 的分布仿真中，一般将 Agent 当作一种并发的逻辑进程（Logical Process，LP），每个 LP 维护、处理一系列事件来仿真系统的一部分，通常情况下，将 LP 分布到多个物理进程中，以达到并行或分布处理、提高效率的目的[19]。

2. Swarm 仿真平台

Swarm 平台是由美国 Santa Fe Institute 于 1995 年基于复杂适应系统理论基础上开发的一个标准的计算机仿真多 Agent 软件工具集，其目的是将建模者从编写程序的烦恼中解放出来，将精力集中于研究的专业领域。Swarm 支持使用者使用多 Agent 模拟的方法，对复杂适应系统开展研究工作。Swarm 的建模思想是建立一系列独立的个体，通过独立事件之间进行交互，考查和研究系统的行为和演化规律。其功能模型库完整，功能强大，且为开源软件，可以在如经济、社会、交通、电力系统等领域开展研究性工作，是应用最广泛的平台之一[13]。

3. 基于 Agent 分布仿真软件框架

随着分布式仿真技术和人工智能技术的发展，现有的基于 Agent 的仿真平台（如 Swarm 等）在仿真规模和智能体现方面显现出局限性，因此，需要开发能够方便地在网络环境下进行分布仿真的平台，这个平台能够提供底层通信、仿真管理与调度、时间管理、Agent 通信等基本功能，领域开发人员只需考虑在这个平台上构建特定领域相关的基于 Agent 的仿真应用。仿真平台主体可以分为两部分：一是仿真基础服务 Agent 模型；二是 Agent 仿真模型[14]。

1）仿真基础服务 Agent 模型

仿真基础服务 Agent 模型包括通信服务、时间服务及人机交互服务、结果统计服务等，主要用来保证分布仿真运行。同时，在每个仿真节点提供了底层的网络支持，并设立一个全局服务 Agent 和若干局部服务 Agent 来保证仿真的高效运行。

（1）仿真运行服务模型。仿真运行服务模型提供仿真系统中控制逻辑、通信服务，以及时间、注册管理等基础功能，与具体仿真应用无关。在实际系统中，通过全局 Agent 和局部 Agent 来配置，共同完成这些基础服务。

在整个分布仿真系统中，需要配置一个全局 Agent。全局 Agent 主要为每个仿真 Agent 提供一个全局唯一标识；为任何一个 Agent 提供注册功能和查询功能；还要监控各仿真节点的状态。配置在分布仿真环境中每个节点上的局部 Agent 负责为本节点内部的 Agent 提供通信服务、时间推进等功能。由全局 Agent 和局部 Agent 支持的基于 Agent 的分布仿真中的通信支撑系统结构如图 9-7 所示。

（2）人机接口和结果统计 Agent。每个节点最多设置一个人机接口 Agent，主要负责本节点 Agent 或整个仿真系统内信息的显示，如参数输入、修改与设置，以及仿真运行控制操作等。每个节点最多设置一个结果统计 Agent，主要负责统计数据采集、仿真结果统计与各类形式的显示等。

2）Agent 仿真模型

Agent 仿真模型通过描述仿真系统中的 Agent 及其交互关系来建立模型，它描述了

Agent 的状态、行为及通信接口。这个模型可以是一个单独的实体对象的 Agent 描述模型，也可以是多个 Agent 聚集成的组合 Agent，可参与实际仿真计算，具有可执行的内部结构。

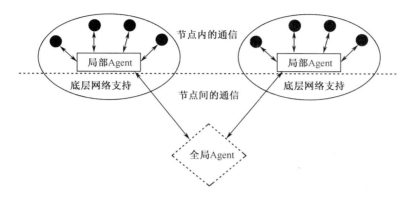

图 9-7　基于 Agent 的分布仿真中的通信支撑系统结构

（1）Agent 仿真模型结构。图 9-8 所示为慎思/反应型混合 Agent 仿真模型结构，其中通信接口连接 Agent 内核和通信系统。Agent 通过自己内部的感知器获取外部信息，首先经过控制层，对于简单情况，直接根据控制规则输出控制指令，推动效应器做出反应；对于复杂情况，需经控制层启动规划层，依据控制规则、自身的知识、历史信息和当前状态做出规划，并提交给决策层，形成最终控制指令序列，并由控制层发布，推动效应器做出反应。规划层负责生成动作方案，决策层负责方案寻优，这两层含有大量智能算法和优化算法，从而使 Agent 具有一定的智能模拟能力。这种 Agent 仿真模型结构具有普遍意义，与具体 Agent 所代表的实体类型无关，不同类型的实体，其相应的 Agent 是通过其所具有的不同规则、知识和能力来区别的。

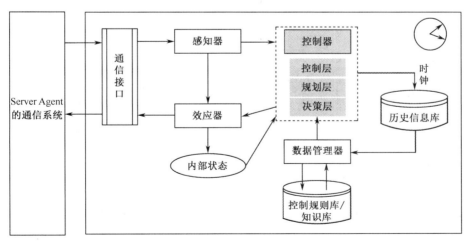

图 9-8　慎思/反应型混合 Agent 仿真模型结构

（2）Agent 仿真模型的工作流程。Agent 仿真模型需要设计一些通用接口，如获取全局标识的接口、获取消息的接口、消息处理的接口、时钟推进的接口、修改规则库的接口和规则产生方法的接口等，设计人员在生成具体领域相关的 Agent 仿真模型时，只需要继承并实现相应的接口即可。其工作流程如图 9-9 所示。

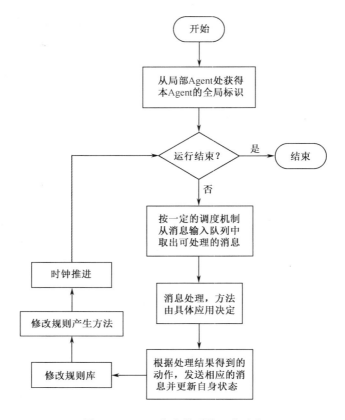

图 9-9　Agent 仿真模型的工作流程

9.4.2　多 Agent 系统仿真案例

在军事领域，作战侦察预警系统的仿真不仅包括天、空、海、岸的各型侦察兵力平台，还涉及由情报侦察、指挥控制、通信、数据融合处理等组成的电子信息系统。这些系统之间关系复杂、相互制约多、影响大，成为构建有效体系仿真实验环境的主要难题。为了实现侦察预警系统的仿真，采用基于多 Agent 的建模与仿真方法，建立有效的物理和行为模型，能为作战仿真推演实现提供有效的支持[20,21]。

1. Agent 模型结构设计

Agent 模型在仿真中通过感知器感知并选择性地接收环境信息，根据决策器中的规则分析做出相应的反应行为，并通过执行器根据反馈调整自己的行为和规则。结合作战侦察预警系统的特点及任务分配、行为协调及通信、交互机制等基于 Agent 的仿真要素，构建仿真系统中的 Agent 结构模型，如图 9-10 所示[22]。

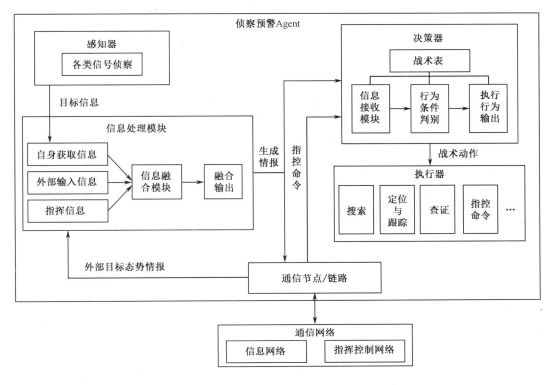

图 9-10　Agent 结构模型

（1）感知器。侦察战场其他实体发出的可探测信号，实时感知战场态势，并将信息发送到信息处理模块。

（2）信息处理模块。将感知器传来的如目标的点迹、轨迹等信息进行融合处理后，得到情报数据，再将情报数据输出到决策器，或者发送到外部通信网络连接的其他 Agent 节点。

（3）决策器。对自身获取或外部传入的战场态势信息，按照战术表进行信息接收、条件判断匹配和行为方案输出，产生 Agent 下一步的行动方案。若该 Agent 是指挥节点，则输出方案为指控命令；若该 Agent 是非指挥节点，则输出方案为战术动作。

（4）执行器。接收决策器送来的决策信息，并输出相应的基本战术动作或协同动作。

（5）通信节点。与外部通信网络连接的通信终端模块，当节点间有通信链路，并处于同一通信模式下时，节点间经由通信网络进行信息传输。

2. 基于战术表的决策模型设计

在仿真中采用基于战术表的方法，实现网络化组织中的各兵力 Agent 个体行为反应及相互间的交互。在进行战术行为决策时，根据战术表驱动 Agent 的行为主要遵循"刺激—反应"模式，即 Agent 在受到一定外部条件"刺激"后，在一定的条件约束下完成相应的任务，以达成对真实作战过程的模拟。为了提高仿真的效率，采用两类战术表来表示整个仿真过程的战术行为：一是作战指挥 Agent 战术表，主要用于搭载了作战指挥任务的 Agent 节点上，根据敌情、我情和环境等战场态势控制其他 Agent 执行战术任务，是整个战场态势的全局决策者和控制者；二是平台 Agent 战术表，其战术行为控制只对自身起作用。

战术表的主要处理流程为：输入触发条件检查→战术使用限制条件检查→输出行为控制条件检查→决策输出检查。同一战术表中，设计多个不同的应对战术，通过决策输出检查，对各个战术最后依据优先级顺序进行判定，选择优先级高的作为本次战术输出。

（1）输入触发条件检查。在仿真过程中，当有平台传感器获取如运动或轨迹等目标信息后，就通过网络传输到指定节点，该节点就会根据目标轨迹类型（如空中、陆地、水面和水下等）、威胁分类（如友方、敌方、中立和未知等）、目标的平台属性类型（如战斗机、水面舰船等）触发战术响应。

（2）战术使用限制条件检查。当触发战术响应后，就要根据以下战术使用的限制条件进行检查，以判断该战术是否可行。

① 时间使用限制，包括开始、结束时间限制。

② 信息不确定性限制，表示目标信息来源的误差限制。

③ 目标运动限制，是指目标的速度、相对航向限制。

④ 使用位置限制，是指目标与战术实施平台的相对距离、方位、区域限制。

（3）输出行为控制条件检查。战术表的输出行为控制条件如表 9-1 所示。

表 9-1　战术表的输出行为控制条件

平台 Agent 战术表		作战指挥 Agent 战术表		
1	跟踪探测类型	指目标体现出来的可以被探测的信号类型，如通信、电磁、红外等	1	跟踪探测类型	指目标体现出来的可以被探测的信号类型，如通信、电磁、红外等
2	平台当前状态	指战术触发时平台的状态，如巡逻、行驶、被引导等	2	战术行为控制	战术响应方式，控制被指挥平台对目标进行查证、定位、跟踪、搜索、监视等任务
3	战术行为控制	指平台对当前目标执行特定任务，如报告轨迹、电子战攻击和激活传感器等	3	机动行为控制	根据目标平台运动介质，进行合理的规避距离、高度控制，以及对执行任务过程中的盘旋、机动方式等进行控制
4	机动行为控制	指平台向着目标进行自引导，实施规避，设定规避速度和距离控制等	4	探测能力要求	执行任务的平台应当至少满足一种探测能力，同时，可以对平台的分类识别能力进行指定

归纳起来，战术表的本质是感知战场态势，然后与规定的战术条件进行匹配，再根据匹配结果做出决策的一种灵活的、自动的作战规则集合。

3. 仿真实现

利用自主开发的某海上对抗仿真系统对前述小节提出的多 Agent 作战侦察预警模型进行仿真验证。以海上我敌双方对抗过程为例，Agent 模型包括卫星、舰船、侦察预警飞机及其上搭载的传感器与通信模块等。通过我敌双方编队及空中兵力的侦察预警活动推演，验证仿真有效性。作战仿真中的我方对敌方的自动侦察预警行动效果如图 9-11 所示。设定中，我方按照由远及近、由粗到细对目标进行发现、查证和跟踪识别等战术响应，当我方发现目标后，按照设定的战术，自动触发相应作战实体的侦察预警行为。

图 9-11　作战仿真中我方对敌方的自动侦察预警行动效果

9.5　实验：Schelling 隔离模型仿真

9.5.1　实验目的

（1）了解 Python 的基本编程环境。
（2）了解基于 Agent 的建模思想。
（3）学会通过建立基于 Agent 的模型与仿真来理解复杂问题。
（4）运行程序，查看仿真结果，理解 Schelling 隔离模型的研究意义。

9.5.2　实验要求

（1）熟悉 Python 的基本编程环境。
（2）初步具备从实际复杂问题的求解目标中抽象出 Agent 的能力。
（3）初步具备基于 Agent 的建模方法和结合具体复杂问题设计仿真方案的能力。

9.5.3　实验原理

1. 实验背景

"Schelling 隔离模型"是 2005 年诺贝尔经济学奖得主 Thomas Schelling 在 20 世纪 70 年代就多民族混居城市的人种居住分布现象提出的。Schelling 的目的是想测试城市居民选择同种族的邻居还是不同种族的邻居的居住倾向性。

在 Schelling 隔离模型中，把整个城市看成一块巨大的二维网格区域，二维网格上每一个小格子可以住一个人也可以空着，每个格子都有相邻的 8 个邻居（边界情况除外）。如图 9-12 所示，假设深色圆表示住着白种人，浅色圆表示住了黑种人，白色格子表示没有住人。对于在中间 X 格子的白种人来说，周围 7 个邻居有 3 个是同种族，有 4 个是不同种族，那他应该留下还是搬走？通过"Schelling 隔离模型"仿真来深刻理解种族隔离现象。

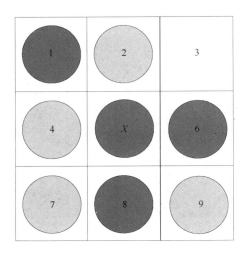

图 9-12　城市居民居住分布模拟图

2. 仿真设计

在这个模型中，把城市的每个种族抽象为一个 Agent，这是一个基于 Agent 的模型，模型要素如下。

（1）种族居民 Agents。

（2）对于每一个 Agent 有其行为——基于种族相似比的搬迁。

（3）搬迁准则——邻居种族相似比阈值（t），根据阈值做出留下还是搬走的决定。

每个 Agent 都希望拥有不少于 t 的同种族邻居，当同种族邻居的比例小于 t 时，则该 Agent 不满足于居住现状并搬迁到一个空房子中。如图 9-12 所示的情况，假设 X 的邻居种族相似比是 30%，则此时他会选择留下，而当他的同种族邻居有一位搬走时，由于只剩 2/8<30% 是同种族邻居，因此那时 X 会选择搬走。

仿真过程如下。

（1）首先将居民随机分配到城里并预留一些空房子。

（2）对于每个居民，利用搬迁准则检查该居民是否满意当前居住现状。如果满意，什么也不做；如果不满意，就让该居民搬迁到空房子。

（3）仿真经过 N 次迭代后，观察最终的种族居住分布情况。

9.5.4　实验步骤

1. 本实验的实验环境为 Python 3

（1）导入库。除 Matplotlib 之外，其他库都是 Python 默认安装的。代码如下。

```
import matplotlib.pyplot as plt
import itertools
import random
import copy
```

（2）定义类。定义名为 Schelling 的类，涉及 6 个参数：城市的宽和高、空房子的比例、邻居种族相似比阈值、迭代数和种族数。代码如下。

```
class Schelling:
    def __init__(self, width, height, empty_ratio, similarity_threshold, n_iterations, races):
        self.width = width
        self.height = height
        self.empty_ratio = empty_ratio
        self.similarity_threshold = similarity_threshold
        self.n_iterations = n_iterations
        self.races = races
        self.empty_houses = []
        self.agents = {}
```

（3）定义方法。在这个类中定义了以下 4 种方法。

① populate()方法。 这种方法被用在仿真的开头，将居民随机分配在网格上。代码如下。

```
def populate(self):
    self.all_houses = list(itertools.product(range(self.width), range(self.height)))
    random.shuffle(self.all_houses)
    self.n_empty = int(self.empty_ratio * len(self.all_houses))
    self.empty_houses = self.all_houses[:self.n_empty]
    self.remaining_houses = self.all_houses[self.n_empty:]
    houses_by_race = [self.remaining_houses[i::self.races] for i in range(self.races)]
    for i in range(self.races):
        # 为每个种族创建 Agent
        self.agents = dict(
            list(self.agents.items()) +
            list(dict(zip(houses_by_race[i], [i + 1] * len(houses_by_race[i]))).items()))
```

② is_unsatisfied()方法。这种方法把房屋的（*x,y*） 坐标作为传入参数，查看同种族邻居的比例，如果比设定阈值（similarity_threshold）高则返回 True； 否则返回 False。代码如下。

```
def is_unsatisfied(self, x, y):
    race = self.agents[(x, y)]
    count_similar = 0
    count_different = 0
    if x > 0 and y > 0 and (x - 1, y - 1) not in self.empty_houses:
        if self.agents[(x - 1, y - 1)] == race:
            count_similar += 1
        else:
            count_different += 1
    if y > 0 and (x, y - 1) not in self.empty_houses:
        if self.agents[(x, y - 1)] == race:
            count_similar += 1
        else:
            count_different += 1
    if x < (self.width - 1) and y > 0 and (x + 1, y - 1) not in self.empty_houses:
        if self.agents[(x + 1, y - 1)] == race:
```

```
                count_similar += 1
            else:
                count_different += 1
        if x > 0 and (x - 1, y) not in self.empty_houses:
            if self.agents[(x - 1, y)] == race:
                count_similar += 1
            else:
                count_different += 1
        if x < (self.width - 1) and (x + 1, y) not in self.empty_houses:
            if self.agents[(x + 1, y)] == race:
                count_similar += 1
            else:
                count_different += 1
        if x > 0 and y < (self.height - 1) and (x - 1, y + 1) not in self.empty_houses:
            if self.agents[(x - 1, y + 1)] == race:
                count_similar += 1
            else:
                count_different += 1
        if x > 0 and y < (self.height - 1) and (x, y + 1) not in self.empty_houses:
            if self.agents[(x, y + 1)] == race:
                count_similar += 1
            else:
                count_different += 1
        if x < (self.width - 1) and y < (self.height - 1) and (x + 1, y + 1) not in self.empty_houses:
            if self.agents[(x + 1, y + 1)] == race:
                count_similar += 1
            else:
                count_different += 1
        if (count_similar + count_different) == 0:
            return False
        else:
            return float(count_similar) / (count_similar + count_different) < self.similarity_threshold
```

③ update ()方法。这种方法查看网格上的居民是否满意，如果尚未满意，则将随机把此人分配到空房子中，并模拟 n_iterations 次。代码如下。

```
def update(self):
    for i in range(self.n_iterations):
        self.old_agents = copy.deepcopy(self.agents)
        n_changes = 0
        for agent in self.old_agents:
            if self.is_unsatisfied(agent[0], agent[1]):
                agent_race = self.agents[agent]
                empty_house = random.choice(self.empty_houses)
                self.agents[empty_house] = agent_race
                del self.agents[agent]
```

```
                    self.empty_houses.remove(empty_house)
                    self.empty_houses.append(agent)
                    n_changes += 1
            print(n_changes)
            if n_changes == 0:
                break
```

④ plot()方法。可以调用这种方法来了解城市居民的居住分布。这种方法有两个传入参数：title 和 file_name。代码如下。

```
def plot(self, title, file_name):
    fig, ax = plt.subplots()
    agent_colors = {1: 'r', 2: 'g', 3: 'b', 4: 'c', 5: 'm', 6: 'y', 7: 'k'}
    for agent in self.agents:
        ax.scatter(agent[0]+0.5, agent[1] + 0.5, s = 10, color=agent_colors[self.agents[agent]])
    ax.set_title(title, fontsize=6, fontweight='bold')
    ax.set_xlim([0, self.width])
    ax.set_ylim([0, self.height])
    ax.set_xticks([])
    ax.set_yticks([])
    plt.savefig(file_name)
```

2. 仿真参数设置

表 9-2 所示为仿真参数。

表 9-2　仿真参数

房子规模	50×50=2500 间房子
空房子比例	30%
种族数	2（用不同颜色表示）
最大迭代数	500
邻居种族相似比阈值	30%，50%，80%

3. 按照上述参数进行 3 次仿真

（1）创建并"填充"城市。注意，邻居种族相似比阈值在城市的初始状态不起作用。代码如下。

```
if __name__ == "__main__":
    schelling_1 = Schelling(50, 50, 0.3, 0.3, 500, 2)
    schelling_1.populate()
    schelling_2 = Schelling(50, 50, 0.3, 0.5, 500, 2)
    schelling_2.populate()
    schelling_3 = Schelling(50, 50, 0.3, 0.8, 500, 2)
    schelling_3.populate()
```

（2）绘制初始状态的城市。代码如下。

```
schelling_1.plot('Schelling Model with 2 colors: Initial State', 'schelling_2_initial.png')
```

其结果如图 9-13 所示。

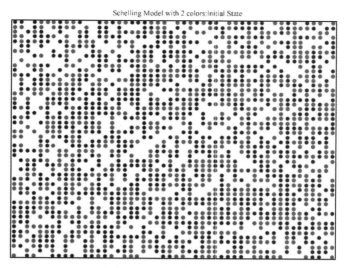

图 9-13　城市初始状态结果图

（3）运行 update()方法，绘制每个邻居种族相似比阈值的最终分布。代码如下。

```
scheling_1.update()
scheling_2.update()
scheling_3.update()
scheling_1.plot('Scheling Model with 2 colors: Final State with Similarity Threshold 30%','scheling_2_30_final.png')
scheling_2.plot('Scheling Model with 2 colors: Final State with Similarity Threshold 50%','scheling_2_50_final.png')
scheling_3.plot('Scheling Model with 2 colors: Final State with Similarity Threshold 80%','scheling_2_80_final.png')
```

其结果如图 9-14 所示。

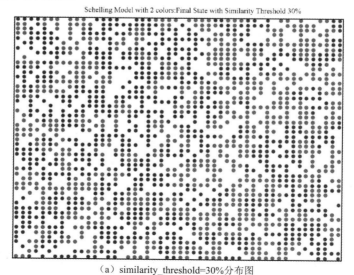

（a）similarity_threshold=30%分布图

图 9-14　最终分布的结果图

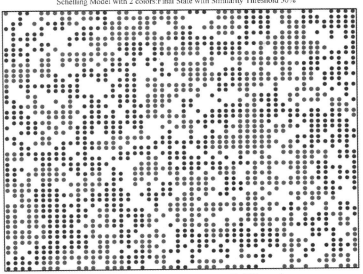

（b）similarity_threshold=50%分布图

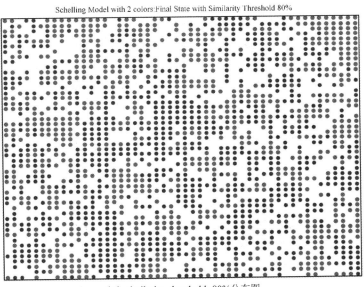

（c）similarity_threshold=80%分布图

图 9-14　最终分布的结果图（续）

　　观察以上图形，可以发现邻居种族相似比阈值越高，城市的隔离度就越高。此外，还会发现即便邻居种族相似比阈值很小，城市依旧会产生隔离。换言之，即使居民非常包容（相当于邻居种族相似比阈值很小），还是会以隔离告终。

习题

1. 什么是 Agent？
2. 简述多 Agent 系统（MAS）的概念。
3. 多 Agent 系统一般有哪几种结构？
4. 简述 MAS 的协调与协作及各自的侧重点。
5. 简述 MAS 基于社会规则的协作模型。
6. Agent 模型建立过程中涉及哪 3 种模型？并简单描述如何建立。
7. 简述 Agent 仿真模型结构中感知器、控制器和效应器的作用。

参考文献

[1] Carl H. Viewing control structures as patterns of passing messages[J]. Artificial Intelligence, 1977, 8(3):323-364.

[2] Marvin M .The society of mind [M]. NewYork: Simon& Schuster,Inc., 1986.

[3] Wooldridge M J, Jennings N R. Intelligent Agents: Theory and Practice [J]. Knowledge Engineering Review, 1995, 10(2):115-152.

[4] multi-agent[EB/OL]. https://baike.baidu.com/item/multi-agent.

[5] 徐潼. 多 Agent 系统的体系结构和协作研究[D]. 南京：南京理工大学, 2003.

[6] 姚莉，张维明. 智能协作信息技术[M]. 北京：电子工业出版社, 2002.

[7] 王学通，王伟，于蕾，等. 多 Agent 系统研究概述[J]. 现代电子技术，2006,255(10): 65-67.

[8] Labrou Y, Finn T, Labrou Y, et al. Agent communication Language:the Current Landscape[J]. IEEE Intelligent System, 1999, 14(2):45-52.

[9] 孙志勇. 多 Agent 系统体系结构及建模方法研究[D]. 合肥：合肥工业大学，2004.

[10] 黄小兵. 基于 Agent 系统的概念、方法和应用[J]. 计算机与现代化，2000(4):6-11.

[11] 王韬. 基于 MAS 的多机器人体系结构与协作机制的研究[D]. 太原：中北大学，2007.

[12] 刘向军. 多 Agent 系统通信与协作机制构造[J]. 机械设计与制造工程，2002,31(2): 40-42.

[13] 倪建军. 复杂系统多 Agent 建模与控制的理论及应用[M]. 北京：电子工业出版社，2011.

[14] 廖守亿，王仕成，张金生. 复杂系统基于 Agent 的建模与仿真[M]. 北京：国防工业出版社，2015.

[15] Zeigler B P, Praehofer H，Kim T G. Theory of modeling and simulation[M]. Second Edition. San Diego: Academic Press, 2000.

[16] Spivey J. Understanding Z: A Specification Language and its Formal Semantics[M]. Cambridge University Press, 1988.

[17] 倪建军, 李建, 范新南. 基于多 Agent 复杂系统仿真平台研究[J]. 计算机仿真, 2007, 12(24)：283-286.

[18] 屈洪春, 姚献慧, 尹力. 多 Agent 系统在空间直观仿真建模中的并行化[J/OL]. 系统仿真学报. http://kns.cnki.net/kcms/detail/11.3092.v.20190111.0949.042.html.

[19] 李宏亮, 程华, 金士尧. 基于 Agent 的复杂系统分布仿真建模方法的研究[J]. 计算机工程与应用, 2007, 8(43): 209-213.

[20] 韩志军, 孙少斌, 张仁友, 等. 装甲兵作战多智能体建模技术及其应用[J]. 火力与指挥控制, 2016, 41(6): 1-4.

[21] 戴国忠, 王怀龙. 多智能体编队在时延约束下的动态跟踪控制[J]. 指挥控制与仿真, 2017, 39(3): 36-39.

[22] 涂卫红, 张建廷. 基于多智能体的侦察预警系统仿真技术[J]. 指挥控制与仿真, 2018, 40(3): 64-68.

第10章　人机协同系统

随着计算机与人工智能的发展，人机协同系统开始出现了。人机协同系统可以充分发挥计算机的计算优势和推理能力，以及人的灵活性和创造性，因此可以更有效地求解各种复杂的问题。人类的智能正在不断地迁移到计算机和人工智能系统中。本章将围绕人机协同系统的原理，详细介绍其运行机制、智能迁移，最后介绍一个实际应用案例。

10.1　人机协同系统概述

10.1.1　人机协同系统的概念

人机协同系统又称为人机结合系统、人机整合系统。通常认为，人机协同系统是由人和计算机（含嵌入式控制系统）共同组成的一个系统。其中，计算机主要负责处理大量的数据计算及部分推理工作（如演绎推理、归纳推理、类比推理等），在计算力不够的部分，如选择、决策及评价等工作，则需要由人来负责，从而充分发挥人的灵活性与创造性。人与计算机相互协同，密切协作，可以更高效地处理各种复杂的问题。目前，人机协同系统已广泛地应用于医疗诊断、天气预报、化学工程、地质勘探、语音识别、图像处理等领域，深刻地影响了科技的发展，以及社会生产、生活的方方面面[1]。

10.1.2　中外研究

在国内，已经有不少学者和专家对人机协同系统（或人机结合系统）进行了研究。1984 年，张守刚、刘海波在讨论机器求解问题时就已经提出，在机器推理和求解问题的过程中，必须由人来参与。如何将问题形式化、如何将推理规则及程序放到机器中，以及如何解决机器在求解问题时遇到的难题，都需要人来处理。"机器求解问题，实际上是人、机求解问题系统。人的智能加上物化的智能、机器智能所构成的人、智能机系统将是今后智能系统发展的一个重要方向。"[2]1988 年，马希文提出了人与机器结合的观点，人利用机器，机器辅助人，共同完成一项复杂的工作[3]。1990 年，钱学森在研究系统科学和工程时，第一次提出了"综合集成工程"（Metasynthetic Engineering）的构想。所谓的"综合集成工程"，是在对开放复杂巨系统进行研究的基础上提炼、概括和总结出来的一种工程研究方法。关于开放复杂巨系统的研究通常需要借助计算机技术和相关专家的参与，建立起包含大量参数的模型，这些模型通过人机交互，反复实验，逐次逼近，最后形成结论。其本质是将计算机和专家两者有机结合起来，构成一个高度智能化的人机交互系统。其中，计算机和人（专家）在该系统中均是不可替代的[4]。1994 年，路甬祥和陈鹰在研究机械科学和工程的基础上，首次提出了"人机系统"的概念。人机系统强调人与机器相互合作，各自发挥自身的优势，争取最高效地完成一项工程或工作[5,6]。2007 年，台湾学者陈杏圆、王焜洁指出，随着人工智能研究的不断深入、拓展，开始出现了人机智能结合的概念。所谓的人机智能结合，就是要将人的智能（创造性）与计算机智能（计算、推理）有机结合起来，发挥各自的优势，弥补对方的不足。

　　在国外，也有大量学者对人机结合或人机协同系统进行了研究。其中，比较有代表性的有：1991 年，美国著名人工智能与计算机学家费根鲍姆（Edward Albert Feigenbaum）和里南（Douglas Lenat）提出了"人机合作预测"（Man-Machine Synergy Prediction）的概念，他们认为人与计算机之间可以成为一种同事的关系，人与计算机所需要做的工作就是执行自己所最精通的工作；2014 年，美国学者艾萨克森（Walter Isaacson）指出，当下最重大的创新来自人的灵感与计算处理能力的结合。"人类和计算机共同发挥各自的才能，共同合作，总会比计算机单独行事更具创造力。……人类与机器相结合的做法，则会持续不断地产生令人惊叹的创新。……数字时代举足轻重的先驱们也是这么想的，如万尼瓦尔·布什（Vannevar Bush）、利克里德（Joseph Carl Robnett Licklider）和道格·恩格尔巴特（Doug Engelbart）。'人脑和计算机将会非常紧密地结合起来，两者的协同合作将会产生一种人脑未曾想到过的思考方式，能够产生人们当前所熟知的信息处理机器所不能实现的数据处理方式'。"

10.2　运行机制

10.2.1　人机协同系统的结构

　　简单地说，人机协同系统的组成可以分为三大部分：人、人机交互接口、计算机。其结构如图 10-1 所示[1]。

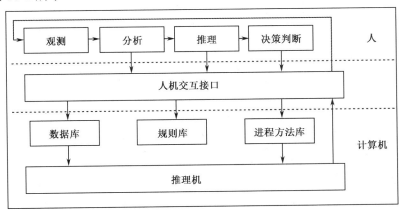

图 10-1　人机协同系统结构

　　（1）人。人通过观测得到的数据，进行分析、推理和判断得到的结果，经过人机交互接口传输给计算机。对计算机输出的结果进行再次加工，如进行结果的评估与决策。

　　（2）人机交互接口。人与计算机进行信息交互的接口界面。人机交互接口应当尽可能提供全面、透彻、灵活的直观信息；人与计算机可以通过计算机语言、自然语言及图形等方式进行对话。

（3）计算机。计算机可以分为数据库、规则库、进程方法库及推理机。数据库是概念、事实、状态，以及假设、证据、目标等的集合。规则库是规则、指示等因果关系或函数关系的集合。进程方法库是问题分解、评价、搜索、匹配和文件链接等过程和步骤的集合。推理机则主要用来实现推理功能。计算机中，关于数据和知识的存储应当保证安全可靠，不受扰动和破坏。

10.2.2 人机协同系统的运行机制

人机协同系统的运行机制可以分为以下步骤[1]。

（1）人把观测到的数据，经过分析、推理和判断之后的结果通过人机交互接口输入计算机。

（2）计算机通过数据库、规则库、进程方法库，对输入的结果进行分析、搜索、匹配和评价，并传输给推理机进行数据推理，推理机再把推理的结果反馈给人。

（3）人机协同推理：如果有些算法或模型已知时，则通过人机交互接口确定某些参数，选择某些多目标决策的满意解。

（4）如果算法或模型未知，则基于人的自身经验，对结果进行评价和选择，实现最终的推理与决策。

在人机协同系统中，如何使得人与计算机充分发挥各自的优越性？即人与计算机的工作任务如何分配？人与计算机的工作任务应当按照以下的原则进行。

$$\min \beta_i^h \sum_{n=1}^{n} \beta_i^h E_i^h = A - \max \beta_i^c \sum_{i=1}^{n} \beta_i^c E_i^c$$

其中，A、E_i^h 和 E_i^c 分别为任务的总工作量、人担负的工作量和计算机担负的工作量，$i=1,2,\cdots,n$ 是任务序号。β_i^c 和 β_i^h 分别定义为

$$\beta_i^c = \begin{cases} 1, \text{计算机执行任务时} \\ 0, \text{其他} \end{cases}$$

$$\beta_i^h = \begin{cases} 1, \text{人执行任务时} \\ 0, \text{其他} \end{cases}$$

为了实现这一原则，可以将全部任务分为 3 类：可编程任务、部分可编程任务、不可编程任务。可编程任务交由计算机处理(E_i^c)，部分可编程任务通过人机交互接口由人机协同处理，不可编程任务则由人(E_i^h)来完成。

人机协同系统首先可以发挥计算机计算速度快、存储量大、信息处理能力强的特点；其次，计算机的知识库具有很大的灵活性，可以随时删除、更新和修改知识库；最后，由于采用了人机交互接口，可以使人与计算机更为高效地交换信息。

10.3 智能迁移

从前面的阐述和分析中可以看出，就目前的计算机所实现的功能（E_i^c）而言，其真

正能够实现并放大的通常是计算和推理的能力，特别是基于规则的计算和推理部分。对于人（E_i^h）而言，如果在实际的认知任务中，能够从具体的计算、推理和可形式化的评判的重负中解脱出来，就能够在创造性思维中投入更多的精力。这样，人机协同系统可以使人与计算机充分发挥各自的优势，从而共同完成更为复杂、更为困难的工作。

这里，一个更具科学、技术乃至哲学意义的问题是，在人类运用人机协同系统去解决面临的各种问题时，是否能够通过建构越来越具有更多学习和推理能力的人工智能系统，从而不断地将人的推理能力向人工系统迁移，产生出更为自主的认知系统呢（能否实现由 E_i^h 到 E_i^c 的不断迁移）？从目前人工智能发展的状况和趋势看，答案无疑是肯定的。实际上，人们可以看到，近年来人工智能的发展过程恰好显现出这样一种迁移：从开始只是人工智能系统帮助人进行辅助性的计算、推理和决策，到人工智能系统本身具有越来越强的自主学习和推理能力，甚至一些系统已经具备了原本只有人类才具有的直觉能力。这样一种迁移正体现了人类的智能不断地向人工智能系统动态迁移的过程[1]。

1. 早期的专家系统

所谓的专家系统，通常认为是"一个智能计算机程序系统，其内部含有大量的某个领域专家水平的知识与经验，能够利用人类专家的知识和解决问题的方法来处理该领域的问题。……简言之，专家系统是一种模拟人类专家解决专业领域问题的计算机程序系统"。

最早的专家系统是由费根鲍姆等于 1968 年研发的 DENDRAL，能够进行质谱数据分析，并推断化学分子的结构，基本达到了化学专家的水平。早期的专家系统架构简单、功能单一，人机交互界面生硬，缺乏自主学习能力。专家系统中的计算机通常只能负责数据计算和部分推理任务，而数据库的修改、推理机的设计运行、人机交互界面的优化等工作通常只能由设计运行人员来负责。随着技术的不断进步，专家系统开始逐渐向多任务、协同运行、机器学习等方向发展，并引入了不确定推理、蒙特卡洛模拟（Monte Carlo Simulation）算法等最新的推理机制和算法，并且具备了一定的自我纠错功能。AlphaGo 就是其中的最新代表。

2. 最新的专家系统范例——AlphaGo

棋类游戏是人工智能重要的研究领域之一，到目前为止，人工智能在国际象棋、中国象棋、跳棋等棋类游戏中均可以战胜（或者至少保证和棋）世界顶尖的人类棋手。在 AlphaGo 出现之前，人工智能专家已经研发了各种基于不同算法和推理机制的围棋对弈专家系统，如 Crazy Stone、Zen、Silver Star 等，但是这些专家系统均不能战胜顶尖的人类棋手。围棋的规则虽然简单，但是下法却非常复杂，如果加上打劫（围棋术语），则局面将更加复杂；据统计，围棋盘上可能形成的局面高达 3^{361}，比目前宇宙中所有原子数（10^{80}）都多。以目前超级计算机的计算能力及人工智能的发展水平还远远不能穷举围棋的所有可能性。AlphaGo 的出现，则完全突破了这一局面。AlphaGo 是由 Google 旗下的 DeepMind 公司研发的围棋对弈专家系统。2015 年 10 月，AlphaGo 以 5:0 的战绩击败了欧洲围棋冠军樊麾二段；2016 年 3 月，又以 4:1 的战绩击败了拥有 14 个世界围棋冠军头衔的李世石九段，震惊了全世界。可以说，这是一次人工智能的巨大胜利。

AlphaGo 的开发者西弗（David Silver）、黄志杰及哈萨比斯（Demis Hassabis）等于 2016 年 1 月 28 日在《自然》（*Nature*）杂志发表了 *Mastering the game of Go with deep neural networks and tree search* 一文，详细论述了 AlphaGo 的算法与推理机制。AlphaGo 使用了一种新的结合了"价值网络"（Value Networks）和"策略网络"（Policy Networks）的蒙特卡洛模拟（Monte Carlo Simulation）算法。可以说，AlphaGo 体现了人工智能开发者与计算机高速运算、推理能力的完美结合，是人机协同系统的又一次经典案例。AlphaGo 使用了一种新的围棋算法，即使用"价值网络"评估棋局，使用"策略网络"来选择落子。这些深层神经网络，是由人类专家博弈训练的监督学习和计算机自我博弈训练的强化学习所共同构成的一种新型组合。在没有任何预先搜索的情境下，这些神经网络能与顶尖水平的、模拟了千万次随机自我博弈的蒙特卡洛树搜索（Monte Carlo Tree Search，MCTS）程序下围棋。同时，AlphaGo 还使用了一种新的搜索算法：结合了价值网络和策略网络的蒙特卡洛模拟算法。通过将策略网络和价值网络与树搜索结合起来，AlphaGo 终于达到了专业围棋的水准，这让专家们看到了希望——在其他看起来无法完成的领域中，人工智能也可以达到人类级别的表现。

AlphaGo 不仅具备了强大的数据分析和推理能力，其机器自主学习的能力也令人叹为观止——AlphaGo 可以自身与自身对战，从而可以与日俱进，大幅提升自身的对弈水平。人类甚至很难预测 AlphaGo 在围棋上的潜力还有多大，更难以预测其在围棋领域的瓶颈会在哪里。

从早期的专家系统到 AlphaGo，对比之下可以发现，起先人工的机器系统主要承担基于符号的形式推理（如抽象推理）工作，而后其他的推理能力（如形象推理等）不断得到发展。机器系统的这种变化在一定程度上体现了从模拟人的抽象推理能力逐步扩展到模拟人的其他推理智能（如形象推理等）的演进。在 AlphaGo 的框架结构中，这种演进过程是通过深度的人工神经网络来实现的。由此看来，人机协同系统的发展，将是人的推理能力和智能水平不断向人工智能系统的迁移和放大，这正是一个智能迁移的过程。

随着人工智能与人机协同系统的发展，可以说，人工的智能机器系统已经在很大程度上替代人类来进行基于形式的计算和推理等工作，并且还正渐渐具备自主学习的能力，其中原本属于人的推理所具有的评价甚至直觉的功能也正在实现。因此，可以想见，在很多领域，人工的智能系统不仅会相对自主地完成学习和推理的任务，而且可以比人类做得更多、更快、更好。与此相应，人类需要做的工作将更多地集中在制定目标及评价、选择等更富有创造性的工作中，而且这个发展趋势也将越发明显。

随着科技的发展，人的智能不断地向人工智能系统迁移，一个可能的推论就是，人的全部智能会不会完全迁移到人工智能系统？即人工智能系统会不会完全实现人类的智能水平（乃至超越）？AlphaGo 的出现与成功再度引发了人工智能学界、科技界及哲学界的热烈讨论。关于此问题，诸多国内外专家学者已经从各个方面各个层次进行了多方论证，本章提出可以从"智能迁移"的角度来进行思考与研究，从而为解决这一问题提供一种新的启示与进路。

人工智能与人机协同系统的发展无疑推动了社会的发展和文明的进步，而其所引发的哲学探讨可能更值得人类深思。人机协同系统未来会朝怎样的方向发展？会在哪些方面、何种程度上影响人们的认知与行动？会带来怎样的伦理问题？对于人的生存和发展又会产生什么重要的影响？等等。这也将是人们未来需要进一步思索、研究的方向。

10.4　案例：人机协作机器人在大陆汽车的应用

1. 行业

汽车和零部件制造。

2. 应用

拾取和放置，机床上下料。

3. 目的

解决生产线自动化，提高生产效率。

4. 案例背景

与跨国公司大陆集团的合作是该行业中绝佳的转型案例。作为汽车领域的龙头企业，大陆集团是迄今为止自动化程度最高的制造商，并率先向工业 4.0 迈进。在 2016 年，该公司决定购买多台 UR10 协作机器人，进行 PCB 板的自动化制造和加工，与手动操作相比，转换时间缩短了 50%（从 40 分钟缩短到 20 分钟）。

作为一家不断成长的公司，大陆集团在汽车行业拥有 25 年的历史，并一直专注于创新，并因此在与其他顶级公司的竞争中赢得了许多重要项目。西班牙大陆汽车的工厂经理 Cyril Hogard 谈起引入 UR 协作机器人的初衷时表示：公司在行业竞争激烈的背景下运营，主要挑战之一是提高生产率。两年前第一次听说协作机器人时，他立即确信，协作机器人将凭借其集成简便、维护成本低和能提高生产力的优势，成为大陆汽车在工业 4.0 中发展的基石。

5. 解决方案

西班牙大陆汽车公司选择优傲机器人，在制造过程中执行 PCB 板和组件的上下料及检测任务，这是一项单调和重复的任务，同时需要高度精确。

项目初期，大陆汽车安装了两台 UR10 机器人用于装卸 PCB 板和组件装配。目前已增加到 6 台 UR10 协作机器人，另有 3 个 UR10 项目正在进行中。

大陆汽车的工程师们积极地投入到项目开发中，当开始第一个项目时大家知道这意味着大陆汽车正在使用具有更现代机器人理念的协作型机器人从事开创性的技术工作，也预示着以自动化和工业物联网（IIOT）为核心的智能工厂的出现。

负责 UR 机器人应用的是工程师 Víctor Cantón，尽管之前并没有机器人技术方面的经验，他仍然接受了挑战。在几个星期内，他就理解了 UR 协作机器人的基础知识，并能够开始编程。项目的早期阶段，在实验室内已经使用一台优傲机器人进行测试、节拍计算和运动路径的规划，为简化和加快现场实施做准备。

6. 优点

大陆集团的团队对于 UR 协作机器人在其生产线上的使用结果非常满意，产品优势在操作过程中显露无遗。

（1）控制及灵活性：编程非常简单；所有的电子设备和机器人控制器被集成在中央控制器中，使它们在不需要外部专家的帮助下就可以重新编程。

（2）减少团队负担：协作机器人的到来意味着操作员的角色改变，操作员不再需要执行繁复的工作任务，如将组件从一个工作站移动到下一个工作站。他们现在可以专注于提高生产的技能任务。

（3）降低成本：大陆集团在车间内实现自动化移动零部件，与手动操作相比，将转换时间缩短了 50%（从 40 分钟缩短到 20 分钟），降低了运营成本。

（4）安全：大陆集团的团队对于协作机器人相关的安全措施非常满意。例如，操作者可以在任何时间进入单元，并且当操作者靠近机器人时，机器人由于附加传感器停止而立即停止操作。

10.5 实验：调用 AIML 库进行智能机器人的开发

10.5.1 实验目的

（1）熟练掌握 Python 语言的 Python 版本 3.6.5 及以上。
（2）学会使用 Python 服务端开发框架 Tornado。
（3）简单使用 aiml 库接口。
（4）熟练使用 HTML+CSS+JavaScript(jQuery)。
（5）掌握 Ajax 技术。

10.5.2 实验要求

（1）搭建人工智能——人机对话服务端平台。
（2）实现调用服务端平台进行人机对话交互。

10.5.3 实验原理

（1）AIML 由 Richard Wallace 发明。他设计了一个名为 A.L.I.C.E.（Artificial Linguistics Internet Computer Entity，人工语言网计算机实体）的机器人，并获得了多项人工智能大奖。图灵测试的其中一项就在寻找这样的人工智能：人与机器人通过文本界面展开数分钟的交流，以此查看机器人是否会被当成人类。

（2）使用 Python 搭建服务端后台接口，供各平台直接调用。然后客户端进行对智能对话 API 接口的调用，服务端分析参数数据，并进行语句的分析，最终返回应答结果。

（3）系统前端使用 HTML 进行简单的聊天室的设计与程序编写，使用异步请求的方式渲染数据。

10.5.4　实验步骤

1. 安装 Python aiml 库

```
pip install aiml
```

2. 获取 alice 资源

Python aiml 安装完成后在 Python 安装目录下的 Lib/site-packages/aiml 下会有 alice 子目录，将此目录复制到工作区；或者在 Google code 上下载 alice brain: aiml-en-us-foundation-alice.v1-9.zip。

3. Python 下加载 alice

取得 alice 资源之后就可以直接利用 Python aiml 库加载 alice brain 了。代码如下。

```
import aiml
os.chdir('./src/alice') # 将工作区目录切换到刚才复制的 alice 文件夹
alice = aiml.Kernel()
alice.learn("startup.xml")
alice.respond('LOAD ALICE')
```

注意，加载时需要切换工作目录到 alice（刚才复制的文件夹）下。

4. 与 alice 聊天

加载之后就可以与 alice 聊天了，每次只需要调用 respond 接口。代码如下。

```
alice.respond('hello') #这里的 hello 即为发给机器人的信息
```

5. 用 Tornado 搭建聊天机器人网站

Tornado 可以很方便地搭建一个 Web 网站的服务端，并且接口风格是 Rest 风格，可以很方便地搭建一个通用的服务端接口。

这里有以下两种方法。

（1）get：渲染界面。

（2）post：获取请求参数并进行分析，返回聊天结果。

Class 类的代码如下。

```
class ChatHandler(tornado.web.RequestHandler):
    def get(self):
        self.render('chat.html')

    def post(self):
        try:
            message = self.get_argument('msg', None)

            print(str(message))

            result = {
                'is_success': True,
                'message': str(alice.respond(message))
```

```
        }

        print(str(result))

        respon_json = tornado.escape.json_encode(result)

        self.write(respon_json)

    except Exception, ex:
        repr(ex)
        print(str(ex))

        result = {
            'is_success': False,
            'message': ''
        }
        self.write(str(result))
```

6. 简单搭建一个聊天界面

图 10-2 所示的界面是基于 Bootstrap 的，简单搭建这个聊天界面用于展示接口结果，同时进行简单的聊天。

图 10-2　聊天界面

7. 接口调用

异步请求服务端接口，并将结果渲染到界面。代码如下。

```
$.ajax({
    type: 'post',
    url: AppDomain+'chat',
    async: true,//异步
    dataType: 'json',
```

```
data: (
{
    "msg":request_txt
}),
success: function (data)
{
    console.log(JSON.stringify(data));
    if (data.is_success == true) {
        setView(resUser,data.message);
    }
},
error: function (data)
{
    console.log(JSON.stringify(data));
}
});//end Ajax
```

8. Python 服务端代码

Python 服务端代码如下。

```python
#!/usr/bin/env python

# -*- coding: utf-8 -*-

import os.path
import tornado.auth
import tornado.escape
import tornado.httpserver
import tornado.ioloop
import tornado.options
import tornado.web
from tornado.options import define, options

import os
import aiml

os.chdir('./src/alice')
alice = aiml.Kernel()
alice.learn("startup.xml")
alice.respond('LOAD ALICE')


define('port', default=3999, help='run on the given port', type=int)
```

```python
class Application(tornado.web.Application):
  def __init__(self):
    handlers = [
      (r'/', MainHandler),
      (r'/chat', ChatHandler),
    ]

    settings = dict(
      template_path=os.path.join(os.path.dirname(_file_), 'templates'),
      static_path=os.path.join(os.path.dirname(_file_), 'static'),
      debug=True,
    )

    # conn = pymongo.Connection('localhost', 12345)
    # self.db = conn['demo']
    tornado.web.Application.__init__(self, handlers, **settings)


class MainHandler(tornado.web.RequestHandler):
  def get(self):
    self.render('index.html')

  def post(self):

    result = {
      'is_success': True,
      'message': '123'
    }

    respon_json = tornado.escape.json_encode(result)
    self.write(str(respon_json))

  def put(self):
    respon_json = tornado.escape.json_encode("{'name':'qixiao','age':123}")
    self.write(respon_json)


class ChatHandler(tornado.web.RequestHandler):
  def get(self):
    self.render('chat.html')

  def post(self):
    try:
      message = self.get_argument('msg', None)
```

```
        print(str(message))

        result = {
          'is_success': True,
          'message': str(alice.respond(message))
        }

        print(str(result))

        respon_json = tornado.escape.json_encode(result)

        self.write(respon_json)

      except Exception, ex:
        repr(ex)
        print(str(ex))

        result = {
          'is_success': False,
          'message': ''
        }

        self.write(str(result))


def main():
  tornado.options.parse_command_line()
  http_server = tornado.httpserver.HTTPServer(Application())
  http_server.listen(options.port)
  tornado.ioloop.IOLoop.instance().start()


if __name__ == '__main__':
  print('HTTP server starting ...')
  main()
```

9. HTML 前端代码

HTML 前端代码如下。

```
<!DOCTYPE html>
<html>
<head>
  <link rel="icon" href="qixiao.ico" type="image/x-icon"/>
  <title>qixiao tools</title>
```

```html
<link rel="stylesheet" type="text/css" href="../static/css/bootstrap.min.css">

<script type="text/javascript" src="../static/js/jquery-3.2.0.min.js"></script>
<script type="text/javascript" src="../static/js/bootstrap.min.js"></script>

<style type="text/css">
  .top-margin-20{
    margin-top: 20px;
  }
  #result_table,#result_table thead th{
    text-align: center;
  }
  #result_table .td-width-40{
    width: 40%;
  }
</style>

<script type="text/javascript">


</script>
<script type="text/javascript">
  var AppDomain = 'http://localhost:3999/'
  $(document).ready(function(){
    $("#btn_sub").click(function(){
      var user = 'qixiao(10011)';
      var resUser = 'alice (3333)';

      var request_txt = $("#txt_sub").val();

      setView(user,request_txt);

      $.ajax({
        type: 'post',
        url: AppDomain+'chat',
        async: true,//异步
        dataType: 'json',
        data: (
        {
          "msg":request_txt
        }),
        success: function (data)
        {
         console.log(JSON.stringify(data));
```

```
            if (data.is_success == true) {
              setView(resUser,data.message);
            }
          },
          error: function (data)
          {
            console.log(JSON.stringify(data));
          }
        });//end Ajax


      });

    });
    function setView(user,text)
    {
      var subTxt = user + " "+new Date().toLocaleTimeString() +'\n·'+ text;
      $("#txt_view").val($("#txt_view").val()+'\n\n'+subTxt);

      var scrollTop = $("#txt_view")[0].scrollHeight;
      $("#txt_view").scrollTop(scrollTop);
    }
  </script>
</head>
<body class="container">
  <header class="row">
    <header class="row">
      <a href="/" class="col-md-2" style="font-family: SimHei;font-size: 20px;text-align:center;margin-top:
30px;">
        <span class="glyphicon glyphicon-home"></span>Home
      </a>
      <font class="col-md-4 col-md-offset-2" style="font-family: SimHei;font-size: 30px;text-align:center;
margin-top: 30px;">
        <a href="/tools" style="cursor: pointer;">QiXiao - Chat</a>
      </font>
    </header>
    <hr>

    <article class="row">

      <section class="col-md-10 col-md-offset-1" style="border:border:solid #4B5288 1px;padding:0">
Admin : QiXiao </section>
      <section class="col-md-10 col-md-offset-1 row" style="border:solid #4B5288 1px;padding:0">
        <section class="col-md-9" style="height: 400px;">
```

```
    <section class="row" style="height: 270px;">
        <textarea class="form-control" style="width:100%;height: 100%;resize: none;overflow-x:
none;overflow-y: scroll;" readonly="true" id="txt_view"></textarea>
    </section>
    <section class="row" style="height: 130px;border-top:solid #4B5288 1px; ">
        <textarea class="form-control" style="overflow-y: scroll;overflow-x: none;resize: none;width:
100%;height:70%;border: #fff" id="txt_sub"></textarea>
        <button class="btn btn-primary" style="float: right;margin: 0 5px 0 0" id="btn_sub">
Submit</button>
    </section>
    </section>
    <section class="col-md-3" style="height: 400px;border-left: solid #4B5288 1px;"></section>
    </section>
    </article>
    </body>
    </html>
```

10. 系统测试

（1）将服务程序运行起来，代码如下。

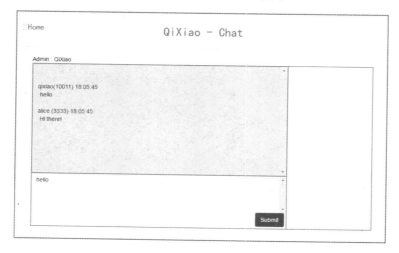

（2）调用测试。进行前台界面的调用，如图 10-3 所示。

图 10-3　前台界面的调用

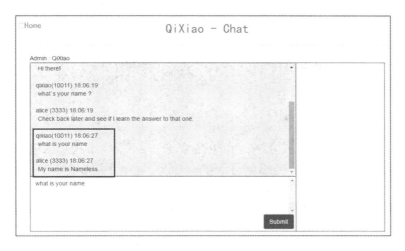

图 10-3　前台界面的调用（续）

项目运行，并且达到预期效果。

习题

1．什么是人机协同系统？
2．人机协同系统和无人机系统的区别与联系是什么？
3．简述人机协同系统的智能迁移过程。
4．简述人机协同系统运行机制的步骤。

参考文献

[1] 刘步青. 人机协同系统中的智能迁移：以 AlphaGo 为例[J]. 科学·经济·社会，2017, 2:73-77.

[2] 张守刚，刘海波. 人工智能的认识论问题[M]. 北京：人民出版社，1984.

[3] 董军. 人工智能哲学[M]. 北京：科学出版社，2011.

[4] 钱学森，于景元，戴汝为. 一个科学新领域——开放的复杂巨系统及其方法论[J]. 自然杂志，1990, 13(1): 3-10.

[5] 路甬祥，陈鹰. 人机一体化系统与技术——21 世纪机械科学的重要发展方向[J]. 机械工程学报，1994, 30(5): 1-6.

[6] 路甬祥，陈鹰. 人机一体化系统与技术立论[J]. 机械工程学报，1994, 30(6): 1-9.

[7] 陈杏圆，王焜洁. 人工智慧[M]. 台北：高立图书有限公司，2007.

第11章　工业智能控制系统

现代工业企业内部分工日趋严密，可以包括若干部门，如采购、销售、财务、物资、人力、战略规划等，但是作为工业企业，有一个部门是必不可少的，那就是生产制造部门。工业智能控制系统是为生产制造部门服务的，其目的是将计算机、网络技术，以及智能化手段与工艺设备相结合，实现精益生产，减少生产过程对人的依赖。本章重点介绍工业智能控制系统的关键要素，包括工厂数据中心、生产计划、质量控制、设备状态监测等。

11.1　工业智能控制系统概述

一个健康的工业企业，需要实现生产、供应、销售、物流、财务等环节协调运行，其中生产是核心，其他各环节都受到生产能力的制约。生产能力的高低取决于 3 个方面：生产计划与调度是否高效、产品质量是否稳定、设备运行是否可靠。将智能技术应用于这 3 个方面，从而提高效率、缩短交货期，提高质量、减少消耗，是工业企业应对市场竞争的重要手段。而智能应用的基础是数据，需要建设工厂数据中心，打通工序间的数据壁垒，实现数据的实时采集、长期存储，并提供合适的分析工具。建设数字化车间、智能工厂，说到底就是为了更好地得到数据，并且让数据更好地为生产经营服务。

11.1.1　背景

工业是重要的物质生产部门，涵盖了原料采集与产品加工、制造的工作和过程。工业为国民经济各部门、社会生活、国防提供物质基础，是国家财富积累的主要来源，一个国家的工业发展水平，决定了该国的整体实力。自 18 世纪工业革命以来，现代工业经历了蒸汽时代、电气时代、自动化时代 3 个发展阶段。2013 年，德国发表《保障德国制造业的未来：关于实施"工业 4.0"战略的建议》，提出以"智能+网络化"为核心的制造业升级战略，引起各国巨大共鸣，纷纷制定相应战略措施，现代工业迈入以智能化为特征的新阶段。

我国现代工业从晚清洋务运动起步，经过民国时期、中国共产党领导的社会主义时期的发展壮大，已建成独立完整的工业体系，是全世界唯一拥有全部工业门类（含 39 个大类，525 个小类）的经济体。2014 年，我国工业生产总值超过美国，成为世界头号工业生产国。但是，我国工业在自主创新、资源利用、产业结构、信息化、质量效益等方面与世界先进水平差距明显，转型升级任务艰巨。最近几年，我国提出实施智能制造工程，依托优势企业，紧扣关键工序智能化、关键岗位机器人替代、生产过程智能优化控制、供应链优化，建设智能工厂/数字化车间，大幅降低运营成本，缩短产品生产周期，降低不良品率。

数字化车间、智能工厂建设成为我国工业企业实现转型升级、由大变强的重要切入点。

11.1.2　数字化车间[1]

数字化车间是以生产对象所要求的工艺和设备为基础，以信息技术、自动化、测控技术等为手段，用数据连接车间不同单元，对生产运行过程进行规划、管理、诊断和优化。

数字化车间是智能制造的核心单元，其体系结构如图 11-1 所示[1]，分为基础层和执行层。数字化车间作为工厂企业的一个单元，还要接收来自企业管理层的计划信息，并向上反馈车间生产实绩。

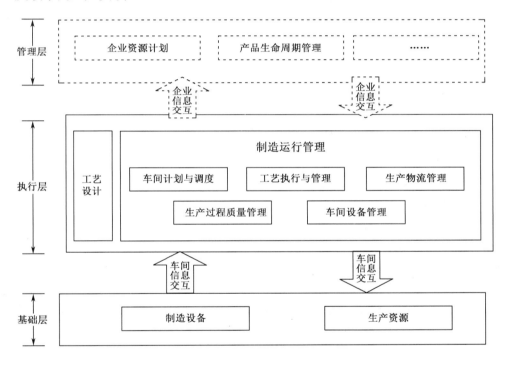

图 11-1　数字化车间体系结构

数字化车间数据流如图 11-2 所示，数字化车间各模块功能如下。

（1）车间计划与调度：从企业资源计划承接分配到车间的生产订单，依据工艺路线分解为工序作业计划，排产后下发到现场。

（2）工艺执行与管理：指导现场作业人员或者设备按照数字化工艺要求进行生产，采集执行实绩反馈给车间计划与调度。若生产过程出现异常情况，则不能按计划完成，需敏捷协调各方资源，通过系统进行调度以满足订单需求。

（3）生产过程质量管理：在工艺执行过程中将检验要求发送给检验员或检验设备执行检验，采集检验结果，进行质量监控和追溯。

（4）生产物流管理：根据详细计划排产与调度结果，将生产现场需要的物料从仓库配送到指定位置；生产完成后将成品入库，实现生产物料的管理、追踪及防错。

（5）车间设备管理：对数字化车间的设备进行统一点检维修，记录维修保养结果。

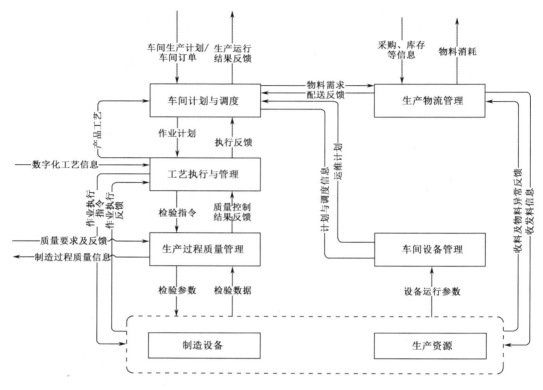

图 11-2　数字化车间数据流

11.1.3　智能工厂

智能工厂从数字化车间采集各类生产数据，进行分析与决策，并将优化后的决策信息下达给数字化车间，实现协同生产。智能工厂以精准、柔性、高效、节能的生产模式为目标。其体系结构如图 11-3 所示。

智能工厂的关键技术包括以下几种。

1. 智能设计

采用数字化、仿真、大数据、知识工程等技术手段，实现工厂设计功能。设计内容面向工厂的全生命周期，包括产品性能定义、结构设计、制造工艺设计、检验检测工艺设计、试验测试工艺设计、维修维护工艺设计。

2. 智能生产

完成车间信息接口标准化，实现工厂的信息集成，使各工厂与车间、车间与车间之间的数据资源有效共享。建立服务总线，实现企业资源层、生产管理层、生产控制层数据贯通。在此基础上，对全厂的物料、生产、质量、成本、交期等进行预测、优化，实现智能、柔性的生产协同。

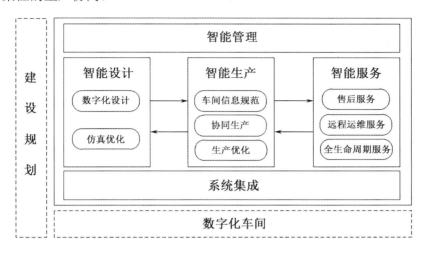

图 11-3　智能工厂体系结构

图 11-4 所示为智能工厂关键技术和数据流示意图。

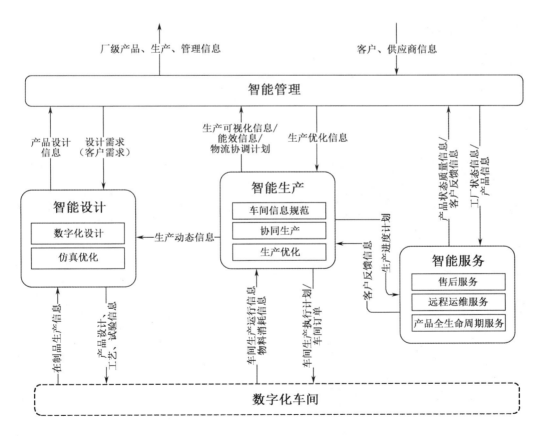

图 11-4　智能工厂关键技术和数据流示意图

3. 智能服务

智能服务是在对产品全价值链的分析和智能工厂全系统集成的基础上提供的服务，其关键要素包括售后服务、远程运维服务、产品全生命周期服务。

11.2 工厂数据中心

工厂数据中心对生产过程中产生的工艺过程数据、生产控制数据、产品质量数据、设备状态数据等数据进行收集、预处理，然后保存到数据中心的数据库中。数据中心将保证数据的长周期存储，以解决过程控制在线数据库系统保存数据量小、保存周期短的问题。用户通过对这些数据进行应用分析和研究，实现工厂信息数据的纵向、横向互联，以支撑热轧工艺质量控制、生产计划排程优化、自动化和智能化系统建模、控制系统的运行与优化、设备状态的监控分析、故障原因的追溯查找、设备生命周期管理等方面的研究工作，最终实现可视化、智能化、移动化、自助化、个性化的大数据应用。同时，数据中心支持以 B/S 方式或 C/S 方式为用户提供各类报表及图形化的展示界面，并支持用户自定义的查询功能。此外，用户也可以根据需要将数据中心的数据批量导出为常用的数据格式，以便用户自由使用。

11.2.1 系统构成

图 11-5 所示为一个典型的流程工业企业数据中心功能结构。该数据中心采集来自设备控制系统、仪表检测系统、工艺过程控制系统、生产支撑系统的数据，进行数据存储，通过数据抽取、转换、加载到数据仓库，为智能应用提供统一的访问接口。以下结合图 11-5 进行说明。

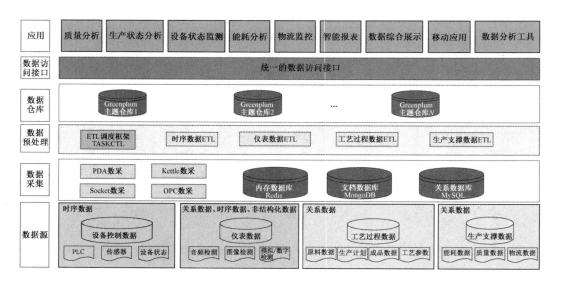

图 11-5 典型的流程工业企业数据中心功能结构

11.2.2　数据采集和存储

1. 采集存储策略

工厂数据中心将为工厂的生产、维护和经营 3 个方面的功能优化、决策支持提供数据支撑，需要采集的数据是十分庞杂的。需要采集的数据按用途划分，可以分为原料数据、生产计划数据、工艺参数、设备数据、仪表检测数据、质量数据、能耗数据、成品数据等。这些数据大致可按时序数据、关系数据、非结构化数据 3 种方式进行采集。

1）时序数据

时序数据是指按统一时间顺序记录的数据。传感器数据就是典型的时序数据，传感器的输出值随着时间变化而不同，数据中心需要采集传感器的输出值，并且要采集这些值对应的时刻。对于需要快速处理的时序数据，可通过数采器读入内存数据库，进行实时显示或运算。有些时序数据只需要离线分析或存档就可以了，这种时序数据可存入文档数据库。

2）关系数据

关系数据是指通过关系数据库采集到数据中心的数据，如生产计划数据、原材料信息、能耗数据等，一般作为离线分析使用，实时性要求不高，这些数据可采集到数据中心的关系数据库进行存储。

3）非结构化数据

工厂数据中心关注的非结构化数据主要指一些音频、视频、图像处理数据。这类数据通常占用较大的存储空间，难以实现连续的采集，通常通过事件触发采集。例如，在轧钢过程中，钢板表面状况通过高速摄像机进行连续拍摄，产生大量视频数据，但只有表面质量发生缺陷（如表面质量检测仪判断钢板出现边裂、孔洞、停车斑等缺陷）时，才触发采集器，将缺陷类别、发生缺陷的时刻、缺陷段的照片发送到数据中心的文档数据库进行存储。

2. 数据采集器

对图 11-5 中给出的几类数据采集器说明如下。

（1）PDA 数采。PDA 即过程数据采集系统，是指连续生产线配备的一套数据采集工具，该工具可对生产现场的过程数据进行连续采集，支持在线、离线显示和分析。PDA 数采系统可以通过 OPC 等方式与数据中心的关系数据库接口，将采集到的数据缓存后定时发送给数据中心关系数据库；PDA 数采也可以将数据进行压缩，每隔一段时间形成一个文件，存储到数据中心服务器。

（2）Kettle 数采。Kettle 是一种数据抽取工具，用它实现不同服务器数据库的数据同步，并进行定时采集。例如，当数据中心的 MySQL 数据库需要从过程控制计算机的 Oracle 数据库中采集数据时，面临跨平台、统一时间等问题，可采用 Kettle 进行采集。

（3）OPC 数采。OPC 规范为工控领域建立了统一的通信标准，数据中心从 PLC、传感器、仪表三方信息化系统采集数据时，都可以约定以 OPC 方式进行采集。

（4）Socket 数采。Socket 是一种基于 TCP/IP 协议的电文通信方式，与 OPC 比较，其调用的资源较少，效率较高，但通信时涉及对不同电文格式的解析，编程调试工作量较大。在工厂有一些早期投用的仪表或机电一体品，并不支持 OPC 通信，而采用 Socket 进行采集通常是可行的。

11.2.3　数据处理

对一个工厂来说，各工控系统或信息化系统在建设之初，通常并未进行统一的数据应用方面的规划，故各系统的原始数据存在格式不统一、定义不一致、数据有效性不确定等问题，需要经过数据处理环节，才能用于分析和挖掘。

1. 数据处理方法

常见的数据处理方法包括以下几种。

（1）数据清洗（Data Cleaning）：填补遗漏的数据值、平滑有噪声数据、识别或除去异常值，解决数据有效性问题。

（2）数据集成（Data Integration）：将来自多个数据源的数据合并到一起，进行时间同步处理，通过数据字典统一定义其语义、属性，形成一致的数据存储。

（3）数据转换（Data Transformation）：将数据转换成适合于分析的形式，如将生产过程数据按产出的产品编号进行归类，将基于时间的状态数据转换为基于长度方向的数据。

（4）数据归约（Data Reduction）：在不影响挖掘结果的前提下，通过数值聚集、删除冗余特性等方法压缩数据，降低数据复杂度。

2. 边缘计算

原始数据经过清洗、集成、转换、归约处理，才能形成真正有价值的数据。大量无用数据在处理过程中被抛弃了。原始数据如果未经处理就进行采集，则那些本该抛弃的数据势必占用大量计算资源、网络资源、存储资源。

采用边缘计算，在控制侧实时收集生产现场数据，经处理、优化，去伪存真，删繁去冗，再集中上传到数据中心，可以极大地提高系统运行效率。图 11-6 所示为三菱电机边缘计算平台。

3. 数据字典

在数据处理过程中，需要用数据字典对数据进行一致性定义。在数字化车间或智能工厂中，数据字典提供以下关键功能。

（1）制定数据命名、定义、属性，保证不同来源数据的一致性。

（2）提供元数据，包括数据表信息、数据业务部门归属、数据上下游跟踪、访问记录、数据存放位置等，便于深入进行数据挖掘和维护。

（3）提供数据字典模板，以便对不同来源的数据进行转换，存入数据库。

图 11-7 所示为某工厂数据字典规定的设备定义表。产线设备在数据库中建立、存储、修改、信息导入和导出时，都要遵循此定义。

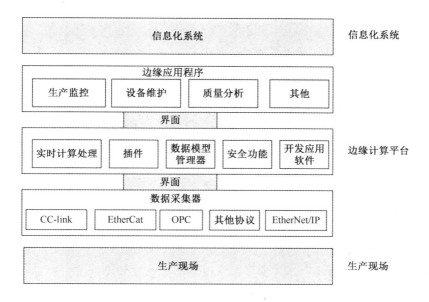

图 11-6　三菱电机边缘计算平台

3	IPLANT_DEVICE						
	（设备定义）	DEV_ID	设备标识ID	int(9)	Y	Y	设备唯一标识
		LINE_ID	产线标识ID	int(9)	Y	N	外键，产线唯一标识
		DEV_NAME	设备名称	varchar(50)	Y	N	设备名称
		DEV_STATUS	设备状态	int(9)	Y	N	是否废弃(1:在用，0:停用)
		DEV_TYPE	设备类型	varchar(50)	Y	N	设备类型
		DEV_COMPANY	设备生产厂家	varchar(50)	N	N	生产厂家
		DEV_START_DATE	设备投用时间	date	N	N	第一次投用时间
		DEV_REPAIR_DATE	设备最新维修时间	date	N	N	最近一次大修时间
		DEV_DESC	设备描述	varchar(200)	N	N	描述信息

图 11-7　设备定义表

11.2.4　数据展示

数据中心虽然收集了车间的很多数据，但是单纯的数字本身并不能产生足够的影响力，不便于理解。相对于单纯的数据文字来说，图形化展示容易被接受。数据展示将以丰富的图形化和表格的形式将数据展示在用户面前，方便用户理解这些数据所表现出来的含义，其展示数据的形式主要有柱形图、锥形图、条形图、折线图、面积图、雷达图等。

11.3　生产计划与控制

现代企业多以市场为导向组织生产，企业首先将接收到的订货合同按性质和大小归并为生产合同，根据生产合同编制生产计划。在生产实施过程中，根据内外部的反馈信息不断调整生产计划，指导生产。

生产计划编制是企业的一项重要工作，计划的好与否直接影响到企业的资源是否得到合理配置，产品是否适应市场需求，能否获得最大利润。生产计划编制和调度受到生产范围、作业方式的影响，以及多种因素制约，包括资源约束、人工约束、工序约束等。在生产过程中，原料、能源、物流、上下游工况、产品质量、设备状态的变化，甚至一些突发性事件都会打乱原有计划，给生产组织带来困难。考虑这些复杂情况，实现最优的计划和调度是比较困难的。

大型工业企业一般实行两级计划编制。

（1）公司生产计划：公司 ERP 系统通过合同处理、质量设计，向各车间下达生产的月、周、日计划。

（2）车间生产排程：车间 MES 接收公司下达的生产计划，编排具体的产品生产顺序，形成作业计划。车间生产排程也可称为排产。

11.3.1 详细排程

详细排程是为满足公司下达到车间的生产计划要求，根据产品定义的工艺路线/工序信息和可用资源信息，制订作业计划日程安排的活动。详细排程会考虑以前计划完成情况、资源可用性等，并使资源获得最佳利用。图 11-8 描述了详细排程模块与其他车间模块的接口关系。

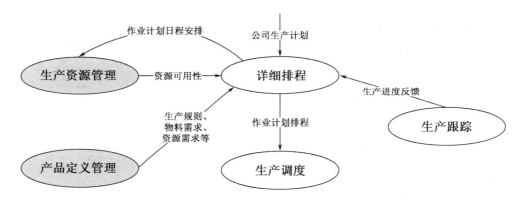

图 11-8　详细排程模块与其他车间模块的接口关系

1. 详细排程的任务

详细排程的任务包括以下几个。

（1）创建和维护详细的作业计划日程表。

（2）生产实际与生产计划的比较。

（3）确认需要用到的生产资源管理功能中资源的可用性。

（4）从工艺执行、质量控制和追溯、物流和生产资源管理获取需要的信息。

（5）执行仿真模拟，仿真需要考虑的因素有：计算生产提前期或生产完成时间（交期应答），确定某时间段内的瓶颈资源，保证未来某生产能按时完成的约束。

2. 计划拆分与合并

图 11-9 示意了在排程时生产计划到作业计划的拆分与合并。

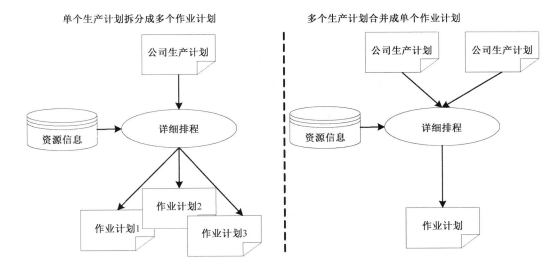

图 11-9　生产计划到作业计划的拆分与合并

（1）拆分情况：多工序、周期长的生产计划，在详细排程时，根据工序、工艺路线或时间周期拆分为较短时间内的作业计划，是在同一生产单元进行的生产。

（2）合并情况：为了减少生产准备、物流等时间和运输成本，在同一时间段内，将小批量同产品的生产计划合并后进行排程，或者将首道工序合并作业。

（3）通常还可能考虑到不同产品换产时设备转换的准备时间、加工批量的优化等因素，将同样的产品安排连续生产。

3. 有限能力排产

详细排程必须在有限产能的约束下进行排产，对生产资源，如设备、人员、能源等的使用不能超出生产资源的实际可用性。由于需要大量的生产现场信息（这些信息由生产资源管理活动和生产跟踪活动提供），因此有限能力排产需要在车间内部进行。

4. 作业计划排产

作业计划排产是在可用资源的约束下，优化安排一种或多种产品生产需要的一系列作业计划，包括作业时间及作业顺序、资源分配等。由于车间生产计划指定的是产品/零部件的生产需求，如果涉及未指明的中间物料，则需要在作业计划排产中定义中间物料。

生产调度和生产跟踪使用了作业计划排产的信息，使生产实际与生产要求一致。

图 11-10 描述了作业计划排产示例。

11.3.2　生产调度

生产调度把生产分派给设备或人员，并对生产过程进行管理，其目的是达成生产计划的要求，具体内容包括生产运转调度、指定操作条件及目标、发送作业指令。图 11-11 描述了生产调度活动模块的接口。其中，派工单指一定时间内的作业任务安排及分派资源的列表。

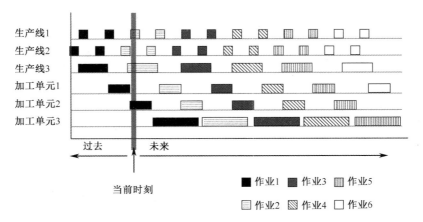

图 11-10　作业计划排产示例

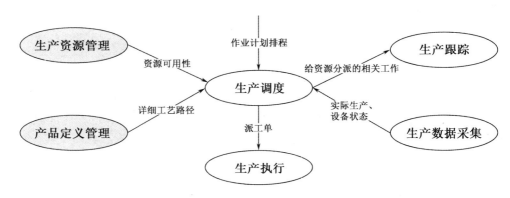

图 11-11　生产调度活动模块的接口

1. 生产调度的任务

（1）为详细排程中未确定资源的作业计划分配生产资源。

（2）按作业计划下发派工单，向现场设备或人员下达操作指令。

（3）确保生产按作业计划的工艺约束和加工顺序执行。

（4）处理详细排程中无法预知的情形。

① 从质量管理获取信息，判断并提示预料之外的事件是否与质量计划相关，并采取相应措施。

② 从生产资源管理获取信息，判断并提示预料之外的事件是否与生产资源计划相关，并采取相应措施。

③ 若发生预料之外的事件导致无法满足作业计划排产要求时，通知详细计划与排产重新进行优化排产。

2. 工作分配

生产调度的工作分配是指通过控制物料的缓存区，控制在制品数量；通过生产实绩反馈管理返工和处理异常事件；已分配工作的取消、减少等。工作分配内容包括以下几类：

（1）分配生产作业中使用的物料。

（2）分配生产作业中使用的设备。

（3）分配执行某生产作业的人员。

（4）分配生产作业中使用的库存和其他资源。

11.3.3　生产跟踪

生产跟踪可为生产管控提供现场实际反馈信息，包括物料跟踪信息，人员和设备状态信息，能源、物料消耗信息等。图 11-12 描述了生产跟踪模块的接口关系。

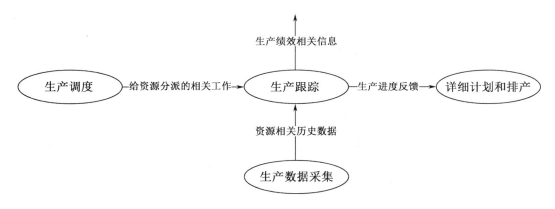

图 11-12　生产跟踪模块的接口关系

生产跟踪的任务有以下几类。

（1）跟踪车间物料的移动，包括设备中当前物料、生产区域内所有物料的移动路径、移动开始和结束时间。

（2）跟踪物料变化，包括更新批次和子批次的数量和位置信息。

（3）获取生产运行信息，如某批次生产的物料消耗、生产环境状况等信息。

（4）把生产过程中发生的各种事件转化为产品相关信息，如工件加工和移动。

（5）为产品/质量的跟踪和追溯提供信息。

（6）产生生产响应和生产绩效信息。这些信息可以根据请求或者定时提供给人员、应用程序，或者其他活动使用。

（7）维护与生产过程相关的记录，如操作记录、报警故障记录等。

11.4　工序质量控制

现代企业普遍遵循一贯制质量管理原则：以客户需求为先导，覆盖产品设计、制造、检验、出厂、用户反馈等过程，形成可以不断完善的闭环系统。一贯制质量管理包括质量设计、工序质量控制、质量检验、质量改进等环节。其中，工序质量控制是以车间为主体实施的管控环节，是实现一贯制管理的核心。

图 11-13 所示为工序质量控制模块的接口关系。

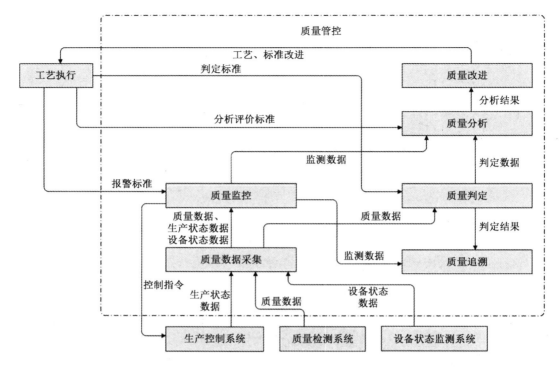

图 11-13　工序质量控制模块的接口关系

11.4.1　质量监控

基于过程质量采集数据，对关键质量指标可以进行在线实时监控。质量监控需要用到的数据包括从生产控制系统采集的生产状态数据、从质量检测系统中采集的质量数据、从设备监测系统中采集的设备状态数据。这些数据可以是时序数据、关系数据库数据，或者是图像、视频、音频数据。

在质量监控的基础上，对产品生产过程的质量异常及成品质量异常进行预警和报警，通知相关人员进行及时响应与处理。

1. 质量预警

质量预警主要针对过程量指标，基于监控指标的状态趋势，利用以预防为主的质量预测和控制方法对潜在质量问题发出警告，避免质量问题的发生。可在质量控制系统中设定需要监控的重要工艺参数，当工艺参数发生变化且超出范围时，在线系统会以设定好的方式对质量异常预警。如图 11-14 所示，在钢板生产过程中，经粗轧机轧制后，钢板宽度正常，但粗轧出口温度超过了设定的公差范围，系统给出预警。

2. 质量报警

质量报警主要针对成品质量指标，以质量工艺标准及检验标准为依据，对于不符合标准的质量指标发出报警。

3．分析与处理

质量预警和报警由系统自动触发生成，对于预报警事件的处理需要人工进行分析。首先，需要对预报警进行分析确认，确定信息是否有效；其次，结合具体报警信息对异常或缺陷原因进行分析；最后，针对异常或缺陷原因制定相应的措施进行整改。将经过认定的异常原因、纠正及改善措施纳入质量知识库。

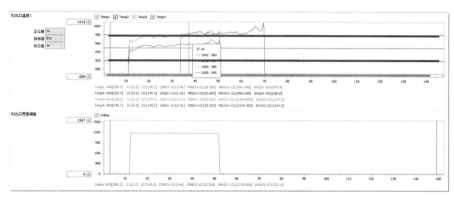

图 11-14　钢板生产过程中的质量预警

11.4.2　质量判定

依据工艺及检测标准，对质量缺陷进行定义与识别。对分工序产品过程质量和成品质量进行判定。

1．质量缺陷

按照工艺标准及要求，对各类质量缺陷进行定义，应按照缺陷所处的不同区域和来源进行分类定义，并按照缺陷影响程度划分不同的缺陷等级，如致命缺陷、严重缺陷、一般缺陷、轻微缺陷等。每类缺陷定义相应的缺陷编码，以便于产品数据的关联引用。图 11-15 所示为某钢卷检测到的表面质量缺陷。

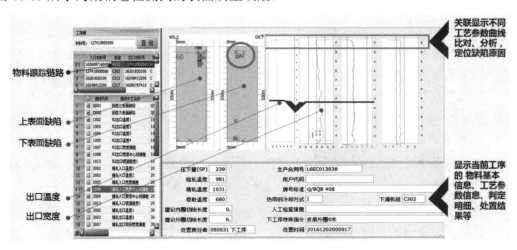

图 11-15　某钢卷检测到的表面质量缺陷

2. 转序质量判定

按照生产单元工艺划分，对生产线各工序、工位的产品生产质量进行判定，没有达到转序要求的产品，将不能转到下一生产工序，需要做返工处理。

3. 下线质量判定

基于局部质量判定结果，对产品的综合质量进行最终判定，通过后方可正式下线，进入成品仓库。

图 11-16 所示为某工厂的在线钢卷质量判定界面。工序质量控制系统接收表面检测仪表、高温计等缺陷图片，以及图片对应的结构化数据（一个卷 5000 条左右），对缺陷进行图形构建及展示、表面缺陷传递计算，并将缺陷信息传递到下道工序。在线钢卷判定模块基于缺陷分类结果和严重度等级结果，结合工艺要求及最终客户要求等信息，在钢卷生产完成后实时完成钢卷质量等级的自动判定。

图 11-16 某工厂的在线钢卷质量判定界面

11.4.3 质量追溯

质量追溯属于事后控制，通过事后的反馈找出质量缺陷的问题所在，进而改进生产，提高产品质量。在质量跟踪记录的基础上，形成从物料车间上线开始至成品下线入库为止的全生产过程完整的质量档案，则能够基于任意生产时间节点，向前或向后进行质量信息查询。

1. 质量追溯标识

质量追溯需要以产品标识作为追溯条件。产品标识通常为产品生产批号或唯一编码，以字符、条形码、二维码、电子标签等形式存在于产品铭牌或包装上。

2. 质量追溯内容

基于产品质量档案，通过产品标识可以追溯产品生产过程中的所有关键信息，如用料批次、供应商、作业者、作业地点（车间、产线、工位等）、加工工艺、加工设备信息、作业时间、质量检测及判定、不良处理过程等。图 11-17 所示为通过物料跟踪实现冷轧带钢表面缺陷向上游热轧、连铸工序的追溯。

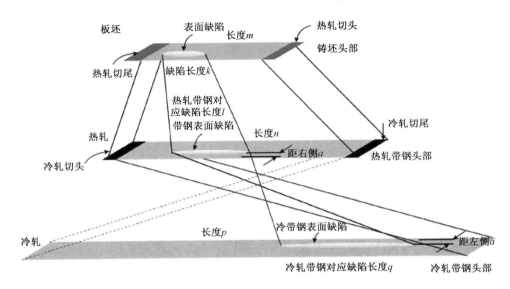

图 11-17　通过物料跟踪实现冷轧带钢表面缺陷向上游热轧、连铸工序的追溯

11.5　设备状态监测

11.5.1　简述

设备状态监测是工业智能控制系统的关键环节，通过采集设备运行状态及生产过程数据，进行信号分析，结合设备模型和专家系统，对设备进行在线监控，对设备故障进行诊断，预测设备剩余寿命。对工厂而言，设备状态监测的价值在于：提前发现故障，减少意外停机；开展预测性维修，替代传统的事后维修、定期维修方式，降低维修成本；通过设备监测，在线评估产品质量；通过剩余寿命预测，制订合理的备件计划，减少备件资金占用时间。

设备状态监测流程如图 11-18 所示，可分为信号检测、信号采集、信号分析、状态识别、诊断分析等环节。

图 11-19 所示为某产线设备状态监测硬件网络系统。信号检测、信号采集由传感器、自动控制系统、信息化系统完成；信号分析、状态识别、诊断分析由支持设备状态监测的数据平台、应用服务器、展示系统完成。该系统还具备远程诊断功能。

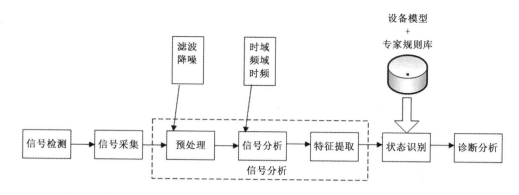

图 11-18　设备状态监测流程

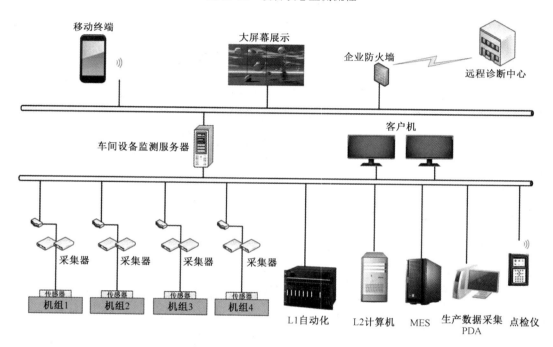

图 11-19　某产线设备状态监测硬件网络系统

11.5.2　信号检测

设备状态监测需要检测的信号主要包括以下几种。

1. 振动

机械设备的部件或零件出现故障，必然破坏机械运动的平稳性，表现为异常振动。通过对振动的监测可以判断设备是否运行正常。振动测量的传感器包括加速度计、转速计、电涡流位移传感器、扭矩传感器等。通过这些传感器可以测量振动点的加速度、速度、位移，以及振动幅值、频率、相位、衰减系数、振型、频谱等。一般低频振动（<10Hz）采用位移测量，中频振动（10~1000Hz）采用速度测量，高频振动（>1000Hz）

采用加速度计测量。一些设备由于机械参数、工艺参数的选择，在生产过程中产生传动系统扭转振动，这种扭转振动可以通过在传动轴上安装扭矩传感器进行监测。图 11-20 所示为工程中采用的振动传感器。

加速度计　　　　扭矩传感器　　　　电机智能传感器

图 11-20　振动传感器

振动监测是旋转机械故障诊断分析的重要手段。

2. 温度

电机、轴承、齿轮箱等设备失效前，会出现温度升高的现象，通过埋设在设备内的温度传感器，可以监测到这种温升，并且及时报警。

3. 油液状态

据统计，设备故障有 70%发生在润滑部位，通过监测润滑油的状态，也能发现设备故障的早期征兆。监测润滑油的金属颗粒量可以测算设备磨损程度，监测润滑油的水分含量、介电常数可以防止润滑不良。

带比例阀或伺服阀的液压传动系统对油品的清洁度要求较高，监测液压油的清洁度等指标，能看出设备工作是否正常。

4. 声音

对于低速运动的设备，采用测振法难以发现故障征兆，可采集运行时的声音信号，通过音频分析判断设备是否运行正常。该信号通过声音传感器采集。

5. 电气信号

采集电机电流、电压等信号，可以对电机故障进行预测。

6. 生产过程数据

设备状态监测除了要监测设备本身的运行状态，还需要结合具体生产工况，如原料特征信息、物料跟踪信息、工艺参数设定等，进行综合分析，这样才能对故障进行精确定位，找到故障原因，给出纠正措施。基于这个原因，需要通过生产线的自动化控制系统、MES，以及 PDA（生产数据采集分析）系统采集生产过程的数据并进行诊断分析。

11.5.3　信号采集

1. 采集器采集

振动、声音信号的采样频率较高，需要通过专用的数据采集器进行采样、缓存，再以通信方式送至设备状态监测服务器。

数据采集器如图 11-21 所示。该采集器采用工业级 ARM 芯片，配置 1GB 内存，支持 16 个通道加速度、速度、位移信号实时同步采集，信号经隔离、AD 转换、滤波处理后在内存中缓存，采集的数据通过以太网、RS232、RS485 等通信方式上传至服务器。

图 11-21　数据采集器

2. 自动化系统、信息化系统采集

温度、油液状态等慢过程数据，以及生产过程数据可以通过自动化系统、MES 采集。典型的方式包括：通过 PLC 读取现场传感器信号，再以通信方式发送给设备状态监测服务器；通过过程计算机或 MES 数据库读取数据，再以通信方式发送给设备状态监测服务器；通过 PDA 系统读取数据，再以通信方式或文件方式发送给设备状态监测服务器。

3. 无线采集

一些检测信号可以通过蓝牙、工业 Wi-Fi、电磁感应等无线方式上传。从图 11-22 可看出无线扭矩传感器的信号传输方式。安装在固定部件的接收器与安装在转动轴的扭矩传感器通过电磁感应传送电源和检测信号。由于利用了电磁感应效应，因此，安装在转动轴的扭矩传感器不需要提供有线电源，极大提高了运行的可靠性。

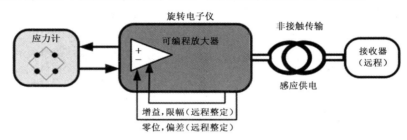

图 11-22　无线采集

11.5.4　信号分析

设备状态信号采集后，要进行滤波、去噪等处理，再进行数学分析，以便提取特征信号，进行预警或故障诊断。信号分析包括时域分析、频域分析、时频分析等。时域分析主要分析信号幅度与时间的关系，包括波形分析、轴心轨迹分析、奈奎斯特图分析、波德图分析等。频域分析基于傅里叶变换，将信号分解为不同频率信号的叠加，分析各频率信号的幅值、相位、功率等。频域分析包括频谱分析、包络解调分析、倒谱分析、边频带分析等。时频分析提供了信号在时域和频域的联合分布信息，如小波分析、短时傅里叶变换、三维瀑布图等。

1. 波形分析

波形图反映了信号幅值与时间的关系，是最原始的信息源。一些设备故障具有明显的波形特征，可直接用波形分析进行判断，如等距离尖脉冲表明设备受到冲击；削波表明有摩擦；转子组件松动体现为振动波形毛刺多、不稳定等。图 11-23 所示为截取的设备受到冲击时的时域波形图。

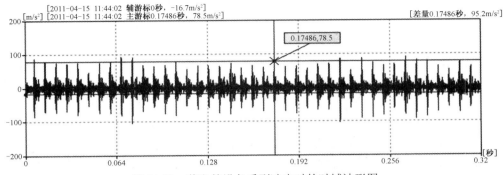

图 11-23 截取的设备受到冲击时的时域波形图

2. 频谱分析

频谱分析是设备故障诊断中最常用的方法，包括幅值谱分析、功率谱分析、相位分析等。其中，幅值谱体现了各频率对应的幅值，应用最为直观。每个频谱分量与设备的零部件可建立对应关系，当某个频谱幅值明显高于正常值时，就可以初步判断对应的部件有问题。

3. 包络解调分析

包络解调就是提取信号时域波形的包络线，对包络线进行频谱分析。设备振动信号可以分成两部分：一部分为较高频率的载频信号，包括自由振荡信号和干扰信号，是正常信号；另一部分是频率较低的调制信号，多为故障信号。采用包络解调分析可以把这些低频故障信号从原始信号中分离出来，对提取出来的信号进行特征频率和幅值谱分析，就能诊断出故障部位和原因。图 11-24 所示为截取的包络解调分析过程中的包络波形图和包络频谱图。

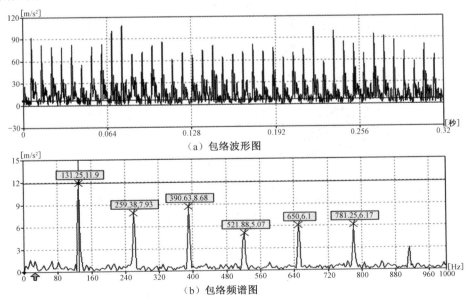

（a）包络波形图

（b）包络频谱图

图 11-24 截取的包络解调分析过程中的包络波形图和包络频谱图

4. 边频带分析

齿轮箱断齿、点蚀，滚动轴承剥落，轴弯曲等故障会产生周期性的脉冲力，导致实测信号的频谱在固有频率两边出现均匀的边频带。分析其强度和频次就能判断部件损伤的部位与程度。图 11-25 所示为截取的某风电厂发电机后端测点加速度的阶次包络分析图。当频率为 $4.891f_i$（f_i 为轴承转动频率）时，加速度幅值较高，并且伴随大量边频带。而该阶次频率是发电机轴承内圈故障特征频率。经对发电机进行检查，发现发电机后端轴承存在可见剥落损伤，并且损伤面积和深度持续加大。

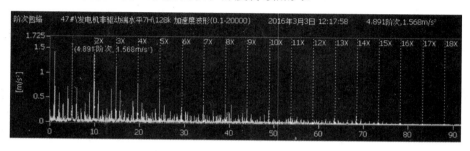

图 11-25　截取的某风电厂发电机后端测点加速度的阶次包络分析图

5. 三维瀑布图

三维瀑布图把频域、时域结合在一起进行展示，有利于对设备状态进行全面、连续的监测分析。图 11-26 所示为信号在不同时间的频谱。

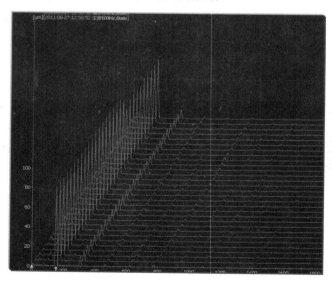

图 11-26　信号在不同时间的频谱

6. 轴心轨迹分析

通过在轴上安装电涡流位移传感器，测量转轴相对于轴承的位移，进行轴心轨迹分析，可以判断是否偏心，如图 11-27 所示。

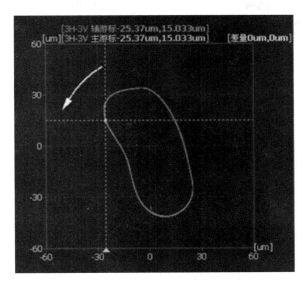

图 11-27　截取的轴心轨迹图

11.5.5　诊断分析

如前所述，通过信号检测和采集、信号分析，可以提取故障特征信号，对设备故障进行诊断分析。诊断分析的过程实际上是对特征信号的识别过程。对特征信号的识别有两种方法：一是基于设备模型的识别方法，即根据设备运行机制，计算设备在不同故障状态下对应状态量的频谱分布，通过对比实际检测的状态频谱与理论计算的频谱来判断故障位置和原因；二是基于专家系统的识别方法，该方法需要根据已知故障类别的样本进行训练，构建故障样本库，将实测信号输入专家系统，与样本对比后，再根据专家规则、推理机进行判断，得到诊断结果。

1．基于设备模型的识别方法

工业应用成熟的设备模型包括滚动轴承模型、齿轮箱模型等主要设备部件模型。

对于滚动轴承，根据轴承的结构和基本频率，可以计算其故障通过频率和固有频率，从而得到不同部位损伤的信号特征。这些损伤包括内圈损伤、外圈损伤、滚动体损伤、偏心等。

齿轮箱主要由齿轮、轴和箱体构成，当齿轮运行正常时，其振动信号的主要成分是轴的转动频率和齿轮啮合频率，当发生故障时，振动信号的幅值、频率会发生相应的变化。据此可以计算出齿轮故障，如齿形误差、齿面磨损、断齿时的特征频谱，并结合轴承故障特征频谱，可对齿轮故障进行诊断。

对于变频调速电机，电机转速随变频器输出频率变化，定子电流的频谱也相应变化。电机的电气故障如转子断条、气隙偏心、绕组匝间短路等表现为定子电流在一定的频率处振荡，该频率可以根据电磁特性进行计算。提取电流信号中的瞬时频率特性，找出其与故障频率之间的逻辑关系，可对电机早期故障进行识别。

2. 基于专家系统的识别方法

如图 11-28 所示，专家系统由综合数据库模块、知识库模块、推理机模块、人机交互界面模块、知识获取模块五大部分组成。

综合数据库模块存取设备状态数据，并存取推理机推理出的故障信息；知识库模块用来存放故障样本库及专家规则；推理机模块提取状态数据的故障特征信息，并针对当前运行条件，反复匹配知识库中的样本和规则，获得故障诊断结果；知识获取模块将新的故障样本和规则增加到知识库，不断提高知识库的质量；人机交互界面模块配置用户信息、反馈故障信息和展示故障诊断结果。

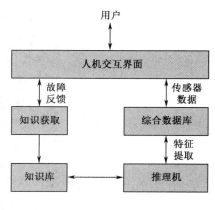

图 11-28 专家系统

基于专家系统的识别方法通过知识库中的知识来模拟专家的思维方式，知识的质量和数量决定了专家系统的水平。

11.5.6 剩余寿命预测

基于设备性能参数的劣化度，可以对设备剩余寿命进行预测。

图 11-29 所示为设备劣化曲线，0.25、0.60 和 0.95 分别代表故障可探测水平、故障可预测水平和故障报警水平阈值。0.25 劣化趋势线下范围表示设备处于良好工作状态；0.25～0.60 劣化趋势线范围表示设备出现缺陷但不影响运行；0.60～0.95 劣化趋势线范围表示设备状态严重劣化，设备可监控运行，建议找机会维修；0.95 劣化趋势线以上范围表示设备拟停机维修。设备剩余工作寿命是状态预测拟合曲线上 B、C 两点之间的时间区域，它和设备劣化度的发展趋势有关。

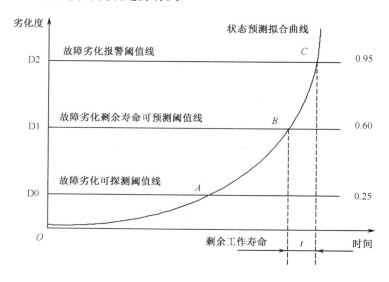

图 11-29 设备劣化曲线

依据获得的设备基础信息、启停运行记录、故障信息、维修记录，结合专家经验，可以得到准确的性能参数劣化值，进而预测设备剩余寿命。

11.6　实验：基于振动及温度监测的风机故障预警

11.6.1　实验目的

监测风机轴承的振动和温度，可以判断风机运行过程的状态异常，提前发现故障。

（1）了解 Python 的基本操作环境。

（2）了解 Python 语法、Pandas 和编程。

（3）了解傅里叶变换原理。

（4）利用风机振动和温度数据，通过阈值分析，实现自动预警。

（5）利用风机振动数据进行频域分析。

（6）运行诊断分析程序，显示结果。

11.6.2　实验要求

（1）了解 Python 环境的搭建。

（2）了解 Python 的基本语法。

（3）利用阈值分析方法判断设备故障。

（4）掌握设备状态频域分析方法。

11.6.3　实验原理

1. 振动阈值

阈值分析是把所测得的特征值按时间顺序排列起来进行分析。采集到大量特征值 x_i 后，可以进行数据拟合，计算均值 μ 和标准差 δ。

均值为

$$\mu = \left(\sum_{i=1}^{n} x_i \right) \Big/ n$$

方差为

$$\delta^2 = \left(\sum_{i=1}^{n} (x_i - \mu) \right) \Big/ (n-1)$$

标准差为

$$\delta = \sqrt{\left(\sum_{i=1}^{n} (x_i - \mu)/(n-1) \right)}$$

上下预警限分别为 $\mu-2\delta$ 和 $\mu+2\delta$；上下危险限分别为 $\mu-3\delta$ 和 $\mu+3\delta$。

当特征值样本足够大时，该阈值反映的情况更加接近于真实情况。

2．温度阈值

温度阈值按照国标规定，取 80℃为危险限。

3．报警规则

（1）如果采集的实时数据在规定范围内，则判定零部件正常，系统不做任何动作，继续监测后续数据。

（2）如果超过预警线，系统发出警告，引起工作人员注意，便于检修和维护。

（3）如果超过危险限，系统发出报警，便于操作人员采取进一步措施。

4．频域分析

通过对采样振动信号进行离散傅里叶变换，可以进行频谱分析。当轴承发生某类故障时，对应频率的振动值会超出正常值范围，将监测到的频谱图与故障样本频谱对比，可以找到故障。

（1）傅里叶变换为

$$F(\omega) = F\big[f(t)\big] = \int_{-\infty}^{\infty} f(t)\mathrm{e}^{-\mathrm{i}wt}\mathrm{d}t$$

（2）傅里叶逆变换为

$$f(t) = F^{-1}\big[f(\omega)\big] = \frac{1}{2\pi}\int_{-\infty}^{\infty} F(\omega)\mathrm{e}^{\mathrm{i}wt}\mathrm{d}\omega$$

11.6.4　实验步骤

本实验的实验环境为 Python 3.5 环境。

1．数据读取

利用 Pandas 进行数据的读取，读取成 DataFrame 格式的数据。代码如下。

```
data = pd.read_table("vibrate.txt",sep='\t',header=None) #读取 TXT 文件的数字部分，无表头
data1 = pd.read_table("temperature.txt",sep='\t',header=None)
```

2．预警报警限生成

```
##报警限生成
var_data = data.var()   #方差
std_data = data.std() #标准差
y1 =float(var_data+2*std_data) #预警上限
y2 =float(var_data-2*std_data) #预警下限
y3 =float(var_data+3*std_data) #危险上限
y4 =float(var_data-3*std_data) #危险下限
```

3．振动信号频谱分析

```
#傅里叶变换
sampling_rate = 1000
fft_size = 600
xs = data[:fft_size]
n=len(data)
xf =abs(np.fft.fft(xs))
```

```
freqs = np.linspace(0, sampling_rate/2, fft_size)
xfp = 20*np.log10(np.clip(np.abs(xf), 1e-20,1e100))
```

4. 数据展示

显示振动、温度的数据分析结果及报警信息。

11.6.5　实验结果

1. 振动报警

图 11-30 所示为振动信号时域分析图。根据计算，标识了预警上下限（横虚线）、危险上下限（横实线）。

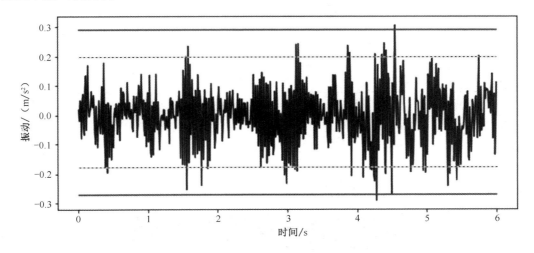

图 11-30　振动信号时域分析图

图 11-31 所示为轴承振动预警和报警时刻。

```
轴承预警时间s: 1.55
轴承预警时间s: 1.58
轴承预警时间s: 3.13
轴承预警时间s: 3.1599999999999997
轴承预警时间s: 3.8699999999999997
轴承预警时间s: 3.9
轴承预警时间s: 4.26
轴承预警时间s: 4.36
轴承预警时间s: 4.39
轴承预警时间s: 4.42
轴承预警时间s: 4.54
***轴承报警时间s***: 4.55
轴承预警时间s: 5.75
```

图 11-31　轴承振动预警和报警时刻

2. 温度报警

图 11-32 所示为温度时域分析图。根据国标规定，标识了危险限。

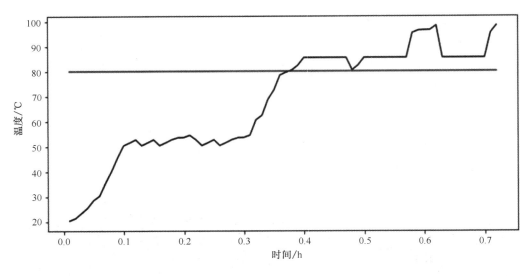

图 11-32　温度时域分析图

图 11-33 所示为轴承温度报警时刻。

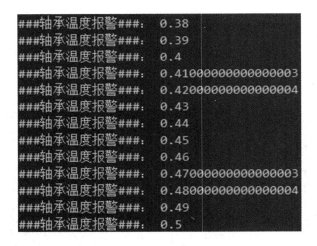

图 11-33　轴承温度报警时刻

3. 振动频域分析

图 11-34 所示为经傅里叶变换的振动频域分析图。

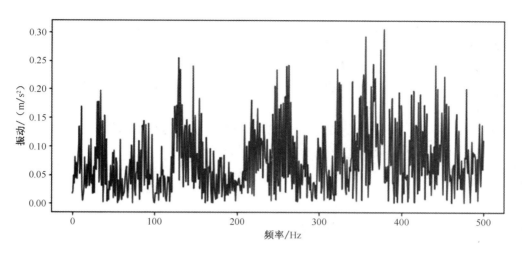

图 11-34　振动频域分析图

习题

现在要对一台风机齿轮箱状态进行监测诊断，需要在哪些部位安装传感器，请说明安装传感器的类型和数量。风机齿轮箱传动系统简图[2]如图 11-35 所示。

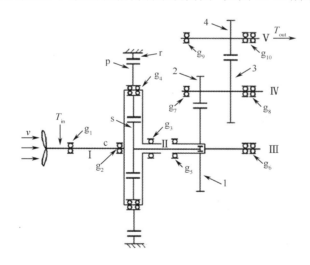

图 11-35　风机齿轮箱传动系统简图

1—中间级主动齿轮；2—中间级被动齿轮；3—高速级主动齿轮；

4—高速级被动齿轮；T_{in}—低速端输入转矩；T_{out}—高速端输出转矩；

s—太阳轮；p—行星轮；c—行星架；r—内齿圈；g_i—滚动轴承代号，i 为滚动轴承编号，$i=1,2,\cdots,10$

参考文献

[1] 国家市场监督管理总局，国家标准化管理委员会. 数字化车间通用技术要求（GB/T 37393—2019）[Z]. 北京：中国标准出版社，2019.

[2] 张少敏，毛冬，王保义. 大数据处理技术在风电机组齿轮箱故障诊断与预警中的应用[J]. 电力系统自动化，2016, 40(14):129-133.

第12章 机器人系统

作为一个智能系统，机器人具有独特的基本结构、感知系统、操作系统和控制系统。机器人系统基本结构是机器人实现移动、操作对象动作的手段。感知系统广义上可分为内部监测系统和外部感知系统。不同的传感器集成在机器人身上，构成了多传感器信息融合的感知系统。其中，内部监测系统用于检测机器人内部状态参数，如电源电压、位置、速度和方位等；外部感知系统包括机器人视觉、机器人触觉、机器人听觉、机器人嗅觉等系统，用于感知外部环境信息，如环境的温度、湿度、物体的颜色和纹理、与机器人的距离，机器人和环境发生交互作用，使机器人对环境有自适应能力。机器人操作系统是面向机器人的开源的元操作系统，能够提供类似传统操作系统的诸多功能，如硬件抽象、底层设备控制、常用功能实现、进程间消息传递和程序包管理等。机器人控制系统相当于人的"大脑"，是决定机器人功能和性能的主要因素，对机器人进行定位、环境建模、检测、控制等[1]。本章将重点对机器人基本结构、感知系统、操作系统、控制系统、环境建模等进行详细介绍。

12.1 基本结构

类似人体，机器人的基本结构由机械构件和传动部件构成，主要包括上肢、下肢和机身三大部分，其中，每部分都可以有若干自由度。机器人各部件之间的连接称为关节，各关节将各部件连成一体，又可使它们彼此做相对运动。其中，以转动方式连接的关节称为转动关节，以移动方式相连的关节称为移动关节。机器人能独立运动的关节（包括转动和移动）数目，称为机器人的运动自由度。机器人从外形上可以像人、兽、昆虫等，可以实现交谈、爬楼梯、拿东西等功能。因此，不同类型的机器人，如仿人机器人、仿生机器人等，所需要的机械构件及传动部件不同，本节仅介绍机器人的基本结构。

12.1.1 上肢

机器人的上肢主要由臂部、腕部、手部组成。其中，机器人臂部一般有多个自由度，即可伸缩、回转、俯仰或升降等，是机器人的主要执行部分，主要作用是支撑手部和腕部，并改变手部在空间的位置。机器人臂部的结构形式应当依据机器人的运动形式、抓取质量、动作自由度、运动精度、受力情况、驱动单元的布置、线缆的布置与手腕的连接形式等因素来确定，臂部设计一般要注意以下几方面。

（1）刚度要大：为防止臂部在运动过程中产生过大的变形，手臂截面形状的选择要合理。

（2）导向性要好：为防止手臂在直线运动中沿运动轴发生相对转动，要设置导向装置或设计方形、花键等形式的臂杆。

（3）偏重力矩要小：要尽可能减小臂部运动部分的质量，以减小偏重力矩和整个手臂对回转的转动惯量与臂部的质量对其支撑回转轴所产生的静力矩。

机器人手臂的构型是非常重要的，合理的结构设计不仅可以减小空间占用，还能够减小系统质量，降低整个系统的复杂程度，提高整个系统的可靠性。

机器人腕部用来连接操作机手臂和末端执行器，起支撑手部和改变手部姿态的作用。对于一般的机器人来说，与手部相连的腕部具有自转的功能。若腕部能在空间任取方位，则与之相连的手部就可以在空间任取姿态，即达到完全灵活。腕部设计要注意以下问题。

（1）结构紧凑，质量轻。

（2）动作灵活、平稳，定位精度高。

（3）强度、刚度高。

（4）合理设计与臂部和手部的连接部分，以及传感器和驱动装置的布局与安装。

作为末端执行器，机器人的手部是完成抓握或执行特定作业的重要部件，也需要有多种结构，可以是机械接口，也可以是电、气、液接口。机器人的手部可以像人手那样具有手指，也可以不具有手指；可以是仿人类的手，也可以是进行专业作业的工具，如装在机器人手腕上的工具、喷漆枪等。一般的机器人手部的通用性都比较差，通常都是专用装置。手部对整个机器人来说是完成一系列动作好坏的关键部件之一，常用的手部按其握持原理可以分为夹持类、吸附类和仿人类。

12.1.2 下肢

机器人需要通过下肢来实现前进、后退、各方向的转弯等基本移动功能，为适应不同的环境和场合，其可以是具有双足、4 足或 6 足的足式移动机构，也可以是轮式或履带式移动机构、蛇形移动机构和混合式移动机构。例如，机器蛇采用蛇形移动机构，机器鱼采用尾鳍推进式移动机构。其中，轮式移动机构的效率最高，但适应能力相对较差；足式移动机构的适应能力最强，但效率最低。

1. 足式移动机构

足式移动机构的关节自由度越多，行动就越灵活，但控制起来难度也会成倍增大。其对崎岖路面具有很好的适应能力，在不平地面和松软地面上的运动速度较高，能耗较少。足的数目越多，越适合重载和慢速运动。双足和 4 足具有最好的适应性和灵活性，也最接近人类和动物。类人型双足步行移动机器人是当前研究的热门，但由于平衡难以解决，其容易摔倒且动作不灵活。

2. 轮式移动机构

轮式移动机构有两轮式、3 轮式、4 轮式和多轮式。常见的轮子主要有普通轮（主动轮）、万向轮（从动轮）和全向轮（主动轮）。轮子选择的依据是机器人所处的环境和用途。轮式移动机构的优点是结构简单、动作灵活、定位准确和效率最高；缺点是适应能力较差。

3. 履带式移动机构

履带式移动机构的履带布置方式有双履带和多履带两种，其优点是兼具轮式和足式的长处，如越坑、爬楼梯等，与地接触面大，稳定性好；缺点是效率低，功耗大。

4. 特殊式移动机构

特殊式移动机构主要应用在一些特殊场合，如在沙漠中像蛇一样地行走；在水里像鱼儿一样地游动；在空中像鸟儿一样地飞行等。

面对 21 世纪太空、深海探测的挑战，移动机构是各种自主式机器人最基本和最关键的部分。美国、俄罗斯、日本和欧盟各国等已经研制出了多种复杂奇特的三维移动机构，有的已经进入实用化阶段。

12.1.3　躯干和关节

机器人的躯干是直接连接、支撑和传动手臂及移动机构的部件。一般情况下，机器人的臂部实现升降、回转和俯仰等运动，移动机构的传动部件都安装在躯干上。常见的躯干结构有升降回转型、俯仰型、平移型和类人型。

机器人的关节用来连接驱动部分和执行部分，将驱动部分的运动形式、运动及动力参数转变为执行部分的运动形式、运动和动力参数。例如，把旋转运动变换为直线运动；把高转速变为低转速；把小转矩变为大转矩。机器人关节常用的部件有齿轮、带、链、连杆、齿轮齿条、丝杠、蜗轮蜗杆、谐波齿轮、凸轮。

（1）齿轮。齿轮是相互啮合的有齿的机械零件，是机器人应用最广的关节传动形式，可分为平面齿轮和空间齿轮。其优点是传递动力大、效率高、寿命长、工作平稳、可靠性高、能保持恒定的传动比等；缺点是不宜实现远距离传动，对制作和安装精度要求较高。

（2）带。其利用紧套在带轮上的挠性环形带与带轮间的摩擦力来传递动力和运动，按工作原理可分为摩擦型和啮合型。

（3）链。链传动是由两个具有特殊齿形的链条和一条挠性的闭合链条所组成的，依靠链条和链轮轮齿的啮合而传动，特点是可以在传动大扭矩时避免打滑，主要用于传动速比准确或两者轴距较远的场合。

（4）连杆。连杆是利用连杆机构传递动力的机械传动方式，在所有的传动方式中，连杆传动功能最多。其可以将旋转运动转化为直线运动、往返运动或指定轨迹运动，甚至可以指定经过轨迹上某点的速度。按照连架杆其可分为曲柄式和拨叉式两种。

（5）齿轮齿条。齿轮通常是固定不动的，当齿轮转动时，齿轮连同拖板沿齿条方向做直线运动，这样，齿轮的旋转运动就转换成拖板的直线运动，这种形式的回差较大。

（6）丝杠。一个旋转的精密丝杠可驱动一个螺母沿丝杠轴向移动，其滑动摩擦力大，低速时易产生爬行现象，且回差大。通过在丝杠螺母的螺旋槽里放置许多滚珠，就可演变成滚珠丝杠，它具有滚动摩擦小、运动平稳、双螺母预紧去回差的优点。

（7）蜗轮蜗杆。蜗轮蜗杆是用来传递空间互相垂直而不相交的两轴间的运动和动力的传动机构，其特点是传动比大、传动力矩大；结构紧凑，传动平稳；有自锁性能，能够获得很大的减速比。

（8）谐波齿轮。谐波齿轮传动由刚性齿轮、谐波发生器、柔性齿轮 3 个主要零件组成。刚性齿轮固定安装，柔性齿轮沿刚性齿轮的内齿转动。

（9）凸轮。需要重复完成简单作业的搬运机器人中广泛采用连杆和凸轮。一般分为外凸轮、内凸轮和圆柱凸轮。

机器人关节除了上述的基本结构，还有一些特殊的机械部件来完成相应的功能，如联轴器、制动器、减速器和离合器等。

（1）联轴器。联轴器是用来连接不同机构中两根轴（主动轴和从动轴）使其共同旋转以传递扭矩的机械部件，广义的联轴器包括胀套、万向节等。

（2）制动器。制动器的作用是在机器人停止工作时，保持机械臂的位置不变；在电源发生故障时，保护机械臂和它周围的物体不发生碰撞。制动器通常是按照失效抱闸方式工作的。

（3）减速器。减速器是一种由封闭在刚性壳体内的齿轮传动、蜗杆传动或齿轮—蜗杆传动所组成的独立部件，常用在工作机和动力机之间作为减速的传动装置。

（4）离合器。离合器是一种在机器运转过程中，使两轴随时接合或分离的装置，主要作用是操纵机器人传动系统的断续，以便进行变速和换向。

12.1.4　驱动装置

按利用的能源分类，机器人的驱动装置可分为电动、液动和气动三类，其将来自电、液压和气压等各种能源的能量转换成旋转运动、直线运动等方式的机械能。其中，电动驱动装置精确度高、调速方便，但推力小，大推力时成本高；液压驱动装置推力大、体积小、调速方便，但系统成本高，可靠性差，维修保养麻烦；气动驱动装置成本低、动作可靠、不发热，无污染，但推力偏小，不能实现精确的中间位置调节。

1. 电动驱动装置

在电动驱动装置中，机器人的驱动是由电动机提供的，通过电动机的转动实现要完成的一系列操作。电动机按原理和用途来分，可分为直流电动机、交流电动机和控制电动机，电动机的效率等级表明有多少消耗的电能转化成了机械能。

2. 液压驱动装置

其利用液压泵将原动机的机械能转换成液体的压力能，通过液体压力能的变化来传递能量，经过各种控制阀和管路的传递，借助液压元件（液压缸或马达）把液体压力能转换为机械能，从而驱动执行机构，实现直线往复运动和回转运动。液压驱动装置的优点是容易获得大的扭矩和功率，具有较高的精度，能实现高速、高精度的位置控制，能实现无级变速；缺点是必须对油的温度和污染进行控制，有安全隐患，稳定性较差，附属设备占用空间大。液压驱动装置适用于生产线固定式的特大功率机器人系统或机器人化工程机械。

3. 气压驱动装置

气压驱动装置由气源、气动执行元件、气动控制阀和气动附件组成。气源一般由压缩机提供；气动执行元件把压缩气体的压力能转换成机械能，用来驱动执行元件；气动控制阀用来调节气流的方向、压力和流量，相应地分为方向控制阀、压力控制阀和流量控制阀。气动驱动装置的优点是结构简单、价格低、易清洁、动作灵敏、具有缓冲作用，但具有需要增设气压源、功率小、刚度差、噪声大、不易控制等缺点，多用于精度不高，但有洁净、防爆等要求的机器人系统。

12.2　感知系统

从人类生理学观点来看，人的感知可分为内部感知和外部感知。类似地，机器人感知系统也可以分为内部感知系统和外部感知系统。机器人感知系统的构成如图 12-1 所示。

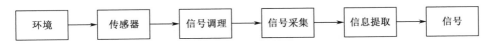

环境 → 传感器 → 信号调理 → 信号采集 → 信息提取 → 信号

图 12-1　机器人感知系统的构成

机器人感知系统使机器人具有类似于人的肢体及感官功能，动作灵活，在工作中可以不依赖于人的操纵。机器人传感器在机器人感知系统中起到了十分重要的作用。正因为有了传感器，机器人才具备类似人的知觉功能和反应能力。

机器人传感器是从 20 世纪 70 年代发展起来的一类专用于机器人技术方面的新型传感器。与普通传感器相比，其工作原理基本相同，都是将非电量转换成电信号输出的装置，一般由敏感元件、转换元件和测量电路三部分组成，有时还需要加辅助电路。但机器人传感器取决于机器人的工作需要和应用特点，机器人传感器有其特殊性。对机器人感知系统的要求是选择传感器的基本依据，机器人感知系统的一般要求如下。

（1）精度高、重复性好。

（2）稳定性和可靠性好。

（3）抗干扰能力强。

（4）质量轻、体积小、安装方便。

机器人传感器主要可以分为视觉、角度觉、触觉、力觉和接近觉五大类。不过从人类生理学观点来看，人的感觉可以分为内部感觉和外部感觉，类似地，机器人传感器也可以分为内部传感器和外部传感器，如图 12-2 所示。

内部传感器主要用于测量机器人自身的功能，具体的检测对象：关节的线位移、角位移等几何量；速度、加速度等运动量；倾斜角和振动等物理量。内部传感器常用在控制系统中作为反馈元件，检测机器人自身的各种状态参数，如关节的运动位置、速度、加速度、力和力矩等。常用的内部传感器种类如表 12-1 所示。

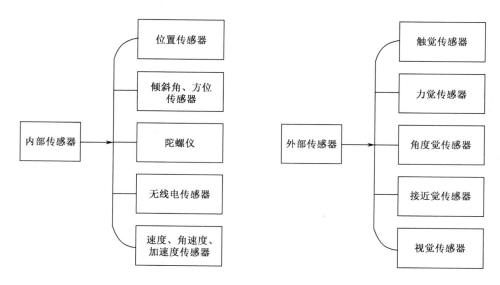

图 12-2　机器人传感器分类

表 12-1　常用内部传感器种类

传感器	种　类
特定位置、角度传感器	微型开关
任意位置、角度传感器	电位器、旋转变压器、码盘、关节角速度传感器
速度、角速度传感器	测速发电机、码盘
加速度传感器	应变式、伺服式、压电式、电动式
倾斜角传感器	液体式、垂直振子式
方位传感器	陀螺仪、地磁传感器

外部传感器是主要用来检测机器人所处环境（如果是物体，则判断离物体的距离有多远等）及状况（如抓取的物体是否滑落）的传感器，具体有识别传感器、接近觉传感器、距离传感器、力传感器、方向传感器等。其具体种类如表 12-2 所示。

表 12-2　外部传感器种类

功能大类	传感器	种　类
视觉传感器	测量传感器	光学式
	识别传感器	光学式、声波式
触觉传感器	接触觉传感器	单点式、分布式
	压觉传感器	单点式、高密度集成、分布式
	滑觉传感器	点接触、面接触、线接触
力觉传感器	力传感器	应变式、压电式
	力矩传感器	组合型、单元型
接近觉传感器	接近觉传感器	空气式、电磁式、电场式等
	距离传感器	光学式、声波式

续表

功　　能	传感器	种　　类
角度觉传感器	倾斜角传感器	旋转式、振子式、摆动式
	方向传感器	万向节式、内球面转动式
	姿态传感器	机械陀螺仪、光学陀螺仪

12.2.1　内部监测系统

机器人的内部监测系统用于监测机器人系统内部的状态参数，如电源电压、位置、速度和方位等。机器人内部传感器在机器人中感知它自己的状态，以调整和控制机器人自身的行动。

1. 位移传感器

机器人位移按照位移的特征可分为线位移和角位移。线位移是机器人沿着某一条直线运动的距离，角位移是机器人绕某一点转动的角度。

（1）电位器式位移传感器：由一个绕线式电阻和一个滑动触点组成，当被检测的位置量发生变化时，滑动触点也发生位移，从而改变滑动触点与电位器各端的电阻值和输出电压值，根据输出电压值的变化，可以检测机器人各关节的位置和位移量。

（2）直线型感应同步器：由定尺和滑尺组成，定尺固定在设备上不动，而滑尺可以在定尺表面来回移动；定尺和滑尺之间保证有一定间隙，一般为 0.25mm 左右。

（3）圆形感应同步器：主要用于角位移测量，由定子和转子两部分组成。

里程计是一种利用从移动传感器获得的数据来估计物体位置随时间变化的方法。在许多机器人系统上，里程计被用来估计而不是确定这些机器人相对于初始位置移动的距离。这种方法对由速度对时间积分来求得位置的误差十分敏感。快速、精确的数据采集，设备标定及处理过程对于高效地使用里程计十分必要。

假设一个机器人在其轮子或腿关节处配备了旋转编码盘等设备，当它向前一段时间后，想知道大致的移动距离，此时可以借助旋转编码器，测量出轮子旋转的圈数，如果知道了轮子的周长，则可计算出机器人移动的距离。

2. 速度和加速度传感器

速度传感器可测量平移速度和旋转速度，但大多数情况下，只限于测量旋转速度，常用光电脉冲式转速传感器测量转速。应变仪即伸缩测量仪，也是一种应力传感器，用于测量加速度。加速度传感器用于测量工业机器人的动态控制信号。陀螺仪可以用来测量角速度，以便于机器人感知方向。陀螺仪的基本原理：一个旋转物体的旋转轴所指的方向在不受外力影响时，是不会改变的，因此，在陀螺仪工作时要给它一个力，使它快速旋转起来，其一般能达到每分钟几十万转，并且可以工作很长时间，可用多种方法读取轴所指示的方向，并自动将数据信号传给机器人控制系统。

12.2.2　外部感官

机器人的外部感官好比人的五官，可看作"电五官"，它感测到外界环境信息，然后反馈给机器人的大脑"处理器"进行加工处理。如果一个机器人系统没有外部感官，那么就像一个人没有五官一样。

1. 机器人的体感和触觉

机器人触觉可感知被接触物体的特征及传感器接触外界物体后的自身状况，主要包括接触觉、压力觉、滑觉和接近觉。

1）接触觉传感器

最早的接触觉传感器为开关式传感器，只有接触（开）和不接触（关）两个信号，后来又出现了利用柔顺指端结构和电流变流体的指端应变式触觉传感器、利用压阻材料构成两层列电极与行电极的压阻阵列触觉传感器。

2）力觉传感器

力觉传感器是将各种力学量转换为电信号的器件，力学量包括质量、力、力矩、压力和应力等。机器人在工作时，需要有合适的握力，握力太小或太大都不合适。力觉传感器通过弹性敏感元件将被测力或力矩转换成某种位移量或形变量，然后通过各自的敏感介质把位移量或形变量转换成能够输出的电量。机器人力觉传感器可分为以下3类。

（1）关节传感器：测量驱动器本身的输出力和力矩，用于控制力中的反馈，安装在关节驱动器上。

（2）腕力传感器：直接测出作用在末端执行器上的力和力矩，安装在末端执行器和机器人最后一个关节之间。

（3）指力传感器：测量夹持物体的受力情况，安装在机器人手爪（关节）上。

3）滑觉传感器

滑觉传感器用于让机器人感知手指与物体接触面之间相对运动（滑动）的大小和方向，从而确定最佳大小的把握力，以保证既能握住物体不产生滑动，又不至于因为用力过大而使物体发生变形或被损坏。滑觉检测功能是实现机器人柔性抓握的必备条件。常用的滑觉传感器有受迫振荡式滑觉传感器（小探针与滑动物体接触使压电晶体产生机械形变，从而使阈值检测器感应合成电压脉冲，改变抓取力直到物体停止滑动）、断续器（物体滑动使磁滚轮转动，从而使永磁体经过磁头上方时产生一个脉冲以改变抓取力）。

4）接近觉传感器

其介于触觉传感器和视觉传感器之间，不仅可以测量距离和方位，而且可以融合视觉和触觉传感器的信息，可以辅助视觉系统来判断对象物体的方位、外形，同时识别其表面形状。因此，为准确抓取部件，系统对机器人接近觉传感器的精度要求比较高。机器人感知系统借助接近觉传感器可实现：在接触对象物前捕获必要的信息，为后续动作做准备；发现障碍物时，改变路径或停止以免发生碰撞；得到对象物表面形状的信息。根据感知范围（或距离），接近觉传感器大致可分为3类：感知近距离（mm级）物体的有接触式、感应式、电容式等；感知中距离（30cm 以内）物体的有红外光电式；感知远距离（30cm 以外）物体的有超声式和激光式。

基于电容、PVDF（聚偏二氟乙烯）、光波导等技术的三维触觉传感器的研究得到了广泛应用。例如，南安普顿大学研发的基于厚膜压电式传感器的仿真手指是滑觉传感器较成功的体现；用 PVDF 薄膜制作的像皮肤一样粘贴在假手的手指表面的触滑觉传感器，可以安全地握取易碎或比较柔软的物体；一种将基于 PVDF 膜三向力传感技术的触觉和基于光电原理的滑觉相结合的新型触滑觉传感器，可以实现机器人的物体抓取。哈尔滨工业大学基于光纤的光强内调制原理设计了一种用于水下机器人的滑觉传感器，其采用了特殊的调理电路和智能化的信息处理方法，适用于水下机器人作业；西安交通大学设计了基于单片机控制的光电反射式接近觉传感器和光纤微弯力觉传感器的机器人。

2. 机器人的耳朵和听觉

在某些环境中，要求机器人能够感知声音的音调、响度，区分左右声源；有的要求机器人判断声源的大致方位；有的甚至要求机器人能进行语音交流，使其具备"人—机"对话功能，机器人听觉传感器使机器人能更好地完成这些任务。常用的听觉传感器有无噪声压电传声器、驻极体电容式传声器、动圈式传声器和带式传声器等。

（1）无噪声压电传声器：采用两块压电高聚物 PVF2 薄膜构成传感器的振膜，收到机械振动作用后，传声器框体振动，使振膜移动，产生电荷移动，在传声器内部装有场效应管，从而可实现阻抗变化。

（2）驻极体电容式传声器：振膜采用高聚物驻极体，膜镀上金或铝金属作为一个电极，另一个电极是用金属制成的多孔背极，背极后是与空气相通的气腔，金属板与背极构成平行板电容器，通过改变电容器的有效面积、介电系数和厚度等改变电容值，最后将被测量转化成方便测量的电信号。

（3）动圈式传声器：线圈贴于振膜上，悬于两磁极之间，声波通过空气使振膜振动，从而导致线圈在两磁铁间运动，线圈切割磁力线时，在线圈中产生微弱的感应电流，该电流与声波直接相关，声波经过调音台进行调整，然后通过放大器和扬声器再还原成声音。

（4）带式传声器：不是靠线圈产生电压，而是使用一条金属带来产生电压，金属带在强磁体的两极间自由运动，从而对声音的振动做出迅速反应，产生与声音振动直接相关的电压。

3. 机器人的眼睛和视觉

视觉传感器是机器人不可或缺的重要部分，其发展不断推动机器人的视觉研究的发展，视觉传感器的性能在不同的应用中有不同的要求，其性能的好坏会直接影响机器人的操作任务。为此，科研工作者们进行了一系列的研究，如已研制的一种由激光器、CCD 和滤光片组成的视觉传感器系统，具有体积小巧、结构紧凑、性价比高、质量轻等优点。

机器人的视觉传感器工作一般包括 3 个过程：图像获取、图像处理和图像理解。常用的视觉传感器有光导视觉传感器、CCD 图像传感器、CMOS 图像传感器和红外线传感器等。

（1）光导视觉传感器：主要用于光导式摄像机，这种摄像机是由接收部分、光电转换部分和扫描部分组成的二维视觉传感器，其光导摄像管是一种利用物质在光的照射下发射电子的外光效应而制成的真空或充气的光电器件。

（2）CCD 图像传感器：是在 MOS 集成电路基础上发展起来的，使用的是高感光度的半导体材料，能把光线转变成电荷，并通过模数转换器芯片转换成数字信号；CCD 由许多感光单位组成，通常以百万像素为单位；当 CCD 表面受到光线照射时，每个感光单位将电荷反映在组件上，综合在一起构成一幅完整的画面。

（3）CMOS 图像传感器：互补型金属氧化物半导体在数码相机中可记录光线变化，利用半导体在 CMOS 上共存 N（-）极和 P（+）极可产生互补效应的电流，并被处理芯片记录和解读成影像，传感器中的每个像素都会连接一个放大器及 A/D 转换电路，用类似内存电路的方式将数据输出。

（4）红外线传感器：红外线具有光热效应，能辐射能量，常用热电晶体作为敏感元件。通常，晶体自发极化所产生的束缚电荷被空气中附集在晶体外表面的自由电子所中和，呈电中性，当温度变化时，晶体极化迅速减弱，晶体表面产生剩余电荷，电荷量与温度变化有关。由于不同物体发射红外线的波长不同，致使发出的热量不同，从而产生不同的电荷量，因此可以用来成像。选用红外线传感器作为视觉器官，机器人能在一定程度上捕获物体的影像，从而识别环境或物体，跟踪目标，测定障碍物距离以避免碰撞。

动物和人通过眼睛观察客观世界时，不是单纯地看，更重要的是理解。数字摄像视觉系统能为机器人提供丰富的影像信息，这些信息经过复杂的处理后，可被机器人理解和识别。考虑到采集的数据量庞大及实时性的要求，可用多核 DSP 并行处理的架构来处理大量图像数据；为了提高机器人视觉系统的图像处理速度，可以将光学小波变换应用于视觉系统，还可以采用带冷却系统的结构光视觉传感器。

机器人视觉系统主要用于方向定位、避障和目标跟踪等。中国科学院沈阳自动化所采用光学原理的全方位位置传感器系统，通过观测路标和视角定位的方法，确定机器人在世界坐标系中的位置和方向；浙江工业大学采用一种单目视觉结合红外线测距传感器共同避障的策略，使用光流法处理采集的图像序列信息，获得了移动机器人前方的避障物信息；四川大学以主从双目视觉传感器实现目标识别和定位任务，实现了多传感器、多视角的协同采集和数据处理；中国农业大学根据作物的反射光谱特性，选择敏感波长的激光源构建三维视觉系统，并利用三角测量技术来获得物体 3D 信息。

4. 机器人的鼻子和嗅觉

某些特定功能的机器人需要具有类似人类鼻子嗅觉的功能，以便检测外界环境的某些参数。例如，检测空气中某类气体的含量，能感知各种有毒气体及易燃易爆气体，如一氧化碳、氢气、液化石油气等。机器人嗅觉来自气体传感器，它是将一种或多种气体的体积分数转换成对应电信号的转换器。常见的气体传感器有半导体式、接触燃烧式和电化学式 3 种。

（1）半导体式气体传感器：利用半导体气敏元件同气体接触时，半导体电导率等物理性质会发生变化的原理来检测特定气体成分或浓度，其优点是可检测的气体种类繁多，价格便宜，使用寿命长；但由于其信号输出稳定性和抗干扰能力差，因此目前只适用于对气体做定性检测。

（2）接触燃烧式气体传感器：基于强催化剂使气体在其表面燃烧时会产生热量，使传感器温度上升，这种温度变化又会使贵金属电极电导随之变化的原理设计而成，它的优点是不受环境湿度的影响。

（3）电化学式气体传感器：一种是液体电解质气体传感器，即气体直接氧化或还原产生电流，或者气体溶解于电解质溶液中并离子化，离子作用于离子电极产生电动势；另一种是有机凝胶电解质或固体电解质气体传感器，即电解质两边的电势差与电极两边气体分压之比成对数关系。

目前，科研工作者对于机器人嗅觉的研究尚处于初级阶段，真正具有嗅觉功能的机器人不多见，该技术尚未成熟，目前研究更多地集中在移动机器人的嗅觉定位领域。主要采用以下 3 种方法实现机器人嗅觉功能。

（1）在机器人上安装单个或多个气体传感器，再配置相应的处理电路来实现嗅觉功能。Ishida 等采用 4 个气体传感器制成气味方向探测装置，充分利用气味信息和风向信息完成味源搜索；PawalPyk 研制了一个装有 6 阵列金属氧化物气体传感器和风向标式风向传感器的移动人工蛾，利用它在风洞中模拟飞蛾横越风向和逆风而上跟踪信息素的运动方式；曹为等在煤矿救灾机器人上安装了瓦斯传感器、氧气和一氧化碳传感器；庄哲民等将半导体式气体传感器阵列与神经网络相结合，构建了一个用于临场感机器人的人工嗅觉系统，用于气体的定性识别。

（2）自行研制嗅觉装置，Kuwana 使用活的蝉蛾触角配上电极构造了两种能感知信息素的机器人嗅觉传感器，并在信息素导航移动机器人上进行了信息素跟踪实验；德国蒂宾根大学的 Achim Lilientha 和瑞典厄勒布鲁大学的 Tom Duckett 合作研制了 Mark Ⅲ 型立体式电子鼻和一台移动机器人构成了移动电子鼻。

（3）采用电子鼻产品，安装在移动机器人上，通过追踪测试环境中的气体浓度而找到气味源。

5. 机器人的舌头和味觉

人有丰富的味觉，机器人也可以拥有自己的舌头和味觉，机器人的味觉来自液敏传感器，即味觉传感器，其不仅能感知液体味道，还能测定液体成分。味觉传感器在机器人上的应用相对于其他传感器很少。味觉传感器主要由传感器阵列和模式识别系统组成，传感器阵列对液体试样做出响应并输出信号，经计算机系统进行数据处理和模式识别后，可得到反映样品味觉特征的结果。

目前，广泛运用的生物模拟味觉和味觉传感系统是根据接触物质溶液的类脂/高聚物膜会产生电位差的原理制成的多通道味觉传感器。日本九州大学的 K.Toko 等设计了能鉴别 12 种啤酒的多通道类脂膜味觉传感器。生物的嗅觉是用来检测具有挥发性的气体分子的，而味觉传感器是用来检测液态中的非挥发性的离子和分子的。南昌大学以铂工作电极为基地，用 8 个固态 PPP 味觉传感器与 217 型饱和双盐桥甘汞电极组成传感器阵列，采用主成分分析和聚类分析等模式识别工具来识别与分析不同样品的味觉特征。目前，机器人的味觉研究仍处于初级阶段，技术还不成熟，但随着未来机器人的发展，机器人味觉系统的发展空间很大。

12.3　机器人的操作系统

作为软件平台，机器人操作系统最为突出的是开源机器人操作系统（Robot Operating System，ROS）。ROS 集成了全世界机器人领域顶级科研机构，包括斯坦福大学、麻省理工学院、慕尼黑工业大学、东京大学等多年的研究成果。随后，因其开源性，世界各地机器人领域的研究者推动其不断发展。ROS 是一个先进的机器人操作系统框架，2013 年，《麻省理工科技评论》（*MIT Technology Review*）中指出，"从 2010 年发布 1.0 版本以来，ROS 已成为机器人软件的事实标准"。

12.3.1　ROS 概述

1. 起源

ROS 起源于 2007 年斯坦福大学人工智能实验室项目与 Willow Garage 公司的个人机器人项目（Personal Robots Program）之间的合作，2008 年之后由 Willow Garage 公司进行推动。2010 年，Willow Garage 公司发布的 ROS 一经问世便在机器人研究领域引起了学习和使用热潮。目前 OSRF（Open Source Robotics Foundation, Inc）公司在维护开源项目。

ROS 在机器人 PR2 叠衣服、做早饭等行为方面表现优异，Willow Garage 公司希望借助开源的力量使 PR2 变成"全能机器人"。PR2 价格高昂，2011 年零售价高达 40 万美元，主要应用于科研。PR2 有两条手臂，每个手臂有 7 个关节，手臂末端有一个钳形手，底部有 4 个轮子便于移动。PR2 的头部、胸部、肘部和钳形手上安装了高分辨率摄像头、激光测距仪、惯性测量单元和触觉传感器等丰富的感知设备。PR2 底部有两台八核的计算机来作为机器人的"大脑"，其安装了 Ubuntu 和 ROS。

2. 定义

ROS 是面向机器人的开源的元操作系统（Meta-Operation System）。它能够提供类似传统操作系统的诸多功能，如硬件抽象、底层设备驱动、用户功能实现、进程间消息传递和程序包管理等。此外，它提供了相关工具和库，用于获取、编译、编辑代码及在多个计算机之间运行程序以完成分布式计算。

（1）ROS 首先是一个操作系统。操作系统是用来管理计算机硬件与软件资源，并提供一些公用服务的系统软件，ROS 对机器人的硬件进行了封装，不同的机器人、不同的传感器在 ROS 中可以用相同的方式表示（Topic 等），供上层应用程序（运动路径规划）调用。

（2）ROS 是一种跨平台模块化的软件通信机制。ROS 利用节点（Node）的概念表示一个应用程序，不同节点之间通过事先定义好格式的消息（Topic）、服务（Service）、动作（Action）来实现连接。基于这种模块化的通信机制，开发者可以很方便地替换、更新系统内的某些模块；也可以用自己编写的节点替换 ROS 的个别模块，十分适合算法开发。此外，ROS 可以跨平台，在不同计算机、不同操作系统、不同编程语言、不同机器人中使用。

（3）ROS 是一系列开源工具。ROS 为开发者提供了一系列非常有用的工具，可以大大提高开发效率。

① rqt_plot：可以实时绘制当前任意 Topic 的数值曲线。

② rqt_graph：可以绘制各节点之间的连接状态和正在使用的 Topic 等。

③ TF：TransForm 的简写，利用它，开发者可以实时知道各连杆坐标系的位姿，也可求出两个坐标系的相对位置。

④ Rviz：超强大的 3D 可视化工具，可以显示机器人模型、3D 电影、各种文字图标，也可很方便地进行二次开发。

此外，ROS 还有很多其他有用的开源工具。

（4）ROS 是一系列最先进的算法。除 ROS 之外，世界上还有很多非常优秀的机器人开源项目，但 ROS 正逐渐将它们囊括在自己的范畴里，具体介绍如下。

OROCOS：这个开源项目主要侧重于机器人底层控制系统的设计，包括用于计算串联机械臂运动学数值解的 KDL、贝叶斯滤波、实时控制等功能。

OpenRave：这是在 ROS 之前用来做运动规划的平台，ROS 已经将其中的 ikfast（计算串联机械臂的运动学解析解）等功能吸收。

Player：一款优秀的二维仿真平台，可以用于平面机器人的仿真，现在可由 ROS 直接使用。

OpenCV：机器人视觉开源项目，ROS 提供了 cv_bridge，可以将 OpenCV 的图片格式与 ROS 的图片格式相互转换。

OMPL：现在最著名的运动规划开源项目，已经成为 Movelt 的一部分。

Visp：一个开源视觉伺服项目，已经跟 ROS 完美整合。

Gazebo：一款优秀的开源仿真平台，可以实现力学仿真、传感器仿真等，已被 ROS 吸收。

ORK：一个物体识别与位姿估计开源库，包含 LineMod 算法，但实际使用效果不理想。

PCL：一个开源点云处理库，原本是从 ROS 发展起来的，后来为了让非 ROS 用户也能用，就单独成立了一个 PCL 项目。

Gmapping：是从 OpenSlam 项目继承过来的，后来有了进一步发展，改动较大，利用 Gmapping 可以实现 laser-based SLAM，从而快速建立室内二维地图。

Localization：基于扩展卡尔曼滤波（EKF）和无迹卡尔曼滤波（UKF）的机器人定位算法，可以融合各种传感器的定位信息，获得较为准确的定位效果。

Navigation：基于 Dijkstra、A*（全局规划器）和动态窗口算法 DWA（局部规划器）的移动机器人路径规划模块，可以在二维地图上实现机器人导航。

Movelt：专注于移动机械臂运动规划的模块。

（5）ROS 是一个最活跃的机器人开发交流平台。ROS 版本定期更新，主要模块专人维护，问答区活跃，各 mail lists 也非常活跃，开发者热衷于交流分享。现在需要其他项目来替代或部分替代 ROS 功能，如 OpenRave 运动规划、V-rep 仿真，但这些项目的社区远远没有 ROS 活跃。

3．设计目标

ROS 是开源并用于机器人的一种后操作系统，部分学者称其为次级操作系统。它提供类似于计算机操作系统所提供的功能，包括硬件抽象描述、底层驱动程序管理、共用功能的执行、程序间的消息传递、程序包发行管理，也提供一些工具程序和库，用于获取、建立、编写和运行多机整合的程序。

ROS 的首要设计目标是在机器人研发领域提高代码复用率。ROS 是一种分布式处理框架，这使可执行文件能被单独设计，并且在运行时松散耦合。这些过程可以封装到数据包（Package）和堆栈（Stacks）中，以便共享和分发。ROS 还支持代码库的联合系统，使得协作也能被分发。这种从文件级别到社区一级的设计让 ROS 独立地决定发展和实施工作成为可能。

4．主要特点

ROS 的运行架构是一种使用 ROS 通信模块实现模块间 P2P 松耦合的网络连接的处理架构，它执行若干种类型的通信，包括基于服务的同步 RPC（远程调用）通信、基于 Topic 的异步数据流通信，还有参数服务器上的数据存储，但 ROS 本身没有实时性。

1）点对点设计

ROS 包括一系列进程，这些进程存在于多个不同的主机中且在运行过程中通过端对端的拓扑结构进行联系。基于中心服务器的那些软件框架也具有实现多进程和多主机的优势，但在这些框架中，当各计算机通过不同的网络进行连接时，中心数据服务器就会发生问题。ROS 的点对点设计及服务和节点管理器等机制可以分散由计算机视觉和语音识别等功能带来的实时计算压力，能够解决多机器人遇到的挑战。

2）分布式计算

机器人系统往往需要多个计算机同时运行多个进程，为实现不同进程之间的通信问题，ROS 提供了一个通信中间件来实现分布式系统的构建。

3）软件复用

任何一个算法实用的前提是其能够应用于新的领域，如导航、路径规划、建图等。ROS 通过 ROS 标准包（Standard Package）提供稳定的、可调式的各类重要机器人算法实现；ROS 通信接口正成为机器人软件互操作的事实标准，绝大部分最新的硬件驱动和最新的前沿算法实现都可以在 ROS 中找到。开发人员可以将更多的时间用于新思想和新算法的设计与实现，尽量避免重复实现已有的研究成果。

4）多语言支持

ROS 具有语言中立性架构，支持多种不同的语言，如 C++、Python、Octave 和 LISP，也包含其他语言的接口实现。多语言支持便于满足编程者偏向某一些编程语言的习惯。ROS 能够利用各种语言实现更加自然、更符合各种语言的语法约定，而不是基于 C 语言给各种其他语言提供实现接口。ROS 利用简单的、和语言无关的接口定义来描述模块之间的消息传送。接口定义语言使用简短的文本来描述每条消息的结构，也允许消息合成。因为消息是从各种简单的文本文件中自动生成的，在消息传递和接收的过程中，通过 ROS 自动连续并行地实现，很容易列举出新的消息类型。这些消息从传感器传送数据，使机器人可以检测到周围环境。和语言无关的消息处理，使 ROS 可以让多种语言自由地混合和匹配使用。

5）精简与集成

ROS 建立的算法具有模块化的特点，各模块中的代码可以单独编译，而且编译使用的 CMake 工具很容易实现精简的理念。ROS 基本将复杂的代码封装在库中，只创建了一些小的应用程序作为 ROS 显示库的功能，这就允许对简单的代码超越原型进行移植和重新使用。利用已经存在的开源项目的代码，在每个实例中，ROS 都用来显示多种多样的配置选项及使各软件之间进行数据通信，同时对它们进行微小的包装和改动。ROS 可以不断地从社区维护中进行升级，包括从其他的软件库、应用补丁中升级 ROS 的源代码。

6）工具包丰富

为了管理复杂的 ROS 软件框架，大量的小工具被利用去编译和运行多种多样的 ROS 组件，从而构建了内核，而不是构建了一个庞大的开发和运行环境。这些工具担任了各种各样的任务，如组织源代码的结构等。

7）免费且开源

ROS 所有的源代码都是公开发布的，这必将促进 ROS 软件在各层次的调试，以便不断地改正错误。当硬件和各层次的软件同时设计与调试时，一个开源的平台就无可替代了。ROS 以分布式的关系遵循着 BSD 许可，通过内部处理的通信系统进行数据传递，不要求各模块在同样的可执行功能上连接在一起。如此，利用 ROS 构建的系统可以很好地使用丰富的组件。个别的模块可以包含被各种协议保护的软件，这些协议是从 GPL 到 BSD 的，但许可的一些"污染物"将在模块的分解上被完全消除。

8）快速测试

为机器人开发软件比开发其他软件更具挑战性，主要因为调试时间长，且调试过程复杂，况且因为硬件维修的经费限制等，不一定随时有机器人可供使用。精心设计的 ROS 框架将底层硬件控制模块和顶层数据处理与决策模块分离，从而可以使用模拟器代替底层硬件模块来独立测试顶层部分，从而提高了测试效率。ROS 还提供了一种简单的方法来在调试过程中记录传感器数据及其他类型的消息数据，并在试验后按时间回放，通过这种方式，每次运行机器人就可以获得更多的测试机会。例如，可以记录传感器的数据，并通过多次回放测试不同的数据处理算法。在 ROS 术语中，这类记录的数据称为包（Bag），一个被称为 Rosbag 的工具可以用于记录和回放包数据。

ROS 不是唯一具备上述能力的软件平台，其最大的优势是实现了代码的"无缝连接"，因为实体机器人、仿真器、回放包可以提供同样的接口，上层软件不需要修改就可以与它们进行交互，实际上甚至不需要知道操作的对象是否为实体机器人。ROS 得到了来自机器人领域诸多开发者的认可和支持，这种认可和支持促使 ROS 不断发展、进步和完善。

12.3.2 架构

1．工作空间

1）工作空间简介

ROS 执行命令都在一个工作空间中进行。ROS 需要一个区域来供代码操作，这个区域就是工作空间（WorkSpace），工作空间是 ROS 中最小环境配置单位，可以把工作空间看成一个有结构的文件夹，它包含多个 Package 及一些结构性文件。每次将一个工作空间配置写进环境变量中，才能使用 ROS 命令执行与这个工作空间中的 Package 相关的操作。

2）工作空间的结构

Package 和工作空间都是有结构的，这些结构都是由编译系统（Build System）规定的。ROS 的编译系统有两种：一种是 Catkin；另一种是 Rosbuild。利用不同的 Build System 创建出来的工作空间和 Package 也分为两种。当运行工作空间相关命令时，它会在一个指定的空文件夹下面放很多功能性文件，并将这个文件夹变成一个工作空间。当运行 Package 相关命令时，它会在指定的路径下面创建 Package。

3）工作空间的使用

在使用工作空间之前，必须要命令（source）几个 setup.bash 文件，也就是让 Terminal 知道当前需要使用的工作空间，具体涉及工作空间的初始化和工作空间覆盖的内容，读者可以在 ROS 官方网站找到具体的操作方法。

2．总体架构

1）main

其核心部分主要由 Willow Garage 公司和一些开发者设计、提供及维护。它提供一些分布式计算的基本工具及整个 ROS 的核心部分的程序编写功能。

2）Universe

全球范围内的代码，由不同国家的 ROS 社区组织开发和维护，其中包含库代码，如 OpenCV、PCL 等；库的上一层是从功能角度提供的代码，如人脸识别，该代码调用下层的库；最上层的代码是应用级的代码，可让机器人完成某一确定的功能。

从另一角度对 ROS 分级，主要分为计算图级、文件系统级和社区级，如图 12-3 所示。

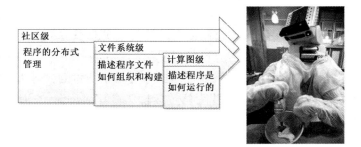

图 12-3 ROS 层级

3．计算图级

计算图是 ROS 处理数据的一种点对点的网络形式。程序运行时，所有进程及所进行的数据处理，将会通过一种点对点的网络形式表现出来。这一级的主要概念有节点（Node）、消息（Message）、主题（Topic）和服务（Service）。

1）节点

节点是一些执行运算任务的进程。ROS 利用规模可增长的方式使代码模块化：一个系统就是典型的由多个节点组成的。在这里，节点也可以被称为"软件模块"。使用节点使得 ROS 在运行时更加形象化。

2）消息

节点之间是通过传送消息进行通信的。每个消息都是一个严格的数据结构，原来标准的数据类型（整型、浮点型、布尔型等）都可以被支持，同时其支持原始数据组类型。消息可包含任意的嵌套结构和数组。

3）主题

消息以一种发布/订阅的方式传递。一个节点可以在一个给定的主题中发布消息，并针对某个主题关注并订阅特定类型的数据。可能同时有多个节点发布或者订阅同一个主题的消息。总体上，发布者和订阅者不了解彼此的存在。

4）服务

服务用一个字符串和一对严格规范的消息定义：一个用于请求，一个用于回应。类似于 Web 服务器，服务由 URIs 定义，同时带有完整定义类型的请求和回复文档。ROS 控制器可以使节点有条不紊地执行，通过远程过程调用（Remote Procedure Call）提供登记表和对其他计算图表的查找。没有控制器，节点将无法找到其他节点，无法交换消息和调用服务。

控制节点订阅和发布消息的模型如图 12-4 所示。

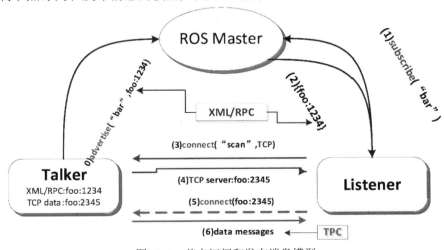

图 12-4　节点订阅和发布消息模型

ROS 控制器给 ROS 节点存储了主题和服务的注册信息。节点与控制器通信以报告它们的注册信息。当这些节点与控制器通信时，它们可以接收关于其他已注册节点的信息并建立与其他节点的联系。当节点注册信息改变时，控制器也会回馈其他节点，同时其动态创建与新节点之间的连接。

节点与节点之间的连接是直接的，控制器仅提供了查询信息。节点订阅了一个主题，将会要求建立一个与出版该主题的节点的连接，并且将会在同意连接协议的基础上建立该连接。

4．文件系统级

ROS 文件系统级指在硬盘上查看的 ROS 源代码的组织形式。ROS 中有无数的节点、消息、服务、工具和库文件，需要有效的结构去管理这些代码。ROS 的文件系统级有包（Package）和堆栈（Stack）。

1）包

ROS 的软件以包的形式组织起来，包包含节点、ROS 依赖库、数据套、配置文件、第三方软件或任何其他逻辑。包的目标是提供一种易于使用的结构，以便于软件的重复使用。

2）堆栈

堆栈是包的集合，提供一个完整的功能，与版本号关联，也是如何发行 ROS 软件方式的关键。

ROS 是一种分布式框架，可以将可执行文件封装到包和堆栈中，以便共享和分发。

Manifests：提供关于包的元数据，包括它的许可信息和包之间的依赖关系及语言特性信息，如编译优化参数。

Stack manifests：提供关于堆栈的元数据，包括它的许可信息和堆栈之间的依赖关系。

5．社区级

ROS 的社区级概念是 ROS 网络上进行代码发布的一种表现形式，代码库的联合系统，使得协作也能被分发。这种从文件系统级到社区级的设计让独立地发展和实施工作成为可能。正是因为这种分布式结构，ROS 才能迅速发展，其软件库中包含包的数量呈指数级增加。

12.4 机器人的控制系统

机器人不同于一般的自动化机器，其控制系统具有独特的要求。

（1）机器人的控制与机构运动及动力学密切相关。

（2）机器人有多个自由度。每个自由度一般包含一个伺服机构，它们必须协调起来，组成一个多变量控制系统。

（3）机器人控制系统必须是一个计算机控制系统。

（4）描述机器人状态和运动的数学模型是一个非线性模型，随着状态的不同和外力的变化，其参数也在变化，各变量之间还存在耦合。

（5）机器人的动作往往可以通过不同的方式和路径来完成，因此，存在一个"最优"的问题。

12.4.1　主要内容

机器人的种类繁多，机器人控制涉及诸多内容，主要分为底层控制和上层控制。其中，底层控制包括机器人本体，即机械部分、驱动器控制部分、传感器部分及控制策略；上层控制包括机器人的运动分析部分、路径规划部分及机器人的软件部分。一个典型的工业机器人控制系统结构如图 12-5 所示[3]。

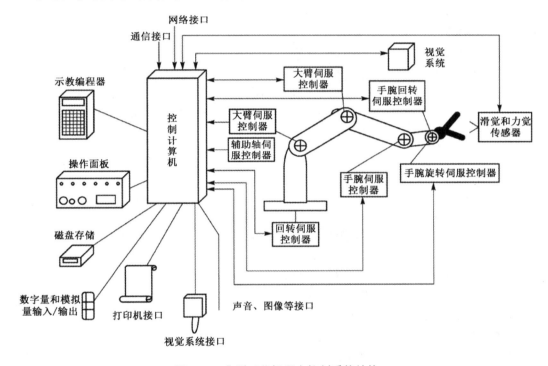

图 12-5　典型工业机器人控制系统结构

1．控制方式

1）点位式

很多机器人要求能准确地控制末端执行器的工作位置，而不关心路径，如在印制电路板上安插元件、点焊和装配等，都需要点位式控制。

2）轨迹式

在弧焊、喷漆和切割等作业时，要求机器人末端执行器按照示教的轨迹和速度运动，如果偏离预定的轨迹和速度，就会产生废品。

3）力矩控制

在完成装配、抓取物体等工作时，除了要求准确定位，还要求机器人使用适度的力矩进行工作，这时就要求进行力矩控制。

4）智能控制方式

机器人的智能控制指通过各种智能技术对机器人进行控制，智能控制是今后一段时间重点研究的关键技术，包括机器人变结构控制、机器人模糊控制、机器人分层递阶控制、机器人神经网络控制和机器人智能控制技术的融合。

2．基本单元

机器人控制系统包括驱动器系统、运动控制系统、作业控制系统、机器人决策系统、硬件和软件。

（1）驱动器系统。驱动机器人运动的伺服控制器有液压、气动、电动等几种，以控制各关节驱动的电动机居多。

（2）运动控制系统。其负责路径规划、协调机器人各关节运动、轨迹控制。

（3）作业控制系统。其负责环境监测、任务规划、确定作业流程。

（4）机器人决策系统。其通过感知和思维，使机器人具有学习能力，可确定下一步的行为。

（5）硬件。硬件采用二级结构：协调级和执行级。

（6）软件。软件主要实现机器人运动特性的计算、机器人智能控制和人—机交互功能。

12.4.2　机器人的大脑

"大脑"是机器人区别于自动化机器的主要标志，机器人控制系统的大脑能够处理外界环境参数，然后根据要求决策做出合适的反应。机器人的大脑由一种或多种处理器（嵌入式微处理、微控制器、DSP、FPGA、SoC 等）实现。

（1）嵌入式微处理器（Embedded Microprocessor Unit，EMPU）。EMPU 采用"增强型"通用处理器，因为机器人常应用于比较恶劣的环境，其在工作温度、电磁兼容性及可靠性方面较通用型的标准高。根据机器人控制系统应用要求，将 EMPU 装配在专门设计的主板上，外围配以 ROM、RAM、总线接口和各种外设接口等器件，可以大幅度减小系统的体积和功耗，但系统的可靠性、技术保密性也随之降低。EMPU 主要有 x86、PowerPC、MIPS 等。

（2）微控制器（Microcontroller Unit，MCU），又称单片机。其将整个计算机系统集成到一块芯片，体积小，功耗和成本低，可靠性高。MCU 目前是机器人控制系统的主流，主要有 8051 系列、PIC 系列、AVR 系列等。

（3）DSP 处理器（Digital Signal Processor，DSP）。DSP 是一种独特的微处理器，有自己完整的指令系统，是以数字信号来处理大量信息的器件。DSP 采用的是哈佛结构，允许执行上一条指令的同时取下一条指令，并进行译码，这大大提高了微处理器的速度。它不仅具有可编程性，而且实时运行速度高。这两大特点使得 DSP 运算能力强、速度快、体积小，采用软件编程具有高度灵活性，其在机器人控制系统中日益重要。

（4）可编程门阵列（Field Programmable Gate Array，FPGA）。FPGA 是在 PAL、GAL、PLD 等可编程器件的基础上进一步发展的产物，具有可重复编程静态特征和在系统重构的动态特性。它既解决了定制电路的不足，又克服了原有可编程器件门电路数有限的缺点。目前 FPGA 的品种有 Xilinx 公司的 XC 系列和 Altera 公司的 FLEX 系列等。

（5）片上系统（System on Chip，SoC）。随着半导体工艺的迅速发展，可以在一块硅片上实现一个更为复杂的系统，这就产生了 SoC 技术。该技术使用户只需要定义整个应用系统，仿真通过后就可以将设计图交给半导体工厂制作样品。整个嵌入式系统大部分均可集成到一块或几块芯片中去，应用电路板将变得很简单，这对于减小整个应用系统的体积和功耗、提高可靠性非常有利。

机器人控制系统随着人工智能技术、计算机科学、网络技术的发展，对处理器的性能提出了更高的要求。

（1）单 CPU 结构、集中控制方式。将传感器数据的处理、运动规划、伺服控制等都集成在一个 CPU 中，实现全部控制功能。这种结构一般用在比较简单的机器人控制系统中，要求主控制器具有极强的处理能力，缺乏对动态、复杂环境的适应性。

（2）多 CPU 结构、分布式控制方式。其采用一级 CPU 为主机、二级 CPU 为从机的方式，实现主从式控制；或者采用上位机、下位机的分布式结构，上位机负责整个机器人控制系统的管理，下位机由多个 CPU 组成，分别控制各关节运动。分布式控制方式能够适应环境的变化，在可靠性、容错性、并行处理和可伸缩性方面较集中控制方式优越。

（3）机器人控制系统专用 VLSI。可设计专用的 VLSI（Very Large Scale Integration，超大规模集成电路），充分利用机器人控制算法的并行性来提高运动学、动力学方程的计算速度。但是当算法改变时，芯片就不能用了。

12.4.3　机器人底层控制系统

机器人的底层控制系统主要控制机器人的执行部件，电动机是驱动机器人运动的常用执行部件。底层控制的根本问题是控制电动机。

1．步进电动机及其控制

1）概念及特性

步进电动机是一种将电脉冲转化为角位移的执行机构。当步进驱动器接收到一个脉冲信号时，它就驱动步进电动机按设定的方向转动一个固定的角度（称为步距角），它的旋转是以固定的角度一步一步进行的。可以通过控制脉冲个数来控制角位移量，从而达到准确定位的目的；可以通过控制脉冲频率来控制电动机转动的速度和加速度，从而达到调速的目的。

步进电动机的特性包括：能够简单地做到高精度的定位控制；具有定位保持力；动作灵敏，可做到瞬时启动、停止、正反转等快速、频繁的定位动作；控制系统结构简单；具有较大的转矩，能够提供更大的扭力输出；故障及误动作少，检查及保养简单容易；体积小、功率大；无积累误差；外表温度允许在 80～90℃；力矩随转速升高而下降；有一个空载启动频率，若高于一定值则无法启动。

2）步进电动机驱动系统

步进电动机由于不必依赖于传感器定位就能以输入的脉冲做速度和位置定位，属于开回路控制，最适合机器人在短距离、高频度、高精度定位控制的场合下使用。步进电动机在仅有电压时不会动作，必须通过脉冲产生器提供位置（脉冲数）、速度的脉冲信号指令，以及驱动器驱动电流流过电动机内部线圈、依顺序切换激磁相序的方式才能够运转。因此，步进电动机驱动系统由脉冲产生器、步进驱动器和步进电动机组成。

（1）脉冲产生器：给出角度、速度和运转方向等驱动指令的脉冲信号。

（2）步进驱动器：依控制器所输入的脉冲信号指令，提供电流来驱动步进电动机动作。

（3）步进电动机：通过提供力矩输出来带动负载。

2. 舵机与转向控制

1）舵机概述

舵机是一种位置（角度）伺服的驱动器，由于可以通过程序连续控制其转角，因此被广泛应用于智能小车及机器人各类关节中。根据控制方式，舵机可以称为微型伺服马达。简单地说，其集成了直流电动机、电动机控制器和减速器等，并封装在一个便于安装的外壳里。它能够利用简单的输入信号比较精确地控制转动角度，具有如下特点。

（1）体积紧凑，便于安装。

（2）输出力矩大，稳定性好。

（3）控制简单，便于和数字系统连接。

2）舵机转向控制

舵机主要由外壳、减速齿轮组、电动机、角度传感器和控制电路组成。角度传感器检测轴输出转动角度，控制电路能够根据角度传感器的信息比较精确地控制和保持输出轴的角度。这样的控制方式称为闭环控制。因为舵机有许多优点，所以在机器人控制中应用广泛。

舵机的控制信号采用周期为 20ms 的脉宽调制（PWM）信号，其中脉冲宽度为0.5~2.5ms，相对应的舵盘位置为 0°～180°，呈线性变化。由此可知，舵机是一种位置伺服驱动器，转动范围不能超过 180°，适用于机器人关节。

12.4.4　机器人运动控制系统

机器人运动控制系统是以电动机为控制对象，以控制器为核心，以电力电子、功率变换装置为执行机构，在控制理论指导下组成的电气运动控制系统，主要由上位计算机、运动控制器、功率驱动装置、电动机和传感器反馈装置及被控对象等部分组成。电动机及功率驱动装置作为执行器主要为被控对象提供动力。特别设计的应用于伺服系统的电动机称为伺服电动机，其内含位置反馈装置，如光电编码盘。运动控制器是以中央逻辑控制单元为核心、以传感器为信号敏感元件、以电动机或动力装置和执行单元为控制对象的一种控制装置。其功能在于提供整个伺服系统的闭环控制，如位置控制、速度控制和转矩控制。

1．硬件结构

机器人运动控制系统的硬件结构以"PC+运动控制器"为核心设计，PC 负责人机交互界面的管理、控制系统的实时监控等工作，如键盘和鼠标的管理、系统状态的显示、控制指令的发送和外部信号的监控等；运动控制器配备内容丰富、功能强大的运动函数库供用户使用，可完成电动机的运动规划，即采取模拟信号大小控制电动机的速度，信号的正负控制电动机的正反转。运动控制器上的光电隔离措施既隔离了外设对内部数字系统的损坏，又大大提高了系统的控制精度和可靠性。

2．软件开发

运动控制器配有运动函数库，函数库为步进和伺服控制提供了许多运动函数，如中轴运动、多轴独立运动、多轴插补运动和多轴同步运动等。可采用 LabView、VB、VC 等多种语言开发用户自己的应用程序。由于 LabView 是 NI 公司自己的产品，搭配 NI 公司的 NI7340 系列运动控制器 NI7342 时最方便，作为一种图形化编程语言，它和其他高级语言一样，提供各种循环和结构，以虚拟仪器（Virtual Instrument）的形式代替其他语言的函数功能。NI 专门为用户提供运动控制的 VI-NI-Motion，用户利用 LabView 编写图形程序可以方便地实现调用，同时也便于设计友好的人机界面，便于人机交互和管理。系统程序结构包括主体运动控制程序、初始化、与 PC 的实时数据交互、系统保护、状态监测等部分。

3．发展

机器人运动控制系统采用"PC+运动控制器"结构，运动控制器具有开放式结构，已经发展成基于 PC 总线的以 DSP 和 FPGA 为核心处理器的开放式运动控制器，具有使用简便、功能丰富、可靠性高的优点。在硬件方面，其采用 PC 的 PCI 总线方式，所有资源自动配置，所有的输入、输出信号均用光电隔离，从而提高了控制器的可靠性和抗干扰能力。在软件方面，丰富的运动控制函数可满足不同的应用要求。用户只需要根据控制系统的要求编制人机界面，并调用运动函数库中的指令函数，就可以开发出既满足要求又成本低廉的多轴运动控制系统。随着互联网技术的发展，将运动控制技术与网络技术有机结合是当前一个新的研究方向，其可以更好地实现多台电动机的同步控制和各控制器间的通信。

12.4.5　机器人移动轨迹控制

1．路径与轨迹

路径是机器人位姿的序列，而不考虑机器人位姿随时间变化的因素；轨迹是指机器人在运动过程中的位移、速度和加速度。如果机器人从 A 点运动到 B 点，再到 C 点，那么中间位姿序列就构成了一条路径。而轨迹则与何时到达路径中的各点有关，强调的是时间。因此，无论机器人何时到达 B 点和 C 点，其路径是一样的，而轨迹则依赖于速度和加速度。如果机器人抵达 B 点和 C 点的时间不同，则相应的轨迹也不同。

2．轨迹规划

机器人的规划（Planning）是机器人根据自身的任务，求得完成这一任务解决方案的过程，包括任务规划（Task Planning）、动作规划（Motion Planning）、轨迹规划（Trajectory Planning）。轨迹规划是基础，其根据作业任务要求，计算出预期的运动轨迹，对机器人的任务、运动路径和轨迹进行描述，属于机器人底层规划，基本上不涉及人工智能问题，而是在机器人运动学和动力学的基础上讨论关节空间及笛卡儿空间中机器人运动的轨迹与轨迹生成方法，在机器人的控制中具有重要的作用，直接影响着控制的准确性和快速性。机器人根据预期的轨迹，实时计算机器人运动的位移、速度、加速度，生成运动轨迹，具体方法包括多项式插值法、最小时间优化法和最小能量法等[4]。

3．轨迹控制

1）轨迹的控制与再现

轨迹的控制方式有多种，轨迹的控制与再现是其中最简便易行的一种，机器人的工作过程由示教过程和再现过程组成。其中，示教过程指将操作人员的一组动作通过一组瞬时关节位置来实现，并实时地记录下来；再现过程指机器人将所记录的各关节信息传输给相应关节上的执行元件，以实现相应的关节角，并按顺序完成示教过程所记录的运动。其优点是简单，轨迹物理上是可以实现的；缺点是被处理的工件必须始终处于指定位置，操作人员必须进入工作空间，若环境改变，轨迹也相应地改变，这种轨迹控制方式不具备适应环境变化的能力。

2）离线控制与在线控制

为使机器人在笛卡儿空间完成指定的运动，需要对其实施控制。操作机可分为离线控制与在线控制两种。离线控制指所需计算在操作机运动前就已完成；在线控制指所需计算要在操作机运动的过程中实时地进行。

12.4.6　机器人力控制系统

在精密装配、磨削、抛光和擦洗等操作过程中，要求机器人具有接触力的感知和控制能力，机器人必须具备这种基于力反馈的柔顺控制能力。研制出刚柔并济、灵活自如的机器人，一直是机器人研究者努力的目标，力控制成为国际前沿研究的热点。人们围绕控制策略、控制理论和方法等一系列问题，开展了颇有成效的研究，但由于控制条件的限制，前期机器人力控制系统实时性差，系统不稳定。

随着机器人、传感器、控制技术的飞速发展，机器人的力控制系统发生了根本变化，发展成为机器人研究的一个主要方向——机器人主动柔顺控制。它是新兴智能制造中的一项关键技术，也是柔性装配自动化的难点和瓶颈。

机器人属于高度刚性的结构，微小的位置偏差就会产生相当大的作用力，导致严重的后果。机器人力控制要实现柔顺控制，也就是要解决机器人与周围环境接触时的控制问题。机器人凭借一些辅助的柔顺机构，能够在与环境接触时对外部作用力产生自然顺从。柔顺控制需要腕力传感器、关节力矩传感器和触觉传感器及控制策略。

1．阻尼力控制

阻尼力控制不是直接控制机器人与环境的作用力，而是根据机器人端部的位置和端部作用力之间的关系，通过调整反馈位置误差、速度误差或刚度来达到控制力的目的，此时接触过程的弹性形变尤为重要。当把力反馈信号转换为位置调整量时，这种力控制称为刚度控制；当把力反馈信号转换为位置和速度修正量时，这种力控制称为阻抗控制。

2．相互力控制

相互力控制是实现柔顺控制的方法之一。在柔顺坐标空间，其将任务分解为沿某些自由度的位置控制和沿一些自由度的力控制，并在该空间分别进行位置控制和力控制的计算，然后将计算结果转换到关节空间，合并为统一的关节控制力矩，从而驱动执行机构来实现所需要的柔顺功能。

12.4.7　机器人视觉控制系统

眼睛对于人的作用不容置疑，给机器人配置视觉装置，它就可以把视觉所获得的大量信息传到仲裁机构，并与其他传感器进行信息融合以实现类人的视觉行为。机器人视觉控制系统可在位置环境中找到要求寻找的目标，面向目标实时提取目标在机器人视野中的位置信息，并把信息转换成控制命令送给摄像头，以此来控制摄像头的运动，使目标始终能够在视野中，从而为移动机器人导航提供帮助。机器人能够实现搜寻目标、辨识目标、走向目标和目标跟踪。

机器人视觉控制系统主要包括图像采集、图像处理、图像匹配和通信。

1．图像采集

机器人视觉控制系统的初始化包括硬件设备的初始化及各种信息的输入调整，图像采集模块将数字图像采集到计算机显存和内存中。其需要两种装置：一种是对某个电磁能量谱波段（如可见光、红外线、紫外线等）敏感的物理器件，它能将"看到的"景物转换为相应的模拟电信号；另一种是数字化器，它能将上述得到的模拟电信号转化为数字（离散）图像。

2．图像处理

能够实现图像处理的编程语言有多种，如 C、Visual C++等。Visual C++本身是一个图形的开发界面，提供了丰富的位图操作函数，为开发图像处理系统提供了极大的方便，现在已经成为开发 Win 32 程序，包括图像处理程序的主要开发工具。

3．图像匹配

图像匹配的目的是计算目标在摄像头屏幕中的位置。因为机器人在未知环境中，目标距离机器人的远近、方向不确定，这就要求计算机在识别图像时具有对图像的平移、旋转、比例不变性的数学形态特征，从而达到很好的图像识别匹配效果。

4．通信

通信的任务是实现计算机和摄像头及机器人控制中心的图像、数据等的通信。其中，计算机和摄像头的图像传输采用无线影音传输，计算机和机器人控制中心之间的数据传输采用无线数据传输。

5．机器人视觉控制系统目标搜寻功能的实现

机器人视觉控制系统分为视觉系统、控制系统和驱动系统。在目标搜寻时，机器人要进行实时的环境检测、路径选择和避障，并经过多个传感器的信息融合、多行为协调决策来实现漫游搜寻。

在目标搜寻过程中，机器人完成的任务包括以下几个。

（1）图像采集、处理，由视觉系统完成。

（2）目标识别，由视觉系统完成。

（3）机器人运动控制，由控制系统和驱动系统完成。

功能实现路径如下。

（1）将机器人要寻找的目标信息记入计算机。

（2）机器人在漫游过程中进行目标识别。

（3）找到目标，视觉导航。

12.4.8　机器人智能控制系统

智能控制的产生来源于被控对象的高度复杂性、高度不确定性及人们越来越高要求的控制性能。它是控制理论发展的高级阶段，常用的智能控制技术有模糊逻辑、专家系统、神经网络、遗传算法及混合技术。随着计算机技术、微电子技术、网络技术的快速发展，智能控制的机器人研究成为目前机器人研究的热点。采用人工网络、模糊技术和专家系统对机器人进行定位、环境建模、检测、控制和规划，已在多个实际应用中得到验证[5]。

1．专家控制

专家控制是基于控制对象和控制规律的各种知识的，其以智能的方式利用这些知识，以使受控系统尽可能地优化和实用化。自1965年第一个专家系统在美国斯坦福大学问世以来，各种专家系统已在各领域中广泛应用。专家系统能把人的控制经验、技巧和各种直觉推理逻辑直接用于控制中，从而改善控制系统性能，提高其智力水平和适应能力。专家系统已应用于超高压巡线机器人、核电站智能机器人、输液匹配机器人、智能整骨机器人等一系列机器人的控制系统中。

2．模糊控制

模糊控制器采用人类语言信息，模拟人类思维，所以它易于理解、设计简单、维护方便。模糊控制器基于包含模糊信息的控制规则，所构成的控制系统比常规的控制系统稳定性好、鲁棒性好。在改善系统特性时，模糊控制器不只像常规的控制系统那样调参数，还可以通过改变规则、隶属函数、推理方法及决策方法来修正系统特性。因此，自20世纪80年代将模糊控制引进机器人控制中以来，模糊控制在机器人控制领域得到广泛的应用与发展。

3．神经网络控制

神经网络的研究目标是复杂的非线性系统的识别和控制，神经网络具有能够充分逼

近任意复杂的非线性系统；能够学习与适应不确定系统的动态特性；具有很强的鲁棒性和容错性等。因此，神经网络对机器人控制具有很大的吸引力。在机器人的神经网络动力学控制方法中，典型的是计算力矩控制和分解运动加速度控制。前者在关节空间闭环，后者在直角坐标空间闭环。在基于模型的计算力矩控制结构中，关键是逆运动学计算，为实现实时计算和避免参数不确定性，可通过神经网络来实现输入输出的非线性关系。对多自由度的机器人手臂，其输入参数多、学习时间长，为了减少训练数据样本的个数，可将整个系统分解为多个子系统，并分别对每个子系统进行学习，这样会减少网络的训练，从而实现实时控制。

4．优化方法控制

优化方法控制指利用优化方法对 PID 控制器的参数进行优化调节，在一般的固定结构控制器、预测控制器、滑模控制器、自适应控制器、鲁棒控制器等控制器的优化设计中得到了广泛应用。除此之外，优化方法控制常用于解决复杂系统控制中涉及的各种资源规划、分配、调度等优化问题。这些问题与复杂系统的控制有着密切的关系。例如，Huang 为配有 3 个独立驱动全向轮的移动机器人设计了了运动控制器，其中采用 ACO 优化控制器参数，较好地实现了机器人的轨迹跟踪和点镇定控制。

5．融合控制

（1）模糊控制和变结构控制融合。许多学者对变结构框架中的每个参数或细节都采用模糊系统来逼近或推理，仿真实验证明，该方法比 PID 控制或滑模控制更有效。

（2）神经网络控制和变结构控制融合。一般利用神经网络来近似模拟非线性系统的滑动运动，采用变结构思想对神经网络的控制规律进行增强鲁棒性设计，这样就可以避开学习到一定的精度后神经网络收敛速度变慢的不利影响。仿真实验证明，该方法有很好的控制效果。

（3）模糊控制和神经网络控制融合。将模糊系统和神经网络相结合来实现对控制对象的自动控制，是由美国学者 B.Kosko 首先提出的。模糊系统和神经网络都属于一种数值化和非数学模型函数估计器的信息处理方法，它们以一种不精确的方式处理不精确的信息。模糊控制引入隶属函数的概念，即规则数值化，从而可直接处理结构化知识；利用模糊逻辑推理功能可补充神经网络的神经元之间连接结构的相对任意性；可用神经网络强有力的学习功能来对模糊控制的各有关环节进行训练；可利用神经网络在线学习模糊集的隶属函数，实现其推理过程及模糊决策等。在整个控制过程中，两种控制动态地发生作用，相互依赖。

12.5　环境建模

环境建模是实现机器人全局路径规划的前提和基础，是对移动机器人所在环境的有效描述。环境建模的关键是将移动机器人所在的实际环境通过一定的策略转化成适合进行路径规划的数学模型。

环境地图构建指建立机器人所处环境中的各种物体，包括障碍、路标等准确的空间位置描述，即建立空间模型或地图。构建环境地图的目的在于帮助移动机器人在建立好的含障碍的环境模型中规划出一条从起点到目标点的最优路径。

12.5.1 全局路径规划方法

全局路径规划能够处理完全已知环境（障碍物的位置和形状预先给定）下的路径规划问题，前提是需要建立移动机器人所在环境的全局地图模型；然后，在建立的全局地图模型上使用搜索寻优算法获得最优路径。因此，全局路径规划涉及两部分问题：环境模型的建立和路径搜索策略。移动机器人的全局路径规划需要建立全局地图模型，这类模型主要有栅格分解图、四叉分解图、可视图、Voronoi 图。

1．栅格分解图

栅格分解图将移动机器人所在的环境分割成规则且均匀的栅格，每个栅格只可能有两种状态，即占据或自由，对应占据栅格和自由栅格，都用固定的 1 或 0 来表示。栅格的尺寸通常与移动机器人的尺寸和步长一致。

2．四叉分解图

四叉分解图从均匀栅格分解图发展而来。在四叉树方法中，每棵树由 4 个节点树组成，每个节点树用黑、白、灰 3 种颜色表示。如果某一节点树由单一的黑色或白色组成，则该节点树用该颜色标记；如果某一节点树由灰色组成，则将该节点树重新分成 4 个子节点树，并同前面的方法一样进行颜色标记。这样一直继续下去，直到节点树由单一的黑色或白色组成为止。

3．可视图

栅格分解图及四叉分解图主要有两个缺点：第一，地图的尺寸随着环境规模的增大而增大；第二，基准栅格的大小不好掌握，即地图分辨率难以把握。

可视图建模方法需要对环境中不同障碍物的各顶点进行可视化判断。两点之间是"可视的"指这两点之间的连线均不能穿过多边形不规则障碍物内部。将相互可视的两点进行连线并赋予权值，则可视的两点间的连线组成可视边集合；可视边和各顶点组成可视图。可视图建模方法的好处在于实现比较简单，当把环境中的障碍物描述成多边形时，基于可视图的路径规划搜索可以比较容易地使用障碍物的多边形描述，因此，移动机器人路径规划的任务就是沿着可视图定义的路径，寻找从机器人起点到目标点的最短路径。

但是可视图建模方法存在如下缺点：当环境中障碍物的顶点数量过多时，可视图的建模过程也会十分缓慢；同时，当障碍物的顶点数量过多时，顶点之间形成的可视边的数量过多，即路径规划算法中需要考虑的候选路径的数量过多，导致路径寻优的过程缓慢。

4．Voronoi 图

Voronoi 图建模过程需要将多边形不规则障碍物的各顶点看成 n 个点的集合，到顶点集合中的某点比到集合中所有其他点之间距离都短的点所组成的轨迹称为 Voronoi

图的边，各条轨迹相交的点称为 Voronoi 图的顶点。基于 Voronoi 图的环境模型有一个缺点，即机器人与障碍物间的距离最大化，执行路径规划算法后，所选的路径质量通常较差。

12.5.2　局部路径规划方法

局部路径规划方法以不知道环境中的障碍物位置的信息为前提，移动机器人仅通过传感器感知周围环境与自身状态。由于无法获得环境的全局信息，局部路径规划侧重于考虑移动机器人当前的局部环境信息，利用传感器获得的局部环境信息寻找一条从起点到目标点的、与环境中的障碍物无碰的最优路径，并需要实时地调整路径规划策略。

常用的适用于局部路径规划的方法有事例学习法、滚动窗口法、人工势场法、智能算法及行为分解法。

1．事例学习法

移动机器人需要在进行路径规划前合理地建立适合路径规划求解的事例库。事例库的建立过程是将移动机器人路径规划所需问题或知识（环境信息或路径信息）转化为具体事例存入事例库的过程，当移动机器人遇到新问题时，其将已经建好的事例库中的事例与之比较，进行分析并寻找一个与新问题最为相似的事例，然后计算相似程度并进行新事例的更新。

张培艳等[6]提出了一种用于智能排球机器人运动规划问题建模的事例推理方法，其采用基于 LW-SVR 的案例学习方法并通过案例学习和知识经验的累加来实现机器人击打排球的初始化运动规划。

2．滚动窗口法

滚动窗口（Dynamic Window Approach，DWA）法属于预测控制理论中的一种次最优方法。基于滚动窗口法的移动机器人路径规划方法将移动机器人获得的局部环境信息建立成一个"窗口"，通过循环计算这个含有自身周围环境信息的"窗口"来实现路径规划。在滚动计算时，其用启发式方法获得子目标，利用生成的子目标在当前的滚动窗口中进行实时规划，并随着滚动窗口的推进，不断利用获得的信息更新子目标，直到完成规划任务。

任敏等[7]提出按照不同频率推动滚动窗口，分别在全局和局部窗口进行异步双精度规划，从而解决了无人机实时航迹规划中的精度与速度的矛盾问题。刘春明等[8]针对移动机器人基于行为的导航问题，将最小二乘法和机器学习思想引入基于滚动窗口的路径规划方法中，加强了未知环境中机器人导航的准确性。

3．人工势场法

人工势场法使用两个力场的叠加引导移动机器人完成路径规划任务，其中，环境中的障碍物产生排斥力场，阻止移动机器人靠近；目标点产生吸引力场，吸引力场包围着目标点，吸引力场一般是一个球形，在无障碍环境中驱使机器人至目标点。排斥力场包围着障碍物，在障碍环境中，排斥力场存在于障碍物周围区域，阻止机器人向目标点移动，机器人在吸引力和多个排斥力的共同作用下运动。现有的关于人工势场法应用于移动机器人路径规划的文献的研究热点主要集中于，通过对引力势函数与斥力势函数的优化和改进或添加其他附加条件来解决人工势场法局部极小点问题[9,10]。

例如，王芳等[11]提出一种基于栅格势场函数的水下机器人运动环境模型，通过分别计算经过的栅格点的势能与路径本身长度的势能的总和，实现水下机器人的最优路径搜索。朱毅等[12]提出一种基于模糊规则的机器人自适应路径规划方法，在机器人处于不同情况时，通过调整控制方式及参数解决局部极小点问题和目标不可达问题。

4．智能算法

智能算法包括采用遗传算法对障碍物斥力角度的改变及虚拟最小局部区域的半径两个参数进行路径优化的方法，以及适用于移动机器人自主导航的量子强化学习算法。量子强化学习算法受量子测量中的崩溃现象的启发，将量子计算和机器学习理论相结合，采用概率计算的方法选择行为并将量子计算中的振幅放大理论应用到强化学习中。基于机器人平台的实验表明，量子强化学习算法有更强的鲁棒性。此外，智能算法还包括融合李雅普诺夫理论与粒子群优化算法的自适应状态反馈模糊跟踪控制器，其应用于移动机器人的视觉跟踪导航系统。

5．行为分解法

行为分解法也称为基于行为的机器人路径规划方法，常被用来解决移动机器人的局部路径规划问题，近年来受到了广泛的关注。1986 年，Brooks 首先提出了一种名为包容式控制结构的行为协调技术，为基于行为的移动机器人路径规划技术的研究奠定了基础。根据近来的研究成果，基于行为的机器人路径规划过程由一系列独立的子行为组成，子行为根据获得的传感器信息完成特定的任务。移动机器人使用不同的子行为来处理遇到的环境中的不同情况，通过对子行为进行合理的定义并设定子行为的开启与结束条件，可使移动机器人在环境中遇到不同情况时，能够有较好的应对策略，并且尽快地完成路径规划任务，这样做减少了规划的复杂程度。

12.5.3　路径规划改进方法

移动机器人的局部路径规划方法要求在建立的地图模型上使用路径寻优算法来获得从起点到目标点的最短路径。上述移动机器人常用的局部路径规划方法存在一些明显的不足，改进这些方法可使其更好地应用于移动机器人环境建模。

人工势场法是一种虚拟力的方法，目标点对机器人产生引力而障碍点对机器人产生排斥力，机器人在目标点和障碍点的合力下前进。其数学表达式简洁、计算量小、实时性高、反应速度快、规划路径平滑。但是传统的人工势场法存在局部最小值问题，这限制了人工势场法在路径规划中的应用。

1．势场函数改进法

对于传统的人工势场法，当目标点在障碍物的作用距离内时，机器人在向目标点移动的过程中，与障碍物和目标点间的距离在逐渐缩短，因此机器人受到目标的吸引力越来越小，而受到障碍物的排斥力逐渐增大；机器人在目标点处受到的吸引力为零，而受到障碍物的排斥作用不为零，导致机器人在目标点处所受合力不平衡，机器人在目标点附近发生往复振荡，无法停止。

在向目标点移动的过程中，机器人在未进入障碍物的作用距离内时，只在目标点的吸引作用下移动。当机器人与目标点的连线上存在障碍物且机器人驶入障碍物的影响距离内时，机器人受到障碍物的排斥力与目标点的吸引力在同一直线，且机器人受到的障碍物的排斥力逐渐增大，受到目标点的吸引力逐渐减小，因此在障碍物前某一点处，由于受到的障碍物的排斥力与目标点的吸引力平衡，机器人在障碍物前往复振荡，不能避开障碍物。

可以对排斥函数进行改造，使得当机器人靠近目标时，斥力场趋近于零，这样就可以让目标点成为势能最低点。与原有排斥函数相比，改进后的函数增加了距离因子，表示机器人与目标点之间的距离，这样就将机器人与目标点的距离纳入了考虑范围，从而保证了目标点是整个势场的最小点。

可以在原始排斥函数模型的基础上，将其乘以与机器人和目标点相对距离有关的高斯函数，当目标点在障碍物的影响距离内时，障碍物对机器人的排斥作用逐渐减小，最终在目标点处减为零。为了避免机器人因受力平衡而出现局部极小点的问题，可以对排斥力在坐标轴上的分量进行改进。

2. 虚拟目标点法

采用势场函数改进法虽然可以解决目标不可达问题，但在机器人的行进过程中，若抵达目标点前的某一点受到的合力为零，机器人将误以为抵达目标点，从而会停止前进或在该点处来回振荡，导致规划路径失败，这个问题被称为局部极小点问题。

虚拟目标点法的提出就是为了解决局部极小点问题，该方法的基本思想是当机器人检测到自己已经陷入局部极小点之后，系统会在原目标点附近增设一个虚拟的目标点。这个目标点会使机器人在局部极小值位置点受到的合力不为零，在该目标点产生的虚拟力的作用下，机器人将摆脱局部极小值点继续前进。之后，撤销该虚拟目标点。

3. 混沌优化算法

上述方法只能分别解决不可达和局部极小点问题，不能同时解决上述两个问题。结合了传统的人工势场法和混沌优化算法的改进算法——混沌人工势场法不仅可以解决目标不可达及局部极小点问题，同时还能解决机器人在相近障碍物间不能发现路径、振荡和在狭窄通道中摆动的问题。

在混沌人工势场法中，目标函数为势函数，控制变量为机器人行走的步长及运动方向相对于世界坐标的夹角。在采用混沌人工势场法进行路径规划时，可通过传感器获取外界的障碍物信息，每次采样之后通过混沌优化算法计算最优步长和方向角，从而使机器人准确抵达下一位置。如此反复，直到机器人抵达目标点为止。混沌人工势场法的优点如下。

（1）在传感器的协助下，机器人可以在未知环境中快速移动并不陷入局部极小值点。

（2）在动态环境中，机器人可以有效地实时避开障碍物并躲避局部极小值点。

（3）能在相近障碍物间发现路径。

（4）当机器人面对可能产生局部极小值点的位置时，能利用混沌优化算法寻找避障路径。

12.5.4 三维建模

移动机器人环境建模，实际上是根据其当前获取的空间信息，建立相应状态的地图模型，并在行进过程中不断地进行地图融合和扩展过程。目前大量的成果是基于二维地图建模的，这种环境模型只包含大概的轮廓信息和距离信息，丢失了场景深度信息。三维地图能够提供丰富的环境信息，并且更加符合未知环境的特征分布特点，研究机器人三维地图构建的方法尤为重要。

移动机器人三维地图构建的过程是"获取坐标—形成点云—点云拼接"不断循环的过程。其主要步骤如下。

（1）利用能感知外界环境信息的传感器提取环境中的特征点。

（2）对获取的特征点进行去噪和误差点排除，并通过一定的计算方法获得特征点在空间中的位置信息及深度信息。

（3）利用单次获得的特征点信息进行三维点云构造。

（4）将多次构造所得到的点云图按照移动机器人运动路径及坐标信息进行拼接，使其能够获得全局的三维地图。

12.6 实验：机器人系统单元设计

本节利用 ROS 和 Python 语言来实现机器人系统的感知部分、执行部分和规划部分，通过舵机控制、路径规划和视觉目标检测等实验来让读者熟悉机器人系统的设计与功能。本节需要读者初步具备 Python 程序设计的基础知识，并可熟练进行 Python 安装与开发环境搭建。

12.6.1 舵机控制

通常，舵机是由一个标准的直流系统和一个内部反馈控制装置（一个减速齿轮和电位计）组成的，主要作用是将齿轮轴旋转到一个预定义的方向上。本实验采用树莓派（Raspberry Pi）3 计算平台；软件编程语言采用 Python。

1. 实验目的

（1）了解 SG90 舵机。

（2）了解 SG90 舵机的控制方式。

（3）使用 Python 控制 SG90 舵机。

2. 实验要求

（1）了解舵机的控制原理。

（2）掌握 Python 语言控制程序设计。

（3）知道机器人系统执行部分功能的实现方法。

3. 实验原理

脉冲宽度调制（PWM）技术被应用于舵机的控制，舵机转动的方向不是由占空比决定的，而是由脉冲长度 t 决定的。有的舵机使用的 PWM 频率为 $f_{PWM} = 50Hz$，其对应的 PWM 周期 $T=20ms$。脉冲长度 t 和转动方向之间的关系是线性的，但也取决于电机和齿轮的配合，如图 12-6 所示。

t	占空比	方位
0.4ms	0.4/20=2%	0°
1.4ms	1.4/20=7%	90°
2.4ms	2.4/20=12%	180°

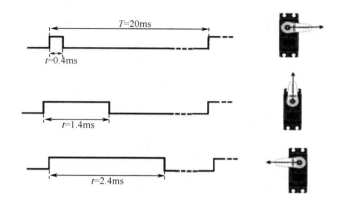

图 12-6　脉冲长度和转动方向的线性关系

舵机 SG90 一共有 3 根线：红线接 5V 电源；棕线接 GND；黄线为数据控制线，该线接到 GPIO 上，接口为 pin21。SG90 脉冲周期为 20ms，也就是说，其最多 1s 内可以转动 50 次。但是考虑到每次转动还要耗时，所以实际达不到 50 次。PWM 控制信号周期为 20ms，脉宽为 0.5～2.5ms，对应的角度为-90°～+90°，范围为 180°（3°左右的偏差）。当脉宽为 1.5ms 时，舵机在中立点（0°），可以直接用 Python 的 GPIO 提供的 PWM 控制。脉宽为 0.5～2.5ms 对应的占空比为 2.5%～12.5%。理论上，10%的占空比可以提供 180°的线性分割。

4．实验步骤

1）安装 Python 库和 GPIO 库

（1）安装 Python 库，代码如下。

```
sudo apt-get install python-dev
```

（2）执行更新，代码如下。

```
sudo easy_install -U distribute
```

（3）安装 Python-pip，代码如下。

```
sudo apt-get install python-pip
```

（4）安装 Python 的 GPIO 库，代码如下。

```
sudo pip install rpi.gpio
```

2）基于 Python 的编程，编写 sg90.py

（1）执行 cd ~。

（2）执行 sudo mkdir SG90。

（3）执行 cd SG90。

（4）执行 nano sg90.py。

舵机从 0°转到 180°，再转回到 0°的示例程序 sg90.py 如下。

```python
#!/usr/bin/env python

import RPi.GPIO as GPIO
import time
import signal
import atexit

atexit.register(GPIO.cleanup)
servopin = 21
GPIO.setmode(GPIO.BCM)
GPIO.setup(servopin, GPIO.OUT, initial=False)
p = GPIO.PWM(servopin,50) #50Hz
p.start(0)
time.sleep(2)

while(True):
    for i in range(0,181,10):
        p.ChangeDutyCycle(2.5 + 10 * i / 180)    #设置转动角度
        time.sleep(0.02)                         #等该 20ms 周期结束
        p.ChangeDutyCycle(0)                     #归零信号
        time.sleep(0.2)

    for i in range(181,0,-10):
        p.ChangeDutyCycle(2.5 + 10 * i / 180)
        time.sleep(0.02)
        p.ChangeDutyCycle(0)
        time.sleep(0.2)
```

5．实验结果

保存脚本并退出，连接好硬件，试运行 Python 3 pwm.py：舵机正转 180°，反转 180°，回到原位。

12.6.2　路径规划

使用 Python 实现的常用路径规划算法，语法简洁，体现了 Python 的特点，因此本实验基于 Python 3.6 实现 A*算法。

1．实验目的

（1）了解路径规划原理。

（2）了解 A*算法。

（3）使用 Python 实现 A*算法。

2．实验要求

（1）理解路径规划原理。

（2）掌握 Python 语言控制程序设计。

（3）知道机器人系统执行部分功能的实现方法。

3．实验原理

移动一个简单的物体看起来是容易的，而路径规划是复杂的。A*算法可把靠近初始点的节点和靠近目标点的节点信息块结合起来，潜在地搜索图中一个很大的区域，并用启发式函数引导自己搜索最短路径并保证找到一条最短路径。

A*算法是人工智能中的一种典型的启发式搜索算法，启发中的估价是用估价函数表示的，即

$$f(n)=g(n)+h(n)$$

其中，$f(n)$为节点 n 的估价函数；$g(n)$为实际状态空间中从初始节点到 n 节点的实际代价；$h(n)$为从 n 节点到目标节点最佳路径的估计代价。另外，定义 $h'(n)$为 n 节点到目标节点最佳路径的实际值。如果 $h'(n) \geqslant h(n)$，则存在从初始状态到目标状态的最小代价的解，此时用该估价函数搜索的算法就称为 A*算法。

当 $h(n)$精确地和 $g(n)$匹配时，$f(n)$的值在沿着该路径不会改变。不在最短路径的所有节点的 f 值均大于最短径上的 f 值。如果已经有 f 值较低的节点，那么 A*算法将不考虑 f 值较高的节点，因此它肯定不会偏离最短路径。

A*算法的总体框架如下。

（1）把起点加入 open list。

（2）重复如下过程。

① 遍历 open list，查找 f 值最小的节点，把它作为当前要处理的节点。

② 把这个节点移到 close list，记为方格 x。

③ 对当前方格 x 的 8 个相邻方格的每个方格 y 做以下判断。

如果方格 y 是不可抵达的（方格是障碍物点和到达方格必须穿透障碍物）或它已经在 close list 中，忽略方格 y；否则，做如下操作。

如果方格 y 不在 open list 中，把它加入 open list，并把当前方格 x 设为方格 y 的父亲，记录方格 y 的 f、g 和 h 值。

如果方格 y 已经在 open list 中，检查这条路径是否更好（"从起点经过 x 到达 y"是否比"从起点直接到达 y"更好），用 g 值作为参考。更小的 g 值表示这是更好的路径。如果是这样，把它的父亲设置为当前方格 x，并重新计算它的 g 和 f 值。如果 open list 是按 f 值排序的，改变后可能需要重新排序。

④ 停止。当把终点加入 open list 中时停止，此时路径已经找到了，或者当查找终点失败，并且 open list 是空的时停止，此时没有路径。

（3）保存路径。从终点开始，每个方格沿着父节点移动直至起点，这就是规划的路径。

4. 实验步骤

1）安装 Python 库和 GPIO 库

（1）安装 Python 库，代码如下。

```
sudo apt-get install python-dev
```

（2）执行更新，代码如下。

```
sudo easy_install -U  distribute
```

2）基于 Python 编程，编写 Astar.py

（1）执行 cd ~。

（2）执行 sudo mkdir SG90。

（3）执行 cd SG90。

（4）执行 nano Astar.py。

路径规划示例程序 Astar.py 如下。

```python
#!/usr/bin/env python
##A star algorithm
import math
def heuristic_distace(Neighbour_node,target_node):
    H = abs(Neighbour_node[0] - target_node[0]) + abs(Neighbour_node[1] - target_node[1])
    return H


def go_around(direction):
    box_length = 1
    diagonal_line = box_length * 1.4
    if (direction==0 or direction==2 or direction==6 or direction==8):
        return diagonal_line
    elif (direction==1 or direction==3 or direction==4 or direction==5 or direction==7):
        return diagonal_line

def find_coordinate(map,symble):
    #store coordinate
    result=[]
    for index1,value1 in enumerate(map):
        if symble in value1:
            row = index1
            for index2, value2 in enumerate(map[index1]):
                if symble==value2:
                    column = index2
                    result.append([row, column])
    return result

map =[[".", ".", ".", "#", ".", "#", ".", ".", ".", "."],
      [".", ".", "#", ".", ".", "#", ".", "#", ".", "#"],
```

```
    ["s",".","#",".","#",".","#",".",".","."],
    [".","#","#",".",".",".",".",".","#","."],
    [".",".",".",".","#","#",".",".","#","."],
    [".","#",".",".",".",".",".","#",".",".","."],
    [".","#",".",".",".",".","#","#",".","#","."],
    [".",".",".",".",".",".",".",".",".","#","."],
    [".","#","#",".",".",".",".","#",".",".","."],
    [".",".",".","#","#","#",".",".","#","f"],
    ["#","#",".",".","#","#","#",".","#","."],
    [".","#","#",".",".",".","#",".",".","."],
    [".",".",".",".","#","#",".",".","#","."]]
```

#these datas are store in the form of list in a singal list

obstacle = find_coordinate(map,"#")
start_node = find_coordinate(map,"s")[0]
target_node = find_coordinate(map,"f")[0]
current_node = start_node
path_vertices = [start_node]
#visited_vertices should be stored in the form of a singal list
Neighbour_vertices = []

while current_node != target_node:

    x_coordinate = current_node[0]
    y_coordinate = current_node[1]
    F = []
    Neighbour_vertices =   [[x_coordinate - 1, y_coordinate - 1],
                            [x_coordinate - 1, y_coordinate],
                            [x_coordinate - 1, y_coordinate + 1],
                            [x_coordinate, y_coordinate - 1],
                            [x_coordinate, y_coordinate],
                            [x_coordinate, y_coordinate + 1],
                            [x_coordinate + 1, y_coordinate - 1],
                            [x_coordinate + 1, y_coordinate],
                            [x_coordinate + 1, y_coordinate + 1]]

    for index, value in enumerate(Neighbour_vertices):
        if value[0] in range(len(map)):
            if value[1] in range(len(map)):
                if value not in obstacle+path_vertices:
                    F.append(heuristic_distace(value, target_node) + go_around(index))
                else:
                    F.append(10000)
```
```

```
            else:
                    F.append(10000)
        else:
                    F.append(10000)
                 #a very large number
    print(F)
    current_node=Neighbour_vertices[F.index(min(total_distance for total_distance in F))]
    print(current_node)

    path_vertices.append(current_node)
      # if current_node not in visited_vertices:
      #        visited_vertices.append(current_node)
      # else:
      #        print("there is no route between")
      #        break
```

5．实验结果

路径规划如图 12-7 所示。

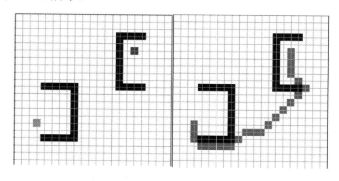

图 12-7 路径规划

12.6.3 视觉目标检测

当今正是机器人视觉研究的黄金时代，微软 Kinect 和华硕 Xtion 能够提供 3D 视觉。但是，仅仅获得大量的数据是不够的，在大量数据中提取有用的信息是具有挑战性的课题。经过几十年的努力，尤其是伴随深度学习的迅速发展，强大的视觉算法已经出现。Python 的跨平台、开放性、易用性，加之丰富的资源使其成为近年来越来越多开发者的选择。

1．实验目的

（1）了解视觉目标检测原理。

（2）了解用树莓派和 Python 实现目标检测的方法。

（3）使用 Python 建立目标模型方法。

（4）使用树莓派和 Python 实现目标检测。

2．实验要求

（1）了解机器人视觉目标检测原理。

（2）掌握 Python 语言视觉目标检测设计。

（3）知道机器人视觉目标检测和跟踪功能的实现方法。

3．实验原理

机器人视觉总体目标是识别像素组成的物体结构。每个像素都是一个连续变换的流，能够影响它变化的因素取决于投在一个像素点上的光线亮度、视觉角度、目标动作、规则和不规则噪声。所以，机器人视觉算法可从这些变化的值中提取更加稳定的特征。特征可能是某个角落、某个边界、某个特定区域、某块颜色或动作碎片等。当从一张图片或一个视频中获取稳定的特征集合时，便可以通过对它们的追踪，或者将某些特征集合并在一起来进行对象的侦测和识别。

1）Open CV、Open NI 和 PCL

Open CV、Open NI 和 PCL 是机器人视觉系统的三大支柱。其中，Open CV 用于 2D 图像处理和机器学习。Open NI 提供当深度相继被使用时的驱动及 "Natural Interaction" 库来实现骨架跟踪。PCL 是处理 3D 点云的一个选择。

2）安装和测试 ROS 摄像头驱动

用下面的指令为摄像头安装驱动。

（1）安装 Open NI 驱动。要为微软 Kinect 和华硕 Xtion 安装 ROS Open NI 驱动，可使用以下命令。

```
$sudo apt-get install ros-indigo-openni-*ros-indigo-openni2-*\ros-indigo-freened-*
$rospack profile
```

（2）测试 Kinect 摄像头。在安装好 Open NI 驱动后，确认是否可以通过调用 ROS 中的 image_view 从摄像头中看到视频流。对 Kinect，首先插入一个可用的 USB 接口，然后运行以下启动文件。

```
$roslaunch freenect_launchfreenect-registered-xyzrgb.launch
```

如果摄像头连接成功，则将看到一系列诊断信息。

接下来，用 ROS image_view 来查看 RGB 视频流。由于已经设置好了摄像头的启动文件，因此彩色视频流将被发布到 ROS Topic 上。若要查看视频，运行以下命令。

```
$roserun image_view image_viewimage:=/camera/rgb/image_raw
```

片刻后，一个小视频窗口将会弹出，从中可以看到从摄像头传来的视频画面。在摄像头前移动一些物体来确保能够成功更新。完成要做的事情后，关闭 image-view 窗口或在开启视频的终端中按【Ctrl+C】组合键退出。

可以尝试使用 ROS disparity_view 节点查看来自摄像头的深度图像，代码如下。

```
$roserun image_view image_viewimage:=/camera/depth_registered/image_rect
```

这样，显示的颜色将用于区分距离摄像头远近的不同物体。如果物体离摄像头的距离小于最小限制（约为 50cm），那么物体将呈现灰色，表示深度值不再适用。

3）在 Ubuntu Linux 上安装 Open CV

Ubuntu 环境下安装 Open CV 最简单的方式是用 Debian Package。用以下命令进行安装。

```
$ sudo apt-get install ros-indigo-vision-opencv libopencv-dev\python-opencv
$ rospack profile
```

4）ROS 和 Open CV：cv_bridge 程序包

在摄像头驱动设置好并开始工作以后，用 Open CV 来处理 ROS 中的视频流，ROS 提供的 cv_bridge 工具可进行 ROS、Open CV 和图像格式之间的切换。下面基于 Python 脚本 cv_bridge.demo.py 解释怎样使用 cv_bridge。

如果是 Kinect，那么确保 ROS 首先运行了 Open NI 驱动：

```
$roslaunch freenect_launchfreenect-registered-xyzrgb.launch
```

现在运行 cv_bridge-demo.py 节点。

```
$rosrun rbxl-visioncv-bridge_demo.py
```

短暂的延迟后，两个视频窗口将会跳出。上面的窗口会显示被 Open CV 过滤器转换成灰度图的实况图像；下面的窗口显示灰度深度图，在图中白色的像素点距离更远，而深灰色的像素点距离更近。要退出演示程序，可在鼠标位于其中一个窗口上的情况下，按下【q】键，或者在打开程序的终端中按【Ctrl+C】组合键退出。

5）Open CV 与 Python 接口

1999 年，Intel 开发了 Open CV，并于 2000 年将其公布出来。2008 年，Open CV 主要的开发工作被 Willow Garage 公司接管。Open CV 并不像基于 GUI 的视觉包（Package）（如 Windows 下的 RoboRealm）那样容易使用。但是，Open CV 中可用的函数代表了很多最新水平的视觉算法和机器学习方法，如支持向量机、人工神经网络和随机树。

Open CV 可以在 Linux、Windows、MacOS X 和 Android 上作为一个独立的库运行。Open CV 还提供了 Java、Python、CUDA 等的使用接口，机器学习基础算法的调用，从而使图像处理和图像分析变得更加易于上手，让开发人员将更多的精力花在算法的设计上。

4．实验步骤

1）环境设置

Python 机器视觉编程环境的常用配置如下。

Python：Python 2.7 或 Python 3.x。

pip：Python 的一个包管理器，安装后可方便地引入第三方库。

NumPy：用于 Python 计算机视觉编程时的向量、矩阵的表示与操作。

SciPy：更高级的数学计算模块。

Matplotlib：结果可视化模块。

PIL：Python 的图像处理类库，提供通用的图像处理功能及大量的基本图像操作。

LIBSVM：用于机器学习的开源库。

Open CV：流行的开源机器视觉算法库，提供越来越多的 Python 接口。

首先，在具有所有依赖项的 Raspberry Pi 3 上安装 Open CV。用户可以在一些网站中找到一个不错的安装途径。本实验安装示例如下。

```
pip install opencv-python
C:\Users\99386>pip install opencv-python
```

其次，设置并启用摄像头。这里还需要安装一个名为 picamera [array]的 Python 模块，该模块提供了一个界面，用于将来自摄像头的图像表示为 NumPy 阵列。接下来为 YOLO 配置环境，YOLO 在基于 C 语言的深度学习框架中实现，称为 Darknet。为了避免在 Raspberry Pi 3 上构建 Darknet，可以使用 Dark flow 作为 Darknet 转换来运行 TensorFlow。

2）用 Python 构建一个目标检测系统

（1）构建检测模型。

① 在 Python 3.6 中布置一个 Anaconda 环境，代码如下。

```
conda create -n retinanet python3.6 anaconda
```

② 激活环境，并安装必要的软件包，代码如下。

```
source activate retinanet
conda install tensorflow numpy scipy opencv pillow matplotlib h5py keras
```

③ 安装 Image AI 库，代码如下。

```
pip install http://github.com/olafenwaMoses/ImageAI/releases/download
/2.0.1/imageai-2.0.1-py3-none-any.wh1
```

④ 下载预先训练好的模型，该模型基于目标检测器——Retina Net，下载 Retina Net 预训练模型。

⑤ 将下载好的文件复制到工作文件夹中。

⑥ 下载图片，并命名为 image.png。

⑦ 运行代码并打印图片。

```
from imageai.Detection import objectdetection
Import os

execution_path = os.getcwd()

detector = objectDetection()
detector .setmodelTypeAsRetinNet()
detectot.setmodelPath(os.path.join(execution_path,"resnet50_coco_best_v2.0.1.h5))
custom_objects=detector.Customobjects(person=True,car=False)
detections=detector.detectCustomobjectsFromImage(input_image=os.path.join
(execution_path , "image.png"),output_image.path=os.path.join(execution_path ,
"image_new_png"),custom_objects,minium_percentage_probability=65)

For eachobject in detections:
    Print(eachobject["name"]+":"+eachobject["percentage_probability"])
    Print("......")
```

（2）对人脸、人眼检测的 Haar 分类器，利用图像中目标的类 Haar 特征来对目标进行检测，示例程序如下[13]。

```
#course15.py
import numpy as np
import cv2

#multiplecascades:https://github.com/Itseez/opencv/tree/master
/data/haarcascades

#https://github.com/Itseez/opencv/blob/master/data/haarcascades/haarcascade_
frontalface_default.xml
face_cascade=cv2.CascadeClassifier('haarcascade_frontalface_default.xml')
#https://github.com/Itseez/opencv/blob/master/data/haarcascades/haarcascade_eye.xml
eye_cascade = cv2.CascadeClassifier('haarcascade_eye.xml')

eyeglasses_cascade= cv2.CascadeClassifier('haarcascade_eye_tree_eyeglasses.xml')

smile_cascade = cv2.CascadeClassifier('haarcascade_smile.xml')

cap = cv2.VideoCapture(0)

while(cap.isOpened()):
ret, img = cap.read()
gray = cv2.cvtColor(img, cv2.COLOR_BGR2GRAY)
faces = face_cascade.detectMultiScale(gray, 1.3, 5)
smile = smile_cascade.detectMultiScale(gray)
for (sm_x,sm_y,sm_w,sm_h) in smile:
        cv2.rectangle(gray,(sm_x,sm_y),(sm_x+sm_w,sm_y+sm_h),(0,0,255),2)

for (x,y,w,h) in faces:
cv2.rectangle(img,(x,y),(x+w,y+h),(255,0,0),2)
roi_gray = gray[y:y+h, x:x+w]
roi_color = img[y:y+h, x:x+w]
eyes = eye_cascade.detectMultiScale(roi_gray)
for (ex,ey,ew,eh) in eyes:
cv2.rectangle(roi_color,(ex,ey),(ex+ew,ey+eh),(0,255,0),2)

font = cv2.FONT_HERSHEY_SIMPLEX
cv2.putText(img,'Eye',(ex+x,ey+y), font, 0.5, (11,255,255), 1, cv2.LINE_AA)
#eyeglasses = eyeglasses_cascade.detectMultiScale(roi_gray)
#for (e_gx,e_gy,e_gw,e_gh) in eyeglasses:
#    cv2.rectangle(roi_color,(e_gx,e_gy),(e_gx+e_gw,e_gy+e_gh),(0,0,255),2)
#roi_gray = gray[ey:ey+eh, ex:ex+ew]#
#roi_color = img[ey:ey+eh, ex:ex+ew]#
```

```
cv2.imshow('img',img)
k = cv2.waitKey(30) & 0xff
#print(k)
if k == 27:
break
cap.release()
cv2.destroyAllWindows()
print(smile)
```

5．实验结果

人脸、人眼检测结果如图 12-8 所示。

图 12-8　人脸、人眼检测结果

习题

1．解释机器人的自由度。

2．机器人的驱动方式有哪几种？其优缺点是什么？

3．机器人的传感器有哪些？

4．简述机器人控制的基本要求。

5．机器人的控制方式有哪几种？

6．简述机器人操作系统。

7．简述机器人路径规划策略及改进方法。

8．机器人智能控制技术有哪些？

9．简述机器人视觉系统的组成。

参考文献

[1]　陈万米，等．机器人控制技术[M]．北京：机械工业出版社，2017．

[2]　Jason M O' K. A Gentle Introduction to ROS[M]. San Francisco: GreateSpace Independent Publishing Platform，2013．

[3]　龚仲华，龚晓雯．工业机器人完全应用手册[M]．北京：人民邮出版社，2017．

[4]　张琦．移动机器人的路径规划与定位技术研究[D]．哈尔滨：哈尔滨工业大学，2014．

[5]　张涛．机器人引论[M]．2 版．北京：机械工业出版社，2017．

[6]　张培艳，吕恬生，宋立博．基于案例学习的排球机器人运动规划及其支持向量回归

实现[J]. 上海交通大学学报，2006(3): 461-465.

[7] 任敏，霍霄华. 基于异步双精度滚动窗口的无人机实时航迹规划方法[J].中国科学:信息科学，2010(4): 561-568.

[8] 刘春明，李兆斌，黄振华，等. 基于 LSPI 和滚动窗口的移动机器人反应式导航方法[J]. 中南大学学报（自然科学版），2013(3): 970-977.

[9] Chou C, Lian F, Wang C. Characterizing indoor environment for robot navigation using velocity space approach with region analysis and look-ahead verification[J]. Instrumentation and Measurement, IEEE Transactions on, 2011, 60(2): 442-451.

[10] Berti H, Sappa A D. Autonomous robot navigation with a global and asymptotic convergence [C]. IEEE International Conference on Robotics and Automation. USA: IEEE Press, 2007: 2712-2717.

[11] 王芳，万磊，徐玉如，等. 基于改进人工势场的水下机器人路径规划[J]. 华中科技大学学报(自然科学版)，2011,39(S2): 184-185.

[12] 朱毅，张涛，宋靖雁. 非完整移动机器人的人工势场法路径规划[J]. 控制理论与应用, 2010,27(2): 152-158.

[13] 曾小福气. Python 中 Open CV 库的使用之目标检测（二）[EB/OL]. https://www.cnblogs.com/zengqingfu1442/p/6964867.html?utm_source=itdadao&u, 2017.